Origin 绘图深度解析

科研数据的可视化艺术

谭春林◎著

北京大学出版社
PEKING UNIVERSITY PRESS

内 容 提 要

Origin软件是美国OriginLab公司推出的科学绘图与数据分析软件，该软件具有丰富的绘图功能及数据处理与分析工具，已被广泛应用于科技论文与论著的出版。

本书以Origin 2024英文版为基础，循序渐进、深入浅出地介绍了Origin的基础功能、高端绘图技巧及高效率绘图技能。全书共8章，精选近100个实例，涵盖Origin基础、二维绘图、三维绘图、拟合与分析、立体几何建模绘图（含LabTalk编程）、ChatGPT等AI辅助科研与绘图等内容。本书内容翔实、实例丰富、实用性强，可使读者在最短时间内掌握Origin 2024，并能从具体实例中获得高端绘图技能和绘图优化灵感。

本书适合作为高等院校、科研院所及科技企业的科技工作者和工程技术人员必备的科技绘图及数据分析实例教学用书。

图书在版编目(CIP)数据

Origin绘图深度解析：科研数据的可视化艺术 / 谭春林著. -- 北京：北京大学出版社，2024. 9.
-- ISBN 978-7-301-35481-0

Ⅰ. O245

中国国家版本馆CIP数据核字第20249KT303号

书　　名　Origin绘图深度解析：科研数据的可视化艺术
Origin HUITU SHENDU JIEXI：KEYAN SHUJU DE KESHIHUA YISHU

著作责任者　谭春林　著

责 任 编 辑　王继伟　刘　倩

标 准 书 号　ISBN 978-7-301-35481-0

出 版 发 行　北京大学出版社

地　　址　北京市海淀区成府路205号　100871

网　　址　http://www.pup.cn　新浪微博：@北京大学出版社

电 子 邮 箱　编辑部 pup7@pup.cn　总编室 zpup@pup.cn

电　　话　邮购部 010-62752015　发行部 010-62750672　编辑部 010-62570390

印 刷 者　北京宏伟双华印刷有限公司

经 销 者　新华书店

787毫米×1092毫米　16开本　18.25印张　439千字

2024年9月第1版　2024年9月第1次印刷

印　　数　1-4000册

定　　价　119.00元

Origin是一款功能强大的科学绘图和数据分析软件，在科研和学术论文撰写中被广泛应用。它能够有效地帮助科研工作者分析、处理和展示数据，将复杂的科研成果转化为生动直观的图像。

这本书的独特之处在于其中的绘图案例来自“编辑之谭”公众号读者的真实分享，涵盖了科研人员实际需求的案例。笔者作为科技期刊编辑，深谙期刊图表的绘制要求，对如何满足高水平期刊的标准有着精准的把握。

这本书的面世令人欣喜。通过阅读，读者不仅可以掌握Origin的基础和高级功能，更重要的是，读者能通过这些实际案例，学习如何处理和绘制日常科研数据，并且能够绘制出符合高水平期刊发表标准的图表。这是广大科研人员和学生进行科研绘图的宝贵学习工具和参考资料。

最后，我衷心希望《Origin绘图深度解析：科研数据的可视化艺术》能够成为科研工作者手中的重要工具，助力大家在科研道路上乘风破浪、勇往直前，呈现并绽放数据之美。

朱庆华（Echo）

OriginLab 技术服务经理

数据绘图是科学数据的“可视化”载体。一图胜千言，清晰、精美的科研绘图能够极大地提升论文和著作的可读性。专业的绘图和数据分析软件是科研工作者的必备工具，在众多科研绘图软件中，Origin是科研人员首选的专业绘图及数据分析软件。

《Origin绘图深度解析：科研数据的可视化艺术》是作者第二本关于Origin绘图的图书，该书将继续深入探索Origin绘图，呈现数据可视化之美。通过本书，您可以了解Origin软件的基础知识和高级功能，学会将科研数据转化为生动直观的图像，展现数据背后的规律。本书提供了当前最新的绘图案例、全面深入的Origin使用方法和数据可视化技巧。本书大多数案例来源于“编辑之谭”公众号读者的实验数据和无私分享，特此致以诚挚的感谢。

与众多同类Origin绘图方面的书不同的是，本书以科技期刊编辑视角讲述科研绘图规范与绘图优化设计，所绘制的图表可达高水平期刊论文发表标准，让您无须进行二次学习。

书中特别增加了关于立体几何建模与绘图以及AI辅助科研与绘图的章节，紧跟科研绘图领域的最新趋势。这些新增章节将为您带来更多的应用技巧，让您能够更好地应对科研工作中的挑战。

数据不仅是冰冷的数字，还是隐藏着宝贵信息和见解的宝库。合理的图表设计和精准的数据呈现，可以让数据更具说服力和表现力，帮助您更好地理解和利用数据。感谢您选择阅读本书。衷心希望本书能够成为您在学习和使用Origin软件过程中的得力助手，为您的科研工作和数据分析提供有力支持。

虽然本书的编写追求实例丰富，但限于编者水平有限，书中难免出现疏漏或欠妥之处，希望读者及时指正，以提高本书质量。在这里特别感谢广州原点软件有限公司（美国OriginLab中国分公司）为本书的编写提供最新版软件，感谢Echo提供的大量技术支持。

温馨提示 ▲ 本书附赠案例源文件，读者可以通过扫描封底二维码，关注“博雅读书社”微信公众号，找到资源下载栏目，输入本书77页的资源下载码，根据提示获取。

目　录

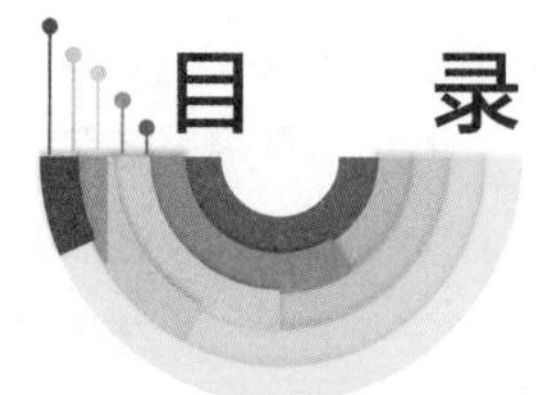

第4章 二维绘图 56

第 8 章 ChatGPT 等 AI 辅助科研与绘图 257

附录 插图索引目录 282

01 第1章 Origin软件概述

在学术研究中，使用生动、清晰的图表可以更好地展示科研结果，特别是数据；一图胜千言，优秀的图表能够直观地呈现数据，帮助读者更好地理解研究成果。在众多专业的科学绘图软件中，Origin软件是最常用的兼具数据分析和绘图功能的软件，它是一种最具SCI画风的绘图工具，在生物、化学、环境、材料、能源等领域备受青睐。

自1991年问世以来，经过30余年的发展，Origin软件不断更新，功能已非常强大。目前Origin绘图软件已成为主流且热门的科技绘图及数据分析软件。

2024年4月，Origin 2024升级发行，相较于之前的版本，其在功能上有了更大的提升，主要特点如下。

（1）支持深色模式

Origin 2024软件的新版本支持深色模式，包括对界面和窗口可以分别设置深色模式、内置多个深色模式主题、用于切换深色模式和其他常见任务的深色模式工具栏、为特定窗口类型的单个窗口切换暗模式、自定义图表页面的背景颜色、深色模式下图表的不同颜色反转级别、自定义深色模式颜色映射，以及导出或复制图表时选择或不选择应用深色模式。

（2）拖动更改绘图轴刻度范围

新增了两种交互式调整坐标轴刻度的新方法。

一是先单击坐标轴，然后单击并拖动轴末端的红点以设置起始值和终止值。光标指示新刻度值的位置。按空格键可以更改光标大小，按TAB键可以切换拖动速度。

二是在缩放和平移模式下，将鼠标悬停在图层边缘上，并拖动光标更改轴范围，同时具有实时绘图的效果。

在上述两种方法中，当拖动光标到主刻度附近时放开鼠标左键，将自动定位到该主刻度。

（3）基于工作表的浏览器绘图

基于工作表的浏览器绘图可以轻松可视化多个工作表中的数据，包括：从一个工作表中的数据列创建图表；使用页面的浮动工具栏按钮打开基于工作表的浏览器；在浏览器面板中，列出项目中有类似数据结构的其他工作表；从面板中选择任意工作表以更新绘图。

（4）支持二进制数据

为了测试和测量数据的状态信号，引入了新的二进制数据类型。这种类型的数据可以将具有两个离散数值或文本值的列转换为二进制列，数据转换为0或1。在图表中以阶梯线样式自动绘制二进制列。当使用多个其他模拟信号进行绘图时，二进制数据曲线将按其他图的平均Y范围值进行缩放，以更好地表示图形。

（5）统计过程控制

此版本引入了一款具有统计过程控制功能的免费App。该App包括能力分析（正态变量、非正态变量、属性变量）、过程监控（正常过程、过程之间/之内、非正常过程）及控制图（个别变量图表、子组的变量图表、属性图表、时间加权图表）功能。这些功能可以帮助用户进行统计分析和过程控制。

（6）显示状态栏上的有用信息

根据工作表上的选择，状态栏上会显示更多信息，包括列数据类型［如Real(4)等］、选择的数据范围及内置颜色编号的HTML颜色代码。这些信息可以帮助用户更好地了解和管理他们在工作表中选择的数据。

（7）新增2种绘图类型

此版本添加了2种新的绘图类型：网格地图、分块热图。

（8）新增8款Apps

新版本新增了以下Apps。

- Statistical Process Control PRO
- WIFTI Slicer PRO
- Design of Experiments (Updated) PRO
- Youden Plot
- Power Spectral Density PRO
- Poisson Regression PRO
- Generalized Additive Model PRO
- Asymmetric Correlation Matrix

OriginPro是Origin的专业版，包含了Origin所有的基础功能，同时具有更加丰富、专业、强大的功能。例如，在3D拟合、峰拟合、曲面拟合、统计分析、信号处理等方面集成了Origin不具有的某些高端绘图模板。因此，OriginPro、Origin分别为专业版、基础版，即使是Origin基础版也具有非常强大的常规绘图和数据处理与分析功能。

本书以Origin 2024（OriginPro 10.1b）为基础，精选近100个绘图实例，系统介绍并演示了Origin绘图与数据处理操作；同时，结合科技期刊插图规范，评析了常见绘图的设计与优化方法。该书所涉及的基本知识和绘图功能均适用于Origin和OriginPro 2018～2023版本，但某些高端绘图功能不适用于低版本。另外，本书不介绍软件的下载、安装等简易内容，若有软件下载、安装等方面的技术问题，可以通过加入Origin官方交流社群或借助网络搜索获得解决方法。

1.1 Origin的目录结构

在Windows系统下，可以安装多个不同版本的Origin，每个版本均可以独立使用。所有版本的Origin都会默认安装在“C:\ProgramFiles\OriginLab\”目录下（当然也可以自定义安装到非系统盘），各版本分别以“Origin20××”格式为子目录。例如，Origin 2024的安装目录为“C:\ProgramFiles\OriginLab\Origin2024”。

该安装目录下有25个子目录及800多个不同类型的文件，如图1-1（a）所示。Samples目录用于存放数据分析和绘图的样例文件，Localization目录用于存放帮助文件，FitFunc目录用于存放拟合函数，Themes目录用于存放主题文件。

用户自定义的模板文件、主题文件及自定义拟合函数将存放在用户目录下。这些目录中常用的可以通过“系统路径”查看，包括User Files Folder（用户文件夹）、Autosave（自动保存）等，如图1-1（b）所示。

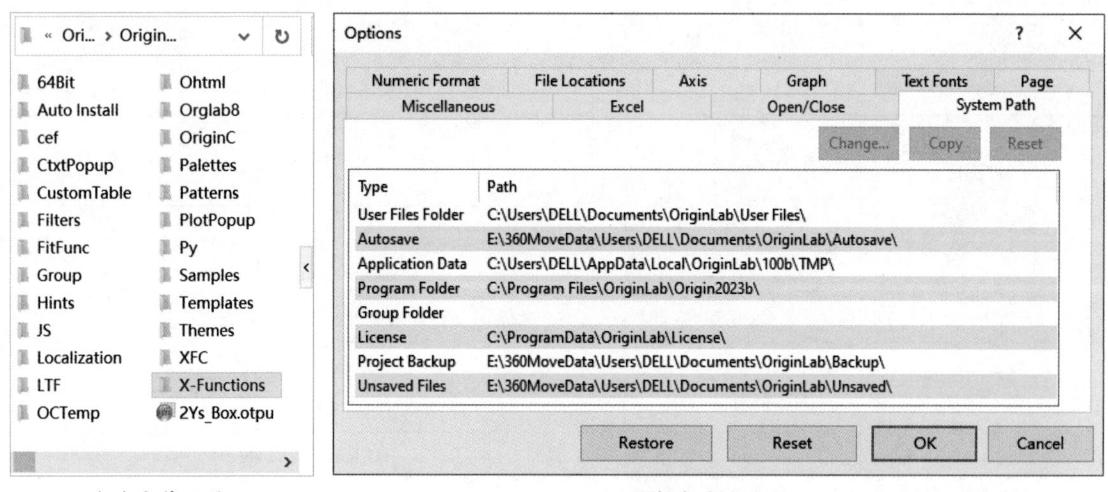

（a）安装目录　　　　（b）系统路径

图1-1　安装目录和系统路径

1.2 Origin的文件类型

Origin软件的文件类型有项目文件、窗口文件、Excel工作簿、模板文件、主题文件、过滤文件、函数文件、编程文件、打包文件和配置文件。随着Origin版本的升级，文件扩展名也发生了变化。例如，Origin早期版本的项目文件以“.opj”为扩展名，但从Origin 2018开始，项目文件名以“.opju”为扩展名。Origin 2024文件类型如表1-1所示。

表1-1 Origin 2024文件类型

文件类型	文件扩展名	说明
项目文件	opj/opju	项目文件
窗口文件	ogw/ogwu	多工作表工作簿窗口
	ogg	绘图窗口
	ogm	多工作表矩阵窗口
	txt	记事本窗口
Excel工作簿	xls/xlsx	嵌入Origin中的Excel工作簿
模板文件	otw/otwu	多工作表工作簿模板
	otp/otpu	绘图模板
	otm/otmu	多工作表矩阵模板
主题文件	oth	工作表主题、绘图主题、矩阵主题、报告主题
	ois	分析主题、分析对话框主题
过滤文件	oif	数据导入过滤器文件
函数文件	fdf	拟合函数定义文件
编程文件	ogs	LabTalk Script语言编辑保存文件
	c	C语言代码文件
	h	C语言头文件
	oxf	X函数(X-Function)文件
	xfc	由编辑X函数创建的文件
打包文件	opx	Origin打包文件
配置文件	ini	Origin初始化文件
	cnf	Origin配置文件

通常，大多数软件都具有“向下兼容”的特性，高版本的软件可以打开用较旧版本软件创建的文件，但较旧版本的软件可能无法打开由高版本软件创建的文件。在日常科研交流中，我们通常需要将绘图项目文件发给其他人，但可能由于双方使用的计算机系统或软件版本不同，从而导致文件的显示效果不一致或无法查看。这种情况需要特别注意。为了确保信息的准确传递和有效沟通，可以用以下四种方法解决这一问题。

方法一：导出PDF文件。

方法二：另存为低版本OPJ文件。单击菜单中的“文件→项目另存为”，在对话框中单击“保存类型”按钮，选择“项目旧版格式(*.opj)”。

方法三：通过安装Origin Viewer程序来查看Origin项目文件。

方法四：在macOS操作系统中，可以在开启虚拟机并安装Windows系统后，在虚拟系统中安装Origin软件。

Origin Viewer程序可以从Origin官方网址下载，仅占用30 MB的磁盘空间，能在Windows或macOS操作系统下运行，能将OPJU文件转换为OPJ文件。

1.3 Origin中英文版切换

Origin软件在安装后，可以通过菜单设置中文版或英文版。在软件功能上，中文版和英文版完全一样，只是语种界面的一种切换，用户可以根据自身的语言喜好随意切换。

Origin软件安装后默认为英文版，若需要切换为中文版，可单击菜单“Help”选择“Change Language”。如图1-2所示，在打开的对话框中选择“Chinese”，同时选中“Use English in Reports and Graphs”复选框，可以只将软件界面更改为中文，而报告和图表仍然保持为英文。

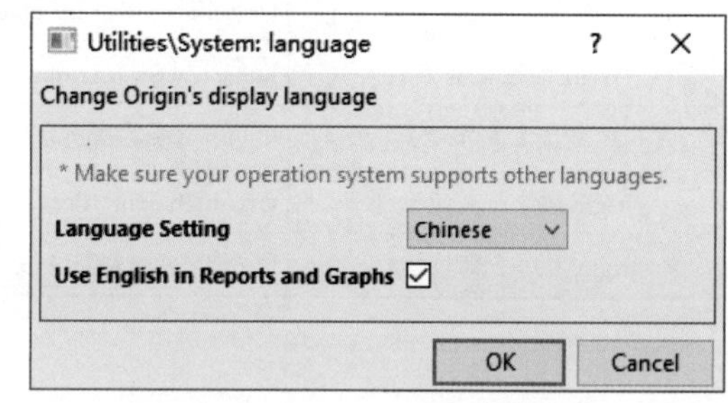

图1-2 Origin中英文版切换

1.4 Origin的帮助菜单

Origin程序菜单“Help（帮助）”（见图1-3）为不同层次用户提供了丰富的教程、参考资料、说明文档及各类论坛与社交平台链接。这些资源可以帮助您迅速提升Origin绘图技能，从案例中找到灵感，为论文插图的优化设计提供思路。

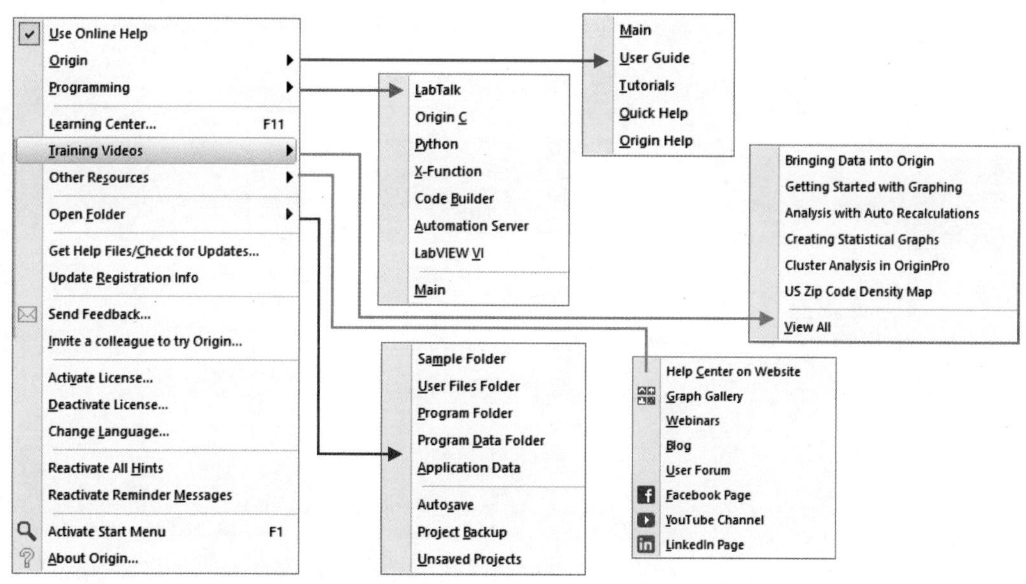

图1-3 Origin的帮助菜单

Origin网站提供了丰富的在线服务和技术支持（见表1-2），包括产品说明书、常见问题、Origin教学视频、不同专业Origin案例及Origin绘图优秀案例等，供不同专业的研究工作者借鉴和参考。

表1-2 Origin在线资源网址

信息资源	网 址
产品说明书	Originlab.com/doc
常见问题	Originlab.com/HelpCenter
Origin教学视频	Originlab.com/Videos
不同专业Origin案例	Originlab.com/CaseStudies
Origin绘图优秀案例	https://www.originlab.com/www/products/graphgallery.aspx
最新版本发布信息	https://www.originlab.com/releasenotes
Origin插件与交换文件	Originlab.com/fileexchange
Origin用户手册（中文）	https://www.originlab.com/doc/en/User-Guide?olang=C

02 第2章 Origin基础

Origin软件在专业绘图和数据分析方面功能强大。Origin集成了166种绘图模板，包括基础二维图形、柱状图、饼图、面积图、多面板多轴图、统计图表、等高线图、专业科学图形、分组图、三维图形及函数图等。Origin内置了一系列强大且丰富的数据处理与分析工具，涵盖数据整理、计算、统计分析、傅里叶变换、多种数值拟合方法、曲线的多峰拟合等，还拥有强大的自定义函数绘图及拟合功能。此外，Origin提供了多样化的编程环境，包括Origin C、LabTalk、X-Function、Python和R语言等，给用户提供了无限的扩展空间。这些编程环境不仅增强了软件的灵活性，也使得用户能够根据自己的需求进行定制化的图形绘制，极大地提升科研工作的效率和深度。

2.1 Origin软件界面

2.1.1 Learning Center窗口

“Learning Center（学习中心）”窗口（见图2-1）为用户提供了最新的绘图示例、分析示例和学习资源。浏览这些示例的效果图，可以找到相近的模板，从而激发绘图灵感。

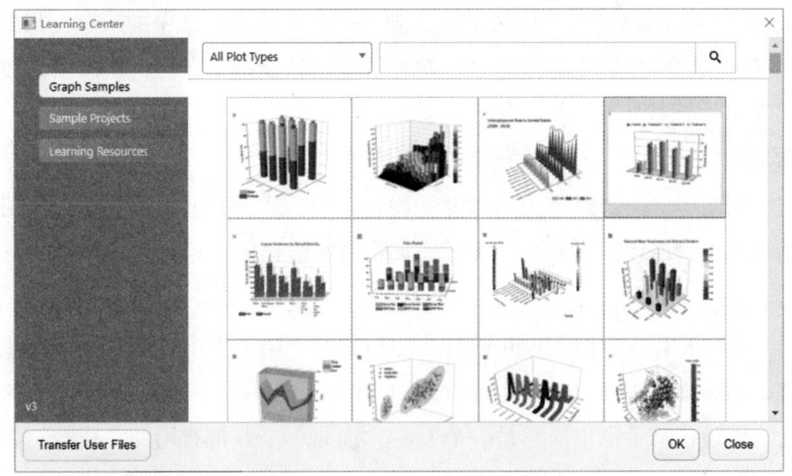

图2-1　Learning Center窗口

Learning Center 窗口的打开方法：单击菜单“Help（帮助）→ Learning Center”或按快捷键“F11”。

2.1.2 Origin主窗口与子窗口

Origin 2024 软件的界面（见图2-2）包括：①菜单栏、②状态栏、③工具栏、④Project Explorer（项目浏览器）、⑤Object Manager（对象管理器）、⑥Apps（应用插件）、⑦各类子窗口、⑧Messages Log（消息日志）、⑨Start Menu（开始菜单）。

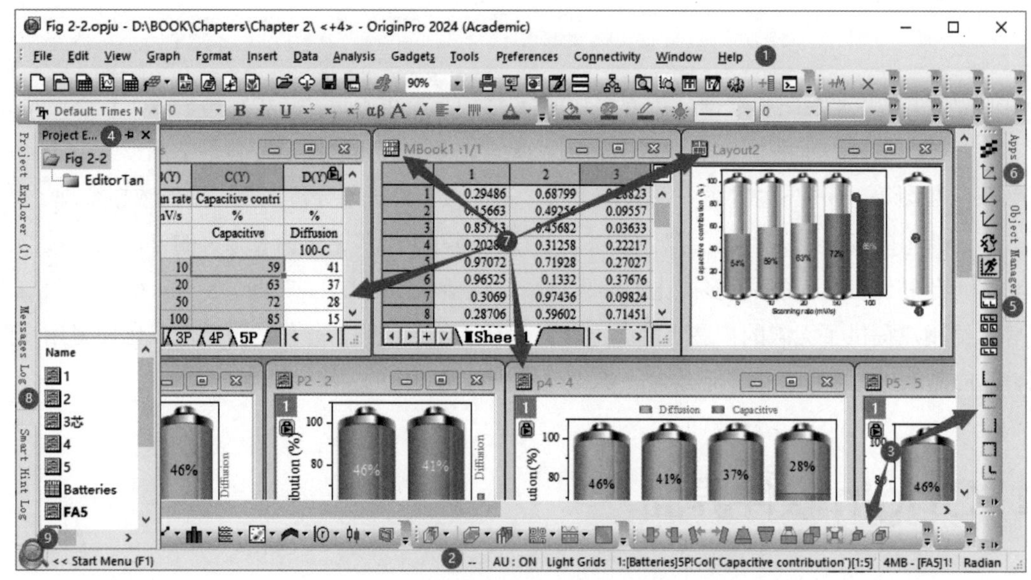

图2-2　Origin 2024软件界面

在“Project Explorer（项目浏览器）”中可以创建子目录，每个子目录中还可以创建工作簿和绘图，也可以将某个子目录下的项目对象拖动到项目浏览器的其他子目录中，实现分组、分类管理，避免当前工作区中的窗口过于零乱。

“Object Manager（对象管理器）”以树形模式列出了当前绘图窗口中的每个图形对象（散点、柱图、曲线等），可单击某个对象“移除组”进行单独设置，从而避免在群组状态下修改某个对象时其他对象一起跟随变化，而不至于“牵一发而动全身”。

“Layout（布局窗口）”也称为“布局排版”，用于定义页面尺寸，将已绘制的图、表、照片、公式、文本等排在一张图中，一键对齐图形和设置均匀间距，从而导出高分辨率的位图或矢量图，这在 SCI 论文跨两列的组合图中非常实用。利用布局窗口排版组图，可以不用借助第三方软件进行排版组图。

“Start Menu（开始菜单）”位于Origin软件主窗口的左下角，单击红球后会弹出快捷菜单，包括最近使用的文件、Apps和查找。2020及以后的版本新增了“开始”菜单，Origin 2022之后的版本在红球上装饰蓝色放大镜，暗示用户这不是一个 Logo，而是一个非常有用的“开始”菜单按钮。

“Status Bar（状态栏）”位于程序窗口的底部，可以显示运行状态，统计当前窗口的主要信息。

例如，当工作簿窗口处于激活状态时，状态栏将显示平均值、求和、计数、文件大小、工作簿及表格名称等信息；当绘图窗口被单击时，状态栏将显示数据来源、窗口名称、文件大小等信息。

Origin 程序界面的其他组成部分及相关细节将在后续章节的案例绘图操作中进行介绍。

2.2 Origin菜单栏

Origin 软件的菜单是依据激活窗口的类型而动态变化的。例如，激活工作簿窗口后的菜单不同于激活绘图窗口后的菜单。不同激活窗口对应的主菜单栏结构如下。

工作簿（Workbook）

File Edit View Data Plot Column Worksheet Restructure Analysis Statistics Format Tools Preferences Connectivity Window Help

绘图（Graph）

File Edit View Graph Format Insert Data Analysis Gadgets Tools Preferences Connectivity Window Help

矩阵簿（Matrix）

File Edit View Data Plot Matrix Format Image Analysis Tools Preferences Connectivity Window Help

排版布局（Layout）

File Edit View Layout Insert Format Tools Preferences Connectivity Window Help

记事本（Notes）

File Edit View Notes Tools Preferences Connectivity Window Help

对于初学者来说，这种动态变化的菜单可能有一定的难度，尤其是在尝试寻找特定子菜单时可能会感到困惑。这是因为当前激活的窗口并非用户接下来操作的目标窗口。为了激活一个窗口，用户只需简单地单击那个子窗口。在界面上，激活的窗口边缘有一个紫色的高亮边框（见图2-3），这样的视觉提示有助于用户快速识别并切换到正确的工作窗口。

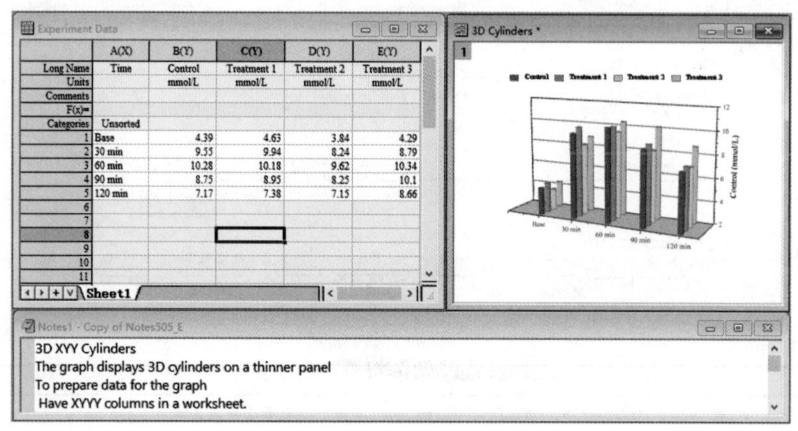

图2-3　激活窗口与非激活窗口

2.3 Origin工具栏

Origin的工具栏非常丰富，涵盖了常用的分类功能，为用户操作提供了极大的便利。虽然工具栏的功能与菜单栏有所重叠，但它同时也整合了菜单栏中常用的子菜单功能，并具备人性化的悬停提示功能。这样一来，用户在操作过程中可以轻松理解每个按钮的作用，进而提高工作效率。

工具栏类似于收纳盒，可以容纳按钮组。用户可以拖动工具栏左端头部到想要安放的位置，但建议非必要不调整，也可以通过单击菜单“View（查看）→Toolbars（工具栏）”进行自定义设置（见图2-4）。

为方便检索，本节整理了Origin 2024工具栏解析图（见图2-5），以帮助读者快速找到对应的工具按钮。

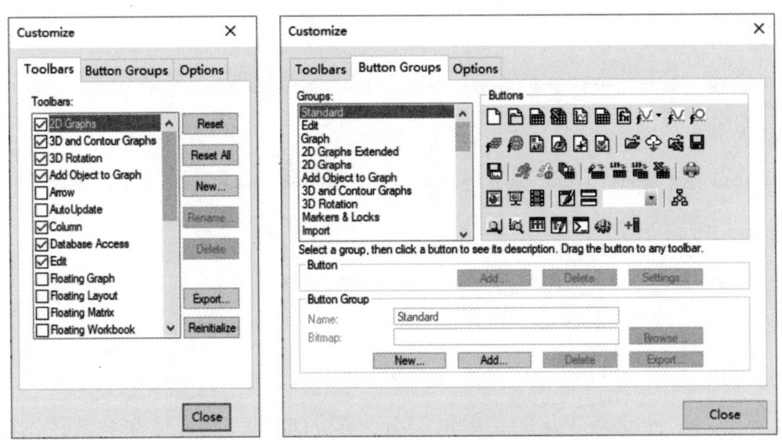

（a）工具栏设置　　（b）按钮组的选择

图2-4　工具栏的自定义设置

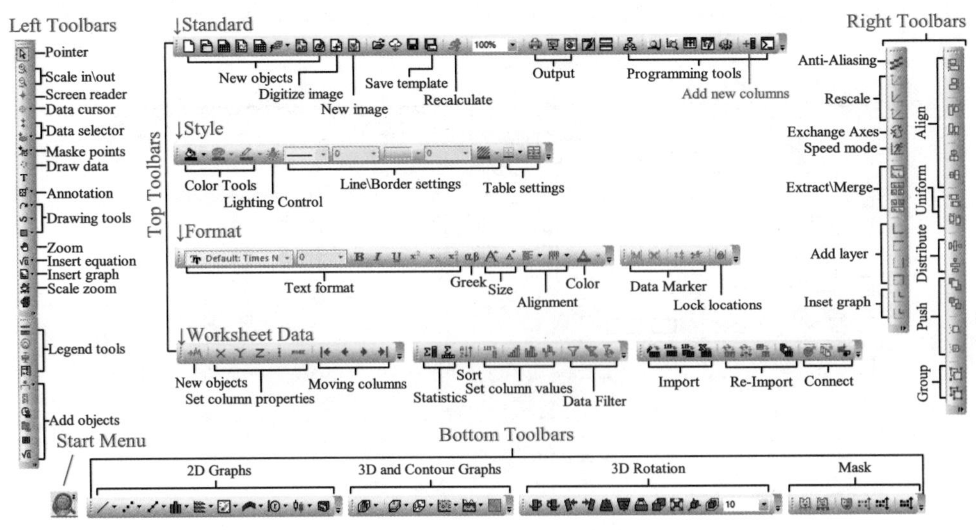

图2-5　Origin 2024工具栏解析图

2.4 我的第一张图

2.4.1 用函数公式绘制图形

本小节将通过一个有趣的函数公式绘制我的第一张图。主要目的是了解绘图工作表的结构和函数创建数据的过程，初步感受Origin绘图软件的魅力。

例1：已知函数

$$\begin{cases} x = 16\sin^3 i \\ y = 13\cos i - 5\cos(2i) - 2\cos(3i) - \cos(4i) \end{cases}$$

其中，$i \in \mathbf{N}$。绘制 i=[1,500] 区间的函数图像。

解析：直角坐标系上绘制的点均有坐标(x,y)，只需通过实验或函数获得多组x、y列数据，即可在坐标系中绘制出图像。参数方程中x和y均为i的函数，可以创建2列数据(x,y)。

步骤一 从函数创建数据设置列值。运行Origin程序，按图2-6所示的步骤，在空白工作簿Book1中①处A标签上右击，选择②处的“Set Column Values（设置列值）”打开对话框。将③处的“Row(i)（行号）”设置为1到500，在④处的公式框中输入“16* (sin(i))^3”，单击“OK（确定）”按钮即可创建A(X)列的值。按相同的步骤输入公式“13* cos(i)-5* cos(2*i)-2*cos(3*i)-cos (4*i)”，创建B(Y)列的值。

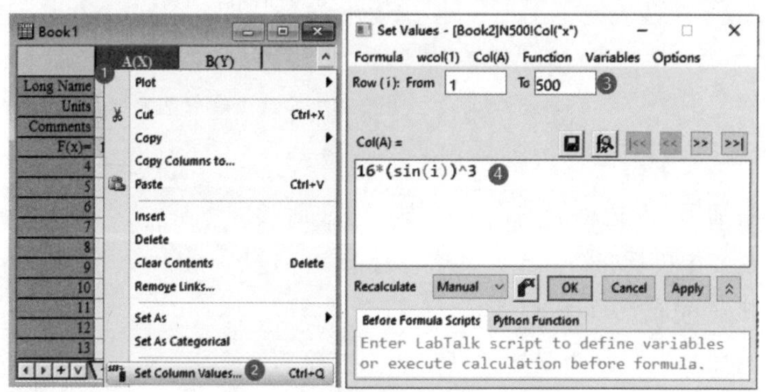

图2-6 从函数创建数据设置列值

步骤二 选择x,y列数据绘制点线图。按图2-7所示的步骤，单击表格左上角①处全选数据，或按下A列标题栏从A到B列拖选。单击下方工具栏②处的“点线图”工具，即可绘制③处所示的黑白二维线图。

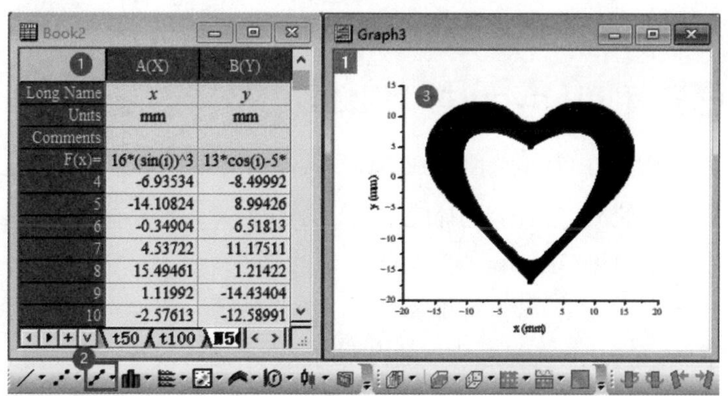

图2-7 选择x,y列数据绘制点线图

双击二维线图中的黑色散点，打开“Plot Details-Plot Properties（绘图细节-绘图属性）”对话框，按图2-8（a）所示的步骤，进入①处的“Line（线）”选项卡，单击②处的“Color（颜色）”下拉框，

选择③处的“By Points（按点）”标签，单击④处的“Color Mapping（颜色映射）”下拉框，选择颜色来源于“Col(A)”。按图2-8（b）所示的步骤，进入①处的“Symbol（符号）”选项卡，单击②处的“▼”按钮选择符号列表中左下角的球形符号，修改③处的“Edge Color（边缘颜色）”为“Auto（自动）”，单击“OK（确定）”按钮。

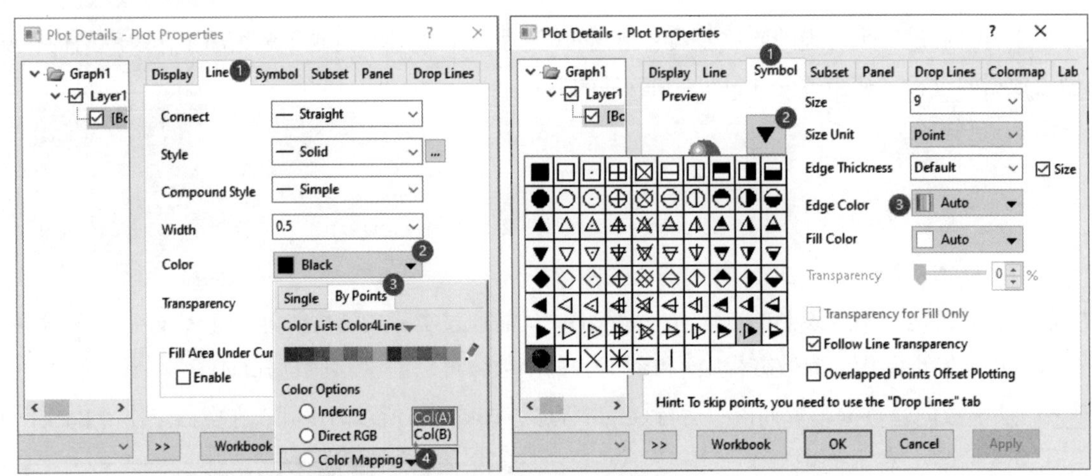

（a）按点修改颜色映射　　　　（b）设置球形符号

图2-8　按点修改颜色映射与设置球形符号

关于图中文本格式（如字体、字号、粗细等）及边框线的详细设置，将在后续章节中进行介绍，此处省略。对于有一定基础的读者，可以根据需要自行尝试修改。例如，想要修改某处，只需双击该位置，然后在弹出的设置窗口中进行相应的调整。最终得到如图2-9所示的效果图。

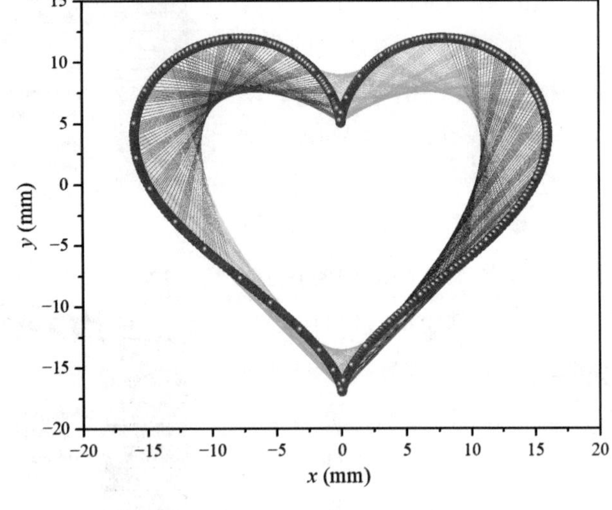

图2-9　我的第一张图

2.4.2 利用Layout排版组合图

在撰写科技论文时经常需要插入组合图，大多数人往往会选择使用第三方的软件（如Adobe Illustrator等）对单个绘图、公式、电镜照片等进行排版组合，而忽视了Origin软件中Layout窗口的强大功能。下面将以爱心曲线图为例，简单展示Layout的魅力所在。

例2：从例1的爱心曲线图“创建副本”，将点线图分别修改为线图、点图，利用Layout排版组合图（见图2-10）。

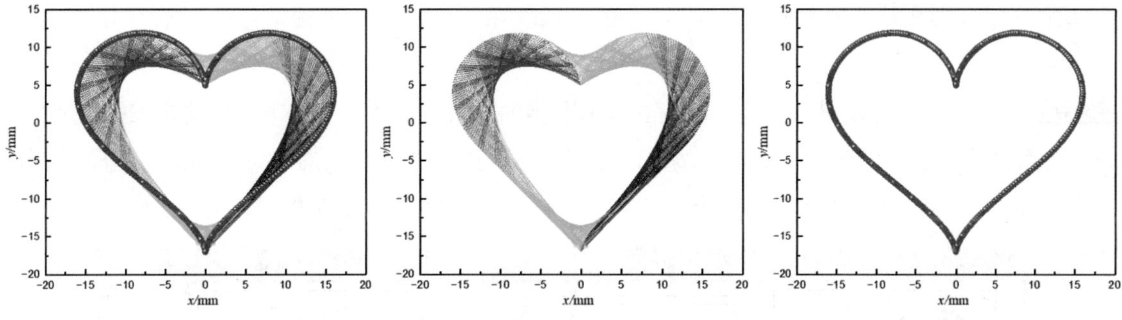

图2-10 利用Layout排版组合图

解析：二维图的组合有两种方法。一种方法是利用右边工具栏的“Merge（合并）”对当前打开的绘图进行合并；另一种方法是利用上方工具栏的“New Layout（新建布局）”进行所见即所得式的排版操作。对于三维或专业绘图，第一种方法不可用，通常采用第二种方法。下面以“新建布局”为例演示具体步骤。

步骤一 创建副本。在绘图窗口标题栏右击，选择“Duplicate（创建副本）”，如图2-11（a）所示，操作2次，创建2个与原图完全一样的绘图副本；分别单击绘图副本窗口激活，再分别单击下方工具栏的线图按钮和点图按钮，即可得到包括原图在内的、大小规格一模一样的3张绘图。

步骤二 新建布局。单击上方工具栏的“New Layout（新建布局）”，如图2-11（b）所示。

步骤三 复制页面。分别在绘图窗口标题栏右击，选择“Copy Page（复制页面）”（或按快捷键“Ctrl+J”），如图2-11（c）所示，在布局页面右击，选择“Paste Link（粘贴链接）”，即可在布局窗口中插入3张绘图。

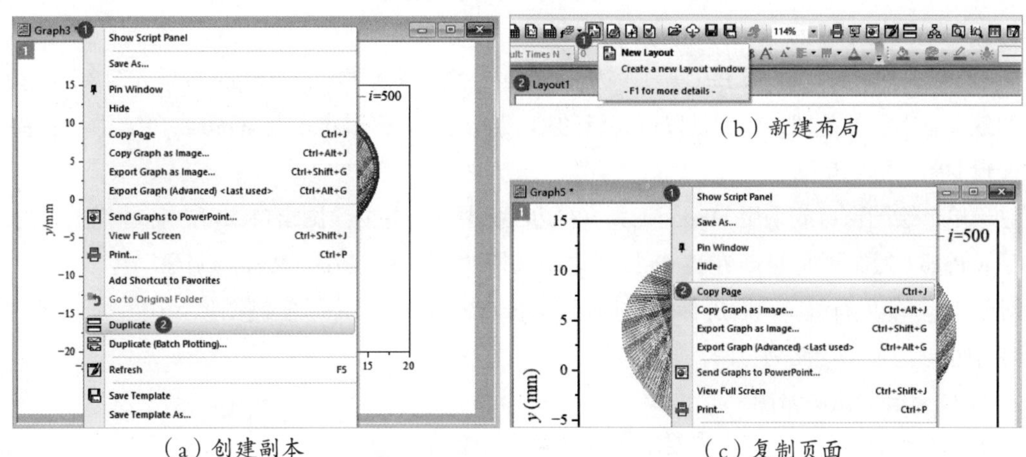

（a）创建副本 （b）新建布局 （c）复制页面

图2-11 创建副本、新建布局、复制页面

步骤四 调整尺寸。首先双击Layout页面外的灰色区域，在“Plot Details - Plot Properties（绘图细节-绘图属性）”对话框中修改尺寸，宽度约为高度的3倍。然后调整Layout布局中3张绘图为统一规格，拖动句柄调整好第一张图的尺寸，在该图上右击选择“Copy Format-All（复制格式-所

有）”，分别在其他图上右击选择“Paste Format（粘贴格式）”，并拖动调整3张绘图到适当的位置。

步骤五 二步排版。拖动鼠标框选（或按下“Ctrl”键的同时依次单击）3张绘图，按图2-12所示的步骤进行操作。单击①处的“Horizontal（水平）”按钮，以第一个图的中线为基准对齐所有绘图。单击②处的“Distribute Horizontally（水平分布）”按钮，即可均匀间距。

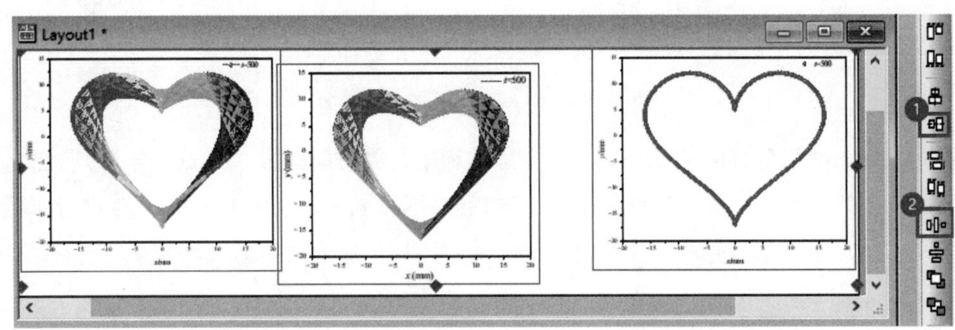

图2-12 二步排版快速居中对齐、均匀间距

2.4.3 导出Origin绘图

在实际的科研活动中，由于图像的使用场景各异，对输出图像的要求不同，因此导出绘图的方法也不同。常见的图像输出方法主要有两种：一种是作为Word或PPT导出，另一种则是将其转换为绘图文件（如位图、矢量图）。

例3：以例1的绘图为例，演示Origin绘图的几种导出方法。

1. 向 Office 软件中插入 Origin 绘图

向 Office 软件（如Word 或 PPT 等）中插入Origin 绘图有两种方式：“Origin Project 对象”、位图。两者的效果有本质的差别，前者是以可编辑的 Origin 绘图对象形式嵌入 Word或PPT 中，后者是以不可编辑的图片形式粘贴。

对于单个绘图窗口或采用 Merge 工具（右边工具栏）合并的绘图窗口，可在标题栏上右击，选择“Copy Page（复制页面）”，在Word 或PPT 中选择性粘贴为“Origin Project 对象”。

对于 Layout 布局窗口，右击标题栏选择“Copy Graph as Image（复制图形为图片）”，在 Word 或 PPT 中粘贴，所得绘图为位图。

2. 从 Origin 导出矢量图

大多数科技期刊在投稿指南中要求作者将稿件与绘图文件分开上传。在这种情况下，我们需要提供高清晰度和高质量且可编辑的矢量图。常见的矢量图文件的扩展名为“.eps”和“.pdf”。其中，PDF是一种可以查看的矢量图，但在Word中无法直接插入。

单击例2 中的Layout 组合图或单个绘图激活窗口，单击菜单“File（文件）→Export Graphs (Advanced)[导出图(高级)]”，打开“Export Graphs (Advanced)[导出图(高级)]”对话框（见图2-13）。选择“Image Type（图像类型）”为“Portable Document Format(*.pdf)（便携式文档格式）”，

选择"Path（路径）"为"Project Folder（项目文件夹）"，单击"OK（确定）"按钮。

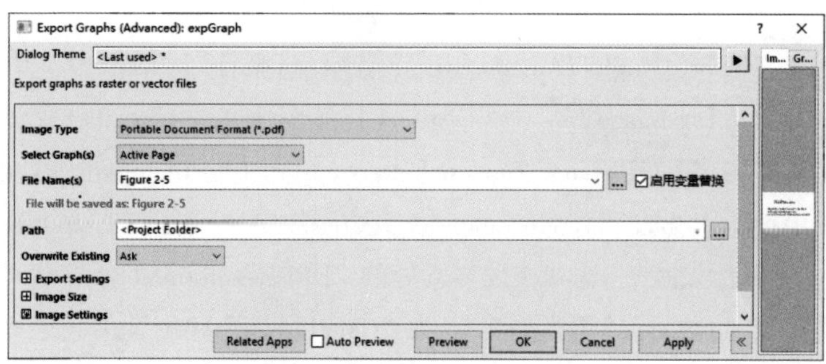

图2-13　导出PDF矢量图

3. 从 Origin 导出位图

TIFF是一种位图文件格式，是科技期刊通用的插图文件类型。在某些情况下，无法导出矢量图或导出矢量图时图形显示不全，可以导出为TIFF位图格式。

期刊通常要求TIFF位图的分辨率不低于300 DPI，但对于不同类型的图，印刷级最低分辨率要求也各不相同（见表2-1）。

表2-1　印刷级最低分辨率要求

绘图分类	最低分辨率（DPI）	绘图分类	最低分辨率（DPI）
彩色图	300	组合图	500
黑白图	1200	线条图	1000

导出矢量图时无须设置分辨率，但导出位图时，需要留意分辨率的设置。导出位图有两种方式：基本和高级。

（1）导出图（基本）设置

激活绘图窗口，单击菜单"File（文件）→Export Graph（导出图）"（见图2-14），在弹出的"Export Graph（导出图）"对话框中，单击①处的"Image Type（图像类型）"选择"TIFF"，取消选择"Width in Pixels（像素宽度）"后②处的"自动"复选框，单击③处的"DPI"下拉框，选择"300"，单击"OK（确定）"按钮。

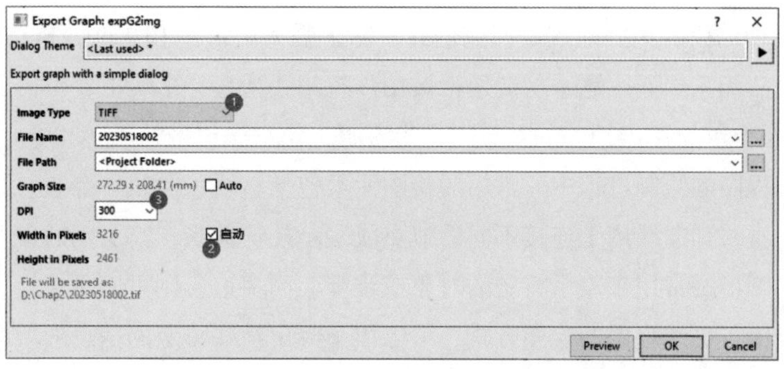

图2-14　导出图（基本）设置

（2）导出图（高级）设置

激活绘图窗口，单击菜单“File（文件）→Export Graphs (Advanced)[导出图(高级)]”（见图2-15），在弹出的“Export Graphs (Advanced)[导出图(高级)]”对话框中，单击①处的“Image Type（图像类型）”选择“Tag Image File（*.tif,*.tif）（标签图像文件）”，单击②处的“Graph Theme（图形主题）”选择所需主题［如Physical Review Letters（期刊主题）］，单击③处的“Export Settings（输出设置）”选项，单击④处的“Margin Control（页边距控制）”选择“Tight（紧凑）”项，单击⑤处的“Image Settings（图像设置）”选项，设置⑥处的“DPI Resolution（分辨率）”为“300”，必要时按要求设置⑦处的“Color Space（色彩空间）”为“CMYK（四色印刷模式）”，单击“OK（确定）”按钮。

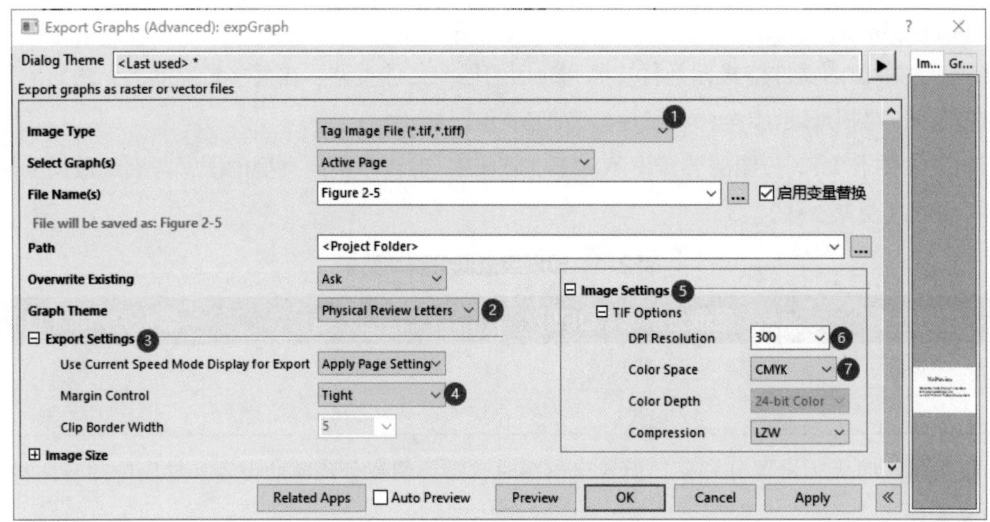

图2-15　导出图（高级）设置

2.5 Origin手绘示意图

在科研绘图中，示意图和流程图的重要性不言而喻。它们能够清晰地展示实验设计、数据处理流程和研究结果，帮助读者更好地理解研究内容。除了强大的绘图和数据分析功能外，Origin软件还具有出色的手绘功能。然而，这一功能通常被用户忽略或遗忘。事实上，不需要借助第三方绘图软件，Origin软件也能够绘制出精美的示意图，为科研工作增添更多的美感和专业性。

在示意图和流程图的绘制过程中，常用的绘图元素包括直线、曲线、箭头、矩形、圆形、多边形及手绘曲线等。直线和曲线用于连接不同的节点或表示趋势关系，箭头则通常用于表示方向或流程的流动。矩形和圆形通常用来表示特定的对象或步骤，而多边形则可以用于绘制复杂的区域或边界。手绘曲线则提供了更加自由的绘图方式，可以用于突出某些特定的信息或增添图表的美感。这些绘图元素的使用，能够使示意图和流程图更加生动。

2.5.1 Origin手绘基本功

例4：利用Origin的绘图工具绘制各类箭头图形，训练手绘示意图的基本功。下面按图2-16所示的步骤编号，分别演示各种图形元素的绘制过程。

单击①处“New Layout（新建布局）”按钮可打开②处所示的Layout1窗口。左边栏③处所示为常用的手绘工具，单击“▼”按钮可展开工具菜单。通过选择相应的绘图工具，可以绘制所需的图形元素。

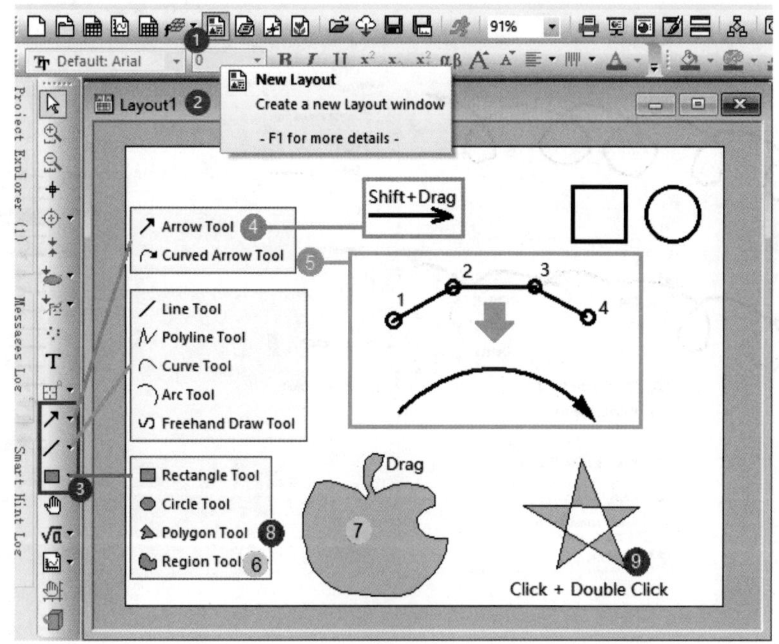

图2-16　Origin手绘工具

（1）绘制直线箭头

选择④处的“Arrow Tool（箭头工具）”，在布局窗口中按下鼠标可向任意方向拖出一个箭头。如果需要绘制水平或垂直箭头，需要按下“Shift”键，同时沿水平或垂直方向拖动鼠标。

（2）绘制弧形箭头

选择⑤处的“Curved Arrow Tool（弧形箭头工具）”，在绘图窗口中采用“四点定位法”，即从起点1开始，沿着目标方向单击鼠标4次，即可实现弧形箭头的绘制。

（3）绘制封闭区域

选择⑥处的“Region Tool（区域工具）”，在绘图窗口中，按下鼠标拖动画出图形，释放鼠标即可完成绘图，如⑦处所示。

（4）绘制多边形

选择⑧处的“Polygon Tool（多边形工具）”，多次单击，待绘图完成时，双击鼠标结束图形的绘制，如⑨处所示。与此类似，“Polyline Tool（多边形线工具）”也是以双击鼠标结束图形的绘制。

（5）绘制任意曲线箭头

对于非封闭区域的绘图工具，都可以在线的两端添加箭头。这里按图2-17所示的步骤绘制一条螺旋曲线，并在末端添加箭头。选择①处的“Freehand Draw Tool（自由绘制工具）”，从②处按下鼠标并扰动鼠标，绘制一条螺旋线。在螺旋线的③处右击，选择④处的“Properties（属性）”菜单打开“Object Properties-Polyline1（对象属性-多边形线1）”对话框，进入⑤处的“Arrow（箭头）”工具，单击⑥处的“Shape（形状）”下拉框，选择一种箭头类型，单击“OK（确定）”按钮，可得⑦处所示的螺旋箭头。

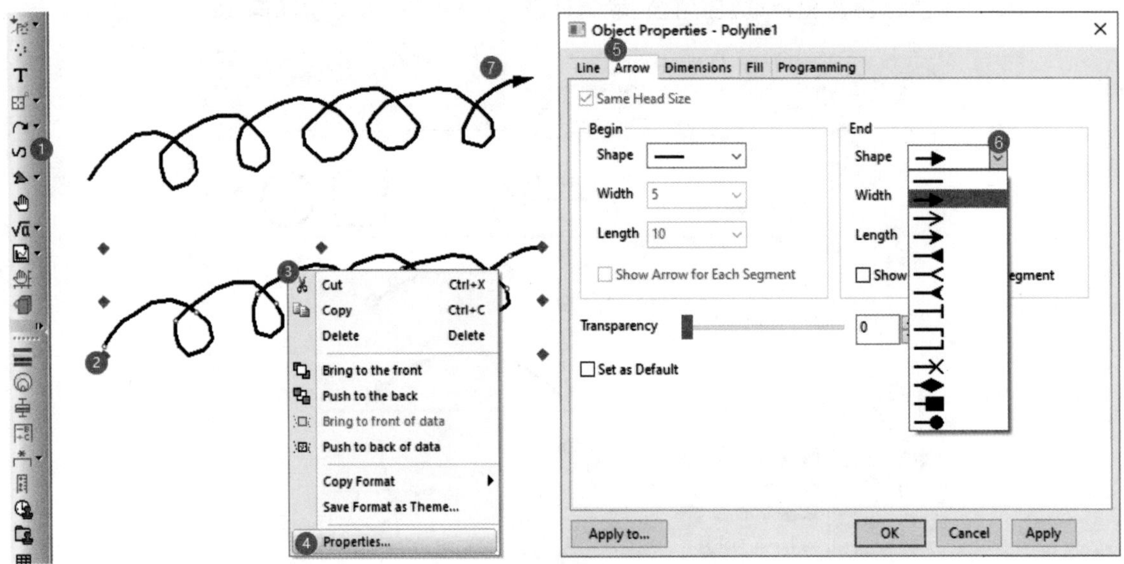

图2-17　螺旋箭头的绘制

（6）按截图描绘图形

通过屏幕截图的方式得到一张闪电符号图片，在绘图窗口中粘贴该图片，然后按图2-18所示的步骤描绘该符号。选择①处的“Polygon Tool（多边形工具）”，分别单击②处所示图形的每个顶点，到结束点时双击，即可完成闪电符号的绘制。

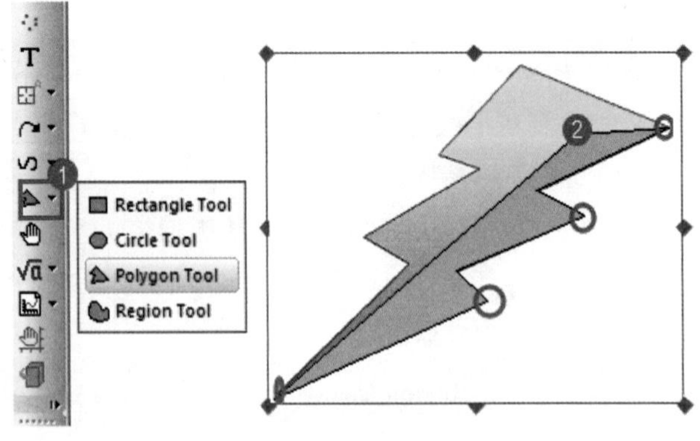

图2-18　按截图描绘简笔画

按图2-19所示的步骤填充渐变色。双击①处的图形打开“Object Properties-Polygon（对象属性-多边形）”对话框，进入②处的“Fill（填充）”工具，分别设置③～⑤处的两种颜色及渐变方向，单击“OK（确定）”按钮，即可得到⑥处所示的闪电符号。

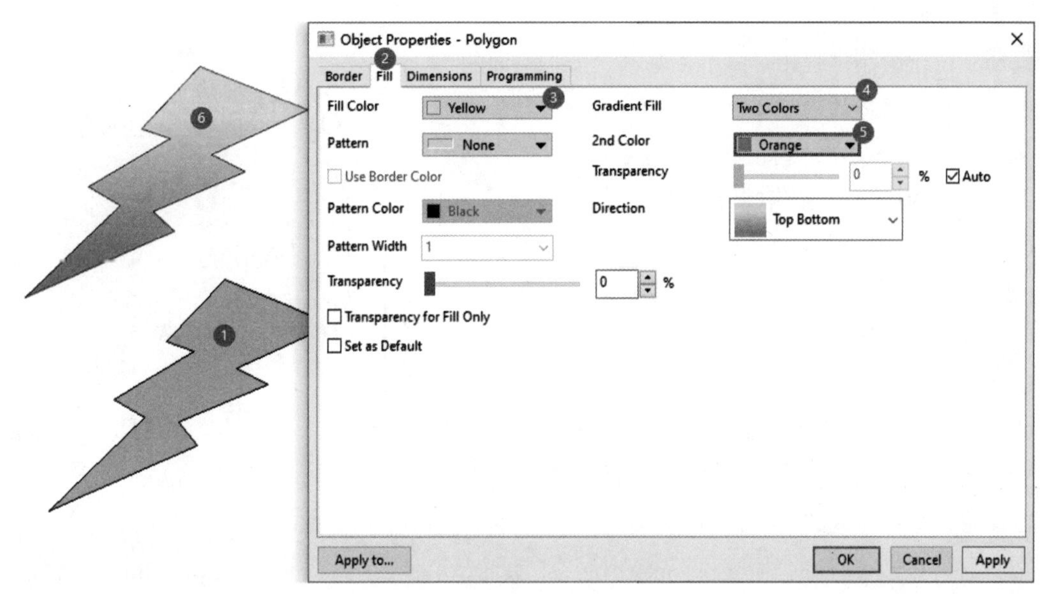

图2-19　图形的渐变填充

（7）调整句柄

通过调整句柄可以对图形进行拉伸或压缩、旋转、倾斜等操作。按图2-20所示的步骤，单击①处的图形，随后利用出现的句柄进行拉伸或压缩调整。单击②处的图形，然后利用出现的句柄进行旋转操作。单击③处的图形，然后利用出现的句柄进行倾斜操作。单击④处的图形，然后利用出现的句柄对某个顶点进行局部调节。经过手绘箭头、填充及调整操作，出现如⑤处所示的各类手绘箭头，可以选择某个箭头图形，复制粘贴到所需绘图中。选择某些绘图元素，按“Ctrl+C”快捷键复制，再按“Ctrl+V”快捷键粘贴，拖动绘图元素到合适位置，并利用句柄进行翻转操作，可以绘制对称图形，如⑥处所示的火柴人图形。

图2-20　图形的调整、各种手绘箭头及火柴人示意图

2.5.2 光催化反应机理示意图

例5：灵活应用前面的手绘基础操作，绘制光催化反应机理示意图（见图2-21）。

解析：由于绘制过程相对简单，基本涵盖了前面的基础操作，因此具体的绘制步骤略去。在绘图中经常需要添加公式符号等文本，利用Origin快捷键可以提高绘图效率。常用的Origin快捷键如下。

（1）Ctrl+M：打开符号工具。

（2）Ctrl+i：斜体。

（3）Ctrl+=：下标。

（4）Ctrl+Shift+=：上标。

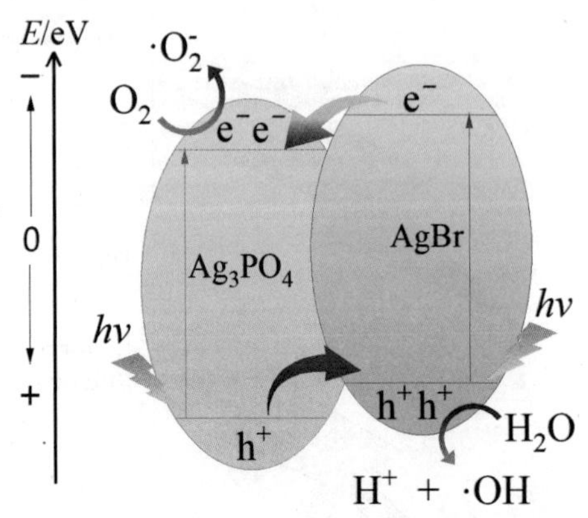

图2-21　光催化反应机理示意图

Origin手绘图形默认会保持纵横比，在进行尺寸调整时会受到一定的限制。按图2-22所示的步骤，右击①处的图形，选择②处的“Properties（属性）”菜单打开“Object Properties-Polygon（对象属性-多边形）”对话框，进入③处的“Dimensions（尺寸）”页面，取消④处的“Keep Aspect Ratio（保持纵横比）”复选框，单击“OK（确定）”按钮。

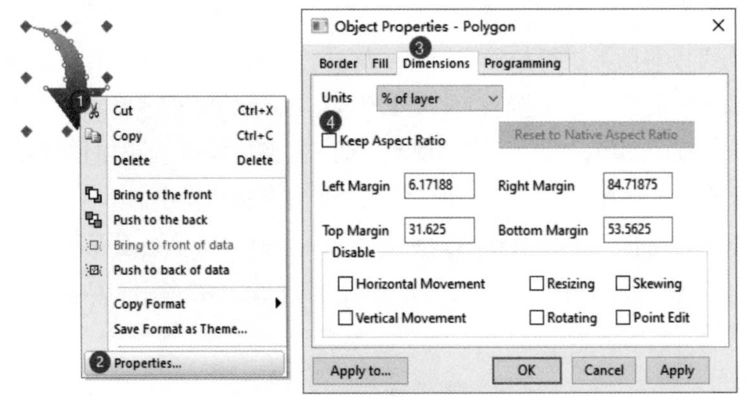

图2-22　取消保持纵横比

PowerPoint（PPT）软件有强大的绘图功能，特别是能绘制精美的箭头等图形，可以从PPT中复制图形，在Origin绘图窗口中粘贴图形。但是PPT图形在Origin中不可编辑，因此，需要先在PPT中旋转好角度或调整好形状，最后复制粘贴到Origin中。

2.6 科技论文插图规范

2.6.1 论文插图的版式要求

以Elsevier通用投稿指南对绘图的要求为例，科技论文中的插图根据其在文章中所占篇幅的不同，可分为3种规格，如图2-23所示。单列图占据1列的宽度（图宽小于90毫米），小宽幅图占据1.5列的宽度（图宽小于140毫米），宽幅图占据2列的宽度（图宽小于190毫米）。具体的宽度取决于各个期刊的版心尺寸要求。不同的期刊对插图规格和插图位置的要求各有差异，因此在投稿之前，需要按照投稿指南中对插图的要求进行修改。例如，有些期刊对组合图的位置有规定，可能需要将组合图安排在某一页的顶部或底部。在论文撰写过程中，应根据图文之间的逻辑关系，合理安排标题级别，必要时可以取消三级标题，将单图合并成组合图。同时，尽量避免跨页、图文之间距离过远，布局要合理、紧凑、美观，以便于阅读。

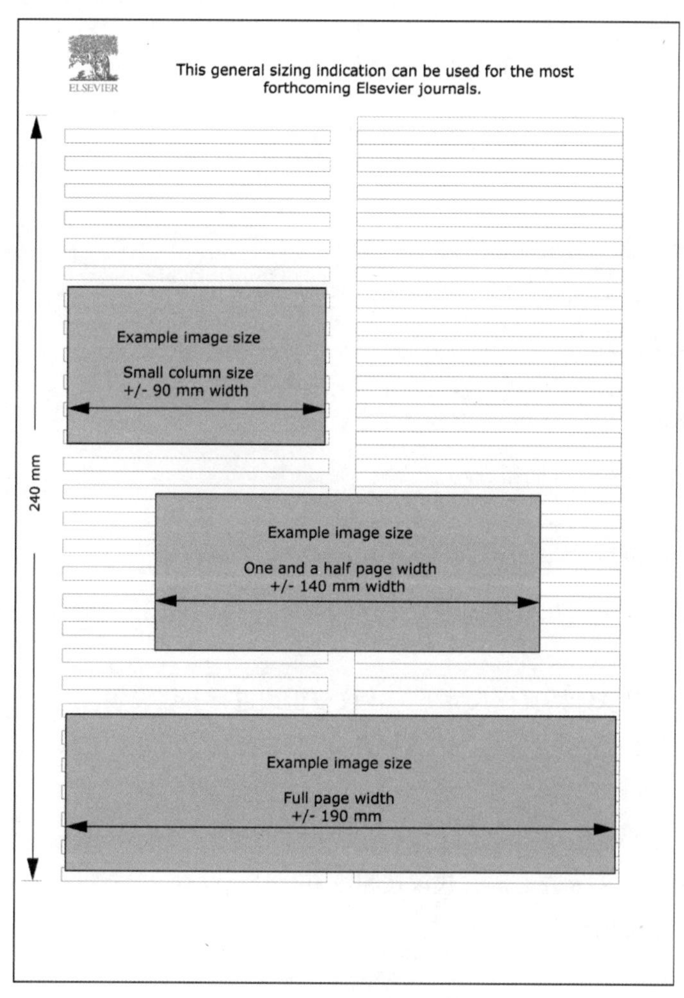

图 2-23　3 种规格的插图

2.6.2 论文插图的分级原则

1. 字体轻重分级

在论文插图中，采用不同字体、字号和颜色的文本标签、坐标轴刻度及标题等，会给读者带来不同的视觉感受。图中的文本元素应有主次之分和轻重之别。如果图中的所有字体、字号和粗细都完全一致，那么这样的插图可能会让读者感到难以抓住重点，从而引发审美疲劳。

在科技论文的数据绘图中，通常包含标目（坐标轴标题）、标值（刻度值）、图例、注释（标识）等元素。这些元素的优先级从高到低依次为标目、标值、图例、注释。在这些元素中，中文文本的“字重”也会随着优先级的降低而逐渐减小。加重字体的主要目的是强调或突出研究结果。

字体的“字重”顺序与字体、字号、粗细等因素有关。例如，同为宋体时，4 号比 5 号重；同为 5 号宋体时，粗体比细体重；同为 5 号字体时，黑体比宋体重，Arial 字体比 Times New Roman 字体重。当综合使用字体、字号时，一般“字重”从重到轻的顺序为 5 号黑体 > 4 号楷体 > 小 5 号黑体 > 5 号宋体。

在 Origin 软件中的默认绘图页面尺寸下，建议按大小进行分级设置。

（1）坐标轴标题为 28.5 磅。

（2）刻度值为 25 磅。

（3）图例为 21 磅。

（4）标识为 18 磅，必要时可加粗。

当单图的页面宽度为 8 cm 左右时，建议按大小进行分级设置。

（1）坐标轴标题为 9 号。

（2）刻度值为 8 号。

（3）图例为 7 号。

（4）标识为 6 号，必要时可加粗。

2. 线条粗细分级

类似于文本字体轻重的分级方式，数据图中的边框线、轴线刻度线、辅助线、垂直线和参照线等元素也有轻重、主次之分。在数据图中，数据的图形对象（如散点、曲线、柱图和饼图等）的边框线通常比辅助对象的边框线更粗。

在 Origin 软件中的默认绘图页面尺寸下，建议按粗细进行分级设置。

（1）边框线粗细为 1 磅。

（2）曲线粗细为 1.5 磅。

（3）参照线粗细为 1 磅。

当单图的页面宽度为 8 cm 左右时，建议按粗细进行分级设置。

（1）边框线粗细为 0.2 磅。

（2）曲线粗细为 0.5 磅。

（3）参照线粗细为 0.2 磅。

此外，在数据图表中，曲线通常是主要的对象，而辅助线则是次要的对象。曲线和辅助线（如参照线和垂直线等）需要遵循“实虚原则”。具体来说，曲线应该设置为粗线、实线，而辅助线应该设置为细线、虚线。

3. 颜色强弱分级

在彩色数据绘图中，通过设置不同的颜色可以区分图中的不同样品。利用颜色渐变可以表达某项指标参数值的大小变化。绘制彩色图不仅可以让绘图表达的数据更加丰富，还可以使绘图看起来更加美观。

如图 2-24 所示，插图中颜色的配置也有强弱之分：深色较强，浅色较弱；暖色较强，冷色较弱。建议按样品的主次合理配置颜色：主要样品宜采用深色、暖色，次要样品宜采用浅色、冷色，全文配色淡雅为宜。

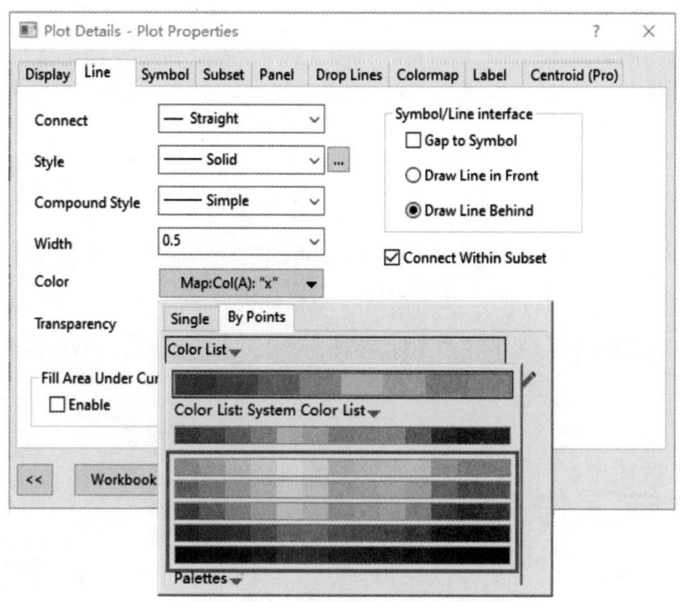

图 2-24　颜色的增量列表

03 第3章 数据窗口

数据是绘制图表的基础，在学习具体的各类科研绘图方法之前，掌握 Origin 软件常用的数据窗口的操作方法非常重要。一方面，了解各种绘图所需的工作表结构，对开展具体的实验有指导作用；另一方面，了解数据的结构特征，掌握数据处理与分析方法，可以为创作优秀的绘图奠定基础。Origin 的数据窗口包括工作簿、矩阵簿等多种类型。其中，工作簿的数据处理功能沿用了我们熟悉的 Excel 语法。

3.1 工作簿与工作表

3.1.1 工作簿与工作表的基本操作

工作簿是最常用的数据存放窗口。一个Origin工作簿最多可以容纳1024个工作表。为了更好地理解工作簿，首先要充分了解工作簿窗口的结构和功能。下面以新建工作簿、增加工作表、修改工作簿属性为例来认识工作簿。

1. 新建工作簿和工作表

运行Origin程序后，工作区已包含一个空白的工作簿“Book1”，工作簿中包含“Sheet1”工作表。单击上方工具栏的“New Workbook（新建工作簿）”按钮，即可创建“Book2”工作簿，再单击工作簿窗口最下方的“+”，可以新增“Sheet2”工作表。

2. 认识工作簿窗口

认识Origin软件中的窗口对象，可以为本书后续章节的学习奠定基础。下面以工作簿窗口的几种常用对象为例（见图3-1），介绍Origin软件窗口的常用操作。

（1）标题栏

通常用于显示名称和拖动窗口。右击①处的标题栏可显示快捷菜单。

（2）列标题

列标题显示为“A（X）”“B（Y）”格式，其中“A”为列名称，“X”或“Y”表示列属性（数据属性）。单击②处的列标题可选择该列数据。按下“Ctrl”键的同时单击列标题可以选择多列数据。单击左上角③处的空白列标题可以选择所有列数据。

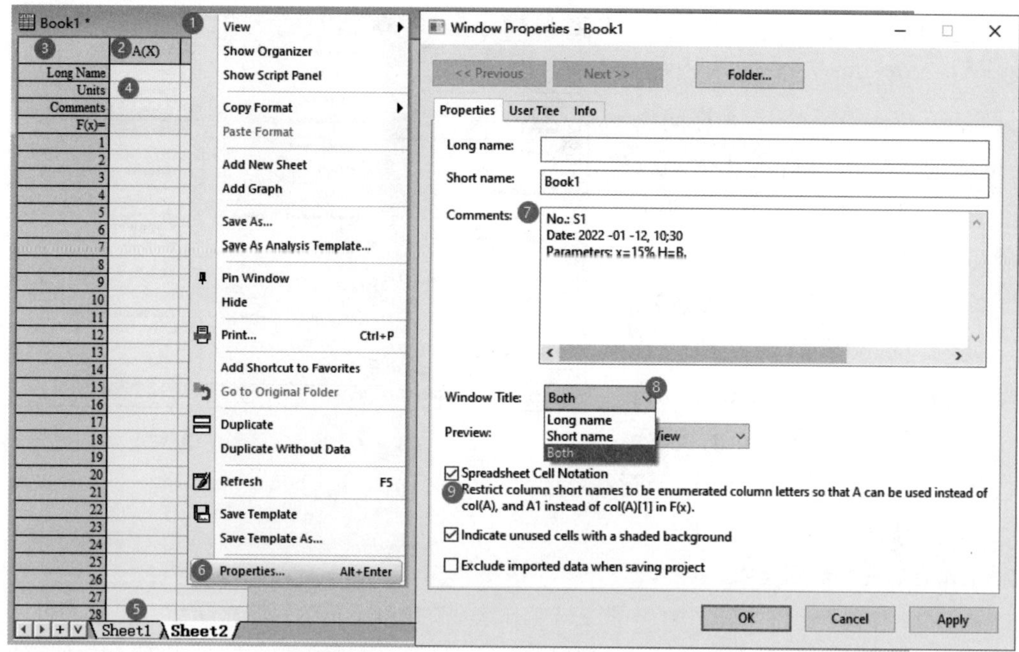

图 3–1　工作簿

（3）列标签

列标签（见图 3–1 中的④处）可以填写 *XY* 轴等，其中注释是对数据的批注，可以直接输入单行，也可以在行尾按“Ctrl+Enter”组合键输入多行注释，但绘图时系统默认采用第一行注释作为图例。这些列标签，可以通过①处的“View”快捷菜单来显示或隐藏。

（4）工作表标签

右击工作表标签（见图 3–1 中⑤处的 Sheet1），可以创建副本、插入新表、插入图表等，拖动可调节顺序，双击可修改名称。

（5）窗口属性

右击①处的标题栏，选择⑥处的“Properties（属性）”命令打开对话框，可以修改长名称（可以用中文字符）、短名称（只能用非数字开头的、不含非法字符的英文字符）。⑦处的“Comments（注释）”用于备注该工作表的用途、实验参数及其他备忘信息，方便用户辨识。⑧处可以设置窗口标题栏中的显示信息，一般采用“长名称和短名称”组合的形式。勾选⑨处的复选框，可以使 Origin 软件沿用 Excel 的操作习惯。

Origin 软件沿用 Excel 表格“列标签”的做法，可以用简短的枚举字母代替短名称。例如，在使用 F(*x*) 输入公式时，可以直接用“A”代替“col(A)”，用“A1”代替“col(A)[1]”（见图 3–1 中的⑨），简化公式的输入。如果遇到输入含“A”“B”等列名称的公式后，单击运行却无法得到结果，这是因为⑨处的“Spreadsheet Cell Notation（电子表格单元格表示法）”复选框未勾选。

注意，短名称是程序内部调用或用户编程调用时的对象名（≤ 17 个字符），只能用字母开头的英文（可含数字），不可用非法字符（汉字、全角、运算符保留字“+–*/%^”等）。

（6）迷你图

要打开一些常用的对象（如长名称、单位、注释、F(*x*)、迷你图、采样间隔等），可以通过右击标题栏选择“View（视图）”来实现。例如，按图3-2所示的步骤显示“迷你图”，右击①处的标题栏，单击“View（视图）”快捷菜单，选择②处的“Sparklines（迷你图）”选项，可在行标签中新增“Sparklines（迷你图）”，此时并不显示迷你图，需要右击③处的“Sparklines（迷你图）”行标签，选择④处的“Add Or Update Sparklines（添加或更新迷你图）”，才会显示迷你图。

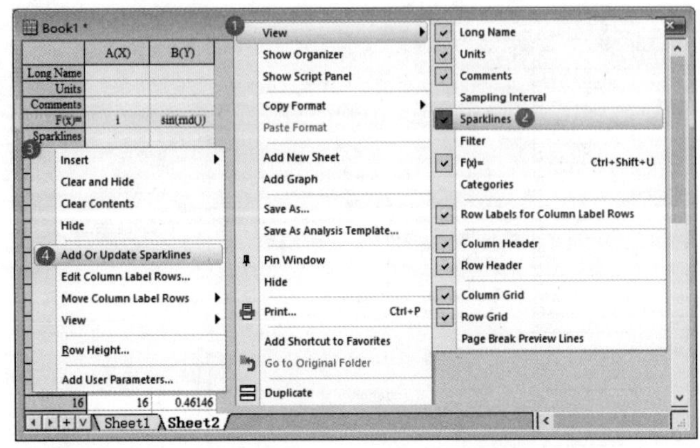

图3-2 显示/隐藏“迷你图”

3. 工作表列标签的富文本

如果将“工作簿”比作“作业本”，那么“工作表”就是本子里的每张格子纸。工作表可以存放100万行和1万列的数据，这给一般的科研数据提供了足够的存储空间。工作表不仅与数据处理方法密切相关，其列标签（如长名称、单位、注释等）也与图形中的坐标轴标题紧密相连。因此，熟练掌握工作表的设置方法是用户必须具备的基本技能。

例1：创建工作簿，开启“富文本”样式，通过设置工作表中的文本格式修改图中文本的上标、下标、斜体等格式。

“长名称”和“短名称”将被自动设置为*X*轴和*Y*轴的轴标题，如图3-3所示。因为普通的文本格式不包含排版样式，所以轴标题、刻度标签无法显示斜体、上标、下标等样式。此时可以利用“Rich Text（富文本）”设置图中文本的字体样式。当我们开启“Rich Text（富文本）”样式后，利用上方“编辑工具栏”中的粗体（B）、斜体（*I*）、下画线（U）、上标（x^2）、特殊符号(αβ)等工具可以对可输入对象（单元格或任何添加的文本）的文本样式进行修改。

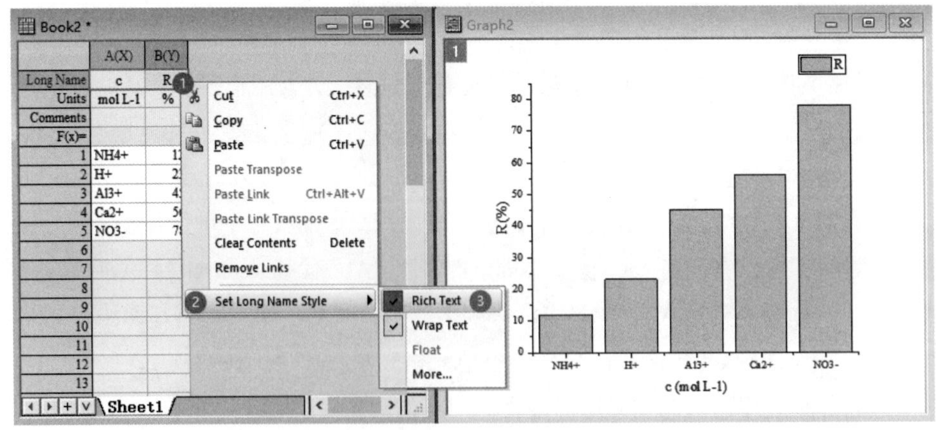

图3-3 开启“富文本”样式

按图3-3所示的步骤开启“Rich Text（富文本）”样式，选择①处的长名称（或单位）的单元格（可横向拖选多个单元格），右击选择②处的“Set Long Name Style（设置长名称样式）”→③处的“Rich Text（富文本）”。数据单元格的“Rich Text（富文本）”样式的开启方法与上述步骤类似，右击菜单最下方的展开按钮，即可找到“Set Data Style（设置数据样式）”子菜单。

以 NH_4^+ 为例，NH_4^+ 中的“4”和“+”是上下排列的。如图3-4所示，双击①处的单元格，单击上方工具栏②处的“上下标”按钮，然后分别输入数字，即可实现上下标的设置。

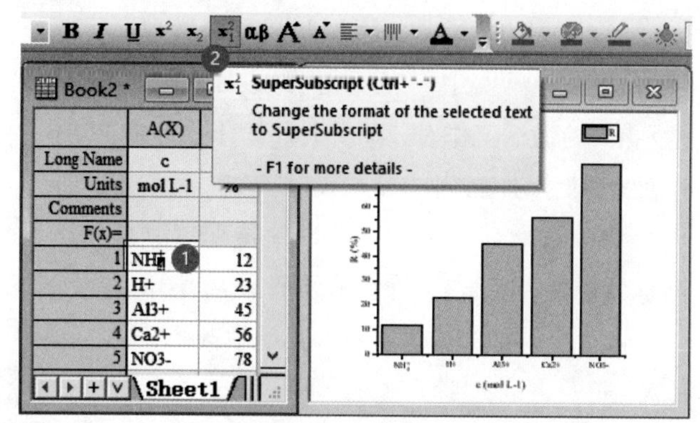

图3-4 设置文本的上下标

4. 根据方程组绘制函数图像

这里以爱心曲线函数为例演示定义域数据的创建过程，了解方程组的可视化绘图原理。

例2：根据方程组绘制爱心曲线。

爱心曲线方程由2段函数组成：

$$\begin{cases} y=\sqrt{1-(|x|-1)^2} \\ y=\operatorname{acos}(1-|x|)-\pi \end{cases} \quad (x\in[-2,2])$$

开启工作表的“富文本”样式，设置斜体、上下标；根据方程组构造XYY型工作表，绘制爱心曲线（见图3-5）。

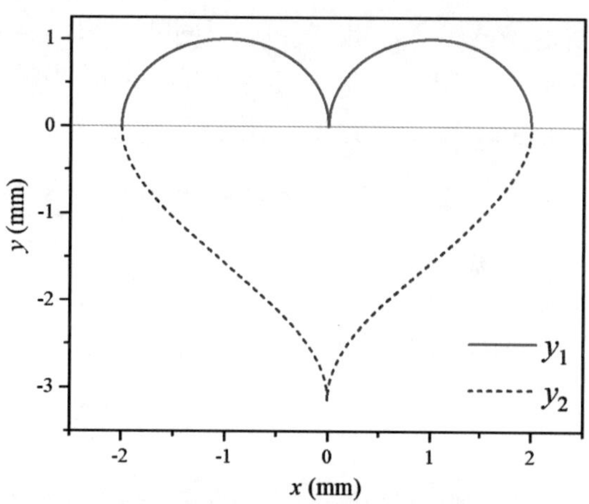

图3-5 根据方程组绘制爱心曲线

解析：例2中的绘图数据分别来自方程组的2个方程，下面介绍x、y数据的创建方法。

（1）自变量x列数据的创建

由定义域$x\in[-2,2]$可知，x的变化范围是$-2\sim2$，x的最小值与最大值跨度为4。如果以1为单位构造100个点，则需要将这个范围均分为400段构造401个点（包括端点）。这些点的数据通过行号Row(i)的函数换算。

$$x=\frac{i-201}{100}\quad i\in[1,401]$$

行号i从1开始变化到401。当$i=1$时，$x=-2$；当$i=2$时，$x=-1.99$；依次类推，当$i=401$时，$x=2$。这样就构造了401行x从-2均匀变化到2的X数据集。

根据定义域设置x列值。单击“A(X)”列标签，右击“Set Column Values（设置列值）”；在弹窗中将“Row(i)（行号）”设置为从1到401；在“Col(A)=”框中输入“(i-201)/100”，单击“OK（确定）”按钮。设置界面如图3-6所示。

（2）因变量y列数据的创建

由于爱心曲线由2个方程的图像曲线组合而成，因此需要构造2列y。工作表默认只有2列，即1列x和1列y，这就需要“Add New Columns（添加新列）”。添加新列并设置列属性为X或Z。单击工作表标题“Sheet1”（工作簿左下方）激活工作表，单击上方工具栏的 ，添加1列；添加新列的属性默认为Y。后续若需要修改新增列的属性，可以单击新增列的列标签，在“迷你工具栏”（见图3-7）中单击“X”或“Z”按钮，或者在右键菜单中选择“Set as X”或“Set as Z”。

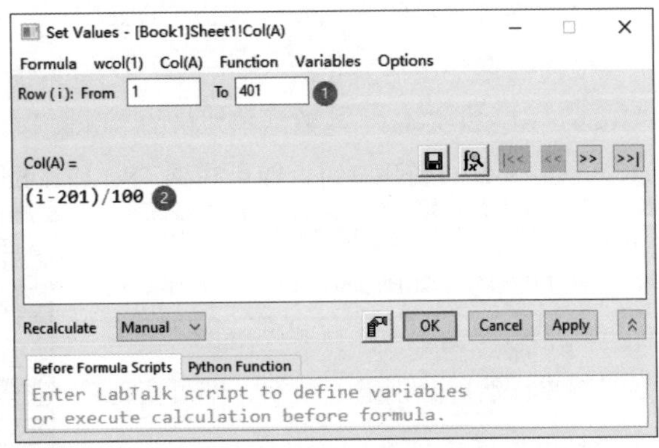

图3-6 对x列设置列值

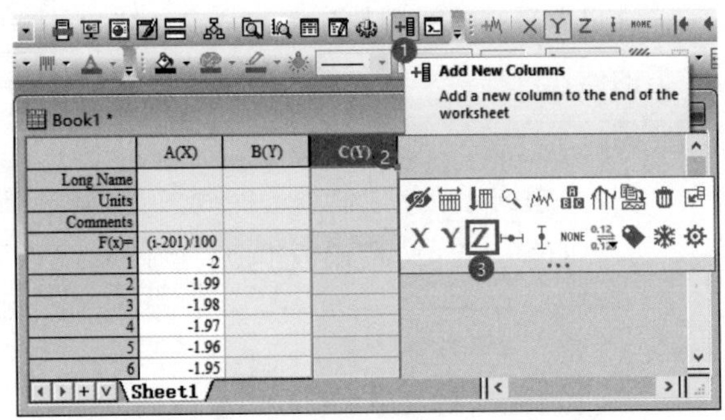

图3-7 修改新列的X或Z属性

爱心曲线的2个方程对应2列y，且均为x的函数。Col(A)为x数据，Origin沿用Excel的单元格表示法，用“A”代替Col(A)。通过在“Set Values（设置值）”窗口（见图3-6）中编写相应的公式创建这2列y的数据。

第一个分段函数$y=\sqrt{1-(|x|-1)^2}$的表达式为：

sqrt(1 − (abs(A) − 1)^2)

第二个分段函数$y=\text{acos}(1-|x|)-\pi$的表达式为：

acos(1 − abs(A)) − pi

其中，sqrt、^、acos分别是开方、乘方、反余弦运算符，abs表示取绝对值，pi表示π。例如，现在对C列设置列值，在“Col（C）=”的文本框中输入的表达式如图3-8所示。

关于各种函数、变量等数学符号，可以在“Set Values（设置值）”窗口的菜单中找到。

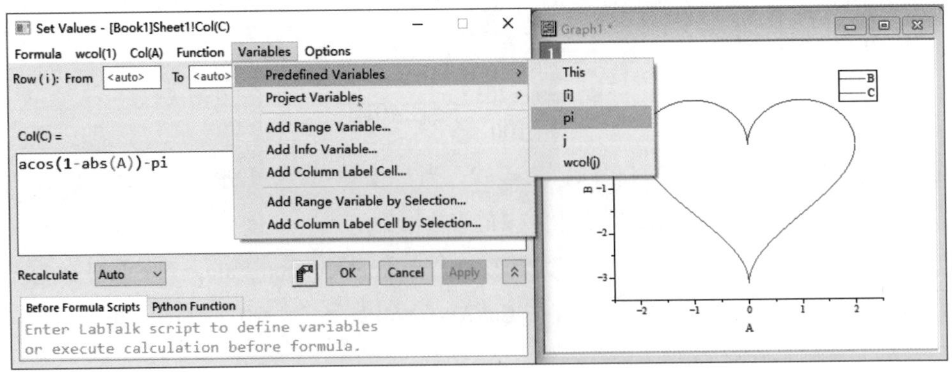

图3-8 设置列值公式中的函数与变量符号

（3）多条曲线图的绘制

前面我们通过方程组的定义域创建的XYY型工作表绘制了2条曲线。如果要绘制多条曲线图，只需参照前面的方法创建多个Y列数据即可。下面将演示如何绘制由2条曲线构成的爱心曲线图。

按图3-9所示的步骤，单击①处全选数据，选择下方工具栏②处的折线图按钮，得到③处所示的曲线图。

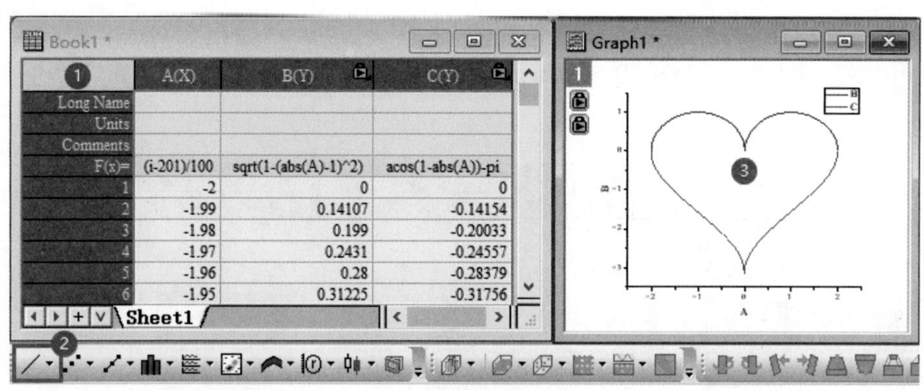

图3-9　曲线图的绘制

3.1.2 工作表的创建

1. 利用向导创建工作表

在实验数据整理过程中，我们可以先根据需求创建一些特定结构的表格。然后，依据表格框架从txt或Excel等格式的数据文件中复制并粘贴相应数据到表格中。这种方法简单、直观，因此先建立表格后填入数据可能是最常用的方法。

Origin为工作表提供了快捷的“New Worksheet（新建工作表）”向导。利用“New Worksheet（新建工作表）”向导可以根据具体的科研实验数据需求，灵活创建工作表。

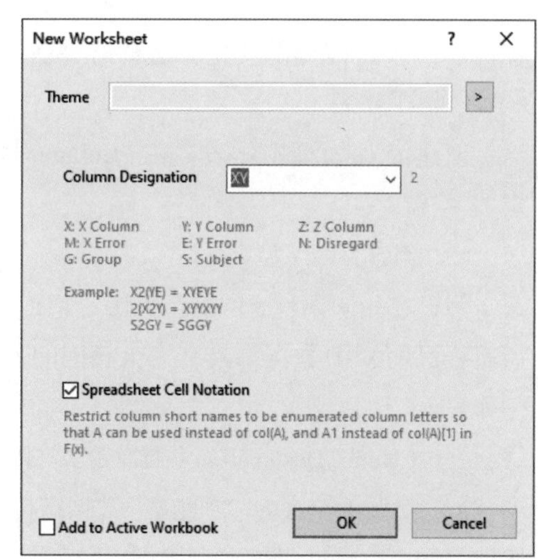

图3-10　新建工作表向导

打开向导窗口：选择菜单“File（文件）→New（新建）→Workbook（工作簿）”→“Construct（构造）”，单击下拉菜单选择或输入一个表格结构代码。具体操作如图3-10所示。工作表中列的属性主要分为X、Y、Z、X误差(M)、Y误差(E)、忽略(N)、组(G)、观察对象(S)等，其中X、Y、Z及误差（M、E）是比较常用的列属性。如果不新建工作簿，而是在当前工作簿新增表格，可以勾选“New Worksheet（新建工作表）”窗口左下方的“Add to Active Workbook（添加到当前工作簿）”复选框。

2. 2D 图工作表的创建

（1）创建n(XY)型工作表

n(XY)型工作表实际上是将具有单独XY的每组样品数据整理到一张表格中。例如，我们测试了四种电极材料的电化学阻抗谱（Electrochemical Impedance Spectroscopy，EIS），每种材料的EIS数据中的*x*、*y*数据相互独立且各不相同，这就需要创建四组X、Y列，也就是n(XY)型工作表。

例3：创建n(XY)型工作表，单击菜单“File（文件）→New（新建）→Workbook（工作簿）”→“Construct（构造）”，在“Column Designation（列设定）”中输入“4(XY)”，单击“OK（确定）”按钮。得到的工作表如图3-11所示。

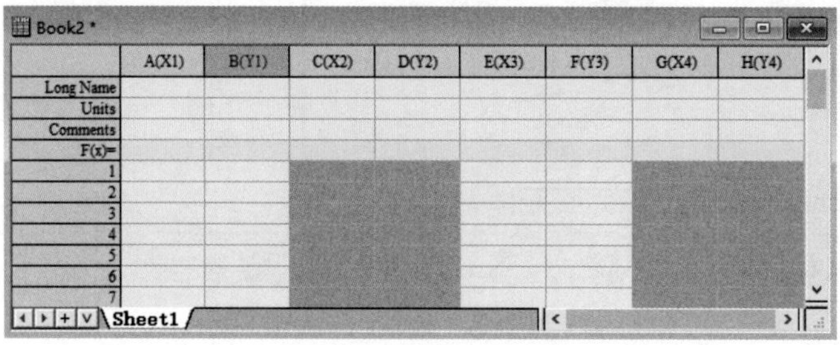

图3-11　n(XY)型工作表

提示 为了方便区分不同样品或条件的数据，可以将表列交叉填充背景色。首先，按住“Ctrl”键不放，然后点选需要交叉填充的列标签，实现列的跳选或多选。接着，单击上方的填充颜色工具，就可以给所选表列填充背景色了。

（2）创建m(XnY)型工作表

假设在3种条件（“pH、反应温度T和反应配比X”，即3种X）下，考察2个指标（如产率、比容量等，即2种Y）的变化。这就需要创建m(XnY)型工作表，即通过输入“3(X2Y)”创建3组XYY（共9列）工作表。

创建m(XnY)型工作表，在“Column Designation（列设定）”中输入“3(X2Y)”，单击“OK（确定）”按钮。

（3）创建XYYY型工作表

假设在相同条件（衍射角范围、扫描速度）下测试10种样品的X射线衍射（XRD）数据，那么所有样品的XRD数据都具有完全相同的X列数据，此时可用XnY代码创建一个含1列X，*n*列Y的工作表。

在“Column Designation（列设定）”中输入“X10Y”，单击“OK（确定）”按钮。

XYYY型工作表为“万能型”数据结构，可以绘制大多数类型的绘图，如2D图（柱图、堆积图、多曲线图、Contour 图等）、3D图（瀑布图、曲面图、3D 散点图、3D柱图、3D堆积图等）。

3. 3D 图工作表的创建

3D图的绘制通常需要准备XYYY型、XYZ 型及矩阵等类型的工作表。n(XYZ)型工作表是绘制3D坐标系图常见的一种数据结构，除了能绘制3D图，n(XYZ)型工作表还能绘制某些2D图（热图、Contour图）。参考“利用向导创建工作表”的方法，在“Column Designation（列设定）”中输入“3(XYZ)”“XY2Z”“X2YZ”等。

例4：创建4个点的XYZ型数据，坐标分别为(1,1,1)、(2,1,2)、(1,2,2)、(2,2,3)，根据X和Y的数值变化特征安排2(XYZ)型工作表，并绘制3D柱状图。

利用向导创建2(XYZ)型工作表，填入(x,y,z)坐标值，按图3-12中的步骤，单击①处全选数据，单击②处绘图，全选数据可绘制3D柱状图。通过本例可以了解3D柱状图的分布特征，初步建立对三维立体坐标系的几何思维。

从图3-12可以看到，工作表单元格已被填充颜色，这样做的目的是让这些单元格与3D绘图中的柱子相对应，从而帮助我们更好地理解XYZ型数据与图的空间关系。在实际的绘图过程中，当工作表结构变得较为复杂时，我们可以通过高亮显示单元格来提高可视化效果。

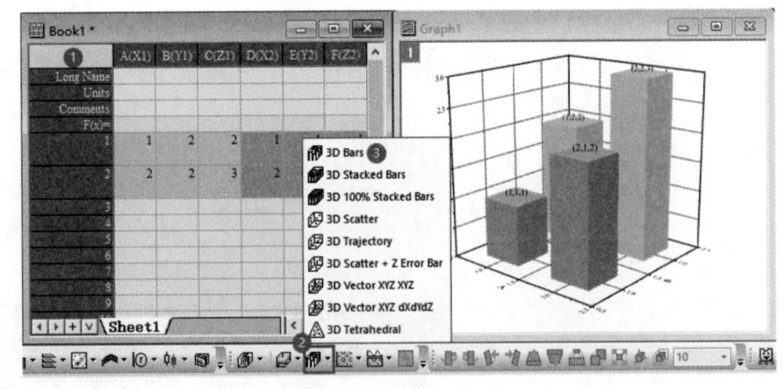

图3-12　2(XYZ)型工作表及3D柱状图

具体方法：拖选需要填充的多个单元格，单击上方工具栏的“Fill Color（填充颜色）”按钮，选择某个颜色即可。

除了构造多组XYZ型工作表外，还可以只构造一组XYZ型数据来绘制3D柱状图。如图3-13所示，同样的数据构造结构不同的工作表，绘图效果基本一样。主要的区别在于多组XYZ型工作表代表多组样品，绘制的柱状图颜色、形状等样式会自动区分开来。而单组XYZ型工作表则被视为一个样品的空间数据，绘制的图是一个整体。在修改绘图细节时，这些差异将在后续章节中详细介绍。

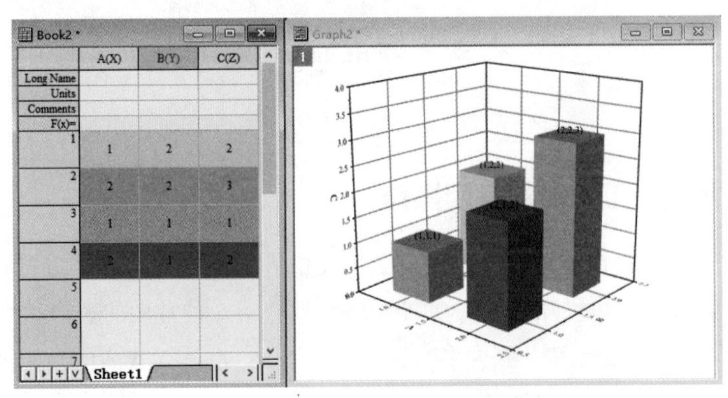

图3-13　XYZ型工作表及3D柱状图

4. 误差工作表的创建

在绘制多组样品的2D或3D误差棒点线图、柱状图、堆积图时，有时会遇到无法绘制出误差棒的问题，其主要原因是工作表的结构设置不正确。要解决这个问题，只需确保yEr±误差列紧随Y数据列之后即可。

（1）创建n(XYE)型工作表

n(XYE)型工作表的基本结构为n(XY)型（独立XY型），在每个Y列之后增加yEr±误差列。例如，构造2组y误差工作表，需在“Column Designation（列设定）”中输入“2(XYE)”，单击“OK（确定）”按钮。

（2）创建Xn(YE)型工作表

Xn(YE)型工作表的基本结构为XnY型（XYYY型），同样需要在每个Y列之后增加yEr±误差列。例如，构造3组误差工作表，在“Column Designation（列设定）”中输入“X3(YE)”，单击“OK（确定）”按钮。

（3）创建Xn(YZE)型工作表

绘制3D误差棒图通常需要用到Xn(YZE)型工作表，并在每个Z列后增加yEr±误差列，虽然名称为“yEr”，但它紧跟Z列之后，即为Z的误差。这里XYZ型数据中的Y可以是文本标签。下面将构造3组XYZ误差工作表。

在“Column Designation（列设定）”中输入“X3(YZE)”，单击“OK（确定）”按钮，可得如图3-14所示的工作表。

图3-14　Xn(YZE)型工作表

3.1.3 工作表的常用操作

在绘图前，通常需要对工作表格进行整理并对数据进行相关的计算处理。Origin软件具有跟Excel软件类似的功能。本小节将主要介绍几种常用的表格和数据处理方法。

例5：创建一张含多列数据的工作表，演示工作表的常用操作。

1. 单选、多选、通配选择

在对工作表进行一系列操作前，需要按照不同需求单选、多选、跨选相应的列数据，并了解和掌握选择列的基本操作。

（1）单选列：单击列标签选择某列。

（2）全选列：单击表格左上角的空白标签。

（3）拖选列：在C列标签按下鼠标左键的同时往D列标签移动鼠标，释放鼠标，即可实现对C、D两列数据的选择。

（4）跨选列：按下“Ctrl”键，单击某几列标签，即可跳过几列，选择其他列。

（5）通配符选择列：当数据列数非常多时，按照上述方法使用鼠标选择列数据已不现实，可以通过菜单“Columns（列）→Select Columns（选择列）”的选择向导实现。

选择注释以“A”开头的所有列：单击工作簿标题栏，激活工作簿；单击菜单“Column（列）”；单击“Select Columns（选择列）”，如图3-15（a）所示；在弹出的对话框中修改“Label Row（标签行）”为“Comments（注释）”，修改“String（字符）”为“A?”（?通配1个字符，*通配多个字符）；单击“Select（选择）”按钮即可全选符合条件的所有列，如图3-15（b）所示。

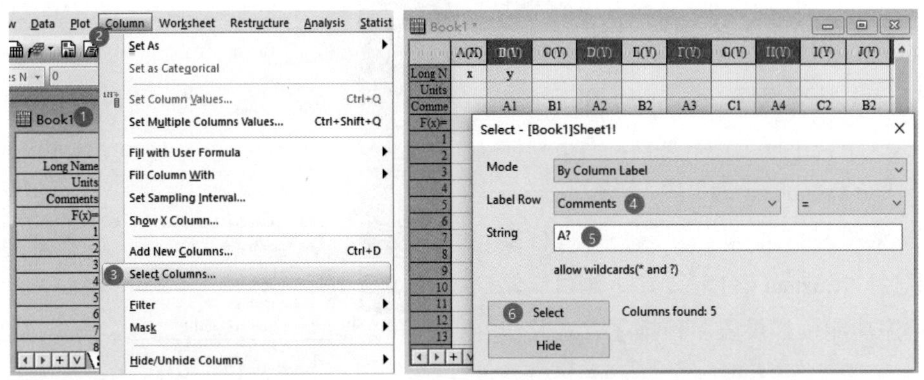

（a）Select Columns菜单　　（b）选择注释以“A”开头的所有列

图3-15　列的通配选择

2. 列的移动、交换

当我们导入数据到Origin工作表后，在某些特殊情况下，可能需要将某列向左或向右移动，或者交换两列的位置，这时我们可以使用Origin中的“Move Columns（移动列）”和“Swap Columns（交换列）”功能来实现。

（1）移动C列到最后

在C列标签上右击，选择“Move Columns（移动列）→Move to Last（移到最后）”，如图3-16（a）所示。或在C列标签上单击，单击菜单“Column（列）→Move Columns（移动列）→Move to Last（移到最后）”。

（2）交换C、D列的位置

拖选C、D两列，单击菜单“Column（列）→Swap Columns（交换列）”，如图3-16（b）所示。

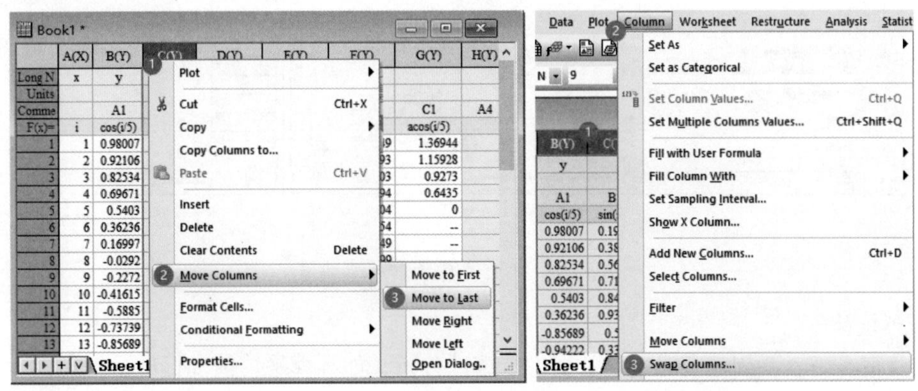

（a）移动列　　（b）交换列

图3-16　列位置的移动与交换

3. 工作表的排序

工作表的排序一般分为列排序和工作表整体排序两种模式。在列排序模式下，可以右击某列标签，选择“Sort Columns（列排序）→Descending（降序）”或“Ascending（升序）”“Custom（自定义）”，从而对该列数据进行排序，而其他列数据不受影响。在工作表整体排序模式下，可以全选数据列，右击列标签，选择“Sort Columns（列排序）→Ascending（升序）”（见图3-17），默认对第一列进行排序。如果选择“Custom（自定义）”，则可以像Excel的排序功能一样设置多种排序方式及作用范围。

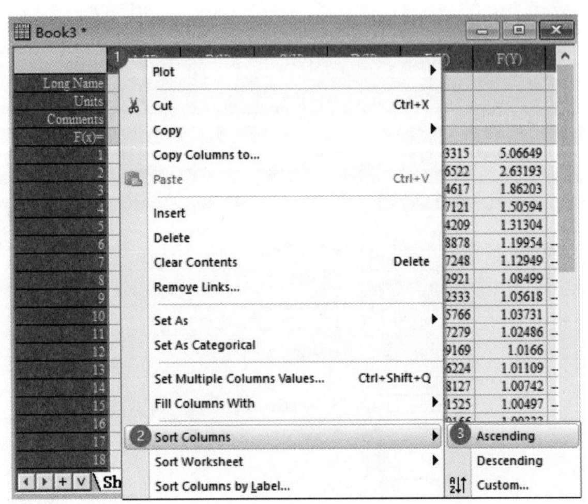

图3-17　工作表的排序

4. 工作表的条件格式

与Excel软件类似，我们可以依据表格数据设置不同的颜色，这样做的目的是将表中的数据“可视化”为“热图”，使用户了解数据的特征，为下一步选择什么样的绘图模板提供一个图形化“预览”，激发用户的绘图灵感。

例6： 创建一张含多列数据的工作表，演示表格的高亮显示操作。

按图3-18（a）所示的步骤，拖选数据单元格，右击选择“Conditional Formatting（条件格式）→Heatmap（热图）→Open Dialog（打开对话框）”；在弹出的对话框中，设置3种颜色（如黄、橙、红色），单击“OK（确定）”按钮，得到如图3-18（b）所示的效果。

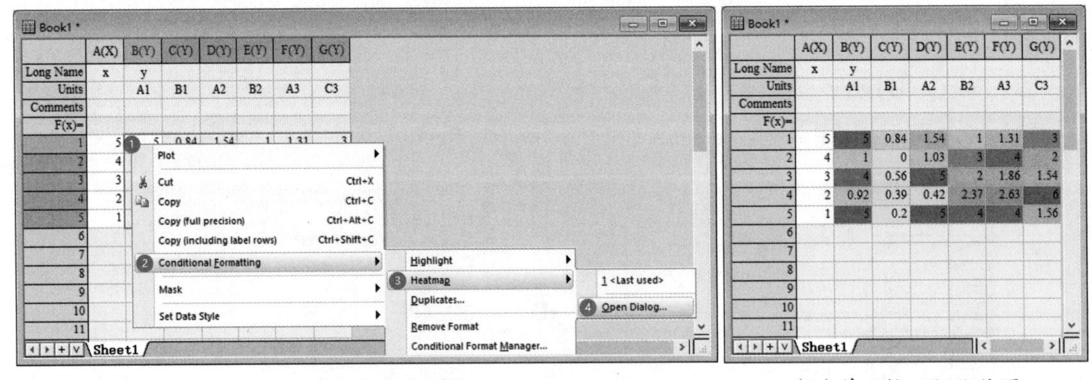

（a）设置条件格式　　（b）单元格可视化热图

图3-18　工作表的条件格式设置

5. 行列统计

在通常情况下，我们需要对实验数据进行统计分析，如计算平均值和标准差等指标。下面对工作表中B～G列的各行数据进行统计。按图3-19（a）所示的步骤，拖选①处的列标签选择B～G列数据，右击选区②处，选择③处的“Statistics on Rows（行统计）”，单击④处的“Open Dialog（打开对话框）”，在弹出的“Statistics on Rows（行统计）”对话框中，单击⑤处的“Quantities（输出量）”选项卡，选择⑥处的“Mean（均值）”和“Standard Deviation（标准差）”复选框，单击“OK（确定）”按钮，可在原工作表中新增“Mean（均值）”和“Standard Deviation（标准差）”数据列，如图3-19（b）所示。“Statistics on Rows（行统计）”的步骤与上述操作类似。

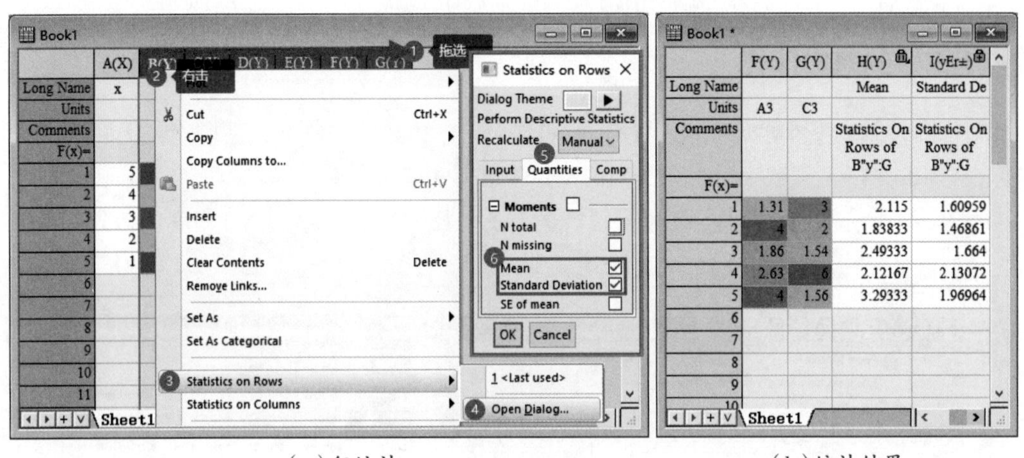

（a）行统计　　（b）统计结果

图3-19　行统计

3.2 矩阵簿与矩阵表

Origin 软件中最主要的两种数据结构是工作表和矩阵表。工作表主要用于绘制 2D 绘图和部分 3D 绘图，如散点图、柱状图等；而矩阵表则主要用于绘制部分 2D 绘图（如等高线图、热图）、3D 绘图（如曲面图、轮廓图），以及处理图像等。

矩阵簿与工作簿的主要区别在于两方面：数据类型和数据容量。

矩阵簿的单元格为z值，其数据类型是数值型，而工作簿的数据类型包括文本、数值、图形、注释、列函数、脚本与可编程按钮对象、LabTalk 变量、导入过滤器（见表3-1）。

表3-1　工作簿与矩阵簿数据类型的区别

数据类型或对象	工作簿	矩阵簿	数据类型或对象	工作簿	矩阵簿
文本	√		列函数	√	
数值	√	√	脚本与可编程按钮对象	√	
图形	√		LabTalk 变量	√	
注释	√		导入过滤器	√	

工作簿与矩阵簿数据容量的区别如表3-2所示。

表3-2　工作簿与矩阵簿数据容量的区别

项目	工作簿	项目	矩阵簿
工作表（个）	1 024	矩阵表（个）	1 024
单表行容量（行）	n×10^6	矩阵对象（个）	65 504
单表列容量（列）	65 000		

3.2.1 矩阵簿的基本操作

与工作簿类似，矩阵簿是一个“容器”，可容纳1～1024个矩阵表。如图3-20（a）所示，矩阵簿名称为“MBook1”，其数字后缀依据当前项目中已有矩阵簿的数目递增。右击矩阵簿标题栏，选择“Show X/Y（显示X/Y）”，可以显示被行数（或列数）均分的Y（或X）刻度值，如图3-20（b）所示。矩阵簿的操作与Excel的基本操作类似。

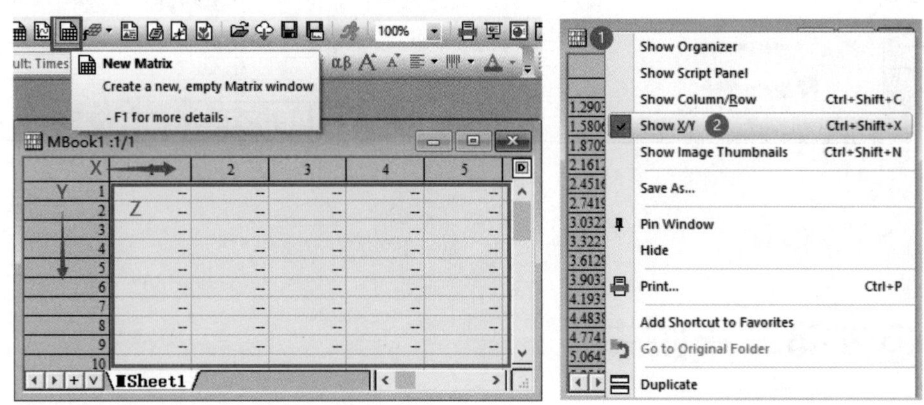

（a）新建矩阵簿　　（b）显示X/Y

图3-20　矩阵簿及矩阵表

矩阵表和工作表具有类似的基本操作，如矩阵表窗口属性的设置、转置等。然而，矩阵表也有一些独特的操作，如矩阵旋转、矩阵翻转和扩展/收缩等。需要注意的是，矩阵表没有标签行，因此需要在设置 X、Y 轴刻度时额外指定对应的映射值。

1. 新建矩阵

步骤一 构造矩阵。单击菜单“File（文件）”→“New（新建）→Matrix（矩阵）”→“Construct（构造）”，打开“New Matrix（新建矩阵）”对话框。

步骤二 设置矩阵。按图3-21所示的步骤，勾选①处的“Show Image Thumbnails（显示图像缩略图）”前的复选框，修改②处的“Columns(X)”为6、“Rows(Y)”为5。

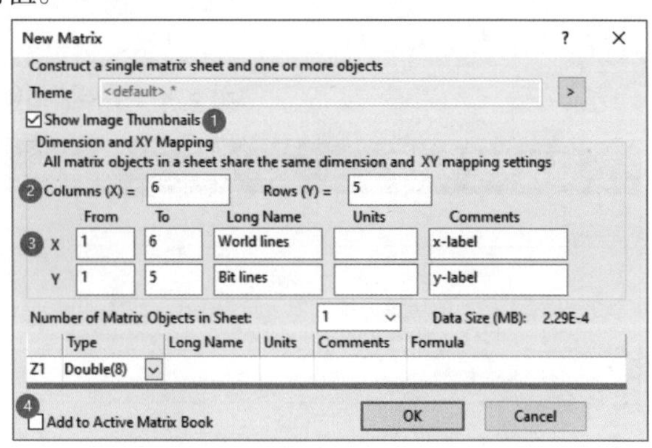

图3-21　从菜单新建并设置矩阵

步骤三 设置X、Y坐标。在③处分别设置X和Y值映射范围（将显示为刻度值）、长名称和单位（将显示为坐标轴标题）及注释（将显示为图例标签）。

注意 当项目中已存在矩阵簿时，图3-21中的④处会出现“Add to Active Matrix Book（添加到当前矩阵工作簿）”复选框。如果选中该复选框就可以在当前激活的矩阵簿中追加矩阵表，如果不选中，则将新建一个矩阵簿。

2. 修改矩阵

当我们新建了矩阵，但忘记修改矩阵尺寸或X、Y坐标时，可以通过以下两种方法对已创建的矩阵进行设置。

方法一：选择菜单“Matrix（矩阵）→Set Dimension/Labels（行列数/标签设置）”，如图3-22中的①所示。

方法二：单击矩阵左上角全选数据后，右击选择“Set Matrix Dimension/Labels（矩阵的行列数/标签）”，如图3-22中的②所示。

采用上述两种方法均可以打开如图3-23所示的“Matrix Dimension and Labels（矩阵的行列数和标签）”对话框，填入列、行数，分别单击“xy Mapping（xy映射）”“x Labels（x标签）”“y Labels（y标签）”“Z Labels（Z标签）”，可以分别设置“Long Name（长名称）”“Units（单位）”“Comments（注释）”等内容。这些信息将显示在绘图的坐标轴标题、刻度值及图例中。另外，矩阵数据是均匀刻度分布的，当工作表中各列Y的变化不均匀时，请勿将其转换为矩阵，否则会导致数据偏移变化。

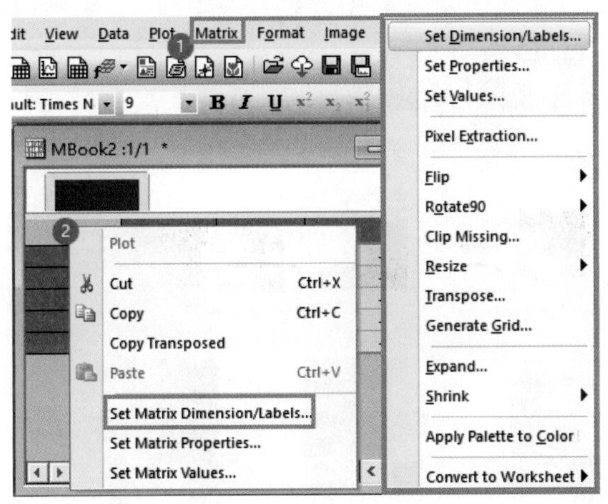

图 3-22 修改矩阵的行列数和标签

图 3-23 矩阵的行列数标签的修改

3.2.2 矩阵表的转置、旋转、翻转

热图是反映一个平面上某种热度（或强度）的二维分布或者两种事件（或指标）的相关性分布。下面以一个简单的热图为例，演示矩阵表的转置、旋转、翻转操作。

例7：创建4列3行矩阵表，填入数据并绘制热图；对矩阵表进行转置、旋转、翻转等操作，观察矩阵迷你图和绘图的变化。

（1）填入数据绘制热图

在新建的矩阵表中填入数据，按图3-24所示的步骤绘制热图。单击①处的标题栏激活矩阵窗口；单击②处的▼按钮，在快捷菜单中选择③处的“Heatmap（热图）”选项，即可得到④处所示的热图。

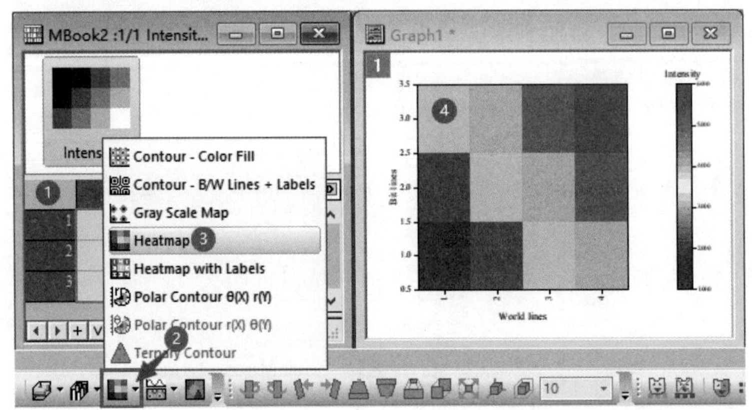

图3-24　从矩阵表绘制热图

（2）矩阵操作及图形变化

对矩阵的转置、旋转、翻转操作可能会导致矩阵数据结构发生变化，进而引起缩略图、图形的变化（见图3-25）。值得注意的是，转置与旋转不同，转置是沿着矩阵的对角线进行对称翻转。单击矩阵簿标题栏激活矩阵窗口，先后单击图3-25（a）中菜单“Matrix（矩阵）”①处的“Transpose（转置）”、②处的“Rotate90（旋转90）”、③处的“Flip（翻转）”，观察图3-25（b）中的矩阵缩略图、热图因矩阵的系列操作而引起的变化，理解矩阵操作的差异。

由于转置导致行数、列数的变化，即X、Y的数目变化，在行数与列数不相等的情况下，上述矩阵操作过程会引起绘图的“空缺”（见图3-26）。

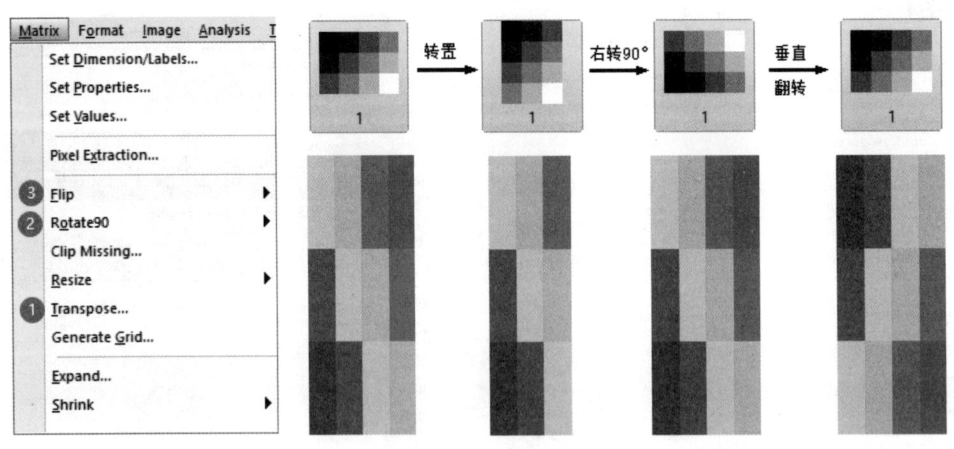

（a）矩阵菜单　（b）矩阵缩略图（上）、热图（下）随矩阵操作的变化

图3-25　矩阵操作及热图变化

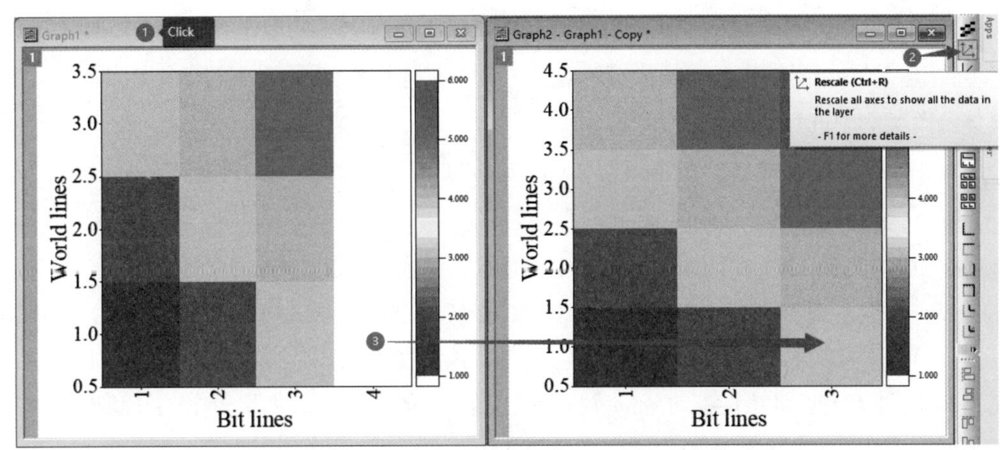

图3-26　矩阵翻转引起图形空缺及解决办法

这种空缺是因为坐标轴刻度范围未进行调整所导致的显示不完整。解决方法：单击图3-26中①处标题栏激活图形窗口，单击右边工具栏②处的“Rescale（调整刻度）”按钮（或按快捷键“Ctrl+R”）调整所有坐标轴刻度范围，③处是指调整前后的对比效果。一键调整刻度在绘图中非常实用。

3.2.3 矩阵表与工作表的转换

理解矩阵表与工作表之间的区别，并掌握它们之间的转换方法，对于数据处理和绘图工作至关重要。

1. 工作表转为矩阵表

例8：采用不同的方式将工作表转换为矩阵表；观察转换前后单元格数据的变化；分别选择工作表、矩阵表绘制一张分块热图（见图3-27）。

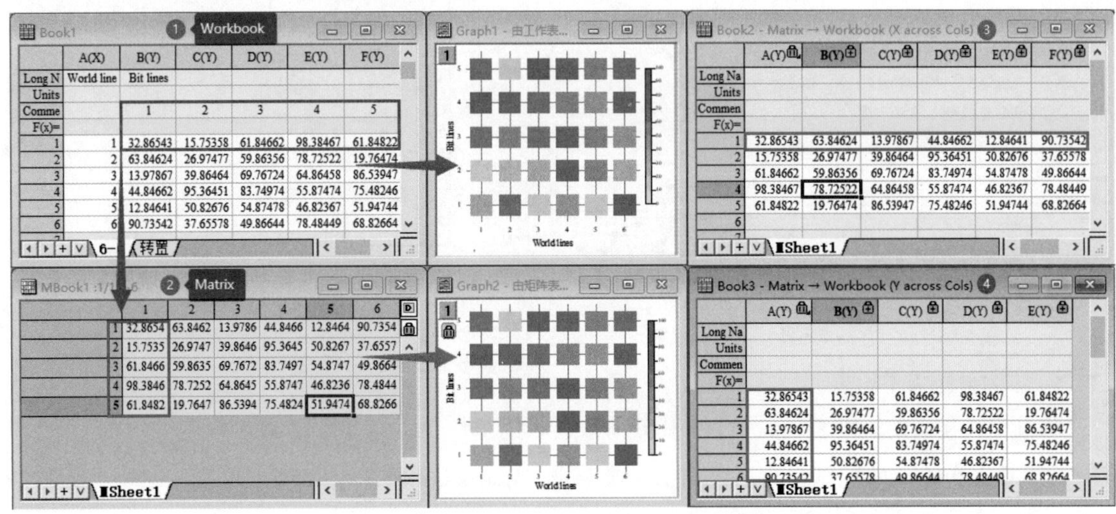

图3-27　矩阵表与工作表的转换及绘图效果对比

工作表转换为矩阵表有多种方法，每种方法对工作表数据结构的要求各不相同。在这里，我们以“直接转矩”为例介绍工作表转换为矩阵表的方法，具体操作步骤如下，其他方法将在后续章节中的具体绘图实例中进行介绍。

步骤一 单击激活工作表窗口，单击菜单“Worksheet（工作表）→Convert to Matrix（转换为矩阵）→Direct（直接转换）→Open Dialog（打开对话框）”。

步骤二 分别单击图3-28（a）中的①～③处下拉菜单，设置“Data Format（数据格式）”为“X across columns（X数据跨列）”，“X Values in（X值位于）”为“Column Label（列标签）”，“Column Label（列标签）”来源于“Comments（注释）”，选择④处的“Y Values in First Column（Y值在第一列中）”及⑥处的“Trim Missing (排除缺失值）”的复选框。如果单击“OK（确定）”按钮，则得到跟转换前的工作表（见图3-27①处）的数据结构完全一致的矩阵表，如图3-28（b）所示。将“Data Format（数据格式）”设为“Y across columns（Y数据跨列）”，则得到转置后的矩阵表（见图3-27②处），其数据结构与原工作表数据呈对角线对称分布。

步骤三 在步骤二单击“OK（确定）”按钮之前，根据情况的需要选择⑤和⑥两处的复选框。当数据刻度并非绝对均匀变化时，选择⑤处的“Use Linear Fit Estimate for Coordinates（使用线性拟合估计坐标值）”复选框；当工作表中有缺失数据（空的单元格）时，选择⑥处的“Trim Missing（排除缺失值）”复选框。

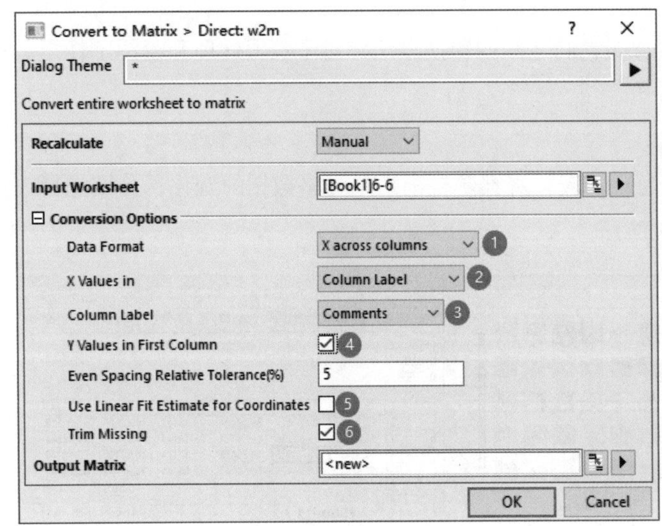

（a）工作表转换为矩阵表

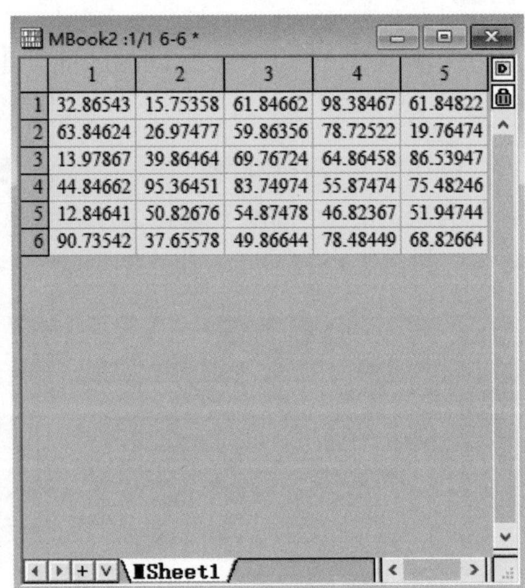

	1	2	3	4	5
1	32.86543	15.75358	61.84662	98.38467	61.84822
2	63.84624	26.97477	59.86356	78.72522	19.76474
3	13.97867	39.86464	69.76724	64.86458	86.53947
4	44.84662	95.36451	83.74974	55.87474	75.48246
5	12.84641	50.82676	54.87478	46.82367	51.94744
6	90.73542	37.65578	49.86644	78.48449	68.82664

（b）转换前的矩阵表

图3-28　工作表转换为矩阵表

2. 矩阵表转为工作表

将前面转换后的矩阵表反向操作，由矩阵表转换为工作表，具体操作步骤如下。

步骤一 单击矩阵表的标题栏激活窗口，单击菜单“Matrix（矩阵）→Convert to Worksheet（转换为工作表）→Open Dialog（打开对话框）”（见图3-29）。

步骤二 在“Convert to Worksheet（转换为工作表）”对话框中，修改“Data Format（数据格式）”为“X across columns（X数据跨列）”或“Y across columns（Y数据跨列）”，得到的工作表数据结构不同（见图3-27）。

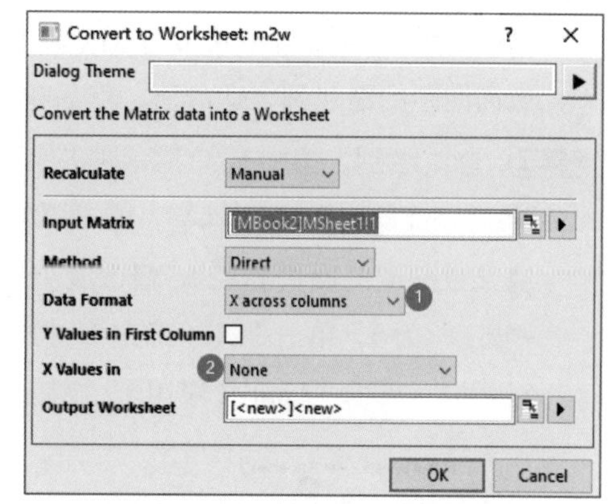

图 3-29 矩阵表转换为工作表

3. 由工作表、矩阵表绘制分块热图

分别采用原工作表（见图3-27①处）、Y数据跨列转换矩阵表（见图3-27②处）、X数据跨列转换矩阵表（见图3-29）绘制热图的效果对比，如图3-30所示。图3-30（c）的矩阵表数据结构与图3-30（a）的原始工作表结构相同，且两者的图形完全一样。

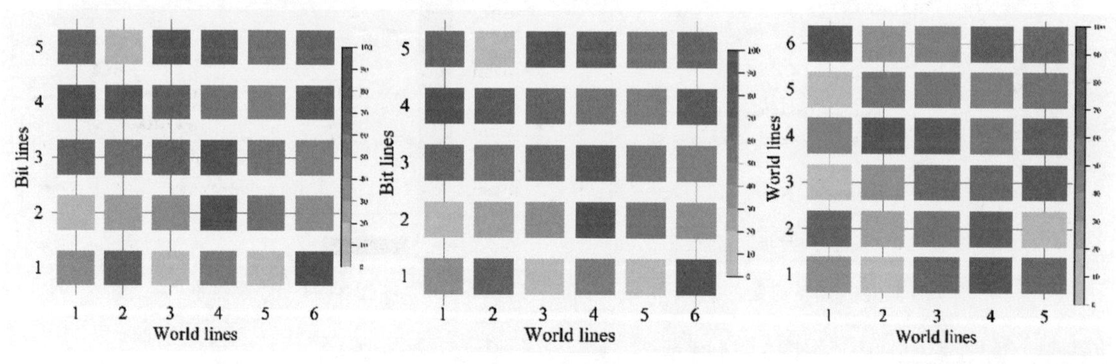

（a）由工作表绘制 （b）由Y数据跨列转换矩阵表绘制 （c）由X数据跨列转换矩阵表绘制

图 3-30 工作表、矩阵表绘制的热图效果对比

图3-30（a）、（b）、（c）三图采用了不同的数据类型（工作表或矩阵表），但在绘图步骤上完全一致。下面以其中一个矩阵表为例，演示分块热图的绘制步骤。

步骤一 绘制草图，按图3-31所示的步骤，单击①处的标题栏激活矩阵表窗口，单击下方工具栏②处的▼，选择快捷菜单中③处的“Heatmap（热图）”选项，即可得到④处所示的草图。

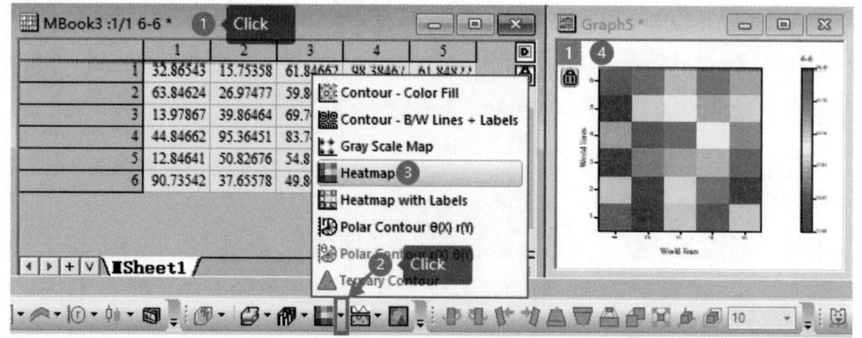

图 3-31 绘制草图

步骤二 调整间距，按图3-32所示的步骤，在①处双击打开“Plot Details-Plot Properties（绘图细节-绘图属性）”对话框，单击②处的“Display（显示）”选项卡，分别拖动③处所示的X方向和Y方向间距的滑块到合适的值，然后单击“Apply（应用）”按钮预览效果。

步骤三 修改级别，按图3-33所示的步骤，分别单击①处的“Colormap（颜色映射）”选项卡、②处的“Level（级别）”列标签，修改③处的范围为0到100（这里并非最大值和最小值，目的是构造整数刻度的颜色标尺），修改④处的“Major Levels（主级别数）”为10、“Minor Levels（次级别数）”为0，单击“OK（确定）”按钮返回“Plot Details-Plot Properties（绘图细节-绘图属性）”对话框，单击“Apply（应用）”按钮。

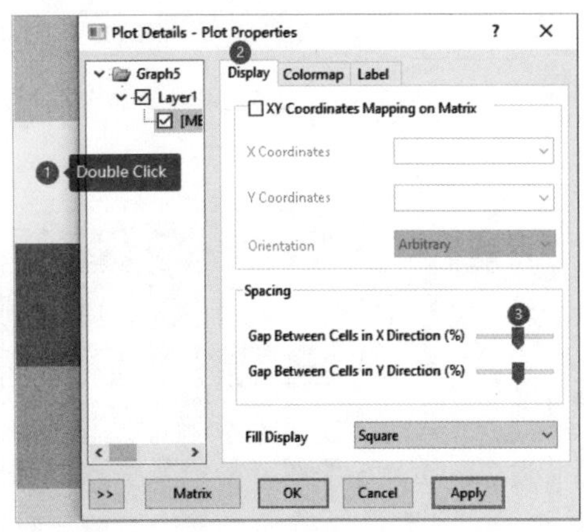

图3-32 调整间距

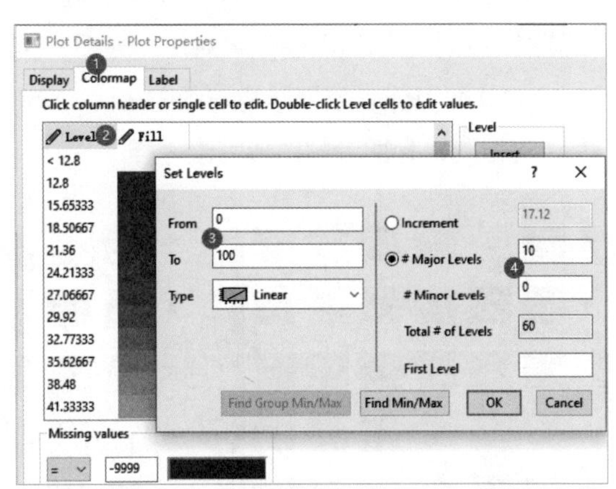

图3-33 修改级别

步骤四 修改颜色映射，按图3-34所示的步骤，分别单击①处的“Colormap（颜色映射）”选项卡、②处的“Fill（填充）”列标签打开“Fill（填充）”对话框、③处的“3-Color Limited Mixing（3色有限混合）”，修改④处的3种颜色，单击“OK（确定）”按钮返回“Plot Details - Plot Properties（绘图细节-绘图属性）”对话框，单击“Apply（应用）”按钮，得到⑤处所示的效果图。

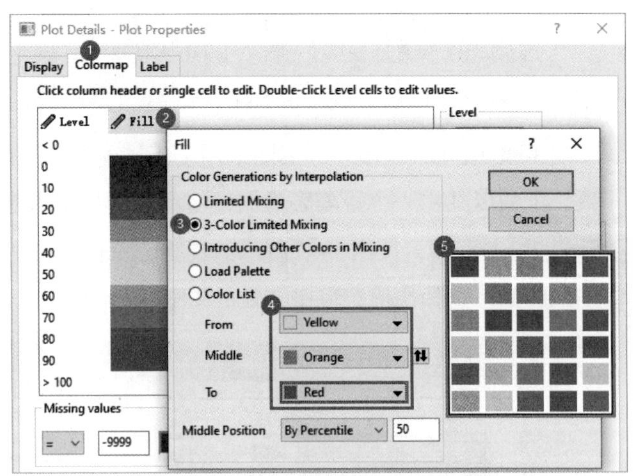

图3-34 修改3色有限混合填充

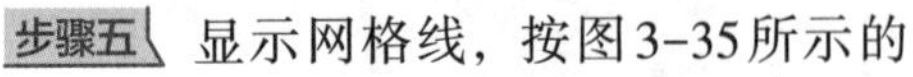

步骤五 显示网格线，按图3-35所示的步骤，在①处坐标轴上双击，在②处单击“Grids（网格）”选项卡，在③处按下“Ctrl”键的同时单击选择“Vertical（垂直）”和“Horizontal（水平）”两个方向，在④处“ Major Grid Lines（主网格线）”中选择“Show（显示）”复选框，单击⑤处的“Apply（应用）”按钮，即可显示灰色纵横网格线。

步骤六 隐藏轴线和刻度线，按图3-36所示的步骤，双击数轴，在①处单击“Line and Ticks（轴线和刻度线）”选项卡，在②处按下“Ctrl”键的同时单击选择“Bottom（下轴）”和“Left（左轴）”，在③处取消勾选“Show Line and Ticks（显示轴线和刻度线）”复选框，单击“OK（确定）”按钮即可得到④处所示的效果图。

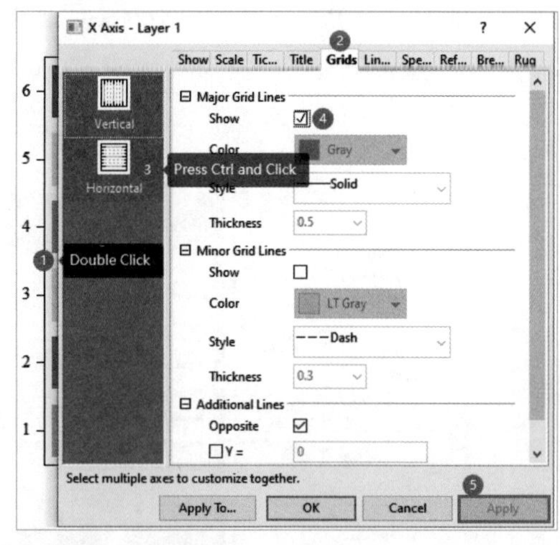

图3-35 显示网格线

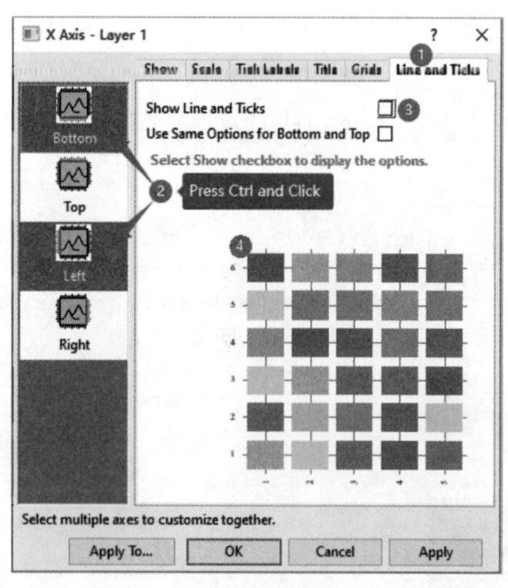

图3-36 隐藏轴线和刻度线

步骤七 修改颜色标尺，这里有两种设置方式。一种是按图3-37（a）所示的步骤双击①处的图例，单击②处的“Layout（布局）”目录，修改③处的“Color Bar Thickness（色阶宽度）”为100，单击“OK（确定）”按钮。另一种是按图3-37（b）所示的步骤，在①处拖动句柄，调整图例大小，待浮动工具栏浮出时，单击“Title（标题）”按钮隐藏（或显示）②处的图例标题，单击③处的“小数位”按钮设置图例中刻度标签的小数位数，单击④处可以设置为水平标尺。

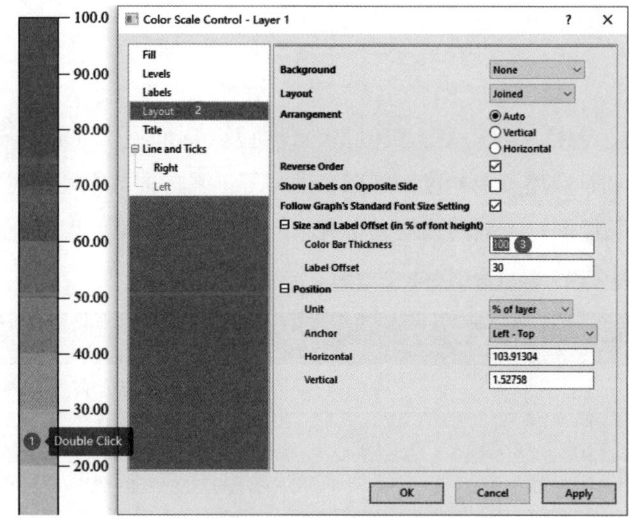

（a）色阶控制窗口的设置

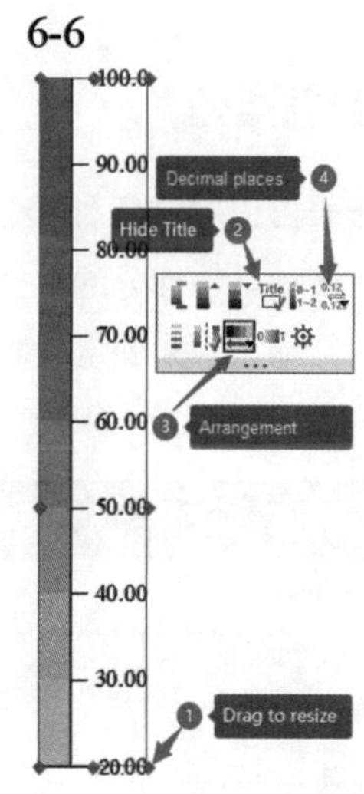

（b）浮动工具栏的设置

图3-37 颜色标尺图例的设置

步骤八 旋转刻度值数字，按图3–38所示的步骤，在①处X轴刻度标签的数字上双击，打开“Y Axis-Layer1（Y坐标轴-图层1）”对话框，单击②处的“Tick Labels（刻度线标签）”选项卡，单击③处的“Format（格式）”选项卡，在④处修改“Rotate(deg.)[旋转(度)]”为“Auto（自动）”，单击“OK（确定）”按钮。

步骤九 按图3–39所示的步骤，在①处空白处右击，选择②处的“Fit Page to Layers（调整页面至图层大小）”，在弹出的对话框中设置③处的“Border Width（边框宽度）”为“2”，单击“OK（确定）”按钮，即可完成绘图。

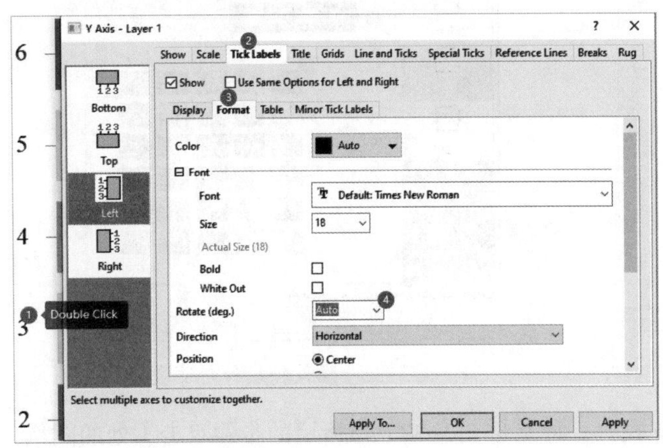

图3–38 旋转刻度值数字

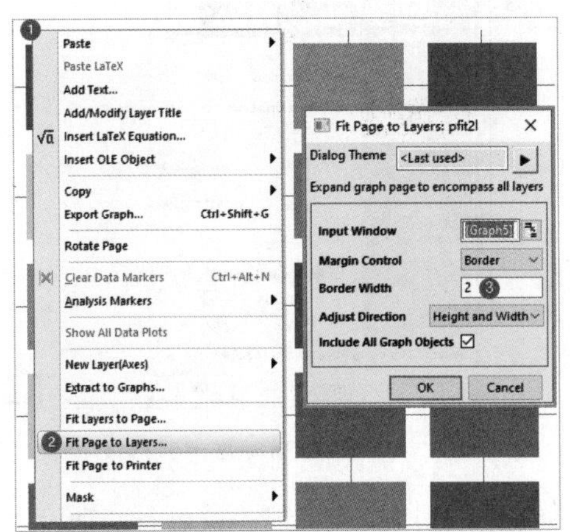

图3–39 调整页面与图层边距

3.3 数据的类型与格式

3.3.1 数据类型

工作表可以容纳各种类型的数据，包括字符串型、数值型、日期型（时间型）、图片等。数值型数据有多种具体细分的数据类型，如整数型、单精度型、双精度型等。具体的数据类型需要根据计算机内存和需求来确定，默认为双精度型。不同的数据类型有不同的取值范围（见表3–3）。

表3–3 数据类型与取值范围

工作簿	矩阵工作簿	所占字节	取值范围
double	double	8	±1.7E±308 (15位)
real	float	4	±3.4E±38 (7位)
short	short	2	−32768～32768
long	int	4	−2147483648～2147483647

续表

工作簿	矩阵工作簿	所占字节	取值范围
char	char	1	−128～127
byte	char, unsigned	1	0～255
ushort	short, unsigned	2	0～65535
ulong	int, unsigned	4	0～4294967295
complex	complex	16	±1.7E±308 (15 位)

3.3.2 数据格式

在实际绘图中根据具体需求设置相应的数据格式，如指定数字的位数、小数的位数、科学记数法等。Origin的数据格式及示例如表3-4所示，以“123.456”数值为例，设置不同的格式代码，将得到不同的显示效果。解析如下。

（1）“*4”表示保留 4 位有效数字。

（2）“.2”表示保留 2 位小数。

（3）“DMS”显示为 123°27′22″。

表3-4 Origin的数据格式及实例

格式	描 述	示 例
*n	显示n位有效数字	*3 显示为 123
.n	显示n位小数位	.4 显示为 123.4560
S. n	显示n位小数位，以科学记数法的形式	S. 4 显示为 1.2345E+02
* "pi"	显示为小数，紧接符号π	* "pi" 显示为 39.29727π
#/4"pi"	显示为π的分数，分母为4	#/4"pi" 显示为 157π/4
#/#"pi"	显示为π的分数	#/#"pi" 显示为 275π/7
##+##	显示为2个数字，“+”为分隔符	##+## 显示为 01+23
#+##M	显示为2个两位数，“+”为分隔符，M为后缀	#+##M 显示为 1+23M
#n	显示为n位整数，根据需要使用前导零填充	#5 显示为 00123
#%	显示为百分数	#% 显示为 12346%
# ##/##	显示为最简分数	# ##/## 显示为 123 26/57
# #/n	显示为最简分数以n为分母	##/8 显示为 123 4/8
DMS	显示为度（°）分（′）秒（″），这里1度=60分，1分=60秒	DMS 显示为 123°27′22″

3.4 数据的导入

在Origin软件中导入数据的方法很多，操作灵活，可以从ASCII文件、Excel文件、Sound文件、NI DIAdem文件和数据库等多种途径导入数据。本节主要介绍几种常用的数据导入方法，以帮助用户更好地利用Origin软件进行数据处理和分析。

3.4.1 粘贴法

Excel中的粘贴法是一种简单而有效的数据导入方法，通过按“Ctrl+A”快捷键全选数据、按“Ctrl+C”快捷键复制所选数据，然后在Origin的空白表格中使用“Ctrl+V”快捷键粘贴数据。这种方法无须依赖导入向导，一步到位，非常方便快捷。

3.4.2 拖入法

对于单个数据文件（如TXT、CSV或DAT等文件格式），可以直接从文件夹中将TXT数据文件拖动到Origin软件窗口中释放。此时会弹出一个名为“Select Filter（选择过滤器）”的小窗口（见图3-40）。通常默认选择“Use Connector（使用连接器）”，小窗口中会显示三个按钮：“Import Wizard（导入向导）”、“OK（确定）”和“Cancel（取消）”。对于TXT或CSV格式的数据文件，直接单击“OK（确定）”按钮即可导入数据并自动填入相关信息。这种拖入法导入数据是最常用的方法。

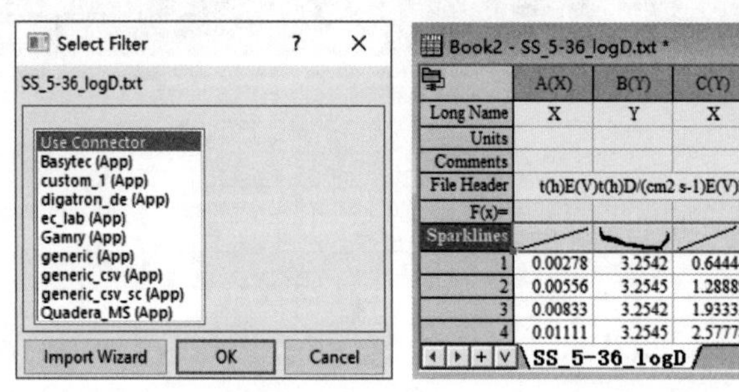

（a）选择过滤器　　（b）表格信息

图3-40　拖入法导入数据

3.4.3 从单个文件导入

在前面拖入文件后弹出的“Select Filter（选择过滤器）”对话框中，单击“Import Wizard（导入向导）”按钮会弹出“Import Wizard-Source（导入向导-来源）”窗口（见图3-41）。数据类型可选择ASCII、Binary或User Defined，Origin通常会根据实际的实验数据文件格式自动选择数据类型。需要注意的是，“Import Mode（导入模式）”默认为“Replace Existing Data（替代现有数据）”，您可以单击下拉框，根据实际需求选择不同的导入模式。对于简单的数据文件，这些选项可能没有明显区别，导入的结果都是新建工作簿。因此简单的数据文件，不用单击“Next（下一步）”按钮，直接单击“Finish（完成）”按钮即可导入数据。这与3.4.2小节中“拖入法”导入数据的效果相同。

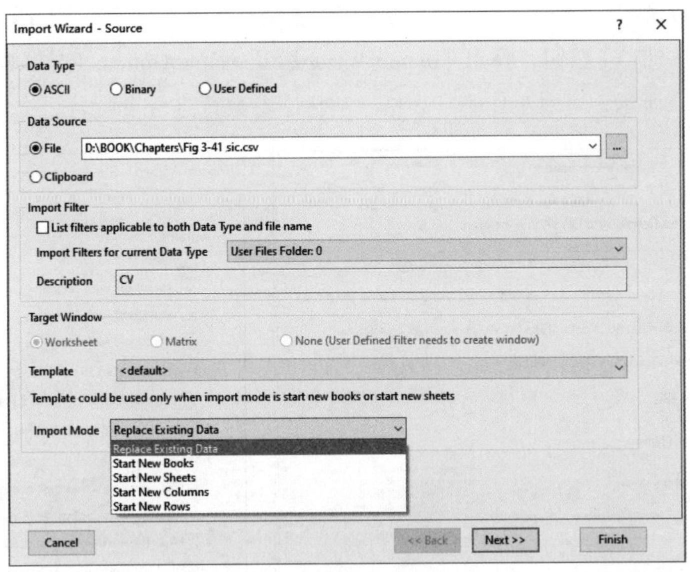

图3-41　从单个文件导入

单击“Next（下一步）”按钮，弹出“Import Wizard-Header Lines（导入向导-标题线）”窗口（见图3-42）。该窗口用于指定数据列的标题位于原始数据文件的第几行。设定行号后，软件将自动屏蔽原始数据文件中的测试参数信息，直接提取数据。通常情况下，原始数据的标题位于第一行，系统会自动定位。如果数据文件中包含标题行和单位符号行，则需要核对标题行、副标题行的行号是否准确。如果需要修改，可以取消选择“Auto determine header lines（自动确定标题行）”复选框。如果数据文件前端的测试参数信息行数超过50行，预览框中未显示数据行，则可以将“Preview Lines（预览行数）”设置为100或其他数字，直到能显示数据行为止。这样可以确保正确选择数据的起始行。

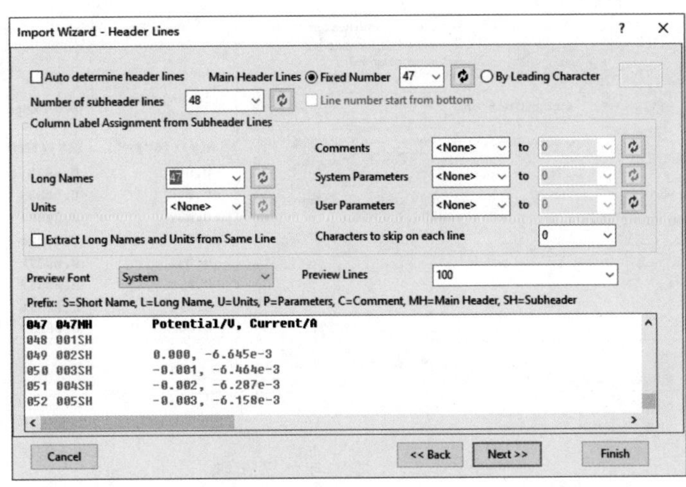

图3-42　指定数据的标题行

单击“Next（下一步）”按钮，进入“Import Wizard-Variable Extraction（导入向导-提取变量）”页面，如图3-43（a）所示，该页面主要用于处理文件名信息，从数据文件名和文件标题中提取变量。

单击“Next（下一步）”按钮，弹出“Import Wizard-File Name Options（导入向导-文件名选项）”页面，如图3-43（b）所示，可对工作簿、表格、注释、参数行进行重命名。

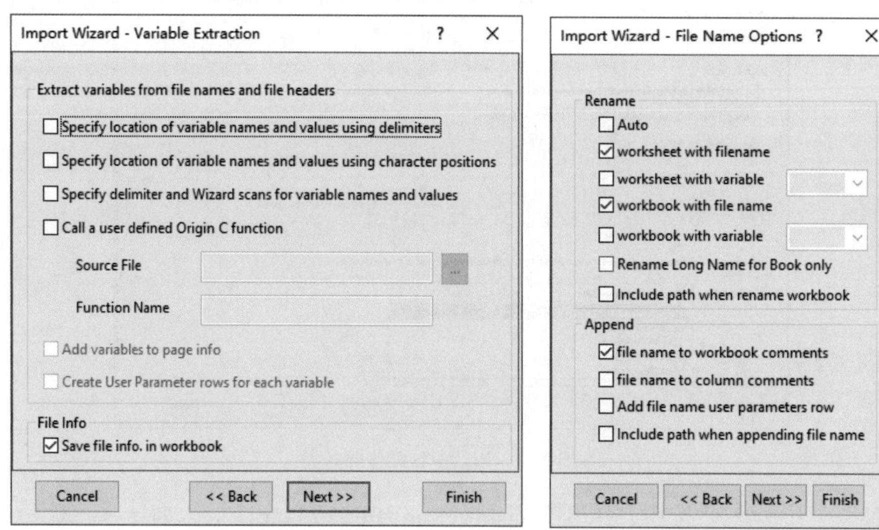

（a）提取变量　　　　（b）文件名选项

图3-43　提取变量与文件名选项

继续单击“Next（下一步）”按钮，分别进入“Import Wizard-Data Columns（导入向导-数据列）”和“Import Wizard-Data Selection（导入向导-数据选取）”两个窗口（见图3-44）。

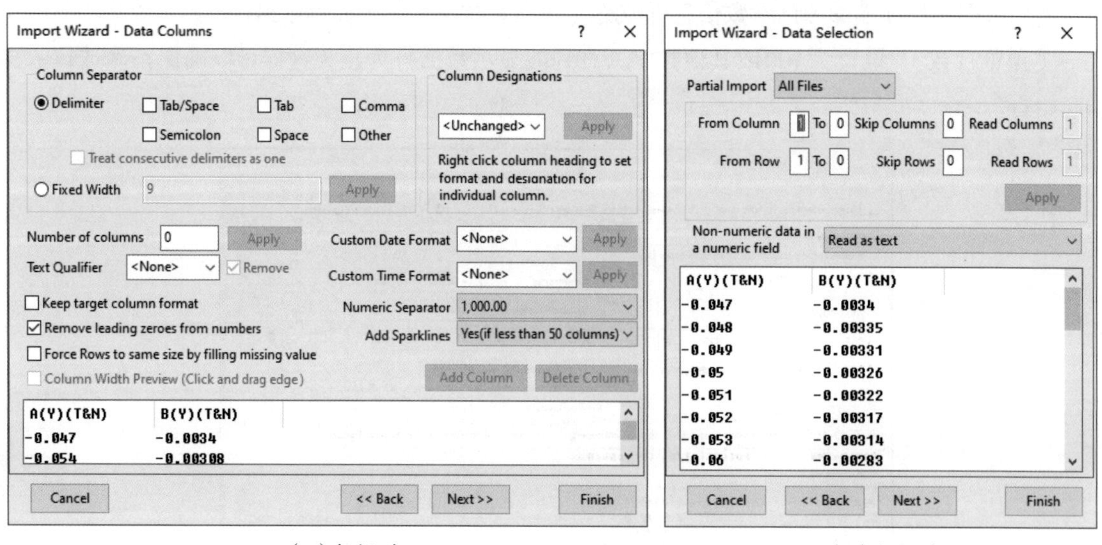

（a）数据列　　　　（b）数据选取

图3-44　数据列与数据选取

（1）“Import Wizard-Data Columns（导入向导-数据列）”页面的功能类似于Excel中的“分列”功能，如图3-44（a）所示，如果数据文件中各列数据之间用Tab/Space（制表符/空格）、Comma（逗号）、Semicolon（分号）等符号分隔，可以在这里勾选相应的分隔符类型，在下方文本框中可以即时预览分列的效果。

（2）“Import Wizard-Date Selection（导入向导-数据选取）”页面可以实现跨列、跨行选取数据，如图3-44（b）所示，根据实际需要对数据文件中每隔多少列（或行）选取数据，该功能可以绘制的数据量非常大，而我们只需要展示某些周期或某次循环的曲线。

继续单击“Next（下一步）”按钮，来到“Import Wizard（导入向导）”的最后一页“Save Filters（保存过滤器）”页面（见图3-45）。对于某种特定的、经常使用的、数据格式统一的测试数据文件，我们可以保存一个自己的过滤器，方便下次使用，从而避免每次导入向导的烦琐步骤。勾选“Save filter（保存过滤器）”和“Show Filter in File: Open List（显示文件中的过滤器：打开列表）”复选框，同时在“Filter Description（过滤器描述）”里填写一个自己熟知的描述信息（注释），单击“OK（确定）”按钮，即可导入实验数据。

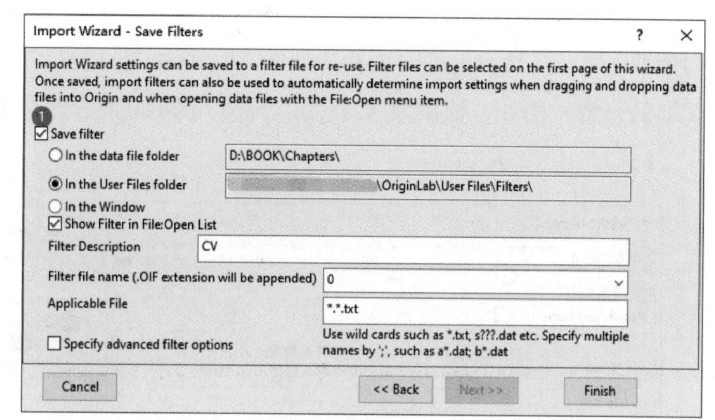

图3-45　保存过滤器

3.4.4 从多个文件导入

对于一组不同条件下测试的单个数据文件，每个文件中只包含X、Y两列数据，且这些数据的X列是完全相同的（如XRD的2θ、CV曲线的电压等），我们需要将多个文件合并到一个共用X列的XYYY型工作表中。为了实现这一目的，可以使用Origin软件中的“Import Multiple ASCII（导入多个ASCII文件）”工具。该工具位于上方工具栏中（见图3-46）。

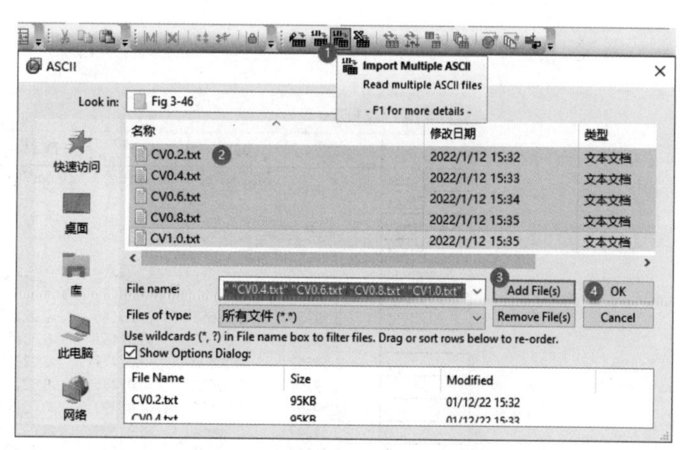

图3-46　导入多个数据文件

单击工具栏中①处的“Import Multiple ASCII（导入多个ASCII文件）”，在弹出的“查找范围”下拉框中找到数据所在的文件夹，窗口中会列出该文件夹下的所有数据文件，按“Ctrl+A”快捷键全选②处的数据文件。如果有少数文件不需要，先按下“Ctrl”键，同时用鼠标单击去除选择，然后单击③处的“Add File(s)（添加文件）”按钮，下方列表会显示已选的数据文件信息。单击④处的“OK（确定）”按钮弹出对话框（见图3-47）。单击①处的“+”按钮展开“Import Options（导入选项）”设置页面，修改②处的“1st File Import Mode（第一个文件导入模式）”下拉框为“Start New Sheets（新建工作表）”，修改“Multi-File (except 1st) Import Mode[多文件（第一列除外）导入模式]”下拉框为“Start New Columns（新建列）”，单击③处的“+”按钮展开“Partial Import（部分导入）”设置页面，展开后如④处所示。修改⑤处的“Partial Import（部分导入）”为“From 2nd File On（从第二个文件开始）”。单击“Partial Columns（部分列）”前的“+”，在⑥处设置From为2、Read为1，即从第2列读取1列。当然，也可以选择⑦处的“Custom（自定义）”复选框，参考蓝色提示文本格式自定义读取的列数。例如，依次导入1、3、5列、7到10列、12列到最后一列，可以在自定义输入框中输入“1 3 5 7:10 12:0”。

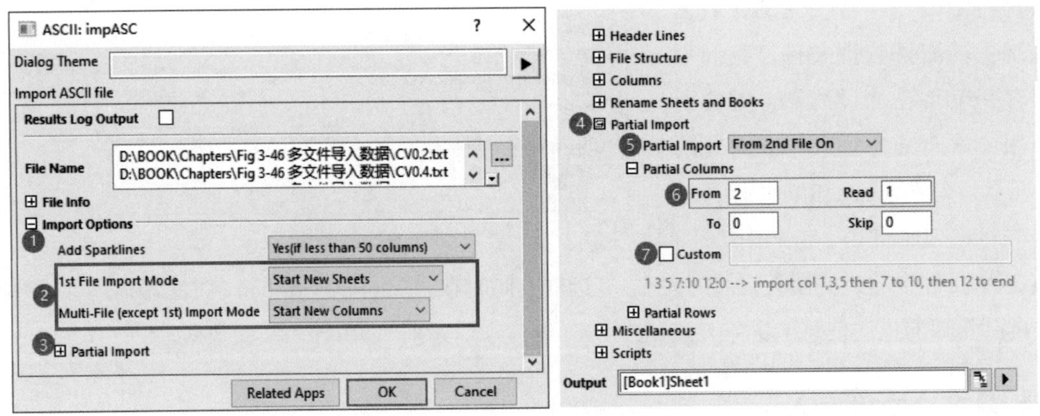

图3-47　多个数据文件的合并导入

通过上述步骤，可以轻松合并多个XY型数据文件为共用X列的XYYY型工作表（见图3-48）。

CV10 - CV1.0.txt *

	A(X)	B(Y)	C(Y)	D(Y)	E(Y)	F(Y)
Long Name	E	I(0.2mV/s)	I(0.4mV/s)	I(0.6mV/s)	I(0.8mV/s)	I(1.0mV/s)
Units						
Comments						
F(x)=						
Sparklines						
1	2.59735	-0.00665	-0.0146	-0.02137	-0.02699	-0.03144
2	2.59705	-0.00667	-0.01467	-0.02152	-0.02717	-0.03164
3	2.59552	-0.00672	-0.01479	-0.02159	-0.02731	-0.03184
4	2.59491	-0.00674	-0.01486	-0.02176	-0.02752	-0.03199
5	2.59369	-0.00678	-0.01492	-0.02191	-0.02772	-0.03225
6	2.59247	-0.00684	-0.01503	-0.02206	-0.02788	-0.03252
7	2.59155	-0.00688	-0.01513	-0.02219	-0.02808	-0.03275
8	2.59064	-0.00694	-0.01524	-0.02229	-0.02824	-0.03297
9	2.58942	-0.00697	-0.0153	-0.02242	-0.02842	-0.03317

CV1. 0　CV1. 01

图3-48　合并多个文件为XYYY型工作表

3.4.5 从Excel文件导入

Origin的"数据连接器"能够实时连接外部数据。例如，可以连接本地的Text/CSV、Excel、MATLAB、XML、JSON、HTML Table等文件（见图3-49）。

例9：利用"数据连接器"导入Excel文件。

步骤一 激活工作簿（如Book1），选择菜单"Data（数据）→Connect to File（连接到文件）"，或者直接单击左侧"Standard（标准）"工具栏中的按钮。

步骤二 按图3-50所示的步骤，在"Excel Import Options（Excel导入选项）"对话框中①处"Excel Sheet（Excel工作表）"的下拉菜单中选择表格标签（与Excel表格②处想要导入的表格标签一致），选择③处的"Column Labels（列标签）"复选框，设置长名称、单位、注释列标签对应的行号。

步骤三 如果只需部分导入，选择④处的"Partial Import（部分导入）"复选框，输入行、列范围。

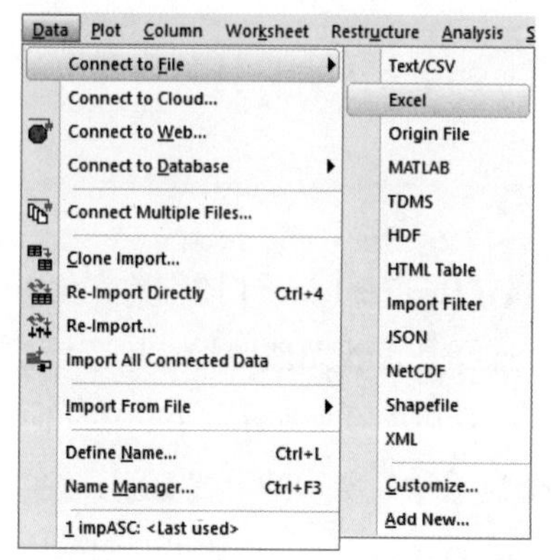

图3-49 利用"数据连接器"

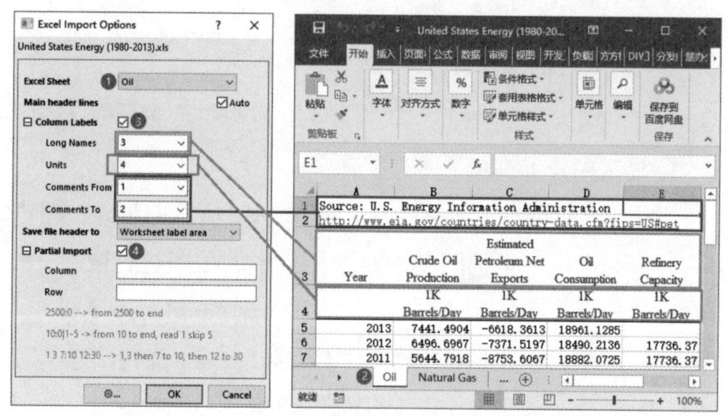

图3-50 数据连接器与Excel表头的对应关系

步骤四 通过上述步骤可得到如图3-51所示的工作簿，左边树形目录中"Oil"表格已被导入，未导入的表格标签为灰色。如果需要导入其他表格，单击①处的灰色表格标签，在②处右击，选择"Connect as New Sheet(s)（连接为新工作表）"，即可导入表格数据（如图3-51中③处所示）。

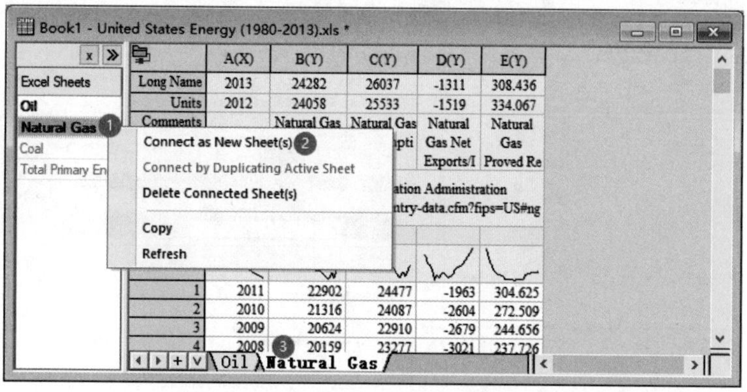

图3-51 相同数据结构表格的添加

3.5 图像数字化

在特定情况下，比如，当原始数据不幸遗失或需要快速从已有的文献图表中获取数据时，利用专业的软件工具如Origin，可以有效地实现图片中数据的数字化提取。

例10：纠偏图片并数字化提取数据（见图3-52）。

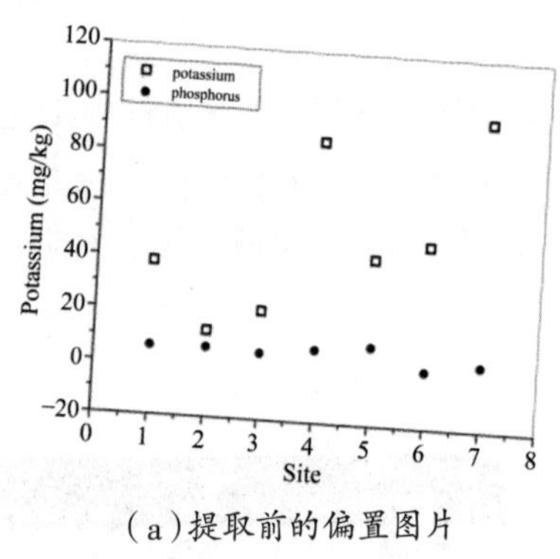

（a）提取前的偏置图片

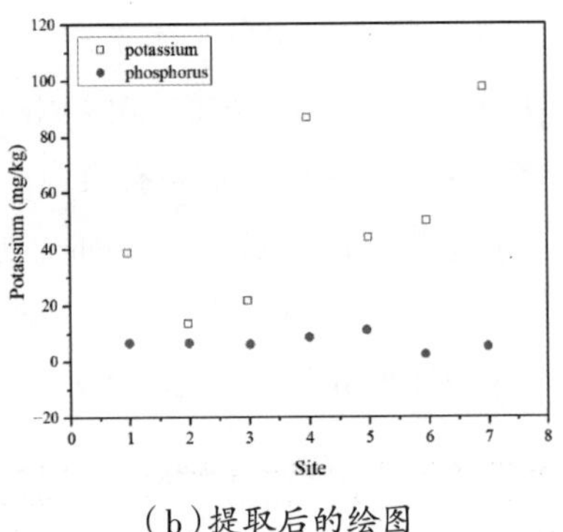

（b）提取后的绘图

图3-52　图像数字化提取前后绘图的对比

1. 导入图片并纠偏

用截图工具截取偏置的图片，按图3-53所示的步骤，单击①处的“Digitize Image（图像数字化）”按钮，会弹出对话框询问是否对剪切板中的截图进行数字化提取，选择是。若无截图，在单击该按钮时会弹出“打开对话框”，可从中选择图片并进行后续操作。打开图片后如②处所示。在“Digitizer（数字化）”窗口中，单击③处的“Rotate Image（旋转图像）”按钮会显示④处所示的设置页面，在④处的“Rotation Angle (degree)［旋转角度(度)］”中输入合适的角度，如本例中输入“-2”即可纠偏图片。双击⑤处的“Axis Value（坐标轴刻度值）”分别输入相应的刻度范围边界值。拖动图片上的两组参照线（如⑥处的红线）使之与坐标轴吻合。单击“OK（确定）”按钮。

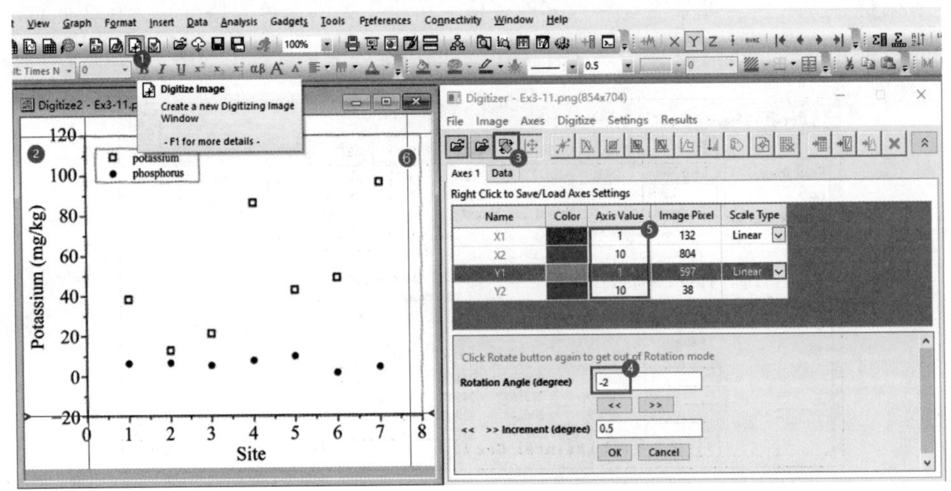

图3-53　导入图像并纠偏

2. 取点

按图3-54（a）所示的步骤，单击①处激活图像，单击“Digitizer image tool（图像数字化工具）”②处的“Manually Pick Points（手动取点）”按钮，在图像中③处散点上从左到右依次双击取点，取点结束后，单击④处的“Done（完成）”按钮，单击“Digitizer image tool（图像数字化工具）”⑤处的按钮“Go to data（跳转到数据）”按钮，即可得到如图3-54（b）所示的工作表。

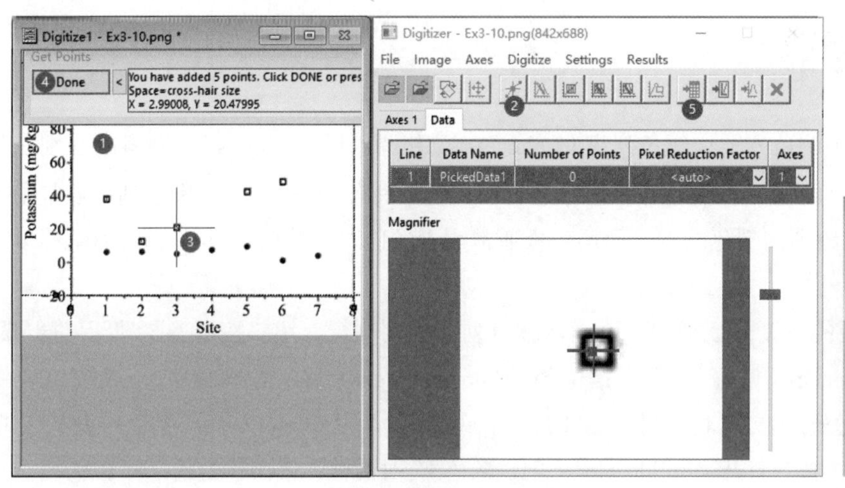

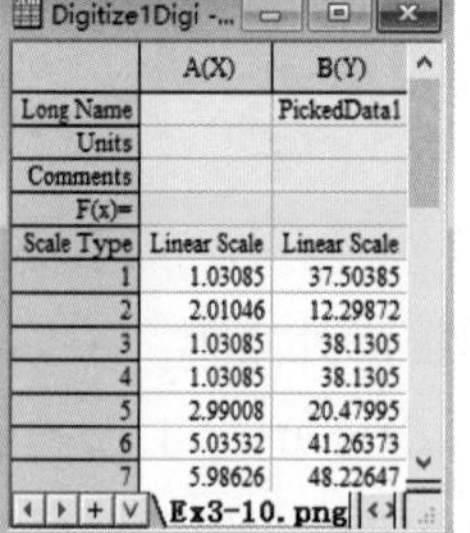

Digitize1Digi -...

	A(X)	B(Y)
Long Name		PickedData1
Units		
Comments		
F(x)=		
Scale Type	Linear Scale	Linear Scale
1	1.03085	37.50385
2	2.01046	12.29872
3	1.03085	38.1305
4	1.03085	38.1305
5	2.99008	20.47995
6	5.03532	41.26373
7	5.98626	48.22647

Ex3-10. png

（a）手动取点读数据　　（b）数字化提取的工作表

图3-54　取点

3. 绘制散点图

采用第二步的操作提取其他样品散点的工作表，将提取的X坐标值纠正为各散点对应的X刻度值（1～7），最后绘制散点图，如图3-55所示。

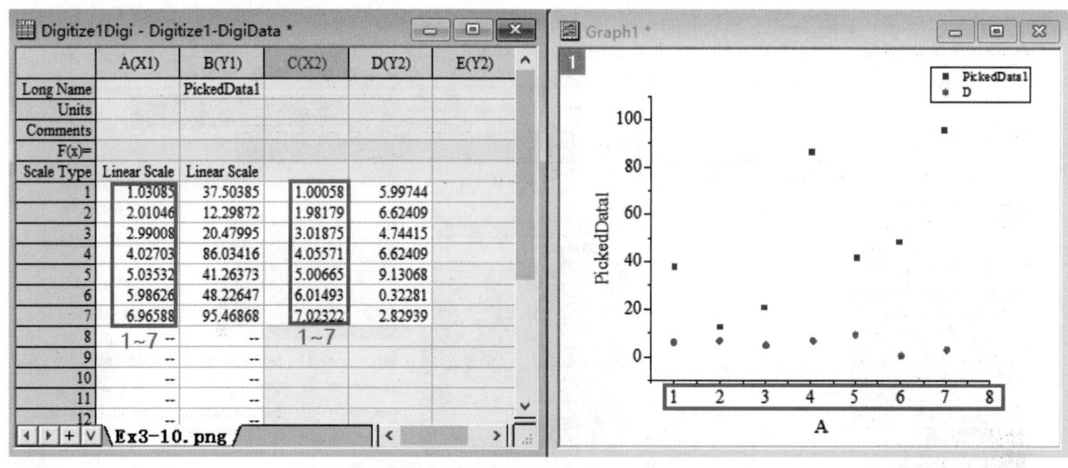

Digitize1Digi - Digitize1-DigiData *

	A(X1)	B(Y1)	C(X2)	D(Y2)	E(Y2)
Long Name		PickedData1			
Units					
Comments					
F(x)=					
Scale Type	Linear Scale	Linear Scale			
1	1.03085	37.50385	1.00058	5.99744	
2	2.01046	12.29872	1.98179	6.62409	
3	2.99008	20.47995	3.01875	4.74415	
4	4.02703	86.03416	4.05571	6.62409	
5	5.03532	41.26373	5.00665	9.13068	
6	5.98626	48.22647	6.01493	0.32281	
7	6.96588	95.46868	7.02322	2.82939	
8	1～7 --	--	1～7		
9	--	--			
10	--	--			
11	--	--			
12	--	--			

Ex3-10. png

图3-55　纠正提取的X坐标值

对于曲线图像的数据提取，可以用图3-56中①处所示的“Auto Trace Line by Points（逐点自动追踪曲线）”工具提取数据。

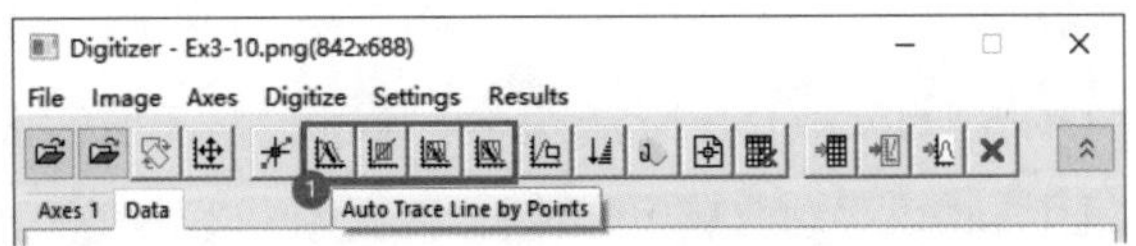

图 3-56　曲线图像的数据提取

3.6 颜色管理器

Origin软件中有两种颜色方案：颜色列表（Color Lists）和调色板（Palettes）。两者的区别在于色块的数量，颜色列表通常只有几种或十几种颜色，而调色板拥有256种颜色。颜色列表通常用于点、线、柱、饼等类型绘图的颜色配置，而调色板通常用于颜色映射的Contour图、曲面图等填充颜色的配置。

颜色列表和调色板的设置方法类似，下面以颜色列表为例进行介绍。按图3-57所示的步骤，单击①处菜单“Preferences（偏好设置）”，选择“Color Manager（颜色管理器）”，或按组合键“Ctrl+Shift+O”打开颜色管理器窗口。选择②处的“Type（类型）”为“Color Lists（颜色列表）”，单击③处的“New（新建）”按钮打开“Build Colors（创建颜色）”对话框，单击④处的“+”按钮增加一个色块，在颜色面板中的⑤处选择一种颜色，单击⑥处的“Replace（替换）”按钮，即可将⑦处的色块更新，单击⑧处的“Interpolate（插值）”按钮打开“Interpolate（插值）”对话框，在⑨处的“No. of Colors（色号）”中输入15个色号，单击“OK（确定）”按钮返回上一级窗口，在⑩处的“Name（名称）”框中输入文件名“GR15”，单击“OK（确定）”按钮，返回“Color Manager（颜色管理器）”，新建的颜色列表已添加完成，后续在需要设置颜色时，可以在颜色菜单中找到并使用它。

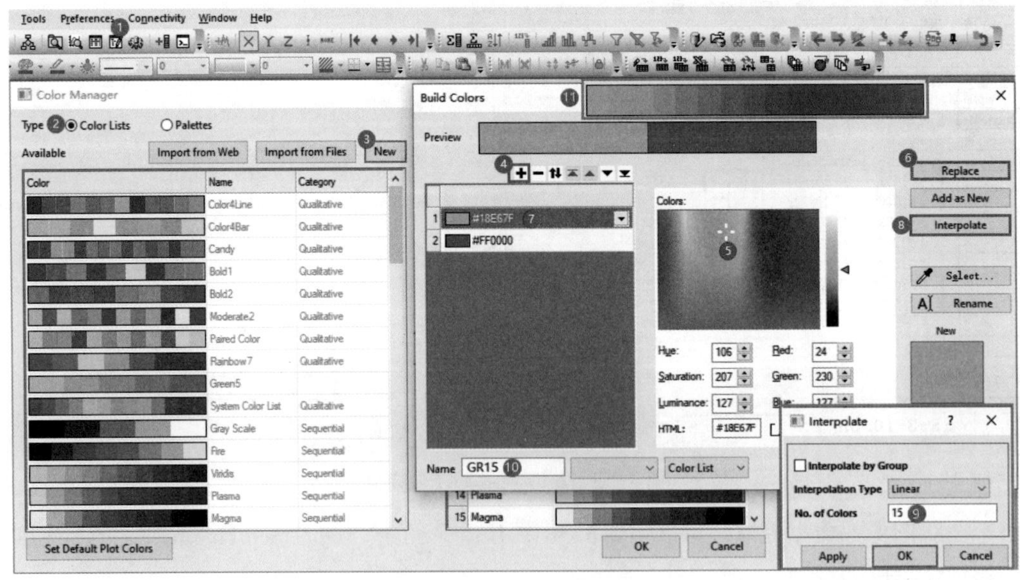

图 3-57　添加颜色列表

3.7 项目管理器

3.7.1 合并Origin文件

合并多个.opju文件到一个.opju文件中非常简单。首先，将Origin软件窗口缩小（不要全屏）。然后，在文件资源管理器中全选要合并的.opju文件，将它们拖入Origin软件窗口中。最后，保存文件即可实现多个.opju文件的合并。这个方法非常方便，使管理和组织多个数据绘图文件变得更加简单。

例11：如图3-58所示，合并后，从Origin窗口左边栏的“Project Explorer（项目浏览器）”中可以看到，刚拖入的单个.opju文件已经以文件夹的形式被收纳到项目管理器中。

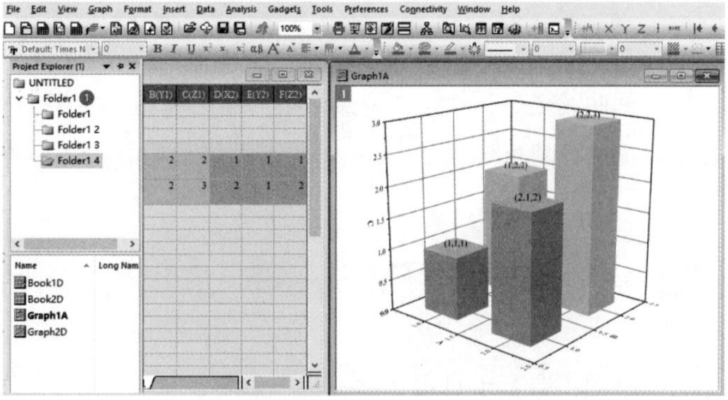

图3-58　Origin文件的合并

3.7.2 拆分Origin文件

当在一个.opju文件中绘制了多张各类绘图后，数据量大、窗口多，可能会引起一系列问题。为了解决这个问题，可以将绘图拆分并单独保存为.opju文件。

如图3-59所示，首先，在项目管理器的Folder1上右击，选择“New Folder（新建文件夹）”，将①处图表数据项目全选后拖入新建文件夹中。然后，右击②处需要拆分的文件夹，选择“Save As Project（保存为项目）”。最后，在该文件夹上右击选择④处的菜单“Delete Folder（删除文件夹）”，从而将其拆分出去。

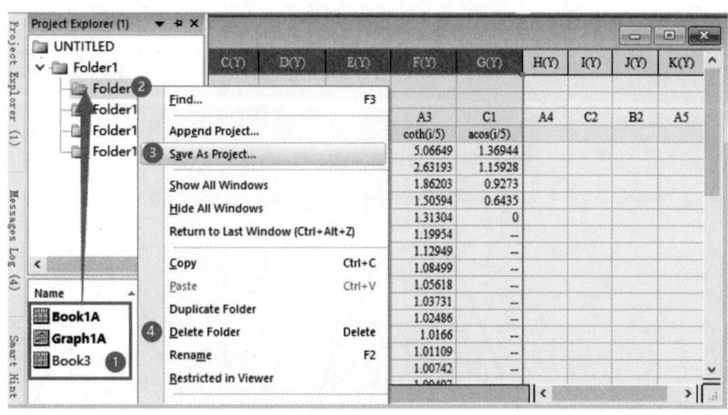

图3-59　Origin文件的拆分

04

第4章 二维绘图

数据曲线图是科技论文中最常见的插图类型，主要包括二维图和三维图，其中二维图居多，占数据绘图总数的90%以上。Origin灵活的绘图功能和精美的模板，能满足绝大多数论文插图的需求。

4.1 二维图基础

二维图主要基于直角坐标系将一系列XY型数据可视化显示为点、线、饼、柱等图形。数据和图形是关联的，修改数据，图形随之自动更新。除了直角坐标系，还有极坐标系、三元相图等坐标系，根据具体的科学问题选用相应的坐标系即可。本节将以过渡态活化能曲线为例，演示二维图的基本操作。

例1：根据一组*XY*数据绘制如图4-1所示的过渡态活化能曲线示意图。

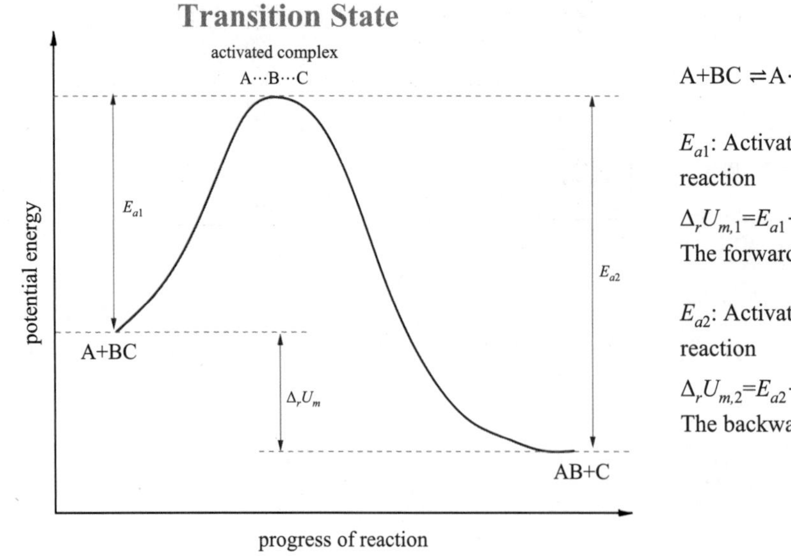

图4-1　过渡态活化能曲线

图4-1的绘制步骤为：（1）利用样条平滑曲线，（2）设置曲线粗细、颜色，（3）设置刻度增量、

刻度标签，（4）显示/隐藏箭头轴、刻度线，（5）设置参照线、虚线、双箭头，（6）输入与修改图文格式、公式符号，（7）修改页面布局与边距。

4.1.1 认识绘图窗口

学习Origin软件绘图，首先要熟悉绘图窗口。如图4-2所示，绘图窗口主要包括：①标题栏、②页面、③图例、④坐标轴边框、⑤图层编号、⑥图层、⑦轴标题、⑧坐标值、⑨坐标轴、⑩注释文本。

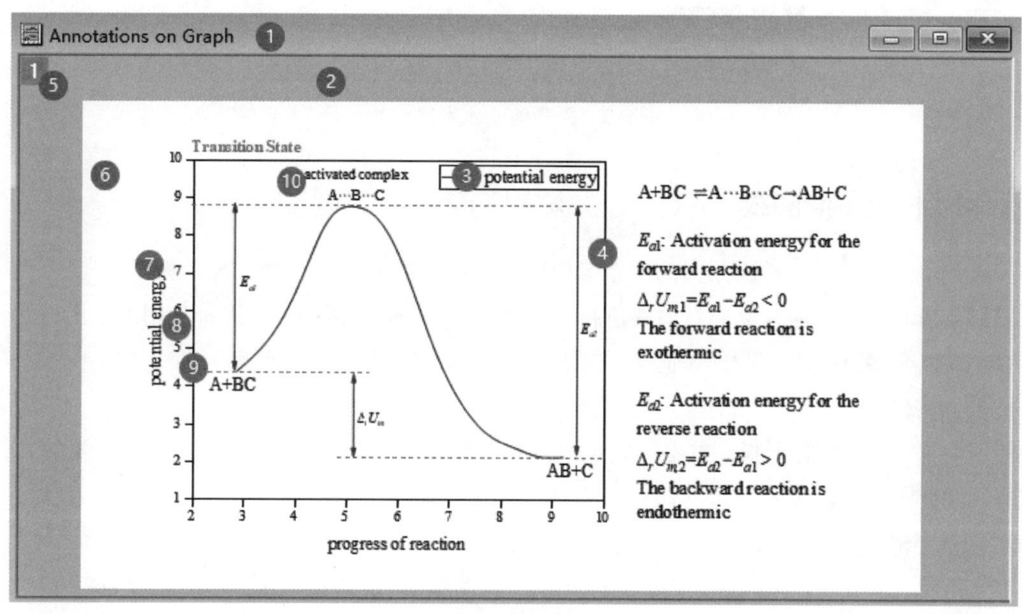

图4-2 Origin绘图窗口的基本组成

图层一般由坐标系、数据图形、图例、文本组成，通常可以理解为坐标系围成的区域。一个绘图可以由多个图层组成，每个图层可以由多条曲线组成。图层之间的坐标系既可以相互关联（关联坐标轴），也可以相互独立；图层的大小既可以完全一致（多为关联坐标轴，如双Y图），也可以大小不同（多为插图）。每个图层可以独立设置，如显示或隐藏坐标轴边框。

在绘图中，一般情况下单击可选中某个对象并修改相关属性（大小、粗细、字体等），也可以双击某个对象，在弹出的对话框中进行相关属性的设置。如果某些对象，如坐标轴、刻度值之前已经设置隐藏，则需要修改或让其重新显示出来，此时利用图层的右键菜单就非常方便。

如图4-3所示，在左上角①处的图层编号数字按钮上右击，单击②处的"Axis（坐标轴）"菜单可以设置坐标轴的相关参数；单击③处的"Layer Properties（图层属性）"菜单可以对绘图的具体细节进行设置；单击④处的"Layer Management（图层管理）"菜单可以添加图层、设置关联、排列图层等；单击⑤处的"Arrange Layers（排列图层）"菜单可以设置多个图层的行列排版、间距等。具体用法将在后续章节中详细介绍。

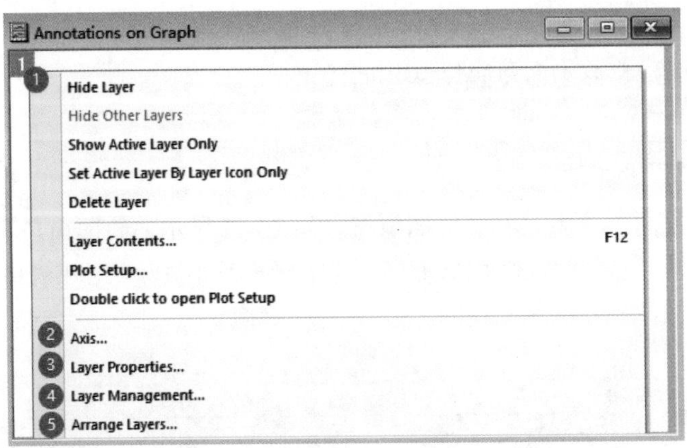

图4-3　图层编号的右键菜单

4.1.2 利用样条平滑曲线

实验数据的曲线图，常因数据的误差等原因导致绘制的曲线不平滑，显示为“折线”。为了使曲线更加平滑和连续，通常需要对曲线进行平滑处理。Origin软件提供了两种常用的平滑方法：样条曲线法和拟合平滑法。本小节将演示如何使用Origin软件中的样条曲线法对曲线进行平滑处理。

1. 绘制折线图

按图4-4（a）所示的步骤，单击①处全选*X*、*Y*列数据，点击工具栏中②处的“折线图”按钮，即可绘制③处所示的折线图。

2. 样条平滑曲线

双击折线，弹出“Plot Details-Plot Properties（绘图细节-绘图属性）”对话框，按图4-4（b）所示的步骤，单击①处的“Connect（连接）”下拉框，选择“Spline（样条曲线）”，单击②处和③处修改曲线的粗细和颜色，即可得到④处所示的平滑曲线。

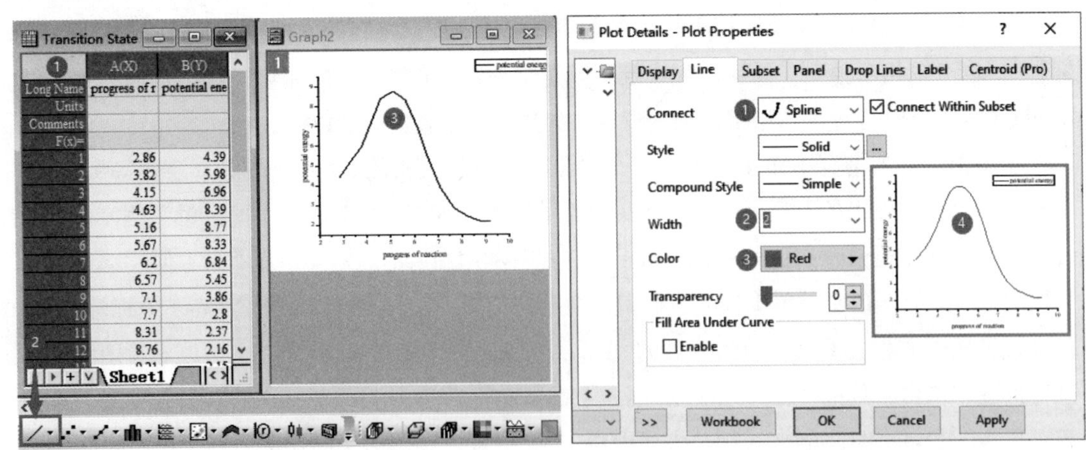

（a）折线图的绘制　　（b）样条平滑曲线

图4-4　样条曲线法

4.1.3 曲线粗细、颜色的设置

曲线粗细、颜色等属性的设置通常有3种方法：绘图细节对话框设置、样式工具栏设置、浮动工具栏设置。绘图细节对话框设置在4.1.2小节已演示。本小节将演示后2种方法。

1. 样式工具栏设置

按图4-5所示的步骤，单击①处选择曲线，将样式工具栏②处的粗细设置为2、将③处的颜色设置为红色。

2. 浮动工具栏设置

单击①处选择曲线，此时会浮出浮动工具栏，单击④处和⑤处分别设置曲线的粗细和颜色。

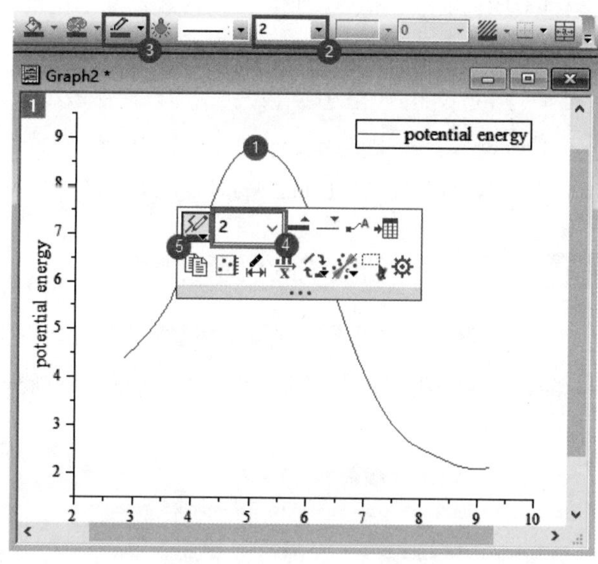

图4-5 曲线粗细、颜色的设置

4.1.4 刻度增量、刻度标签的设置

在绘图过程中常会出现刻度标签拥挤而影响画质的情况，这时就需要对刻度增量、刻度标签的格式进行修改。刻度标签一般为主刻度的刻度值，次刻度通常不需要显示刻度标签，因此只需要设置主刻度的类型。

双击轴线或刻度线，弹出"Y Axis - Layer 1（Y坐标轴 - 图层1）"对话框，按图4-6所示的步骤，单击①处的"Scale（刻度）"选项卡，修改②处的"From（起始）"为0、"To（结束）"为10，单击③处的"Type（类型）"选择"By Increment（按增量）"，设置④处的"Value（值）"为2，单击"OK（确定）"按钮。

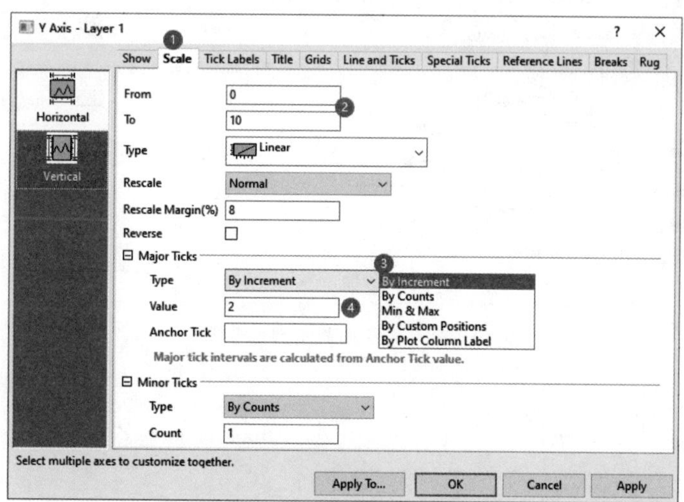

图4-6 刻度增量的设置

主刻度类型有以下 5 种。

（1）By Increment（按增量），即修改刻度变化量。

（2）By Counts（按数量），即设置刻度线的数量。

（3）Min & Max（最小 & 最大），即只设置最小值、最大值这 2 个主刻度。

（4）By Custom Positions（按自定义位置），即将刻度值设置为来自工作表中的某列数据。

（5）By Plot Column Label（按曲线源数据的列标签），即按 XYYY 型工作表的 Y 列标签。

4.1.5 箭头轴、刻度线的显示/隐藏

Origin绘制的坐标图默认情况下显示刻度和刻度值，但在某些情况下需隐藏刻度。例如，数学函数图或示意图一般用无刻度的、末端为箭头的箭头轴表示。本小节将介绍显示轴线末端箭头、隐藏刻度线和隐藏刻度线标签。

1. 显示轴线末端箭头

双击 Y轴（或X轴），按图4-7所示的步骤，单击①处的“Line and Ticks（轴线和刻度线）”选项卡，按“Ctrl”键的同时分别单击②处的“Bottom（下轴）”和“Left（左轴）”，对下、左两个方向的轴线进行统一设置，单击③处“Arrow（箭头）”前的“+”按钮展开箭头设置选项，选择④处的“Arrow at End（箭头位于末端）”复选框，单击“OK（确定）”按钮，即可显示轴线末端箭头。

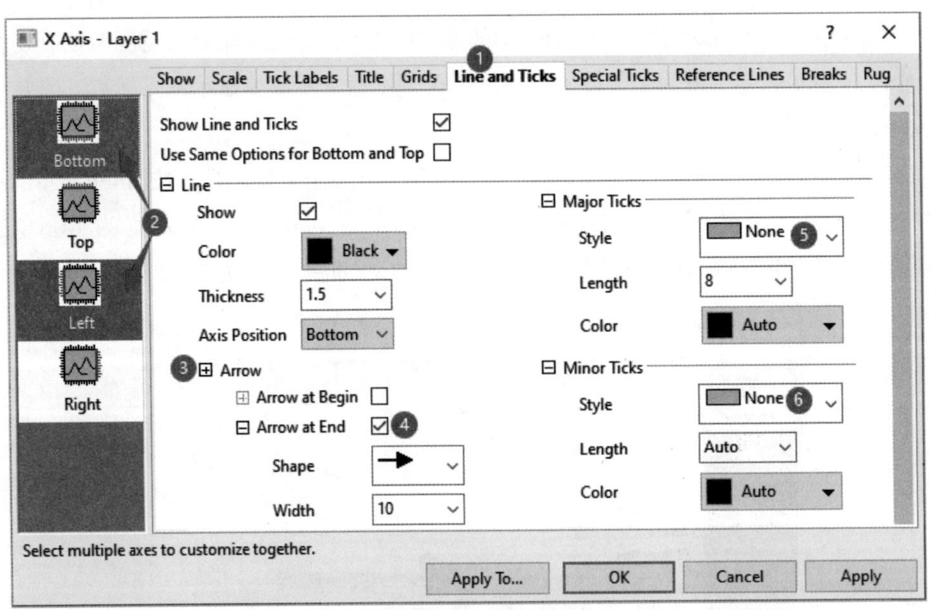

图4-7　轴线和刻度线的设置

2. 隐藏刻度线

分别修改⑤处的“Major Ticks（主刻度）”、⑥处“Minor Ticks（次刻度）”的“Style（样式）”为“None（无）”，单击“OK（确定）”按钮，即可隐藏刻度线。

3. 隐藏刻度线标签

单击进入“Tick Labels（刻度线标签）”选项卡，按图4-8所示的步骤，按“Ctrl”键的同时分别单击①处的“Bottom（下轴）”和“Left（左轴）”两个方向的轴线进行统一设置，取消选择②处“Show（显示）”前的复选框，单击“OK（确定）”按钮，即可隐藏刻度线标签。

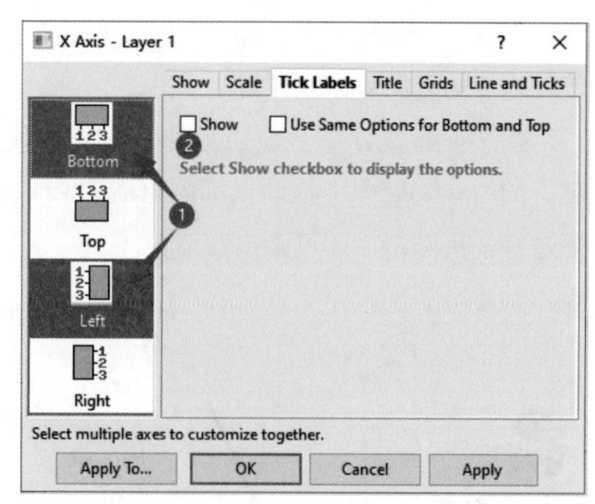

图4-8 刻度线标签的隐藏

4.1.6 参照线、虚线、双箭头的设置

绘图中常需要绘制辅助线，如参照线、指引线、虚线、箭头等，以增强绘图的“可读性”。

1. y=8.77 参照线的绘制

按图4-9所示的步骤设置y=8.77参照线。

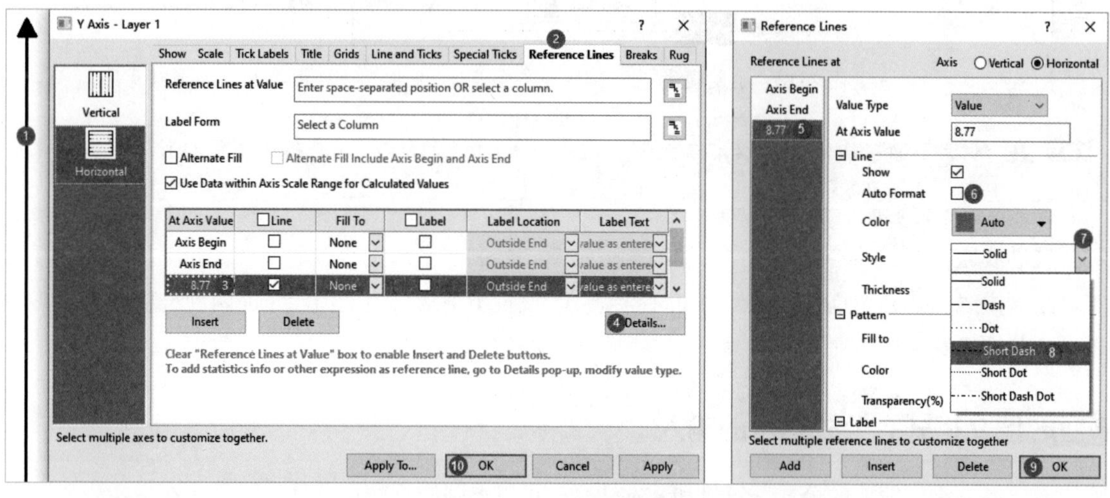

图4-9 添加参照线

双击①处轴线，在弹出的“Y Axis - Layer 1（Y坐标轴-图层1）”对话框中单击②处的“Reference Lines（参照线）”选项卡，在③处双击，输入8.77，单击④处的“Details（细节）”按钮弹出“Reference Lines（参照线）”对话框，单击⑤处的“8.77”，取消⑥处的“Auto Format（自动格式）”复选框，单击⑦处的“Style（样式）”下拉框，选择⑧处的“Short Dash（短划线）”，单击⑨处的“OK（确定）”按钮返回“Y Axis - Layer 1（Y坐标轴-图层1）”对话框，单击⑩处的“OK（确定）”按钮。

2. 虚线与双箭头的绘制

按图4-10所示的步骤，选择左边工具栏①处的“Line Tool（直线工具）”，在绘图窗口中②处按下“Shift”键，同时按下鼠标左键拖出一条直线，单击③处的直线，在浮动工具栏④处下拉框中选择⑤处的“Short Dash（短划线）”；右击⑥处的虚线，选择“Copy（复制）”或按快捷键“Ctrl+C”复制该虚线，在⑦处右击，选择“Paste（粘贴）”或按快捷键“Ctrl+V”粘贴，拖动虚线贴近曲线末端，按键盘上的方向键微调位置。

按图4-11所示的步骤绘制双箭头，选择①处的箭头（或直线）工具，在绘图窗口中按住“Shift”键，同时在②处向上拖动鼠标画出箭头（或直线）。单击③处的箭头，在浮动工具栏④处单击下拉框选择箭头类型，即可画出双箭头。

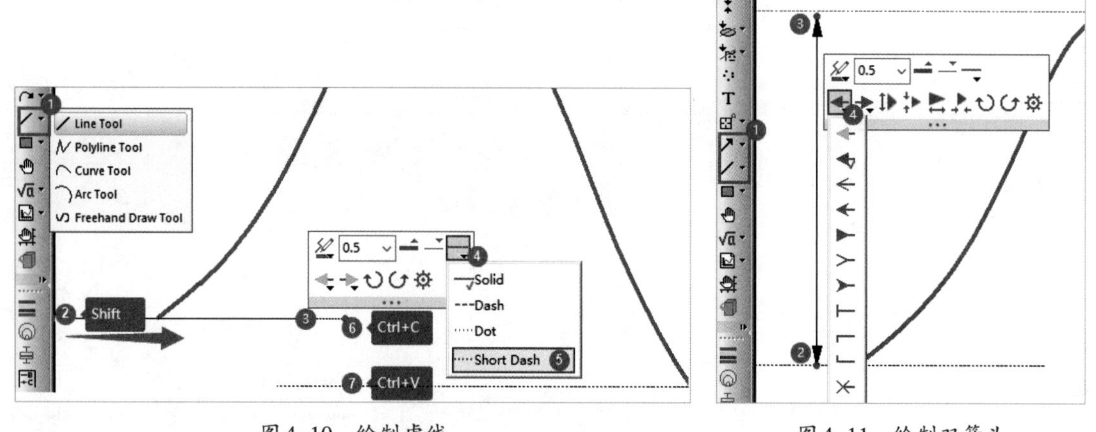

图4-10　绘制虚线　　　　图4-11　绘制双箭头

注意 ▲　本例不需要图例，可以右击图例，选择“Delete（删除）”，或单击图例后按“Delete”键删除。

辅助线通常有三种绘制方法：①利用$y=n$或$x=n$绘制水平或垂直参照线，②利用Origin的直线工具绘制虚线，③利用Origin显示“Label（标签）”设置指引线。上文演示了前两种绘制方法，第三种方法将在后续章节中演示。

4.1.7 图文格式、公式符号的输入

在绘图中添加简要的公式、符号和文本注释，可以增强数据的可读性。注释文本主要涉及格式调整（如上标、下标、粗体、斜体）、符号插入（如特殊符号、公式）等内容。本小节将介绍常用的注释方法，对于复杂公式的输入，将在后续章节中重点介绍。

1. 添加文本并修改格式

文本格式的修改方法主要有两种：一种是利用“格式”工具栏修改，另一种是利用“文本对象”属性窗口设置。

利用“格式”工具栏修改：按图4-12所示的步骤，单击选择左边工具栏①处的“T”文本工具，

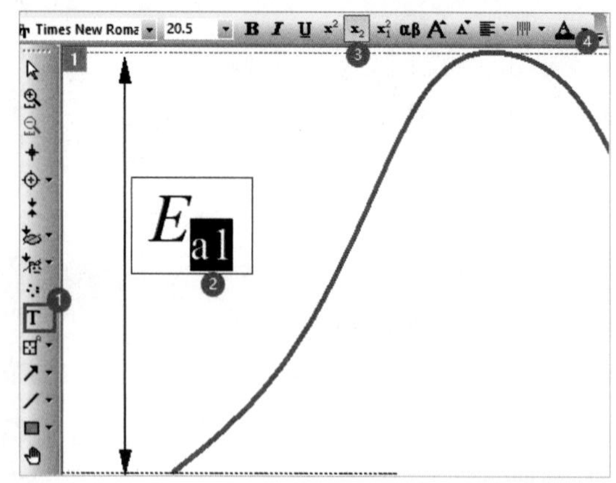

图4-12　利用“格式”工具栏添加并修改文本格式

在②处输入“E_{a1}”，选择需要修改的文本，通过③处修改文本的“格式”（如下标、上标、下画线、斜体、加粗等），通过④处修改颜色。

利用“文本对象”属性窗口设置：右击文本标签选择“Properties（属性）”菜单，打开“Text Object - Text（文本对象-文本）”窗口。如图4-13（a）所示，单击①处的“Text（文本）”，在②处拖选需要修改格式的字符或字符串，单击③处的相关工具修改文本的格式。

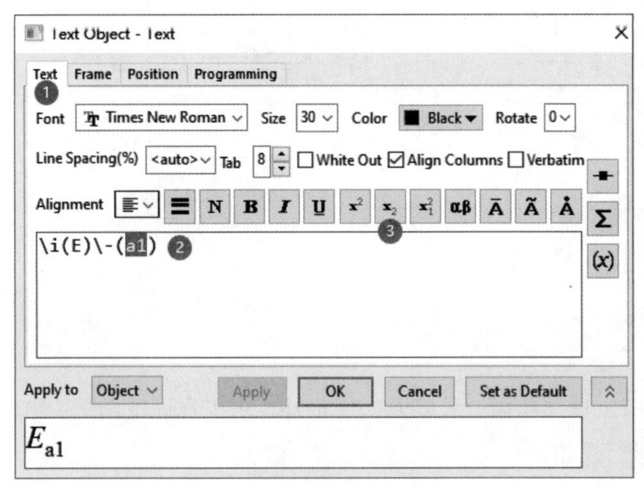

（a）设置文本属性

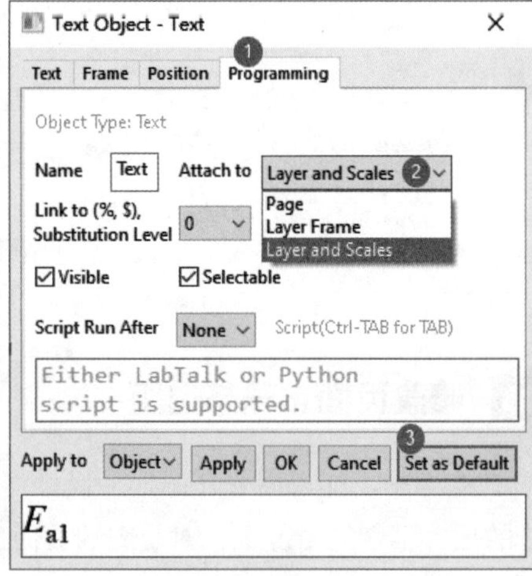

（b）设置文本附属于图层及刻度

图4-13　利用文本对象属性窗口设置

在默认情况下，添加的文本标签通常位于页面的固定位置，而不会随着图层大小或坐标轴刻度范围的调整而自动变化，这可能会导致一些不便。按图4-13（b）所示的步骤可以解决这个问题：单击①处的“Programming（程序控制）”选项卡，将②处的文本对象“Attach to（附属于）”改为“Layer and Scales（图层及刻度）”，单击③处的“Set as Default（设定为默认）”。

2. 添加公式符号

复杂公式的输入需要借助第三方软件（如LaTeX或MathType等）编写，但简单的公式可以在Origin软件中通过设置文本、符号格式和样式的方式来完成。例如，编辑公式“$\Delta_r U_{m,\ 1}=E_{a1}-E_{a2}<0$”，有两种方法添加公式符号。

方法一：添加文本，在文本框中将光标移到插入点，按快捷键“Ctrl+M”打开“Symbol Map（符号表）”，后续步骤见方法二。

方法二：按图4-14所示的步骤，在添加文本的①处右击，选择“Properties（属性）”，打开“Text Object - Text1（文本对象-文本1）”对话框，将光标移到②处的插入点，单击③处的“Σ”按钮，弹出“Symbol Map（符号表）”对话框，进入④处的“Greek（希腊字符）”选项卡，选择⑤处的符号“Δ”，单击⑥处的“Insert（插入）”按钮，特殊符号插入后，单击“Close（关闭）”按钮。

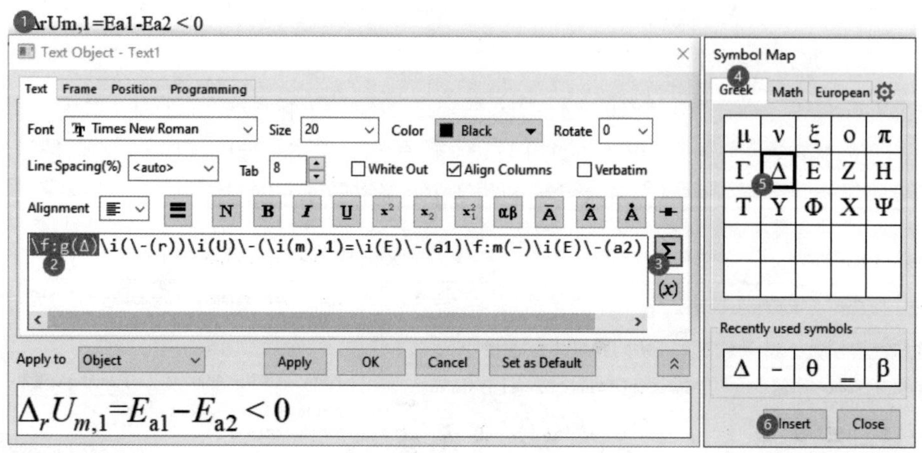

图4-14　插入特殊符号

4.1.8 修改页面布局与边距

在绘图中，如果需要在图片上设计空白区域用于编写公式及文字描述，可以在保证图层（坐标系）的尺寸不变的情况下，对绘图的页面进行调整。

1. 设置图层的绝对大小

按图4-15所示的步骤，双击图层①处的空白区域，弹出“Plot Details-Layer Properties（绘图细节-图层属性）”对话框，选择②处的“Layer1（图层1）”，在③处的“Size（大小）”选项卡中，单击④处的“Units（单位）”下拉框，选择⑤处的“cm（厘米）”或“mm（毫米）”，单击⑥处的“Apply（应用）”按钮。

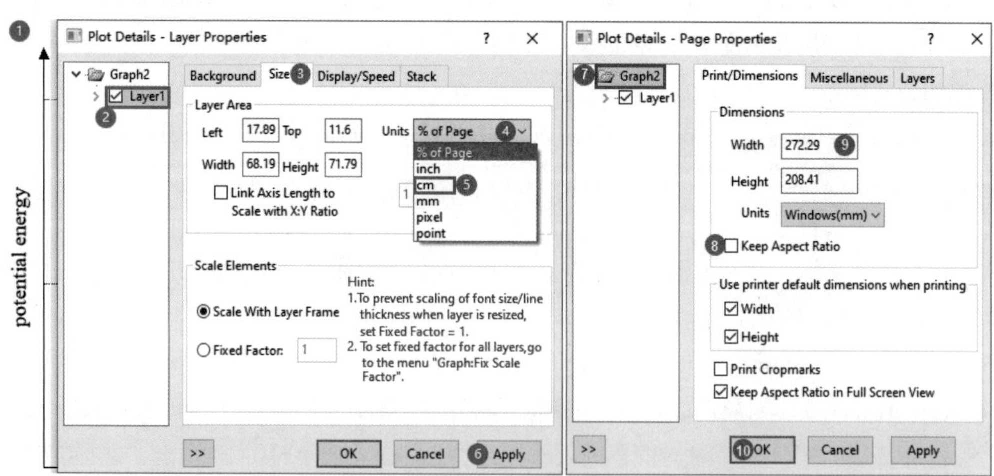

图4-15　在不改变图层大小的情况下增加页面宽度

2. 设置页面的宽度

单击⑦处的“Graph2”切换到页面设置页面，取消⑧处的“Keep Aspect Ratio（保持纵横比）”复选框，在⑨处输入一个较大的宽度，单击⑩处的“OK（确定）”按钮。拖动图层到左边，扩大右边空白区域，为后续插入公式和文字留足空间。

在绘制好图形后，可能会遇到边距太大或图形超出页面的情况，此时需要进一步调整页边距以确保图形能合适显示，通常有两种方法。

方法一：按图4-16所示的步骤，在①处页面空白区域右击，选择②处的“Fit Layers to Page（调整图层至页面大小）”，修改③处的“Margin (% of page size, such as 2 or 5)[页边空白(占页面大小的百分比，如2或5)]”为2（或默认），单击“OK（确定）”按钮。

方法二：单击④处的“Fit Page to Layers（调整页面至图层大小）”，修改⑤处的“Border Width（边框宽度）”为2，单击“OK（确定）”按钮。

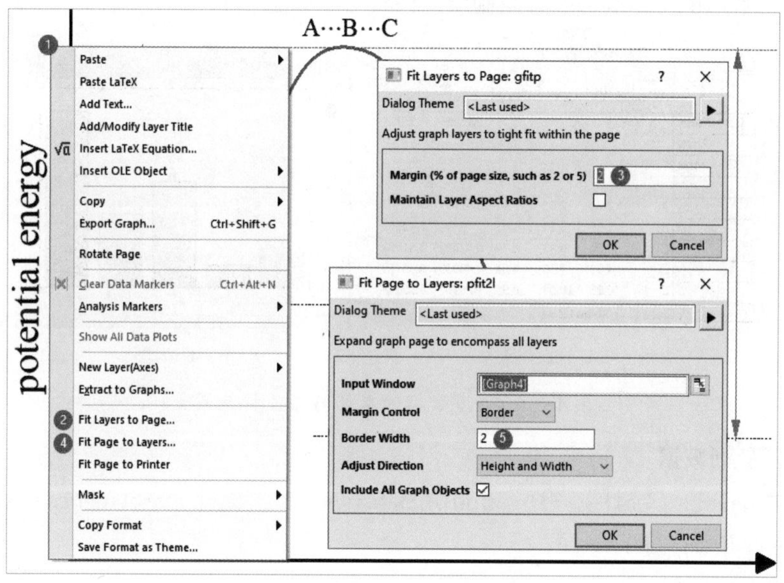

图4-16 调整页边距

4.2 误差图

4.2.1 均值误差的求解

标准偏差（Standard Deviation，SD）和标准误差（Standard Error，SE）是统计学中两个含义不同的变异性估计量。标准偏差有“离差”的意思，即表示数据的离散程度；而标准误差表示的是单个统计量在多次抽样中呈现出的变异性。前者表示数据本身的变异性，而后者表示抽样行为的变异性。

标准偏差s的计算公式：

$$s=\sqrt{\frac{\sum_{i=1}^{n}(x-\overline{x})^2}{n-1}}\ ; \qquad (4\text{-}1)$$

标准误差se的计算公式：

$$se=\frac{s}{\sqrt{n}},\tag{4-2}$$

其中，n为抽样的样本量。

由公式（4-2）可知，一方面，增大抽样的样本量n可以减小标准误差。例如，n增大到原来的4倍，可使标准误差减小1/2。另一方面，如果抽样行为已经完成（n已固定），那么这个抽样分布的标准偏差s就可以作为标准误差的估计。

例2：在相同的实验条件下重复3次测试，得到3组平行数据，如图4-17（a）所示，通过Origin的"统计"菜单求解均值及标准偏差，绘制误差柱状图，如图4-17（b）所示。

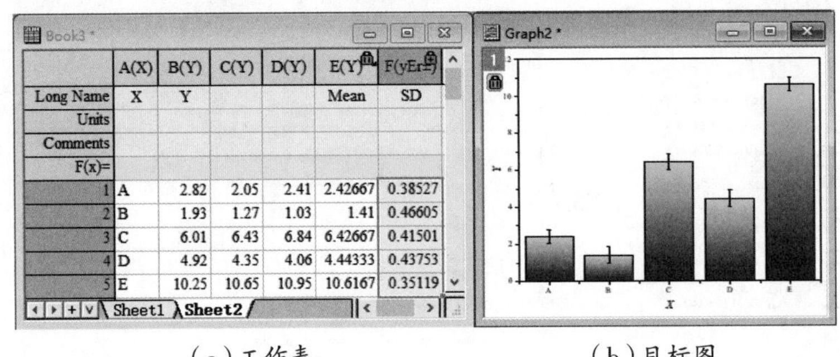

（a）工作表　　　　（b）目标图

图4-17　误差数据的求解与误差柱状图

1. 选择所有Y列数据

单击菜单"Statistics（统计）→Descriptive Statistics（描述统计）→Statistics on Rows（行统计）→Open Dialog（打开对话框）"。

2. 求解均值和标准偏差

按图4-18所示的步骤，单击①处的"Quantities（输出量）"，选择②处的"Mean（均值）""Standard Deviation（标准偏差）"复选框，单击"OK（确定）"按钮。

3. 绘制误差柱状图

按图4-19所示的步骤，选择①处的E、F两列数据，单击下方工具栏②处的柱状图菜单，选择③处的柱状图按钮，即可绘制如④处所示的误差柱状图。

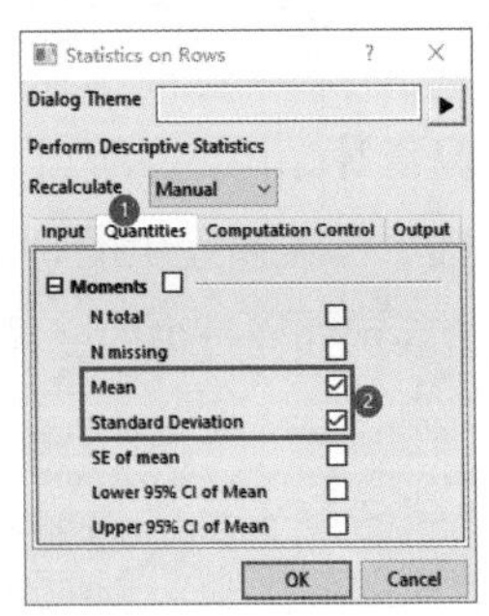

图4-18　均值与标准偏差的求解

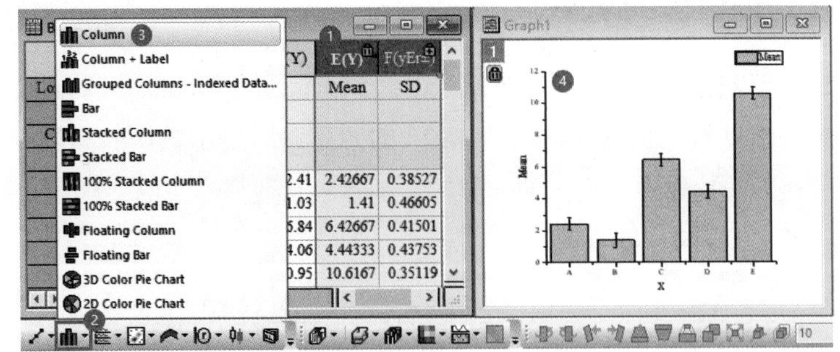

图4-19　误差柱状图的绘制

4. 柱状图的填充

按图4-20（a）所示的步骤，双击①处的柱状图，修改“Gradient Fill（渐变填充）”为“More Colors（更多颜色）”，设置③处的“Palette（调色板）”为“Viridis”颜色列表，设置④处的“Direction（方向）”为“Top Bottom（上到下）”，单击“OK（确定）”按钮，即可得到如图4-20（b）所示的效果图。

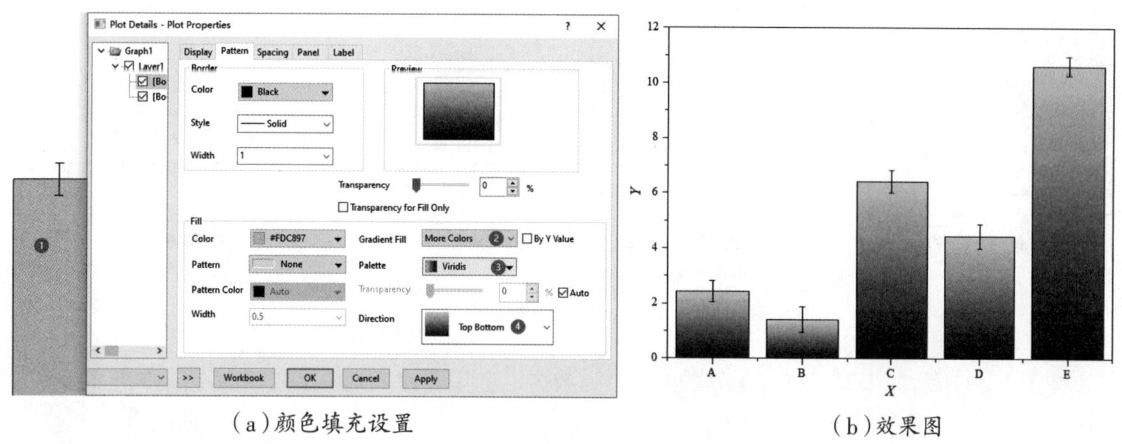

（a）颜色填充设置　　（b）效果图

图4-20　颜色填充设置与效果图

4.2.2 X、Y误差点线图

X、*Y*误差点线图主要应用于科学研究、工程和统计分析等领域，用于展示数据的变异性或不确定性。在物理实验和生物医学研究中，误差图可以直观地展示测量数据的误差和实验数据的变异性。在工程领域，误差图常用于质量控制和过程监控，以展示产品或过程性能的变异性。

例3：构造XYYY型工作表如图4-21（a）所示，A、B列为X、Y数据，C、D列分别为xEr、yEr误差数据，E列为第二*X*轴刻度标签的数据。分别绘制*X*、*Y*误差点线图、双*X*轴误差点线图如图4-21（b）和图4-21（c）所示。

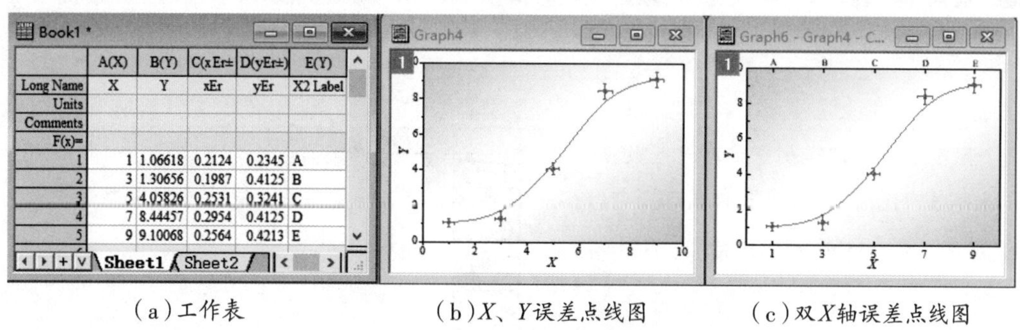

	A(X)	B(Y)	C(xEr±)	D(yEr±)	E(Y)
Long Name	X	Y	xEr	yEr	X2 Label
Units					
Comments					
F(x)=					
1	1	1.06618	0.2124	0.2345	A
2	3	1.30656	0.1987	0.4125	B
3	5	4.05826	0.2531	0.3241	C
4	7	8.44457	0.2954	0.4125	D
5	9	9.10068	0.2564	0.4213	E

（a）工作表　　（b）*X*、*Y*误差点线图　　（c）双*X*轴误差点线图

图4-21　*X*、*Y*误差数据及其误差点线图

1. 普通误差点线图

按图4-22所示的步骤，按下“Ctrl”键跳过C列，分别单击①处的B、D列标签，单击下方工具栏②处的“▼”按钮，选择③处的“Y Error (Y误差)”按钮，得到④处所示的Y误差散点图。如果选

择⑤处的点线图按钮，即可得到⑥处所示的误差点线图。

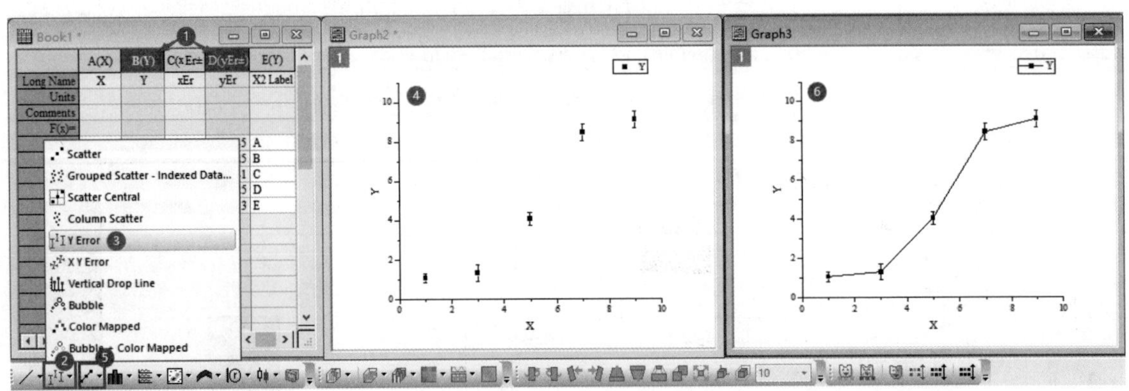

图4-22　普通误差点线图的绘制

2. *X*、*Y*误差点线图

按图4-23所示的步骤，拖选①处的A～D列数据，选择下方工具栏②处的散点图按钮，选择③处的“XY Error（XY误差）”按钮，即可得到④处所示的*X*、*Y*误差散点图，单击⑤处的点线图按钮，即可得到⑥处所示的*X*、*Y*误差点线图。

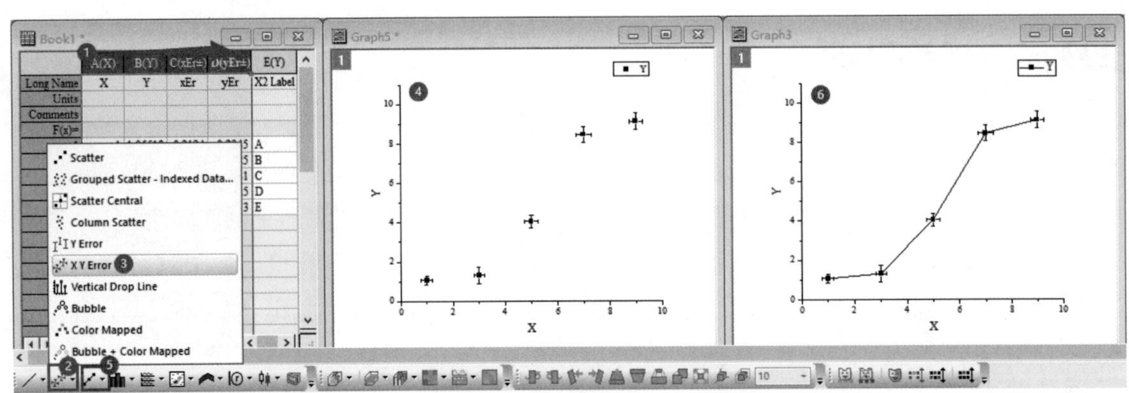

图4-23　*X*、*Y*误差点线图的绘制

注意 ⚠ 如果误差重叠在一起，并非“十字”型误差，说明工作表中X的误差数据列的属性并非“xEr±”。这里可以按图4-24所示的步骤，单击①处的C列标签，选择浮动工具栏②处的“Set as X Err（设置为X误差）”，重新绘图。

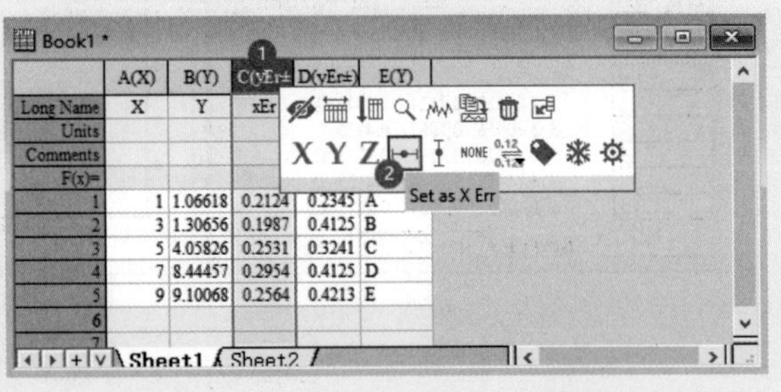

	A(X)	B(Y)	C(yEr±)	D(yEr±)	E(Y)
Long Name	X	Y	xEr		
1	1	1.06618	0.2124	0.2345	A
2	3	1.30656	0.1987	0.4125	B
3	5	4.05826	0.2531	0.3241	C
4	7	8.44457	0.2954	0.4125	D
5	9	9.10068	0.2564	0.4213	E

图4-24　设置C列为xEr±属性

在实际绘图中，还可以将折线修改为平滑曲线。按图4-25所示的步骤，双击散点打开“Plot Details - Plot Properties（绘图细节-绘图属性）”对话框，单击①处的“Line（线）”选项卡，单击②

处的“Connect(连接)”下拉框，选择“B-Spline(B-样条)”，单击“OK(确定)”按钮，即可得到④处所示的平滑曲线。

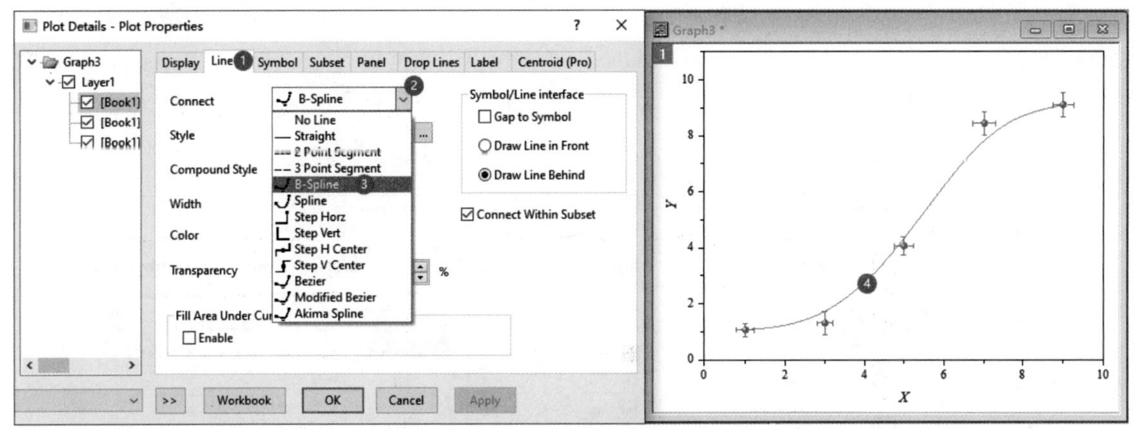

图4-25　平滑曲线的设置

3. 图层背景渐变填充

根据排版布局和整体论文风格的实际要求，为图层添加浅色渐变的背景色是一种有效的方式，可以更好地突显数据特征并提升图形的视觉吸引力。按图4-26所示的步骤，双击①处的图层打开“Plot Details - Layer Properties(绘图细节-图层属性)”对话框，设置②处的“Color(颜色)”为“White(白色)”，修改③处的“Transparency(透明度)”为60%，设置“Gradient Fill(渐变填充)”中④处的“Mode(模式)”为“Two Colors(双色)”、⑤处的“2nd Color(第二颜色)”为“Cyan(蓝绿色)”、⑥处的“Direction(方向)”为“Diagonal Up Center Out(主对角线方向从中心往外)”，单击“OK(确定)”按钮，即可得到⑦处所示的效果。

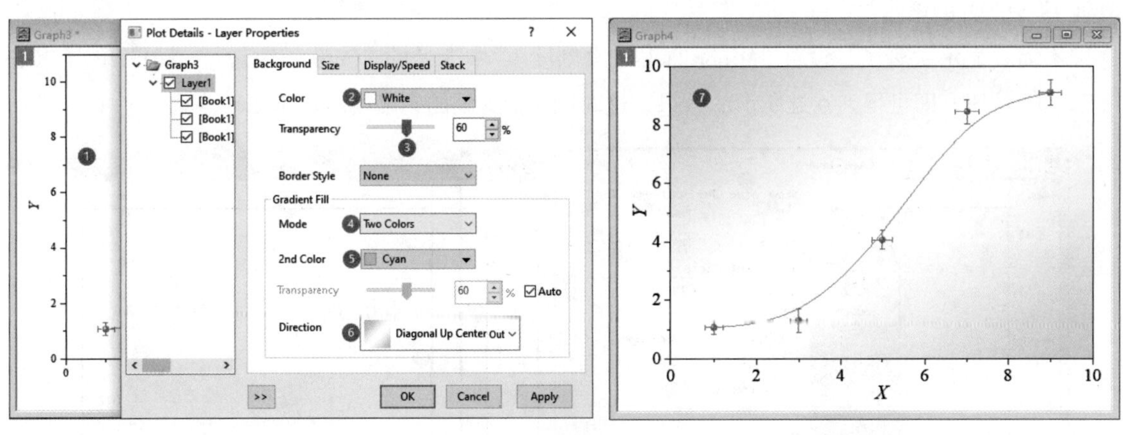

图4-26　图层背景渐变填充

4. 双X轴误差点线图

在某些情况下，需要设置第二个X轴(上轴)的轴线、刻度线及刻度标签，用于辅助解释或说明X轴(下轴)。这里，我们以样品名称为例，添加上X轴。按图4-27所示的步骤，双击①处的X

轴打开“X Axis - Layer 1（X坐标轴-图层1）”对话框，单击②处的“Line and Ticks（轴线和刻度线）”选项卡，单击③处的“Top（上轴）”，选择④处的“Show Line and Ticks（显示轴线和刻度线）”复选框。单击⑤处的“Tick Labels（刻度线标签）”选项卡，选择⑥处的“Show（显示）”复选框，修改⑦处的“Type（类型）”下拉框为“Tick-indexed dataset（刻度索引数据集）”、⑧处的“Dataset Name（数据集名称）”下拉框为“[Book1]Sheet1!E"X2 Label"”，即来自工作表Sheet1中的E列“X2 Label”。单击“OK（确定）”按钮。

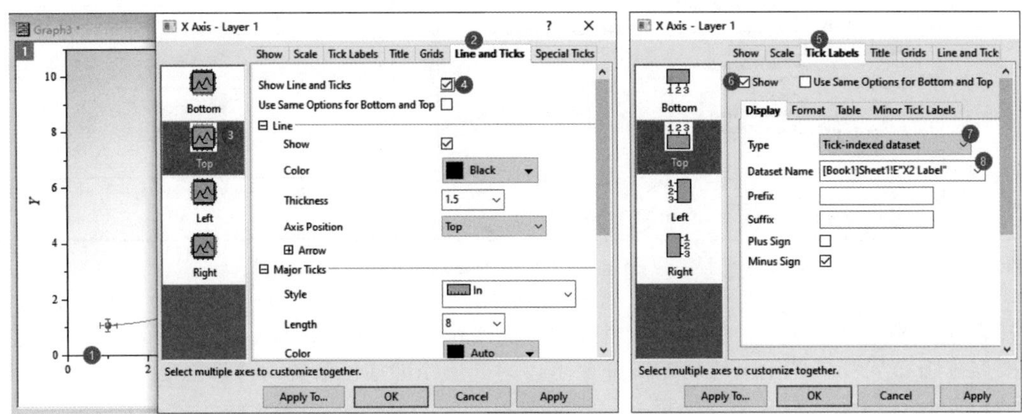

图4-27　设置上轴的轴线和刻度线、刻度线标签

得到的双*X*轴图超出了页面，在空白处右击选择“Fit Page to Layers（调整页面至图层大小）”。另外，上*X*轴的刻度线标签与数据点并不对应，这与*X*轴的刻度有关。根据*X*的数据特征（*X*=1，3，5，7，9）可知，第一个点的*X*为1，增量为2。按图4-28所示的步骤，双击①处的*X*轴打开“X Axis - Layer 1（X坐标轴-图层1）”对话框，单击②处的“Scale（刻度）”选项卡，设置“Major Ticks（主刻度）”中③处的增量“Value（值）”为2、④处的“Anchor Tick（锚点刻度）”为1（第一个刻度值）。这里不需要显示次刻度，设置“Minor Ticks（次刻度）”中⑤处的“Count（数量）”为0。单击“OK（确定）”按钮，即可得到⑥处所示的效果，这时图中双*X*轴的刻度就对应上了。

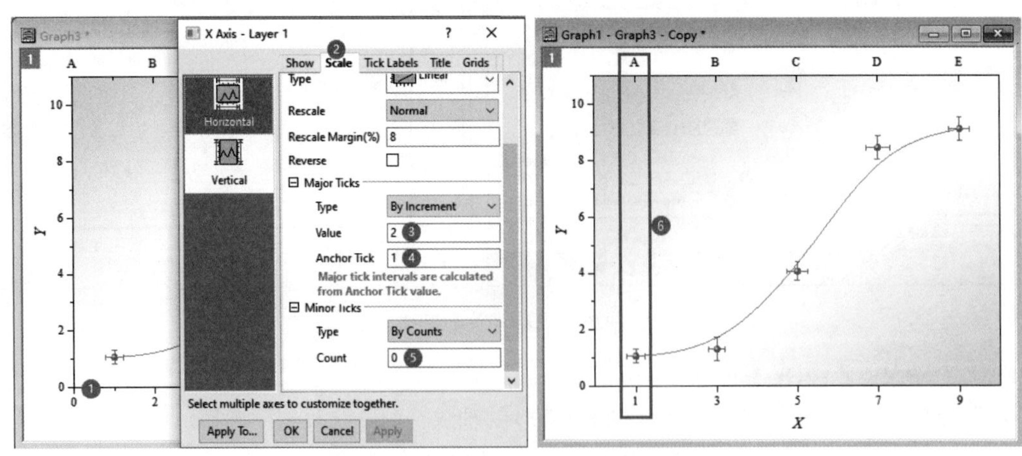

图4-28　刻度增量、锚点刻度的设置

4.2.3 双Y轴误差柱线图

双Y轴误差柱线图是一种常见的数据可视化方式，它在一个图表中展示了两组具有不同度量单位或度量范围的数据。这种图表通常在相同的X变量下考察两种指标的变化，使用户可以直观地比较两组数据之间的关系和趋势。

例4：创建X4(YE)型工作表，如图4-29（a）所示，绘制有3根柱、1条点线的双Y轴误差柱线图，如图4-29（b）所示。

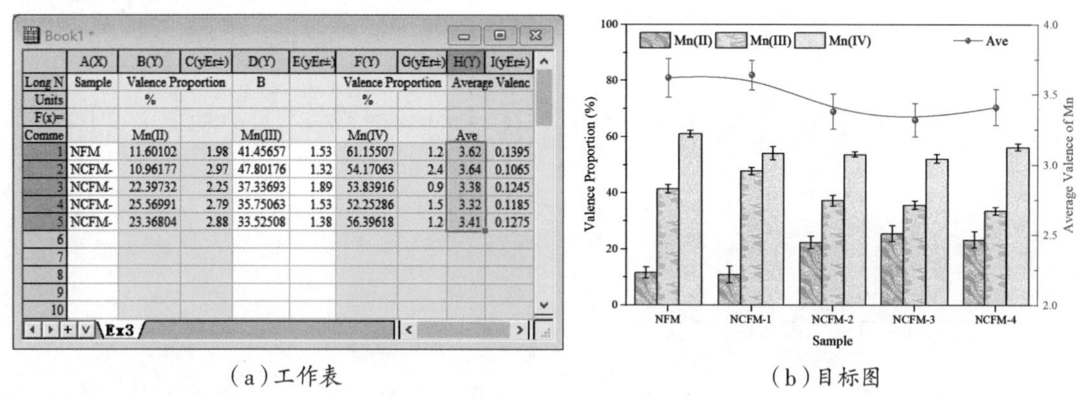

	A(X)	B(Y)	C(yEr±)	D(Y)	E(yEr±)	F(Y)	G(yEr±)	H(Y)	I(yEr±)
Long N	Sample	Valence Proportion		B		Valence Proportion		Average Valenc	
Units		%				%			
F(x)=									
Comme		Mn(II)		Mn(III)		Mn(IV)		Ave	
1	NFM	11.60102	1.98	41.45657	1.53	61.15507	1.2	3.62	0.1395
2	NCFM-	10.96177	2.97	47.80176	1.32	54.17063	2.4	3.64	0.1065
3	NCFM-	22.39732	2.25	37.33693	1.89	53.83916	0.9	3.38	0.1245
4	NCFM-	25.56991	2.79	35.75063	1.53	52.25286	1.5	3.32	0.1185
5	NCFM-	23.36804	2.88	33.52508	1.38	56.39618	1.2	3.41	0.1275

（a）工作表　　　　（b）目标图

图4-29　工作表及双Y轴误差柱线图

1. 单柱双Y轴误差柱线图

选择A、B、C、H、I列数据，绘制一张单柱双Y轴误差柱线图（1根柱状图、1条点线图）。按图4-30所示的步骤，按下“Ctrl”键，依次单击①处Book1的A、B、C、H、I列标签，跳过D～G列选择部分数据。单击②处的菜单“Plot（绘图）”、③处的“Multi-Panel/Axis（多面板/多轴）”选项卡，选择④处的“Double-Y Column-Line（双Y轴柱线图）”。

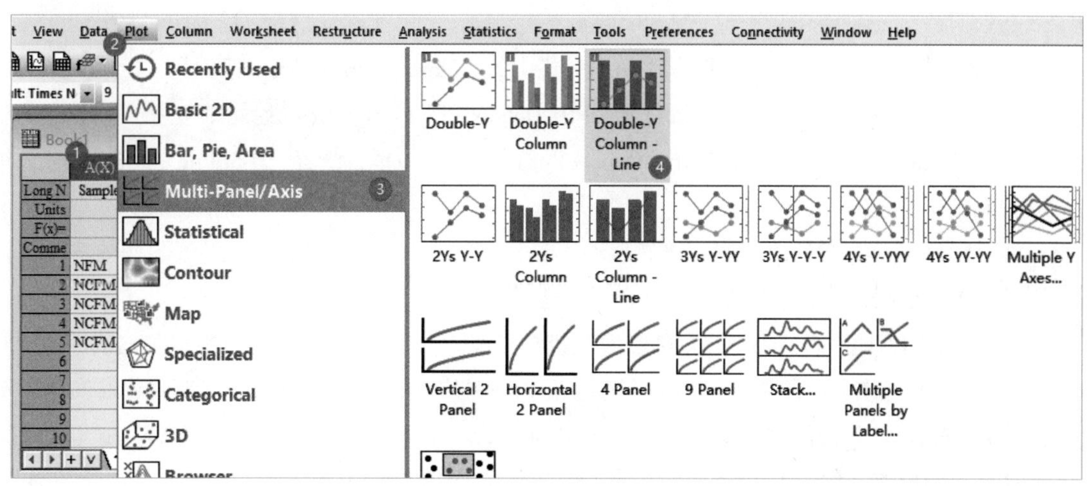

图4-30　双Y轴柱线图的绘图菜单

Origin软件是一款功能强大的科学数据分析和绘图软件，提供了“所见即所得”的友好的可视化绘图细节修改功能，使用户可以更方便地对图形进行修改和定制。通常，用户可以通过浮动工具栏和绘图细节对话框两种方式来修改绘图细节。第一种方式非常快捷，直接在点击处出现浮动工具栏，单击相应的按钮即可进行单项参数设置；第二种方式通过打开“Plot Details-Plot Properties（绘图细节-绘图属性）”对话框，即可进行多项参数的设置。

按图4–31（a）中数字标注的修改位点进行修改。

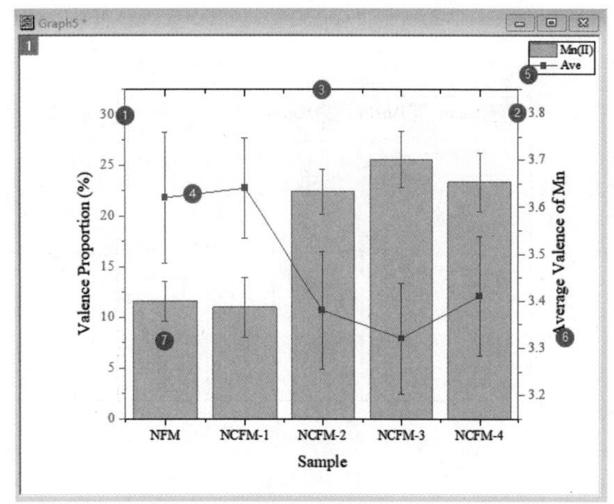

（a）修改位点

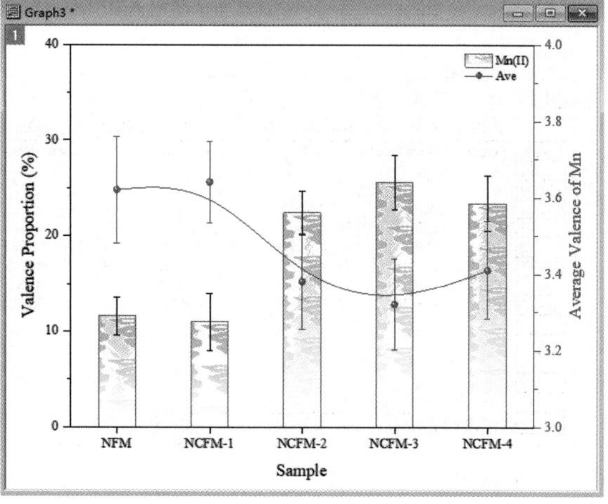

（b）效果图

图4–31　单柱双Y轴误差柱线图的修改

- 修改Y轴刻度范围及增量：单击①处的左Y轴、②处的右Y轴，单击浮动工具栏中“Axis Scale（轴刻度）”按钮，分别设置左Y轴刻度为0～70（增量10）、右Y轴刻度为3.0～4.0（增量0.2）。
- 删除上轴：单击③处的上方X轴，按“Delete”键删除。
- 隐藏次刻度：双击下方X轴，在“Plot Details-Plot Properties（绘图细节-绘图属性）”对话框的“Scale（刻度）”选项卡中，修改“Minor Ticks（次刻度）”的“Count（数量）”为0（无次刻度）。
- 添加图层框线：单击图层，选择浮动工具栏中的“Layer Frame（图层框架）”。
- 修改平滑曲线：双击④处的折线打开“Plot Details - Plot Properties（绘图细节-绘图属性）”对话框，进入“Line（线）”选项卡，单击“Connect（连接）”下拉框，选择“B-Spline（B-样条）”，单击“OK（确定）”按钮。
- 调整图例：单击⑤处的图例，选择浮动工具栏中的“Frame（边框）”，隐藏图例的框线，将图例拖动到图层框线以内，放置在右上方合适的位置。
- 修改右Y轴标题颜色：右Y轴及刻度的颜色与点线图的颜色一致（红色）可增加曲线的“指向性”，表示右Y轴与该点线图关联。右Y轴的标题也不例外，需要将其颜色修改为一致的颜色。单击⑥处的右Y轴标题，在浮动工具栏中，单击“Font Color（字体颜色）”按钮，选择“Auto（自动）”。
- 柱体图案填充：按图4–32所示的步骤，双击柱体打开“Plot Details-Plot Properties（绘图细节-绘图属性）”对话框，单击①处的“Spacing（间距）”选项卡，设置“Gap Between Bars（柱间距）”为60%。单击②处的“Pattern（图案）”选项卡，单击③处的“Pattern（图案）”下拉框，选择“Single

（单个）”模式、“More Patterns（更多图案）”中“Geology（地质）”分类的“733 Ore（733矿石）”图案。设置④处的“Pattern Color（图案颜色）”为“White（白色）”、⑤处的“Gradient Fill（渐变填充）”为“Two Colors（双色）”、⑥处的“2nd Color（第二色）”为“White（白色）”、⑦处的“Direction（方向）”为“Top Bottom（上到下）”，单击“OK（确定）”按钮，即可得到如图4-31（b）所示的效果图。

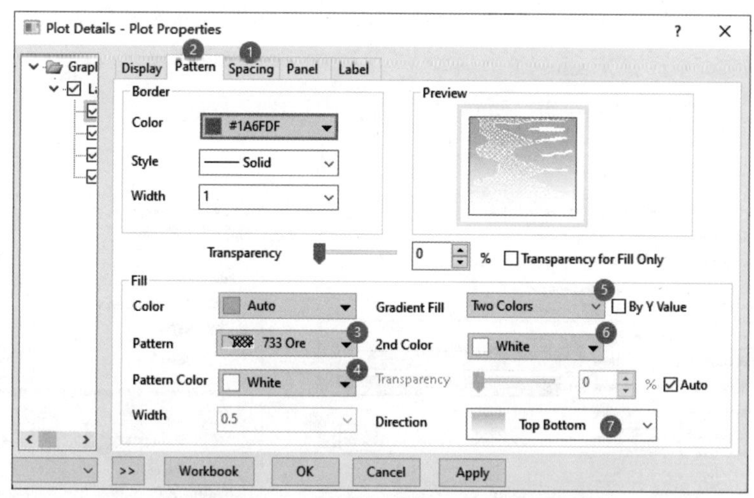

图4-32　柱体的图案及颜色填充

2. 多柱双 *Y* 轴误差柱线图

多柱与点线结合的双*Y*轴图的绘制过程相对比较复杂。通常有两种方式：新建图层法、合并组合法。

（1）新建图层法

步骤一　绘制误差棒柱状图

按图4-33所示的步骤，拖选①处的A～G列，单击下方工具栏②处的柱状图按钮，即可得到③处所示的误差棒柱状图。

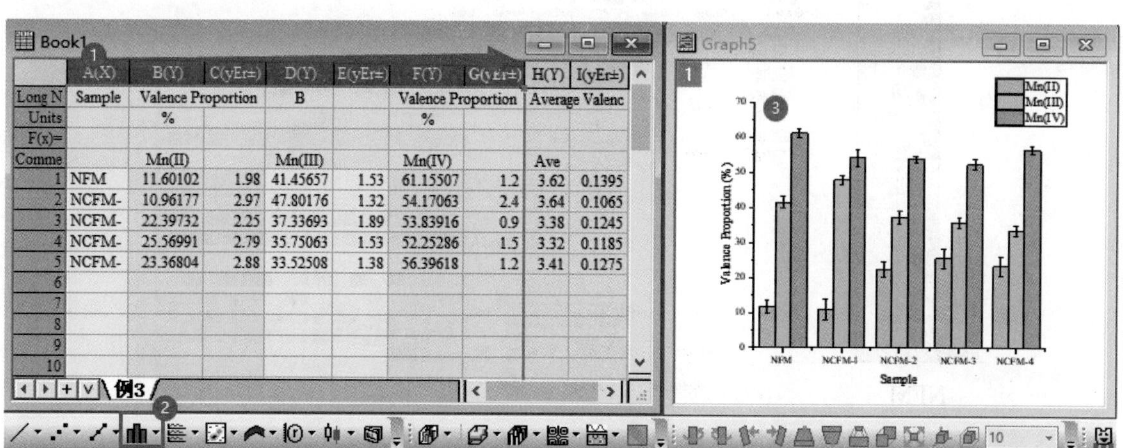

图4-33　误差棒柱状图的绘制

步骤二 设置图案

按图4-34所示的步骤修改填充图案。双击①处的柱状图打开“Plot Details-Plot Properties（绘图细节-绘图属性）”对话框，进入“Group（组）”选项卡对所有柱状图统一进行设置。修改②处的“Fill Pattern（填充图案）”为“By One（逐个）”，单击③处的“...”按钮将前3个图案分别设置为“720 Banded igneous rock（层状火成岩）”“733 Ore（矿石）”“606 Breccia（角砾岩）”。例如，单击④处的“▼”按钮，选择⑤处的“Geology（地质学）”单选框，找到并选择“733 Ore”，即⑥处的按钮，单击“OK（确定）”按钮返回上一级，再单击“Apply（应用）”按钮。

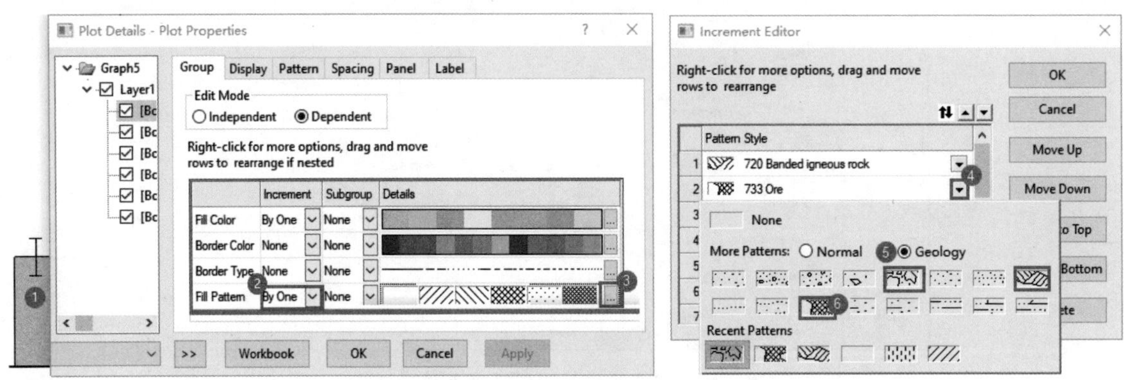

图4-34　填充图案的设置

步骤三 设置图案颜色

按图4-35所示的步骤设置图案颜色。进入“Pattern（图案）”选项卡，单击“Fill（填充）”中②处的“Color（颜色）”下拉框，在弹出框中选择③处的“By Plots（按曲线）”，选择④处的颜色列表为“Candy（糖果）”，设置⑤处的“Pattern Color（图案颜色）”为“White（白色）”，单击“OK（确定）”按钮。单击图层，利用浮动工具栏添加图层框架，将图例拖入图层框架内并置于右上方，调整页面至图层大小。

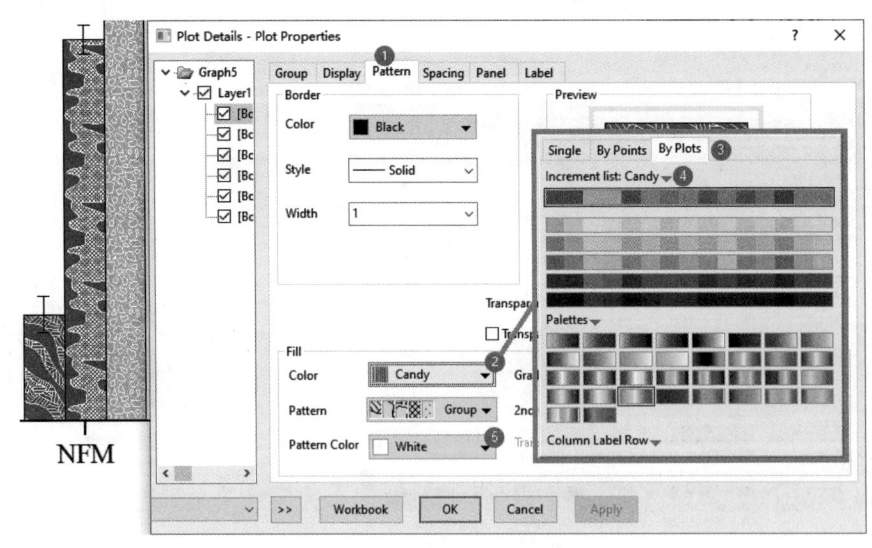

图4-35　图案颜色的设置

步骤四 新建图层绘制点线图

通过新建一个关联*X*轴的右*Y*轴坐标系（图层），将H、I列数据绘制成点线图。按图4-36所示的步骤，在图层①处右击，选择②处的“New Layer (Axes)［新图层(轴)］”和③处的“Right-Y (Linked X Scale and Dimension)［右-Y (关联*X*轴刻度和尺寸)］”，在④处新增右*Y*轴、刻度及Y标题，同时在绘图左上角会新增图层编号2。双击⑤处的图层2打开“Layer Contents: Add, Remove, Group, Order Plots-RightY（图层内容：添加，删除，成组，排序绘图-右Y）”对话框，拖选⑥处的H、I列，单击⑦处的“→”按钮添加，即可得到⑧处所示的数据清单，单击⑨处的下拉框修改“Plot Type（绘图类型）”为“Line+Symbol（线+符号）”，即点线图。单击“OK（确定）”按钮。

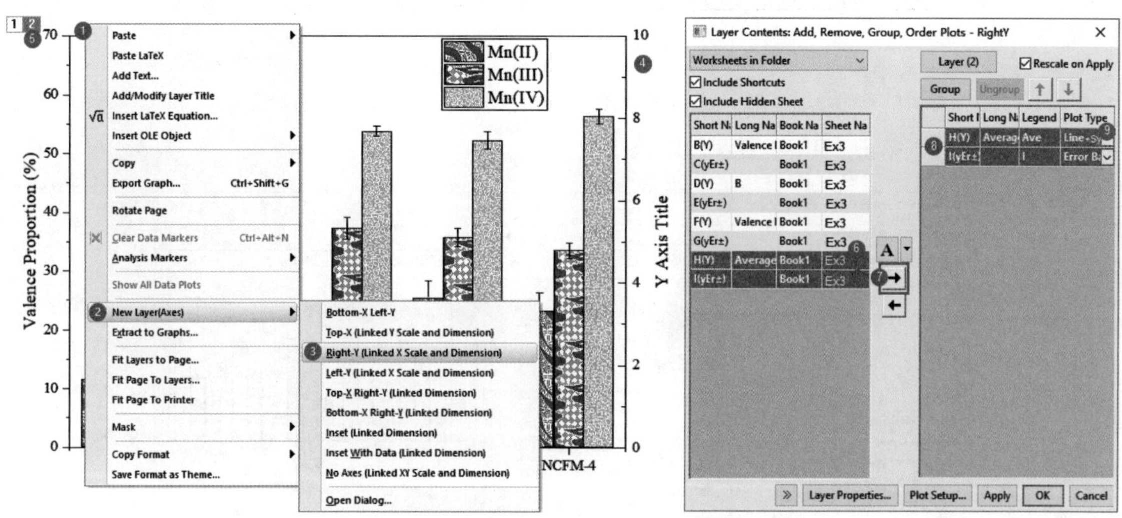

图4-36　新建图层并添加点线图数据

（2）合并组合法

合并组合法是指将单独绘制的两张图合并组合为一张图。首先单独绘制普通多柱状图、无*X*轴的右*Y*轴点线图。注意右*Y*轴点线图需要设置与左*Y*轴点线图相同的*X*刻度范围，可共用*X*轴，因此设置为无*X*轴。

步骤一 绘制单独的左*Y*轴点线图、右*Y*轴点线图。左*Y*轴点线图在前面已绘制，此处省略其步骤。对于无*X*轴右*Y*轴点线图，可按图4-37所示的步骤设置。单击①处的图层，在浮动工具栏中单击②处的“Axes Arrangements（轴排列设置）”，选择③处的“None（无）”取消所有数轴，选择④处的“Right（右）”，即可绘制无*X*轴右*Y*轴点线图。

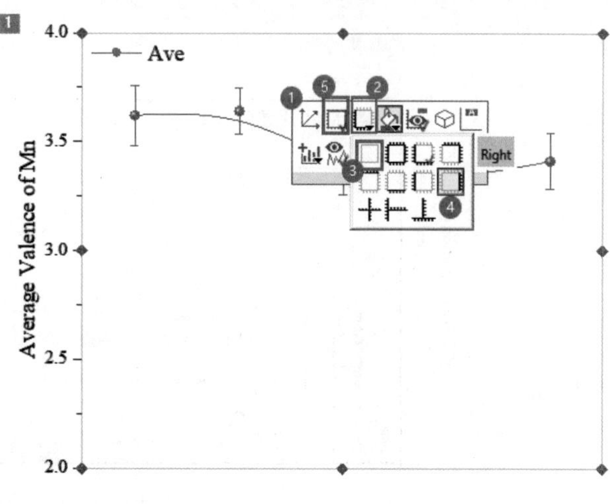

图4-37　无*X*轴右*Y*轴点线图的绘制

步骤二 合并组合。按图4-38所示的步骤，单击右边工具栏①处的“Merge (合并)”按钮打开“Merge Graph Windows：merge_graph(合并绘图窗口：合并_绘图)”。

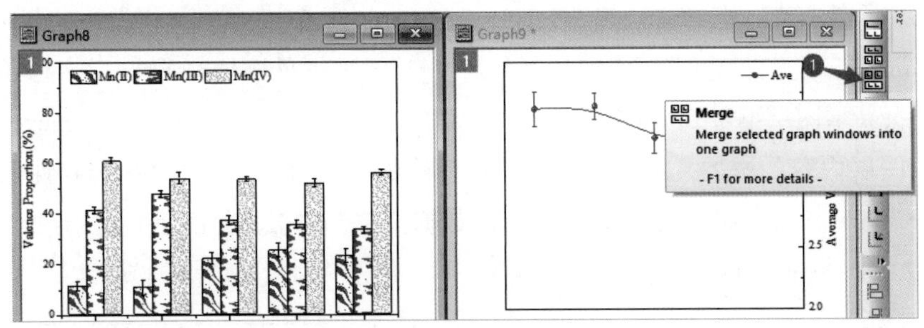

图4-38　合并组合图

按图4-39所示的步骤，拖选①处的不需要合并的绘图，单击②处的“×”按钮将其清除。修改③处为1行、1列。单击“OK（确定）”按钮。

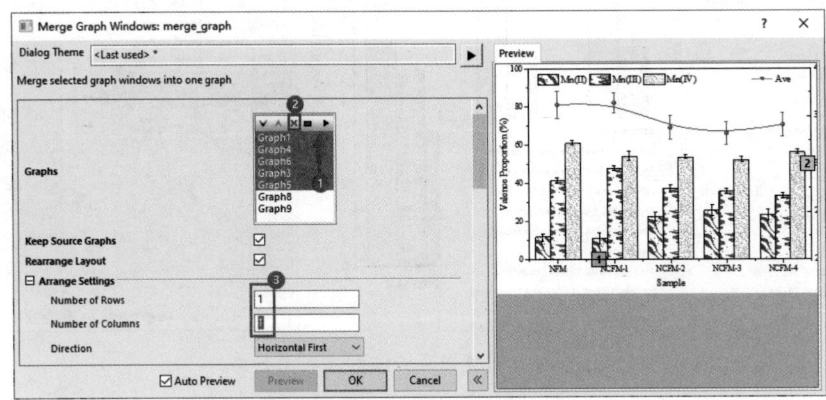

图4-39　组合图的排列设置

合并后的图层超出了页面，可按图4-40所示的步骤快速调整。在页面空白①处右击，选择②处打开“Fit Page to Layers（调整页面至图层大小）”对话框，选择③处的“Border Width（边宽）”为默认的2（占页面宽度的2%）。单击“OK（确定）”按钮。

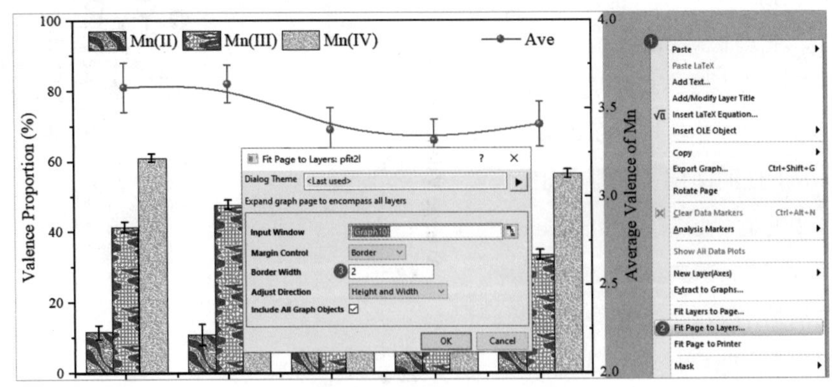

图4-40　调整页面至图层大小

修改其他绘图细节。增加左Y轴刻度上限，使柱状图上半部留出足够的空间。降低右Y轴刻度下限抬高点线图，避免与柱状图相交。调整图例的位置，隐藏X轴的次刻度，修改右Y轴刻度线、刻度线标签、Y轴标题等的颜色为与点线图颜色一致的颜色，得到如图4-41（a）所示的效果。但柱体填充的颜色太深，需要将其修改为浅色系列。

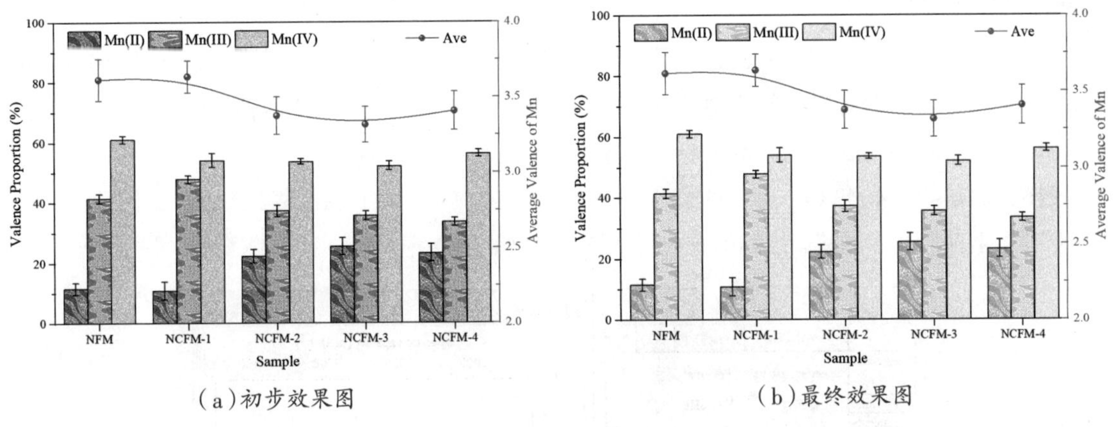

（a）初步效果图　（b）最终效果图

图4-41　修改其他绘图细节

具体方法：双击柱状图打开“Plot Details-Plot Properties（绘图细节-绘图属性）”对话框，按图4-42所示的步骤，单击①处的“Pattern（图案）”选项卡，单击②处的“Color（颜色）”的“Candy（糖果）”下拉框，进入“By Plots（按曲线）”颜色卡，选择Candy颜色列表中④处的最浅色系，单击“OK（确定）”按钮，即可得到如图4-41（b）所示的效果。

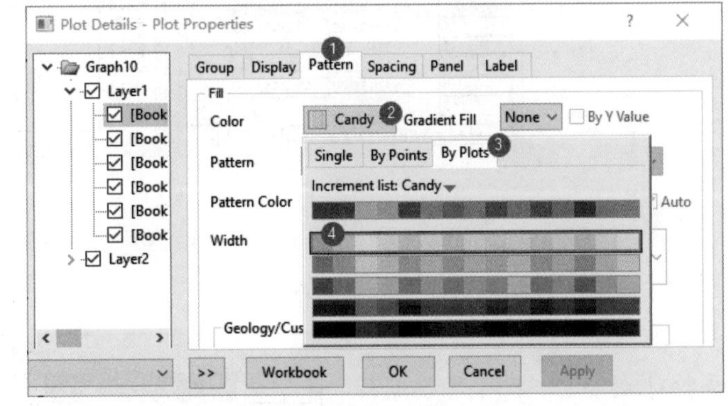

图4-42　最浅颜色的设置

注意 ⚠ 当X轴上的变量是离散变量（如样品名称、编号等）时，一般可绘制柱状图，并且隐藏X轴的次刻度线。在调整页面至图层大小时，右键菜单通常会提供三种方式：Fit Layers to Page（调整图层至页面大小）、Fit Page to Layers（调整页面至图层大小）、Fit Page to Printer（调整页面至打印大小）。在实际绘图中，可以根据需要选择恰当的调整方式。例如，如果需要保证坐标系（图层）围成的区域规格一致，可以选择第二种方式（调整页面至图层大小）。

4.3 散点图

散点图通常用于描述两个变量之间的关系或观察数据的分布情况。它将每个数据点表示为图表

资源下载码：224911

中的一个点，其中横轴表示一个变量，纵轴表示另一个变量。散点图可以表达因变量y随自变量x的变化是否具有正相关、负相关或无相关，还可以用于观察数据的分布情况，如是否存在聚集、离群点等。散点图可以帮助我们理解变量之间的关系及数据的整体特征。

4.3.1 垂线图的绘制

散点与坐标轴之间相互远离，容易引起视觉误差，导致误读数据。为了清晰地展示数据之间的关系，可以在散点和坐标轴之间绘制垂直线。垂直线的方向有向上和向下两种，分别对应棉棒图和垂线图，它们的绘制方法相同。本小节我们将以垂线图为例进行说明。

例5：创建如图4-43（a）所示的XYY型工作表，其中A、B列为X、Y列数据，用于绘制散点图，C列用于存储文本标签。绘制的垂线图如图4-43（b）所示。

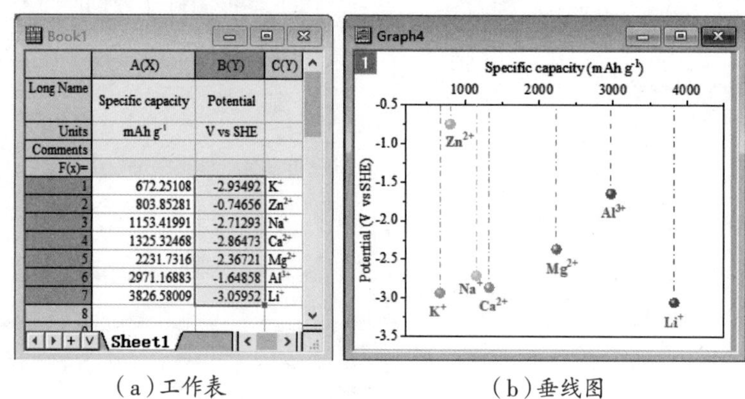

	A(X)	B(Y)	C(Y)
Long Name	Specific capacity	Potential	
Units	mAh g-1	V vs SHE	
Comments			
F(x)=			
1	672.25108	-2.93492	K+
2	803.85281	-0.74656	Zn2+
3	1153.41991	-2.71293	Na+
4	1325.32468	-2.86473	Ca2+
5	2231.7316	-2.36721	Mg2+
6	2971.16883	-1.64858	Al3+
7	3826.58009	-3.05952	Li+

（a）工作表　　（b）垂线图

图4-43　XYY型工作表及其垂线图

1. 绘制散点图

按图4-44所示的步骤，选择①处的A、B两列数据，单击下方工具栏②处的散点图工具，即可得到③处所示的散点图。

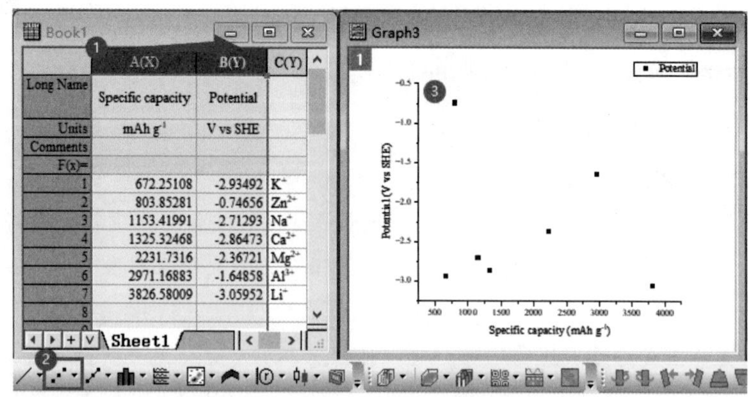

图4-44　散点图的绘制

按图4-45所示的步骤设置散点为球形并设置渐变颜色。双击①处的散点打开“Plot Details-Plot Properties（绘图细节-绘图属性）”对话框，单击②处的“▼”按钮选择球形符号，设置“Size（大小）”为18或其他合适的大小。在③处设置“Edge Color（边缘颜色）”为“Custom Increment（自定义增量）”，选择④处的“Fill Color（填充颜色）”为“By Points（按点）”，在⑤处的“Color List（颜色列表）”下拉框中选择一种配色，选择⑥

处的“Increment from（增量开始于）”，单击⑦处的某个色块，表示使用从该色块开始的右边几个颜色。单击“OK（确定）”按钮。

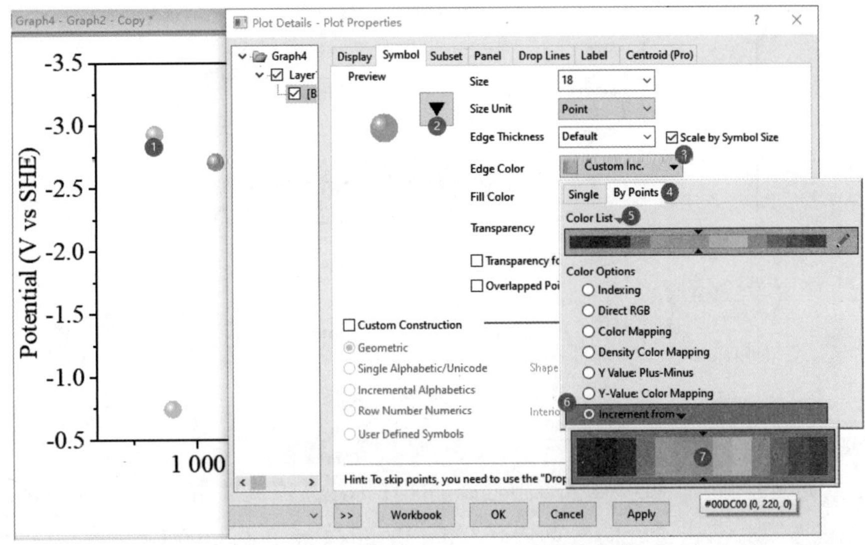

图4-45 球形散点及颜色的设置

2. 翻转Y轴

如果将底部的X轴翻转到顶部，则需要翻转Y轴。与此类似，如果将左Y轴翻转到右Y轴，则需要翻转X轴。按图4-46所示的步骤，双击①处的Y轴打开“Y Axis-Layer 1（Y坐标轴-图层1）”对话框，选择②处的“Reverse（翻转）”，单击“OK（确定）”按钮。翻转后上X刻度线标签及标题超出了页面，右击图层空白区域，选择“Fit Page to Layers（调整页面至图层大小）”，即可得到③处所示的效果图。

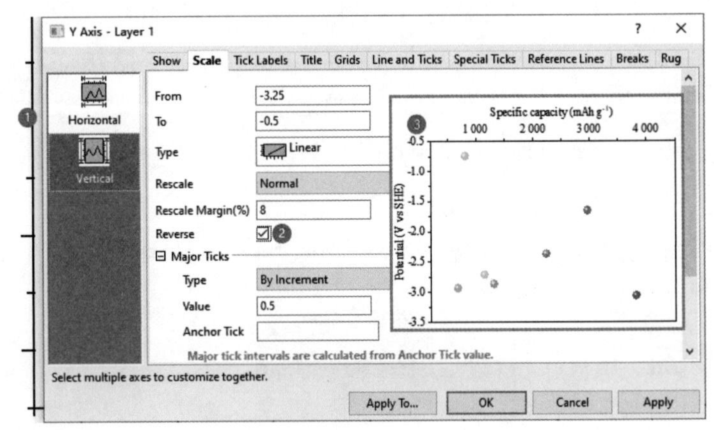

图4-46 坐标轴的翻转

3. 设置垂直线

按图4-47所示的步骤，双击①处的散点打开“Plot Details-Plot Properties（绘图细节-绘图属性）”对话框，进入②处的“Drop Lines（垂直线）”选项卡，选择③处的“Vertical（垂直）”，选择“Style（类型）”为“Short Dash（短划线）”，设置④处的“Width（宽）”为3、⑤处的“Color（颜色）”为“Auto（自动）”。单击“OK（确定）”按钮。

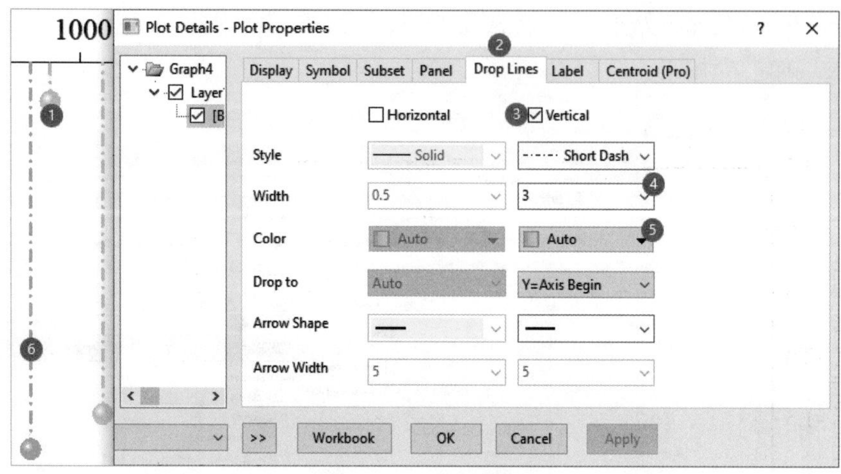

图4-47　垂直线的设置

4. 设置标签

对于少量数据的散点图，可以在散点附近添加图注标注其值或批注文本，以增加图的可读性。按图4-48所示的步骤，双击①处的散点打开“Plot Details-Plot Properties（绘图细节-绘图属性）”对话框，单击②处的“Label（标签）”选项卡，选择③处的“Enable（启用）”选项卡，修改④处的“Label Form（标签形式）”来源于“Col(C)（C列数据）”。单击“OK（确定）”按钮。

所得绘图中如果标签因为数据点过密而发生重叠，可以通过“多次单击—拖动法”来调整某标签的位置。多次单击与双击是鼠标操作中的两种不同方式。多次单击的操作手法为“单击—停顿—单击”的方式，直到某对象被单独选中为止，之后即可对该对象进行单独的设置（如位置、颜色、大小等）。最终得到的效果如图4-49所示。

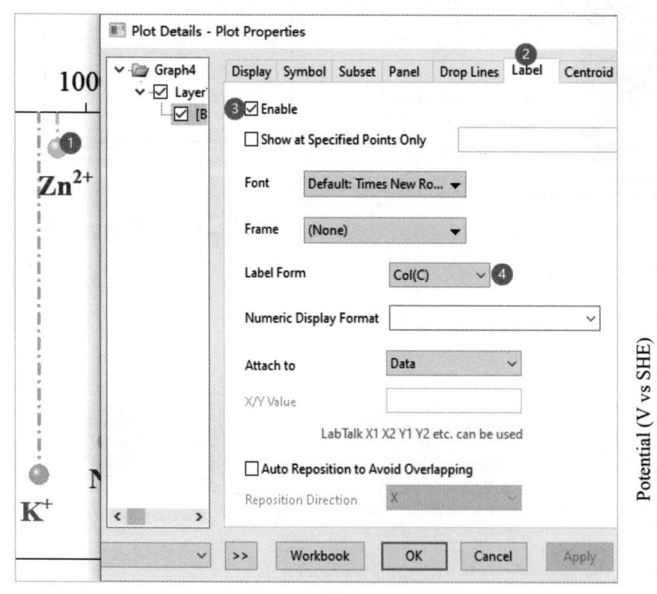

图4-48　图注标签的设置

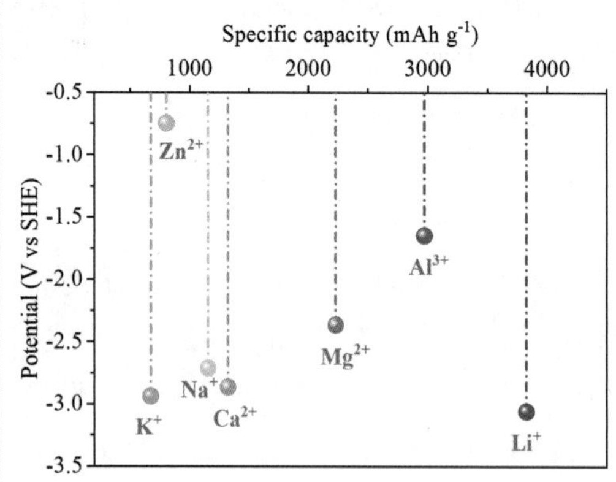

图4-49　垂线图

4.3.2 散点的趋势线

在科学研究中，拟合散点数据的趋势线是一种普遍且多功能的技术，它对于揭示潜在的数据规律发挥着至关重要的作用。在实验数据分析中，趋势线的绘制能够帮助研究者洞察变量之间的相互作用，进而推动科学发现的进程。在工程和技术领域，通过趋势线的拟合，研究人员能够优化设计方案并提升技术性能。生物学家运用趋势线来解析生物行为模式，而环境科学家则依赖它来预测环境变量的趋势。在金融经济学中，趋势线分析是洞察市场走势的关键工具。医学研究者通过趋势线来评估治疗效果和疾病进程。这些多样化的应用不仅加深了我们对不同学科现象的认识，而且为基于数据的决策提供了坚实的科学基础，体现了数据分析在现代科学研究中的核心作用。

例6：创建3组样品（LIBs、SIBs、PIBs）3(XYL)型工作表，如图4-50（a）所示，每组样品由X、Y和标签列L组成。根据表中的数据拟合出3条趋势线，绘制如图4-50（b）所示的散点趋势线图。

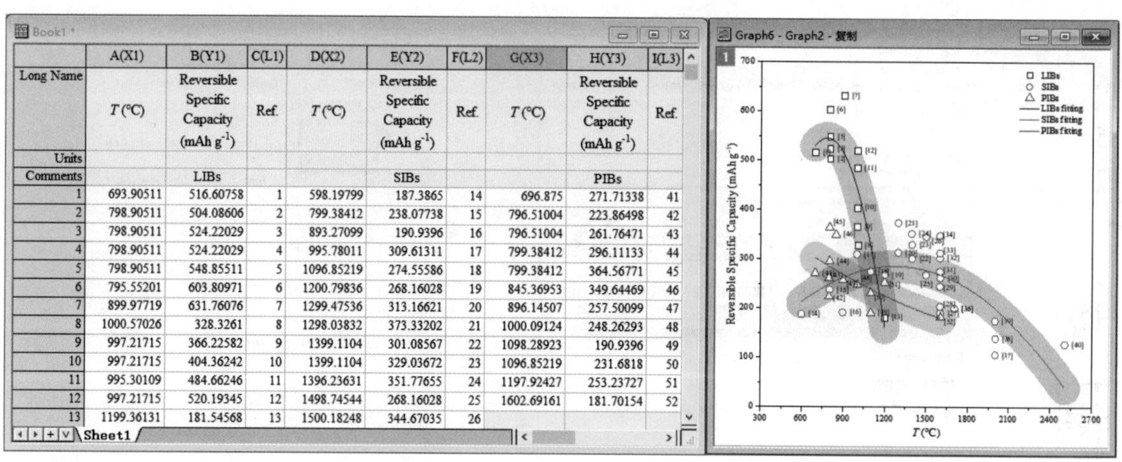

Book1

	A(X1)	B(Y1)	C(L1)	D(X2)	E(Y2)	F(L2)	G(X3)	H(Y3)	I(L3)
Long Name	T (°C)	Reversible Specific Capacity (mAh g-1)	Ref.	T (°C)	Reversible Specific Capacity (mAh g-1)	Ref.	T (°C)	Reversible Specific Capacity (mAh g-1)	Ref.
Units									
Comments		LIBs			SIBs			PIBs	
1	693.90511	516.60758	1	598.19799	187.3865	14	696.875	271.71338	41
2	798.90511	504.08606	2	799.38412	238.07738	15	796.51004	223.86498	42
3	798.90511	524.22029	3	893.27099	190.9396	16	796.51004	261.76471	43
4	798.90511	524.22029	4	995.78011	309.61311	17	799.38412	296.11133	44
5	798.90511	548.85511	5	1096.85219	274.55586	18	799.38412	364.56771	45
6	795.55201	603.80971	6	1200.79836	268.16028	19	845.36953	349.64469	46
7	899.97719	631.76076	7	1299.47536	313.16621	20	896.14507	257.50099	47
8	1000.57026	328.3261	8	1298.03832	373.33202	21	1000.09124	248.26293	48
9	997.21715	366.22582	9	1399.1104	301.08567	22	1098.28923	190.9396	49
10	997.21715	404.36242	10	1399.1104	329.03672	23	1096.85219	231.6818	50
11	995.30109	484.66246	11	1396.23631	351.77655	24	1197.92427	253.23727	51
12	997.21715	520.19345	12	1498.74544	268.16028	25	1602.69161	181.70154	52
13	1199.36131	181.54568	13	1500.18248	344.67035	26			

Sheet1

（a）工作表　　　　（b）趋势线图

图4-50　散点的工作表及趋势线图

解析：在综述性文献中，我们经常可以看到用于描述某一指标随时间或条件变化的散点图，这些散点反映了来自不同研究的实验结果。尽管这些数据点在视觉上可能显得有些散乱，但它们实际上隐藏着一条清晰的演化轨迹。这种趋势反映了不同研究之间的内在联系，暗示着在表面的随机性之下，可能存在着一条共同遵循的规律或路径。

1. 准备 2D Smoother 插件

2D Smoother应用插件可以对散点图进行趋势线拟合。该插件可以通过 Origin 软件右侧边栏中的“Apps”选项卡进行搜索和安装。按图4-51所示的步骤，将Origin软件窗口缩小，与下载文件夹窗口并排，将插件从文件夹里拖出，在Origin软件窗口释放，即可实现安装。

图4-51　安装插件

安装后，2D Smoother即出现在Apps列表里。

2. 绘制散点图

绘图前需先设置每组数据的第三列为L属性。例如，右击C列顶部的列标签，选择“Set as (设置为)→Label (标签)”。选择3组样品共9列数据，选择下方工具栏的“Scatter (散点)”按钮绘制散点图。

按图4-52（a）所示的步骤，双击①处的散点打开“Plot Details-Plot Properties（绘图细节-绘图属性）”对话框，单击“Group（组）”选项卡，修改②处的“Symbol Edge Color（符号边缘颜色）”的“Increment（增量）”为“By One（逐个）”，同时选择一个浅色的颜色列表。单击“Apply（应用）”按钮。按图4-52（b）所示的步骤修改标签为文献标引格式。单击①处的“Label（标签）”选项卡，分别选择②处的3组样品，修改③处的“Numeric Display Format（数值显示格式）”为“"["*"]"”，单击“OK（确定）”按钮。

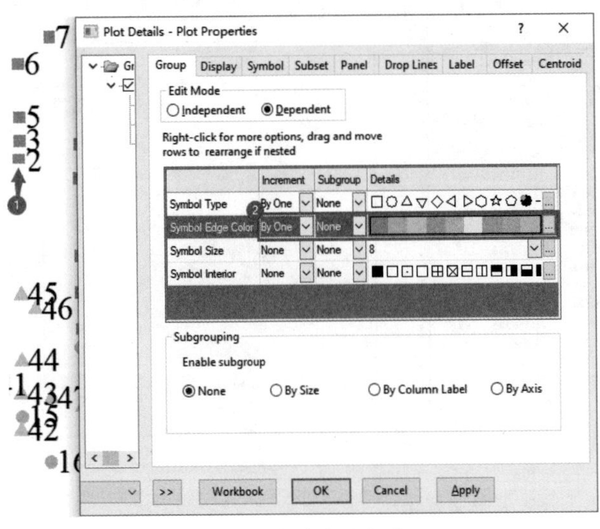

（a）散点颜色

（b）标签格式

图4-52　散点及标签格式的设置

注意 ▲ 图4-52（b）中③处的“"["*"]"”表示添加的文本需要用半角的双引号引起来。“*”为通配符，代表数值。这种标签的数值显示格式比较常用。例如，“*4 " km"”表示4位有效数字并带单位，如“1.235 km”；“.3 "pi"”表示3位小数，例如“0.213π”。

3. 趋势线拟合

按图4-53所示的步骤，单击Graph1绘图窗口①处的标题栏激活窗口，单击右边栏②处的“Apps”选项卡，选择③处的“2D Smoother”打开对话框，进入④处的“Trendline（趋势线）”选项卡，分别选择⑤处的3组样品，选择⑥处的“Trend Type（趋势类型）”为“Polynomial（多项式）”，如果不生成拟合方程，可以取消⑦处的“Add Equation as Label（添加方程式标签）”，单击⑧处的“Add（添加）”，最后单击“Close（关闭）”按钮。

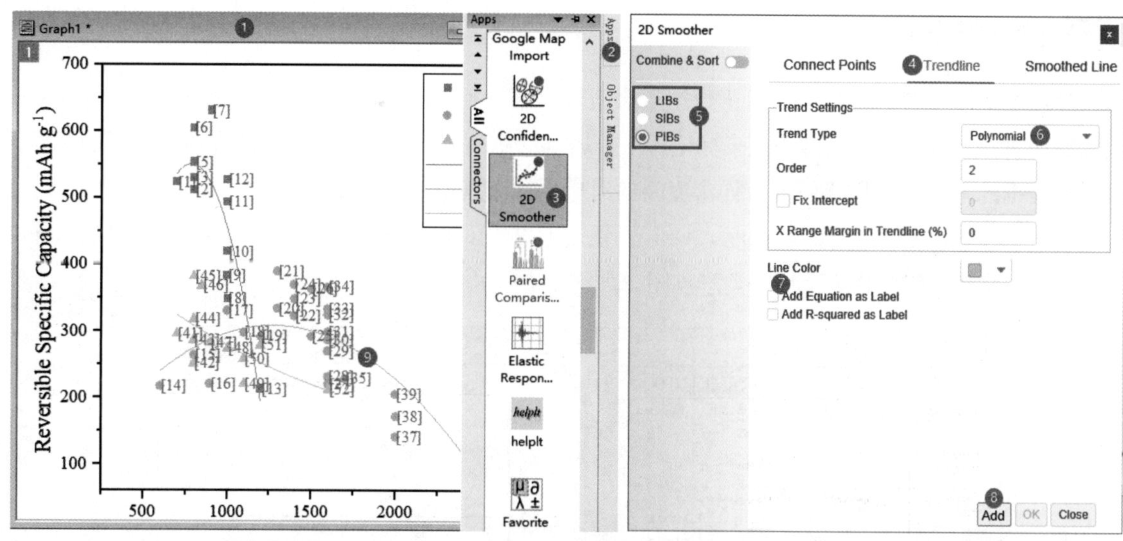

图4-53 2D Smoother趋势线的拟合

对于杂乱的散点图，我们可以通过绘制趋势线来揭示其总体变化趋势，从而获得有价值的结论。在设置趋势线的散点颜色和标签颜色时，应采用浅色以减弱原始数据点的视觉影响。然而，趋势线过于细弱，则可能缺乏突出效果，如图4-53所示。因此，我们需要加粗这3条趋势线，并设置适当的透明度，以避免遮挡原始数据点。

按图4-54（a）所示的步骤，双击①处的曲线打开"Plot Details-Plot Properties（绘图细节-绘图属性）"对话框，进入②处的"Line（线）"选项卡，设置③处的"Width（宽）"为80，修改④处的"Transparency（透明度）"为80%，单击"OK（确定）"按钮，经过其他细节设置后，即可得到如图4-54（b）所示的效果。

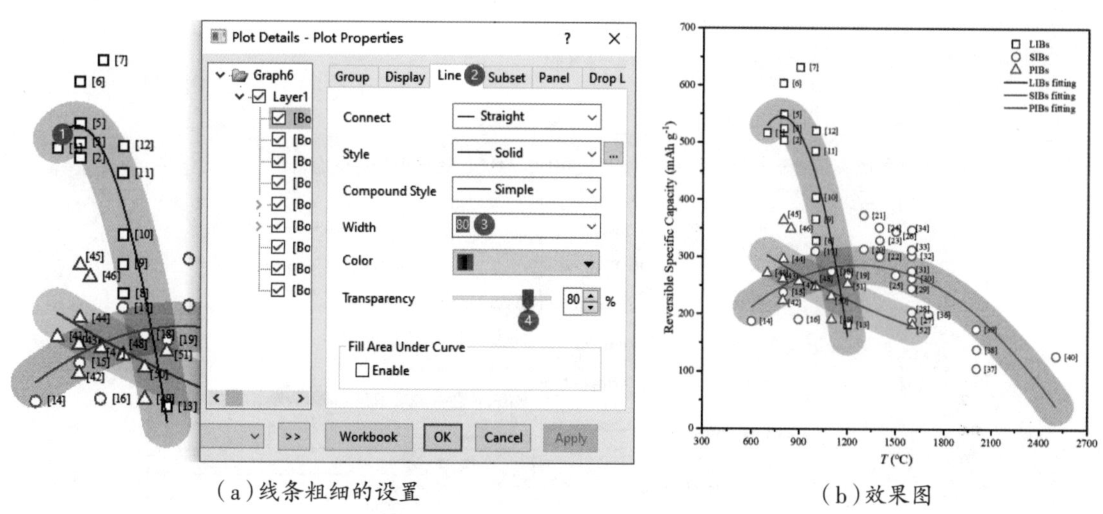

（a）线条粗细的设置　　（b）效果图

图4-54 趋势线粗细的设置及其效果

4.3.3 分类彩点图

彩点图是散点图的一种，适用于数据点众多且样本种类多的情况。为了有效区分并展示这些复杂的数据集，可以利用不同的颜色来标记各个数据点，从而创建彩点图。这种图表通过色彩的差异，增强了数据的可视化效果，使各个样本之间的对比更加直观明显。

例7：创建以鸢尾花的花瓣长度（A列）、花瓣宽度（B列）及种类（C列）的工作表，如图4-55（a）所示，绘制均值±SD统计的分类彩点图，如图4-55（b）所示。

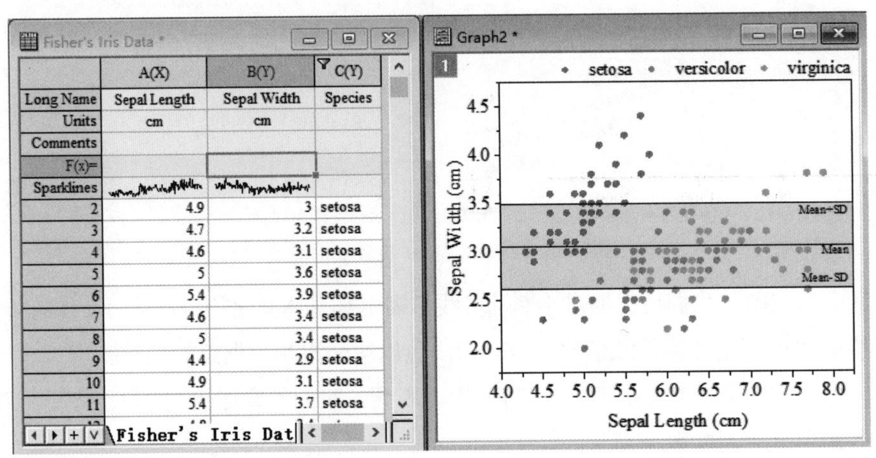

（a）工作表　　　　（b）彩点图

图4-55　工作表及分类统计彩点图

1. 绘制散点图

选择A、B两列数据，单击下方工具栏的散点图，绘制出草图。

2. 设置散点颜色

按图4-56所示的步骤，按点索引设置散点颜色。

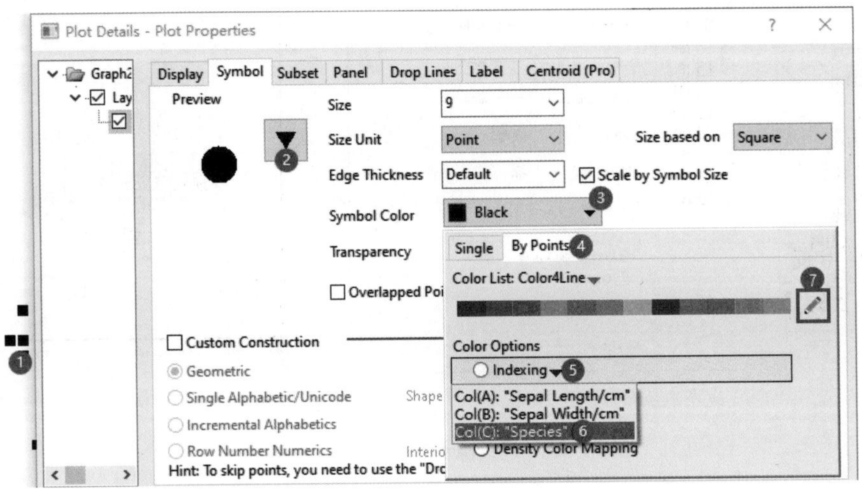

图4-56　按点设置符号颜色

双击①处的散点打开“Plot Details-Plot Properties（绘图细节-绘图属性）”对话框，单击②处的“▼”按钮修改散点符号为圆点，打开③处的“Symbol Color（符号颜色）”面板，选择“Black（黑色）”，选择④处的“By Points（按点）”，修改⑤处的“Indexing（索引）”来源于⑥处的C列分类文本，单击“Apply（应用）”按钮。

3. 编辑颜色列表

假如想把颜色列表中的最后3种颜色挑选出来并将它们置于列表前端，则可以对颜色列表进行调整，将这3种颜色块重新排序至列表的起始位置。这一过程涉及对颜色序列的编辑操作。单击图4-56中颜色列表右端⑦处的铅笔工具打开“Build Colors（创建颜色）”对话框（见图4-57）。按图4-57所示的步骤，拖选①处末尾的3种颜色，单击②处的“Move to Top（移到顶端）”按钮，单击③处的“OK（确定）”按钮返回“Plot Details-Plot Properties（绘图细节-绘图属性）”对话框，单击“OK（确定）”按钮结束。

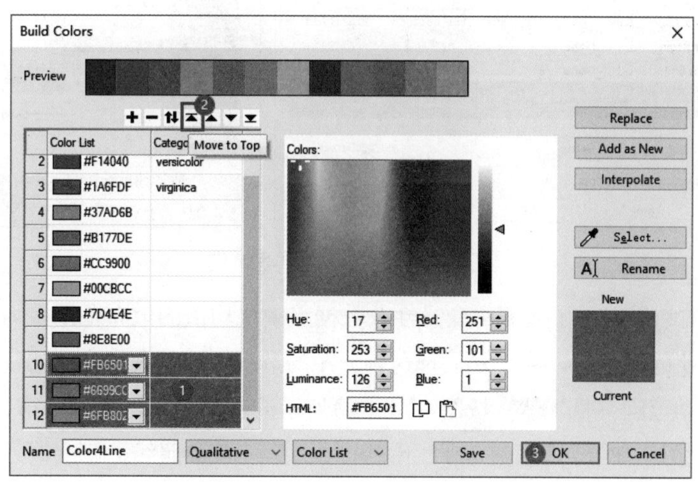

图4-57 将3种颜色移到前三位

4. 重构图例

当我们新增绘图后，如果图例没有同步更新，可以通过重构图例来更新。若有多个图层，需要先单击左上角的图层编号，对每个图层重构图例。按图4-58所示的步骤，单击左边工具栏①处的“Reconstruct Legend（重构图例）”，得到②处所示的新图例，单击图例，选择“浮动工具栏”中③处的“Arrange in Horizonal（水平排列）”按钮、④处的“Frame（边框）”，然后拖动图例到坐标系上方（避免与样品点混淆），得到⑤处所示的水平图例。再单击坐标系中⑥处的空白位置，选择⑦处“浮动工具栏”的“Layer Frame（图层框架）”，显示如⑧处所示的图框。

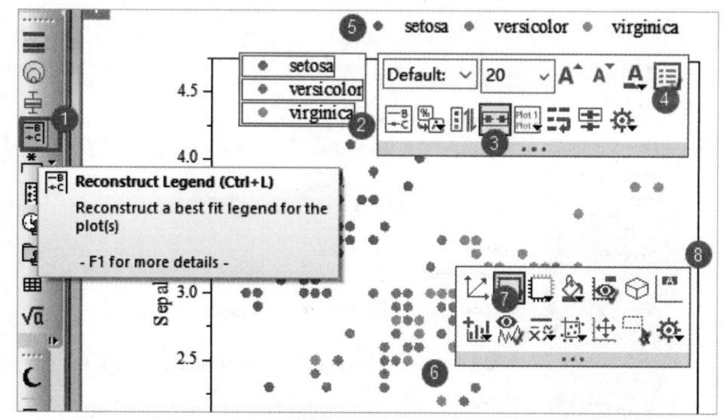

图4-58 重构图例

5. 添加参照线

按图4-59所示的步骤，双击①处的Y轴，弹出“Y Axis-Layer 1（Y 坐标轴-图层1）”对话框，在②处的“Reference Lines（参照线）”页面，单击③处的“Details（细节）”按钮，弹出“Reference Lines（参照线）”对话框，单击④处的“Add（添加）”按钮，修改⑤处的“Value Type（数值类型）”为“Statistics（统计）”，在⑥处的下拉框中选择⑦处的“Mean+SD（均值+标准差）”。重复④～⑦的步骤，添加Mean（均值）、Mean-SD（均值-标准差）。单击⑧处的“Apply（应用）”按钮。

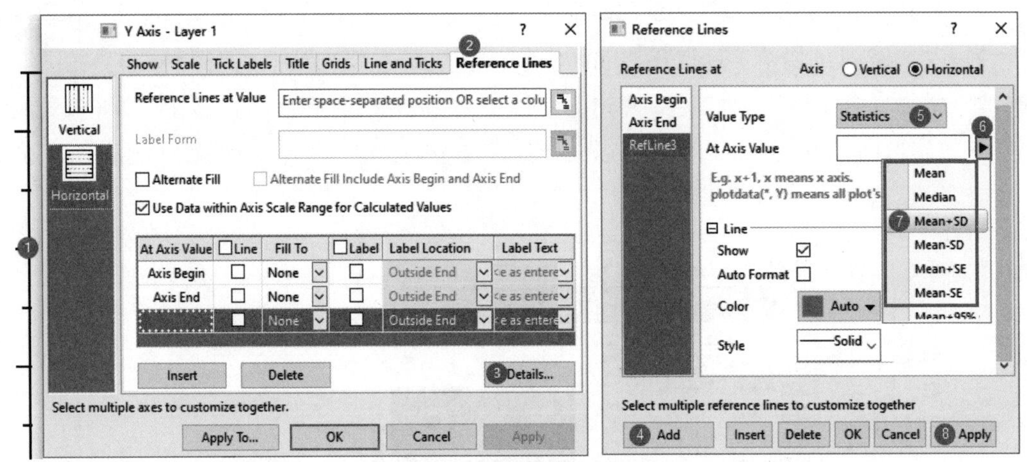

图4-59 添加统计学参照线

均值±标准差的结果揭示了数据的变异性及数据点围绕均值的散布范围。因此，我们可以在参照线之间填充半透明的颜色，以直观地展现这种分布的散度。这种视觉表达不仅增强了数据的可读性，也使数据的波动范围一目了然。按图4-60（a）所示的步骤，单击①处的第一条参照线的均值+标准差数据，选择②处“Fill to（填充至）”下拉框中的第三条参照线，修改③处的“Color（颜色）”为绿色，设置④处的“Transparency(%)［透明度(%)］”为80。单击“OK（确定）”按钮，经过其他细节设置，即可得到如图4-60（b）所示的效果。

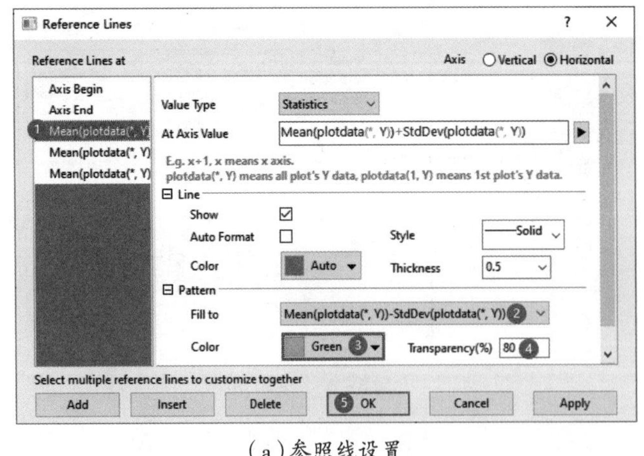

（a）参照线设置

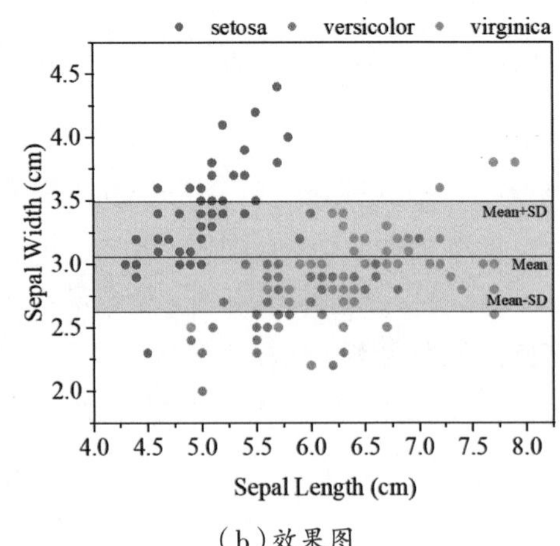

（b）效果图

图4-60 参照线之间的填充

4.3.4 阿什比图

阿什比图（Ashby Plot）是一种材料选择图，用于比较和评估材料的性能。这种图得名于英国剑桥大学工程系的杰出教授迈克尔F. 阿什比（Michael F. Ashby），他在材料科学和工程领域享有盛誉。阿什比提出了众多关于材料性能评估和设计优化的理论与方法，在材料选择和设计领域做出了重要贡献。为了纪念他在这一领域的贡献，这种材料选择图被命名为“阿什比图”。

在阿什比图的构建中，两个关键的材料属性参数通常被绘制在对数坐标轴上，如强度对密度、弹性模量对强度等。每一种材料在图上以点的形式出现，其位置精确反映了该材料在所选属性参数上的表现。通过在图表中描绘等值线或特定区域，工程师和设计师能够迅速辨识不同材料间的性能差异，并高效地选取最符合项目需求的材料，从而提升产品性能和设计效率。

图表中的椭圆形或包络线通常是基于置信椭圆或其他统计学模型计算得出的。设计师会根据特定的设计标准或性能约束，选用恰当的数学模型或公式进行计算，并据此绘制出相应的椭圆形或包络线，以指导材料的选择过程。

例8：整理A～D四种电池材料的容量与电压数据表，并创建双曲线辅助线数据表，如图4-61（a）所示，绘制的阿什比图，如图4-61（b）所示。

1. 创建双曲线辅助线的数据

在阿什比图中辅助虚线较为常见，这些辅助线有时候是与对角线平行的斜线，有时候是曲线，如图4-61（b）所示。这些线条并非随意绘制，而是基于特定的比例公式得到的，它们为材料性能的对比分析提供了重要的视觉参考和定量依据。当*Y*轴标签与*X*轴标签所代表的物理量之比为常数时，即*Y*/*X*=k，辅助线是多条具有相同斜率k的斜线；当*Y*与*X*的乘积为常数时，即*XY*=A，此时辅助线为多条双曲线。

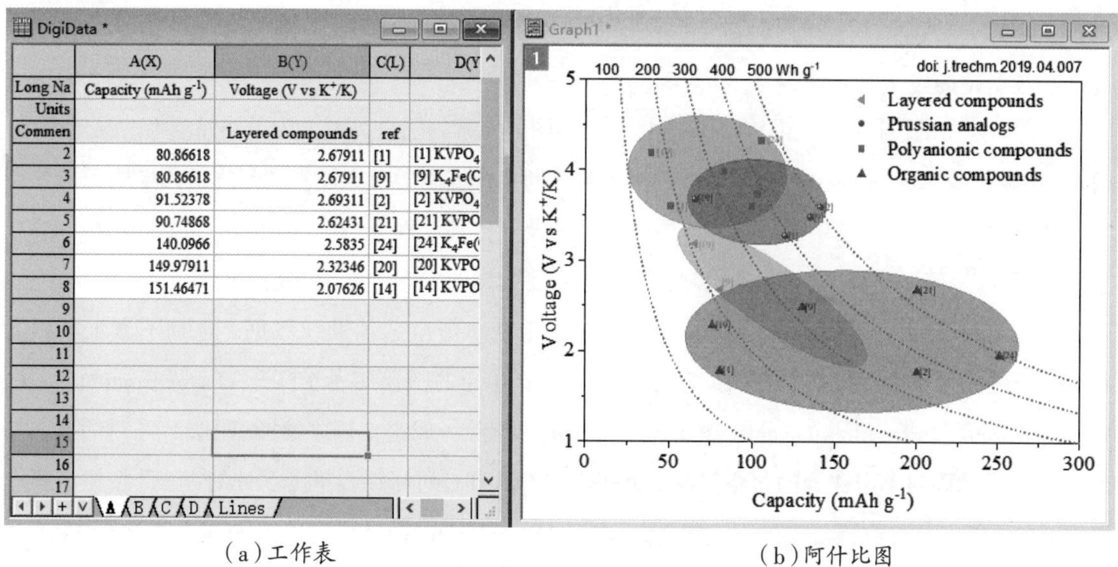

DigiData *

	A(X)	B(Y)	C(L)	D(Y
Long Na	Capacity (mAh g^{-1})	Voltage (V vs K^+/K)		
Units				
Commen		Layered compounds	ref	
2	80.86618	2.67911	[1]	[1] $KVPO_4$
3	80.86618	2.67911	[9]	[9] K_4Fe(C
4	91.52378	2.69311	[2]	[2] $KVPO_4$
5	90.74868	2.62431	[21]	[21] KVPO
6	140.0966	2.5835	[24]	[24] K_4Fe(
7	149.97911	2.32346	[20]	[20] KVPO
8	151.46471	2.07626	[14]	[14] KVPO
9				
10				
11				
12				
13				
14				
15				
16				
17				

A B C D Lines

（a）工作表　　　　（b）阿什比图

图4-61　工作表与阿什比图

图4-61（b）中虚线顶端为100～500 Wh · g^{-1}，即电池的比功率P (Wh · g^{-1})。X轴标签为电池的比容量Capacity (mAh · g^{-1})。Y轴标签为电池的平台电压U(V)。三者存在以下关系。

$$U = P/C$$

作图时，对于P=100 Wh · g^{-1}的辅助线，该方程等价于$y = 100/x$，依次类推。

在工作簿中新建工作表Lines，按图4-62所示的步骤创建辅助线的数据。单击①处的A列标签选择该列，然后右击选择②处的“Set Column Values（设置列值）”打开对话框，在③处修改“Row(i)（行号）”的范围为1～300（与目标图的X轴刻度范围一致）。在④处的“Col(A)=”文本框中输入“i”（i为Origin中的默认变量，表示表格的行号），单击⑤处的“OK（确定）”按钮返回工作簿。分别设置⑥处的“F(x)=”单元格为100/i、200/i、300/i等表达式。

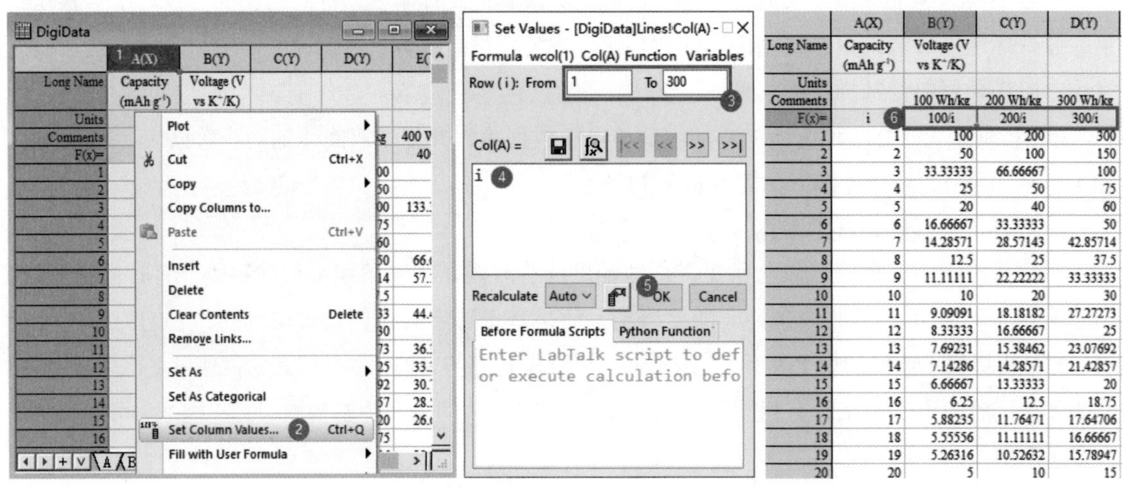

图4-62　通过设置列值的方式创建辅助线数据

2. 绘制辅助线 + 散点图

在图形绘制的过程中，绘图的顺序直接影响了图形元素的层叠关系。为了确保清晰的视觉层次，通常首先描绘辅助线曲线图。随后，采用拖入法绘制各个样本的散点图。在最终的图像中，最先绘制的曲线图自然位于散点图层的下方。同样，当涉及其他辅助性质的图形元素，如辅助曲线或填充平面等背景元素时，它们也应优先绘制，以便为主要数据图层提供恰当的视觉背景。

按图4-63所示的步骤，在“Lines（线）”表格①处单击全选辅助线数据，选择下方工具栏②处的线图工具，即可得到③处所示的曲线图，双击③处的图层编号1打开“Layer Contents: Add, Remove, Group, Order Plots-Layer1（图层内容：添加，删除，成组，排序绘图-图层1）”对话框，按下“Ctrl”键的同时单击④处的每组样品的B列数据（y）和C列标签，单击⑤处的“→”按钮将所选数据添加到绘图中。在新增的数据右端⑥处双击选择“Scatter (散点)”，单击“OK（确定）”按钮。

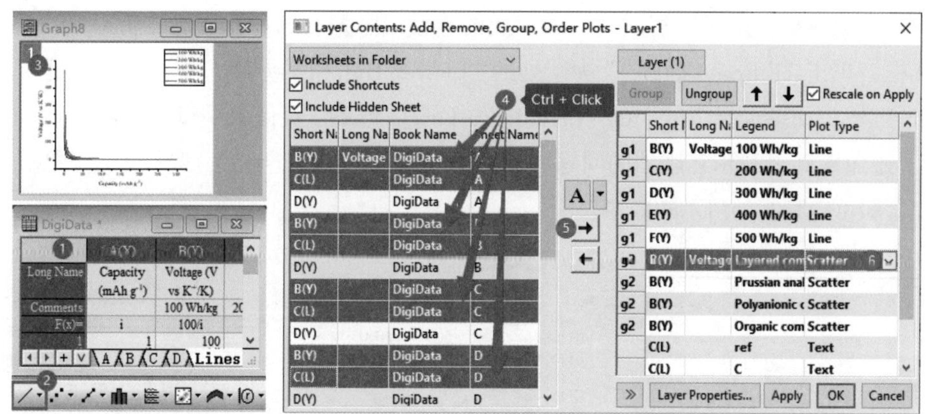

图4-63 辅助线的绘制与散点数据的添加

所得绘图需要调整*X*、*Y*轴刻度范围。双击*X*轴打开“X Axis-Layer 1(X坐标轴-图层1)”对话框，分别修改*X*、*Y*轴刻度范围为0～300、1～5，添加图层边框线。其余细节设置步骤如图4-64所示。分别单击各组散点，利用浮动工具栏①处的按钮修改颜色，单击②处的按钮修改符号；单击③处的标签，在上方工具栏④处设置字体大小为16，利用⑤处的按钮设置字体颜色为与符号一致的颜色。参照线的图例需要删除，双击图例，选择⑥处辅助线的图例，按“Delete”键删除。分别设置辅助线为灰色、线宽为2，具体步骤为⑦～⑨。分别单击每条曲线，并在上方工具栏⑩处修改样式为“Short Dot(短点线)”。右击图层空白，选择“Fit Page to Layers(调整页面至图层大小)”。

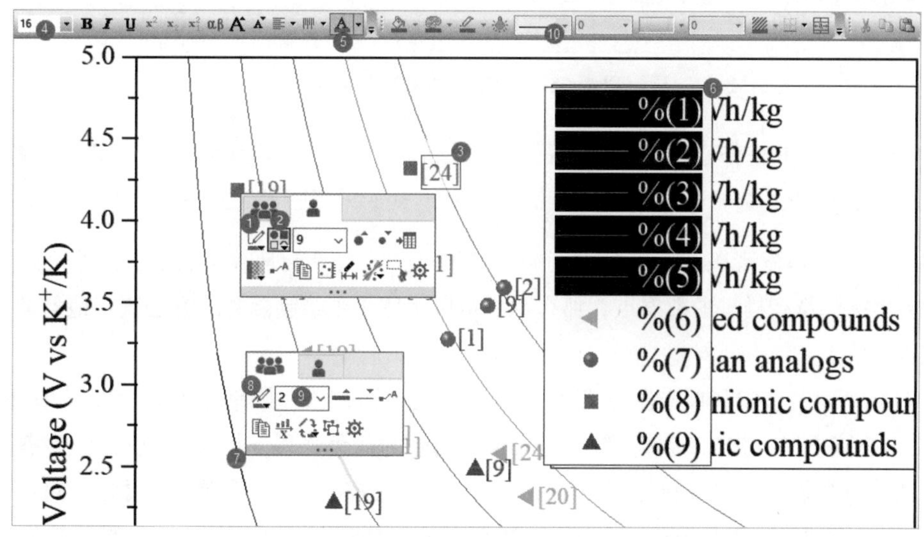

图4-64 利用浮动工具栏修改细节

3. 绘制置信椭圆

按图4-65所示的步骤，双击①处的散点打开“Plot Details-Plot Properties(绘图细节-绘图属性)”对话框，进入②处的“Centroid(Pro)[质心(Pro)]”选项卡，分别选择③处的四组样品，选择④处的“Show Centroid Point for Subset(显示子集的质心点)”复选框，取消⑤处的“Connect to Data Points(连接到数据点）”复选框，则可以将质心与散点间的连接线隐藏。选择⑥处的“Show Ellipse（显示椭圆）”复选框，单击“Ellipse（椭圆）”为⑦处的“Convex Hull（凸包）”，则显示为⑧处所示的数据包络多边形区域，如果选择⑦处中的“Confidence Level (Mean)[置信水平(均值)]”，则显示为置信椭圆。为了避免椭圆之间相互遮挡的问题，设置“Transparency（透明度）”为60%。单击“OK（确定）”按钮，即可得到⑨处所示的效果。

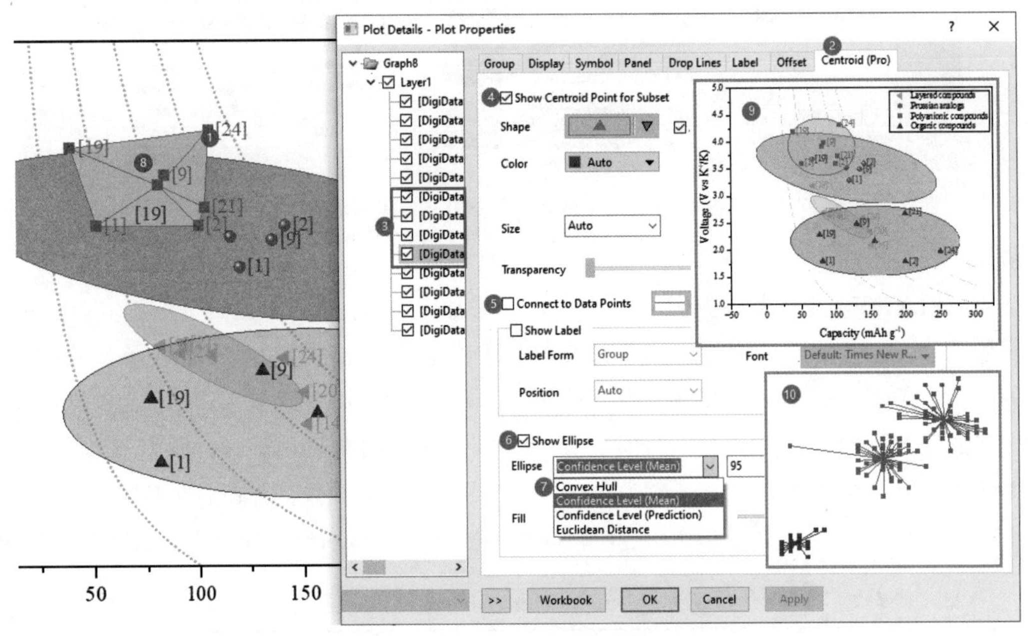

图4-65　散点置信椭圆的绘制

> **提示** ⚠ 如果选择图4-65中⑤处的“Connect to Data Points（连接到数据点）”复选框，而取消⑥处的“Show Ellipse（显示椭圆）”复选框，则可以得到如⑩处所示的聚类图（非本例数据）。

从图4-65中可以发现椭圆周围并没有邻近数据点，这很可能是数据点量少的原因。若我们的目标是仅突出标识特定样本的数据点，那么我们可以采用手工绘制椭圆的方法直观地勾勒出这些数据点的聚集区域。

按图4-66所示的步骤，单击左边工具栏①处矩形工具的“▼”按钮，选择“Circle Tool（画圆工具）”，在②处按下鼠标拖出一个椭圆，利用椭圆周围的蓝色菱形句柄（如②处）调整椭圆，使其包络样品的所有数据点。双击椭圆打开“Object Properties-Circle1（对象属性-圆1）”对话框，设置“Transparency（透明度）”为60%，即设置半透明，避免椭圆之间的遮挡。复制粘贴椭圆，方便为其他样品绘制椭圆。

画圆工具只能画出水平或垂直的椭圆，③处所示的倾斜的椭圆需要经过不断调整来实现。单击③处的椭圆多次，椭圆周围的句柄形状、数量会发生变化。当第二次单击椭圆时，句柄为4个圆形，将鼠标移动到④处的圆形句柄附近，鼠标会变为环形箭头图标，此时拖动鼠标可将椭圆旋转到合适的角度，结合调整缩放句柄，可以将该样品的所有数据点包络在内。经过其他细节设置，最终得到如图4-67所示的效果。

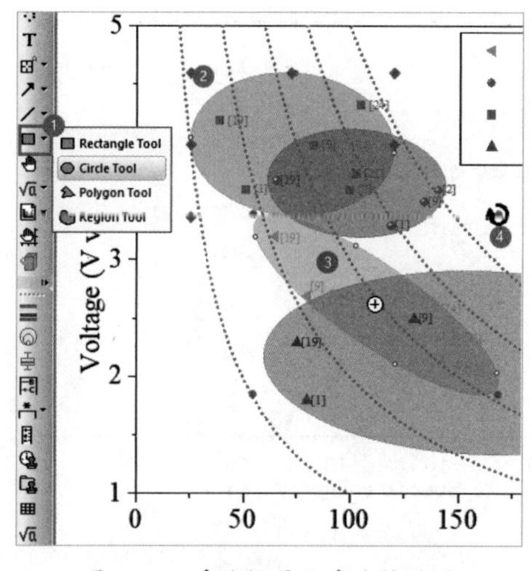

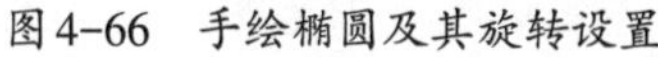

图4-66 手绘椭圆及其旋转设置

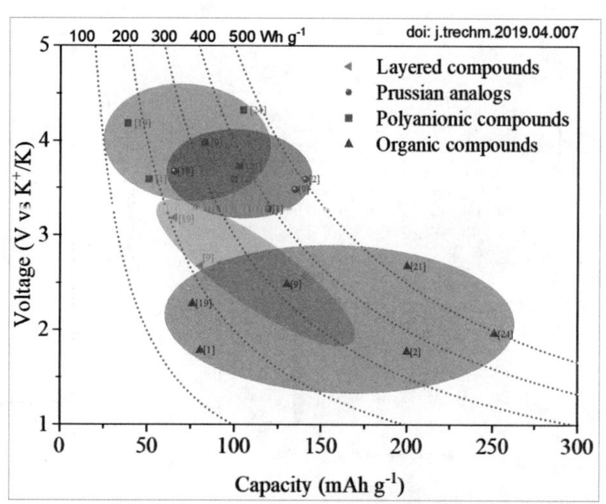

图4-67 阿什比图

4.4 点线图

4.4.1 拉贡图

拉贡图（Ragone Plot）是一种用于比较不同储能器件（如电池、超级电容器等）能量密度和功率密度之间关系的图表。该图表通常将储能器件的能量密度（以Wh/kg或J/kg为单位）和功率密度（以W/kg为单位）分别绘制在X轴和Y轴上，以便直观地展示不同器件的能量密度和功率密度之间的关系。

在拉贡图中，每种储能器件用一个点或一条曲线表示，点的位置或曲线的形状反映了该器件在能量密度和功率密度方面的表现。通常，器件在拉贡图中的位置越靠近图表的左上角，表示其能量密度和功率密度越高，即性能更优越。

拉贡图可以帮助工程师和研究人员快速比较不同储能器件的性能，并在能量密度和功率密度之间做出权衡选择。通过分析拉贡图，可以更好地了解不同器件之间的优劣，从而指导储能器件的设计和选择。

绘制拉贡图通常需要收集不同储能器件的能量密度和功率密度数据（实验值或文献值），然后在二维坐标系中，将能量密度数据绘制在X轴上，功率密度数据绘制在Y轴上。每种储能器件用一个点或一条曲线表示，其位置或形状反映了该器件在能量密度和功率密度方面的表现。通过绘制封闭区域将同类器件的数据点包络在内，可以形成一张拉贡图。在实际应用中，将实验值绘制在文献图上，可以突显实验值相对于文献值的优越性。

例9：基于拉贡文献图提取区域图形的数据，添加数据绘制拉贡数据图，如图4-68所示。

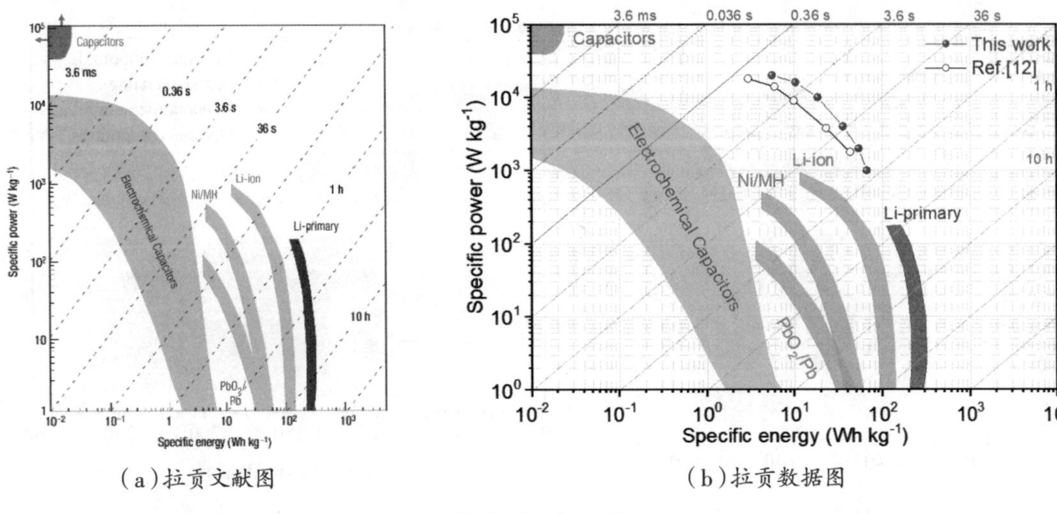

（a）拉贡文献图　　（b）拉贡数据图

图4-68　拉贡图

1. 拉贡文献图数据的提取

拉贡文献图来源于帕特里斯·西蒙（Patrice Simon）和尤里·高果奇（Yury Gogotsi）的《电化学电容器材料》一文，如果将其截图作为底图，则图中的文字、轴线和刻度线等无法编辑，截图的分辨率也达不到投稿的要求。因此，需要将拉贡文献图的这些内容进行数字化处理，方便后续绘制拉贡数据图。前面介绍了数字化提取工具，本小节将介绍一种通过描点提取数据的方法。

按图4-69（a）所示的步骤，单击上方工具栏①处的"New Graph (新建图)"，从文献PDF文件中截图，在空白图中粘贴，右击②处的贴图，选择③处的"Push to back of data (置于数据之后)"，避免遮挡坐标系。

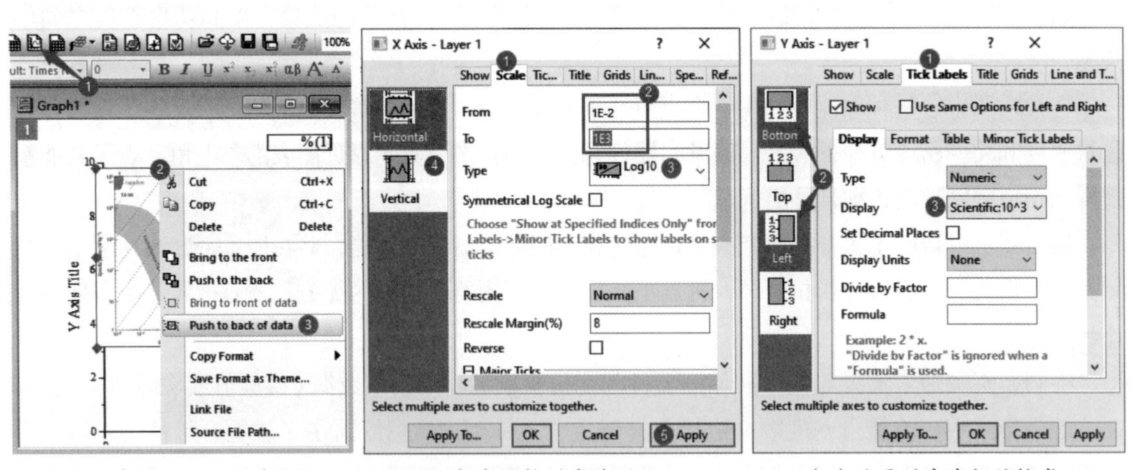

（a）新建空白坐标系并贴图　　（b）调整刻度范围　　（c）设置刻度线标签格式

图4-69　新建空白坐标系并贴图、调整刻度范围、设置刻度线标签格式

双击*X*轴打开"X Axis-Layer 1（X坐标轴-图层1）"对话框，按图4-69（b）所示的步骤，进入①处的"Scale（刻度）"选项卡，修改②处的"From（开始）"为"1E−2"（1×10^{-2}）、"To（结束）"为

"1E3"。修改③处的"Type(类型)"为"Log10"。单击④处的"Horizontal(水平)",重复②、③处的设置。单击⑤处的"Apply(应用)"按钮。按图4-69(c)所示的步骤设置刻度线标签格式,进入①处的"Tick Labels(刻度线标签)",按下"Ctrl"键的同时单击②处的"Bottom(下轴)"和"Left(左轴)",对两轴同时设置③处的"Display(显示)"为"Scientific:10^3(科学记数法:10^3)"。单击"OK(确定)"按钮。

按图4-70(a)所示的步骤调整贴图,使其与空白坐标系吻合。在贴图上①处右击选择②处的"Properties(属性)"打开对话框,取消③处的"Keep aspect ratio(保持纵横比)"复选框。单击"OK(确定)"按钮。拖动图片的句柄调整贴图到大概位置,按"↑"或"→"等方向键微调,使起始和结束的刻度线吻合。

按图4-70(b)所示的步骤描点提取数据。单击左边工具栏①处的"Draw Data(数据绘制)"按钮打开对话框,单击②处的"Start(开始)"按钮,从③处开始,按"↓"或"→"方向键移动十字光标到轮廓边缘,按"Enter(回车键)"描点,或者移动鼠标双击描点。继续沿着轮廓边缘重复描点操作并返回③处的起始点,单击④处的"Worksheet(工作表)"按钮,打开提取的数据表,将数据复制到新表,清空提取的数据表备用。重复①~④处的设置提取其他图形的数据。

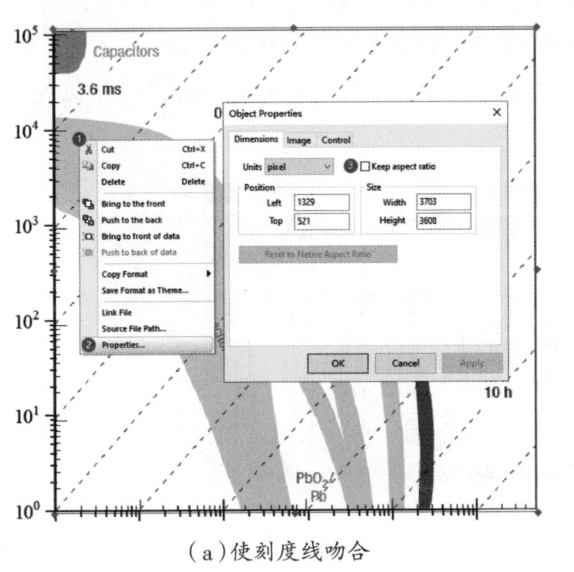

(a)使刻度线吻合

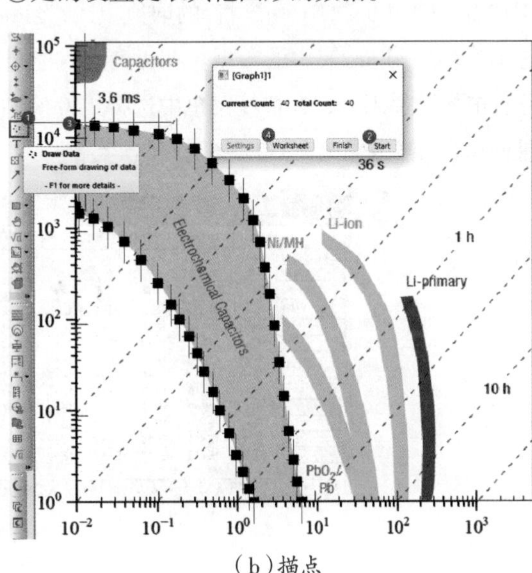

(b)描点

图4-70 描点提取数据

按"My data(我的数据)""EC(电化学电容器)""PbO2/Pb(铅酸蓄电池)""Ni/MH(镍氢电池)""Li-ion(锂离子电池)""Li-primary(锂电池)""Capacitors(电容器)""t-lines(时间线)"命名新建工作表。按上述"数据绘制"描点法,将所有图形数据提取出来,填入相应的工作表中,得到如图4-71所示的工作簿,再将实验值填入My data表中。

提示 ▲ 在工作簿中新增工作表的方法与Excel相同,在"Sheet1"表格标签上右击选择"Insert(插入)",重复操作添加足够数量的工作表。分别双击表格标签,修改工作表名称。

RP - RagonePlot

	A(X)	B(Y)
Long Name	Specific energ	Specific powe
1	0.00994	1541.9372
2	0.01995	1138.80471
3	0.02988	896.63921
4	0.04017	691.84961
5	0.04982	565.28407
6	0.05997	464.99322
7	0.07006	387.68247
8	0.0997	259.68608
9	0.20012	87.81137
10	0.29966	43.4416
11	0.3993	23.69578
12	0.49969	15.39862
13	0.59789	10.52516
14	0.69848	7.07388
15	1	2.93747
16	1.58489	1.05891

	A(X1)	B(Y1)	C(X2)	D(Y2)
Long N	Specific energy	Specific power	Specific energy	Specific power
Units	Wh kg^{-1}	W kg^{-1}	Wh kg^{-1}	W kg^{-1}
Comm		This work		Ref.[12]
1	65.8	1000	43	1800
2	53.4	2000	23	3800
3	35.6	4000	10	9000
4	18.4	10000	6	14000
5	10.4	16000	3	18000
6	5.6	20000		

My data | EC | PbO2/Pb | Ni/MH | Li-ion | Li-primary | Capacitors | t-lines

图 4-71　拉贡图工作表

2. 设置参照线数据

拉贡图中的参考斜线和能量密度 W、功率密度 P 有关，这些平行线的斜率相等且为充放电时间 t(h)。三者的关系式为 $P=W/t$。假设需要绘制一系列充放电时间 t 的时间线，则 t 为 1E−6 h (3.6 ms)、1E−5 h(36 ms)、1E−4 h (0.36 s)、1E−3 h(3.6 s)、1E−2 h(36 s)、1E−1 h(360 s)、1 h、1E+1 h、1E+2 h、1E+3 h、1E+4 h、1E+5 h。将 t 的取值填入 "t-lines" 表中的 "Comments（注释）" 行。按图 4-72 所示的步骤整理 t-lines 表中的数据。在 A 列输入能量密度 1E−2～1E+6。如果表中无 "F(x)" 公式行，则可右击标题栏①处，在快捷菜单中选择 "View-F(x)[查看 -F(x)]"。在②处的 F(x) 行输入公式，如在 B 列 F(x) 单元格中输入 "A/1E−6"，依次类推。

RP - RagonePlot *　① View - F(x)

	A(X)	B(Y)	C(Y	D(Y	E(Y	F(Y	G(Y	H(Y	I(Y)	J(Y	K(Y)	L(Y)	M(Y)
Long Name	W	P											
Units													
Comments		3.6 ms	36 ms	0.36 s	3.6 s	36 s	360 s	1 h	10 h	100 h	1000 h	10000 h	100000 h
② F(x)=		A/1E-6	A/1E-5	A/1E-4	A/1E-3	A/1E-2	A/1E-1	A/1E0	A/1E1	A/1E2	A/1E3	A/1E4	A/1E5
1	1E-2	1E+4	1E+3	1E+2	1E+1	1E+0	1E-1	1E-2	1E-3	1E-4	1E-5	1E-6	1E-7
2	1E-1	1E+5	1E+4	1E+3	1E+2	1E+1	1E+0	1E-1	1E-2	1E-3	1E-4	1E-5	1E-6
3	1E+0	1E+6	1E+5	1E+4	1E+3	1E+2	1E+1	1E+0	1E-1	1E-2	1E-3	1E-4	1E-5
4	1E+1	1E+7	1E+6	1E+5	1E+4	1E+3	1E+2	1E+1	1E+0	1E-1	1E-2	1E-3	1E-4
5	1E+2	1E+8	1E+7	1E+6	1E+5	1E+4	1E+3	1E+2	1E+1	1E+0	1E-1	1E-2	1E-3
6	1E+3	1E+9	1E+8	1E+7	1E+6	1E+5	1E+4	1E+3	1E+2	1E+1	1E+0	1E-1	1E-2
7	1E+4	1E+10	1E+9	1E+8	1E+7	1E+6	1E+5	1E+4	1E+3	1E+2	1E+1	1E+0	1E-1
8	1E+5	1E+11	1E+10	1E+9	1E+8	1E+7	1E+6	1E+5	1E+4	1E+3	1E+2	1E+1	1E+0
9	1E+6	1E+12	1E+11	1E+10	1E+9	1E+8	1E+7	1E+6	1E+5	1E+4	1E+3	1E+2	1E+1
10													

Ni/MH | Li-ion | Li-primary | Capacitors | t-lines

图 4-72　t-lines 表的整理

提示 ▲　在 A 列某行中输入 1E−2 的类似格式后，其数据将自动变为相应数值（如 0.02）。如果需要将 A 列数据格式改为类似 "1E−2" 的格式，可以右击 A 列标签 "A(X)"，选择 "Properties（属性）" 打开 "Column Properties（列属性）" 对话框，修改图 4-73 中①处的 "Display（显示）" 为 "Scientific: 1E3（科学记数法：1E3）"。

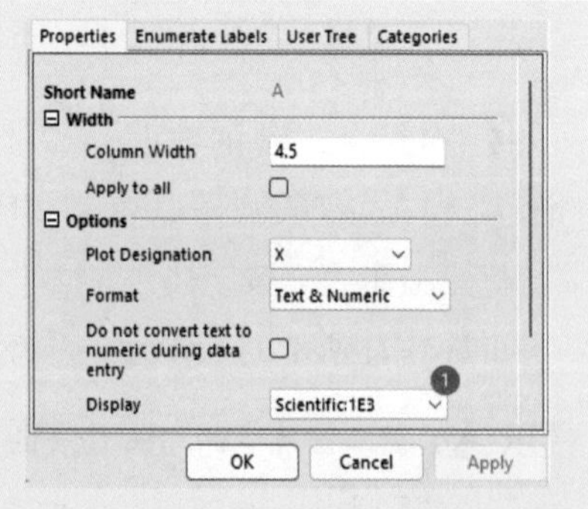

图 4-73　设置科学记数法 1E3 格式

3. 拉贡文献图

绘制一张拉贡文献图用作背景值，方便后续添加实验值作为对比。按图4-74所示的步骤，单击t-lines表格左上角①处全选数据，选择下方工具栏②处的“Line (线)”工具，得到如③处所示的时间线图。

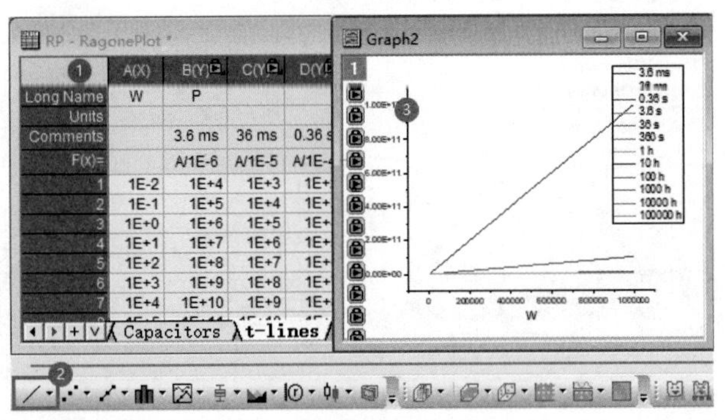

图4-74　绘制时间线图

按图4-75所示的步骤设置网格线。单击①处的“Grids（网格）”选项卡，按下“Ctrl”键的同时单击②处的两个方向对X轴和Y轴进行设置。修改③处和④处的“Major Grid Lines（主网格线）”“Minor Grid Lines（次网格线）”的“Color（颜色）”和“Style（类型）”。选择⑤处的“Opposite（对面）”复选框，可显示上、下框线。进入⑥处的“Tick Labels（刻度线标签）”选项卡，按下“Ctrl”键的同时选择⑦处的“Bottom（下轴）”和“Left（左轴）”，修改⑧处的“Display（显示）”为“Scientific：10^3（科学记数法：10^3）”，单击“OK（确定）”按钮。

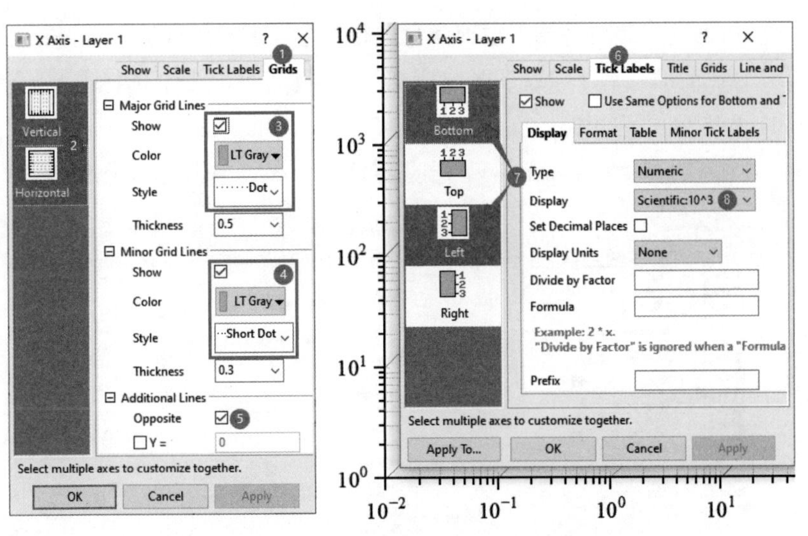

图4-75　网格线、刻度线标签的设置

按图4-76所示的步骤向绘图中新增数据。双击绘图左上角①处的图层标号1打开“Layer Contents: Add,Remove,Group,Order Plots-Layer1（图层内容：添加，删除，成组，排序绘图-图层1）”对话框，取消②处的“Rescale on Apply（应用时重新调整刻度范围）”复选框，避免因新增绘图导致原图中刻度范围的变化。拖选③处的文献数据，单击④处的“→”按钮添加，即可得到⑤处所示的新增数据。单击“OK（确定）”按钮。

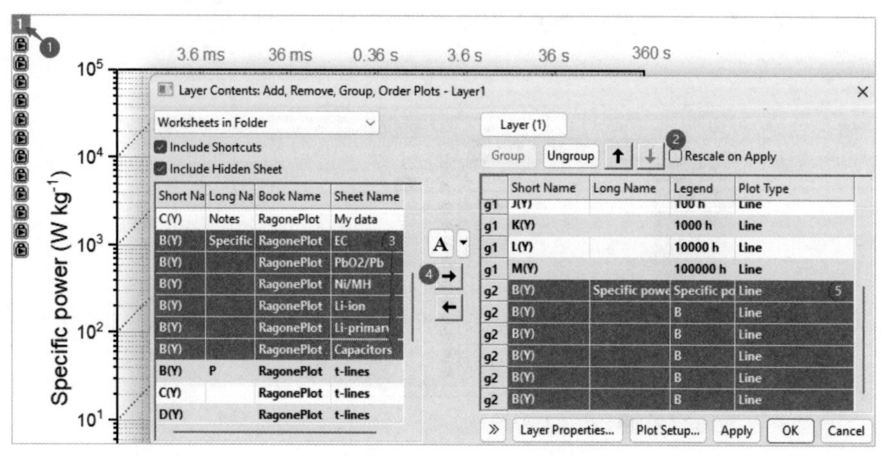

图4-76　向绘图中新增数据

按图4-77（a）所示的步骤对每种图形进行统一设置。双击①处的曲线，打开“Plot Details-Plot Properties（绘图细节-绘图属性）”对话框，进入②处的“Line（线）”选项卡，修改③处的“Width（宽）”为0，即不显示图形的边框线，而只显示填充颜色。选择“Fill Area Under Curve（线下区域填充）”中④处的“Enable（启用）”复选框，选择⑤处的填充方式为“Fill Shapes by Orientation（开口处填充形状）”。进入⑥处的“Group（组）”选择“Edit Mode（编辑模式）”为“Independent（独立）”，方便后续单独设置填充颜色。单击“Apply（应用）”按钮。

按图4-77（b）所示的步骤对各图形填充颜色进行设置。进入①处的“Pattern（图案）”选项卡（注意该选项卡只有在前面开启了“线下区域填充”之后才可见。分别选择②处的各类图形数据，修改③处的“Color（颜色）”为相应的颜色，取消④处的“Follow Line Transparency（跟随线条的透明度）”复选框，设置⑤处的“Transparency（透明度）”为40%。单击“OK（确定）”按钮。

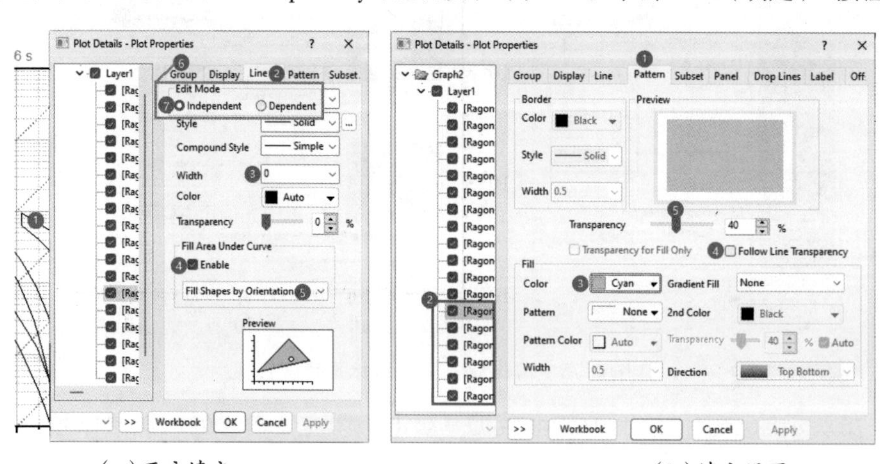

（a）开启填充　　　　　　（b）填充设置

图4-77　填充的单独设置

为每种图形添加文本标签、设置字体颜色等之后，即可得到如图4-78所示的拉贡文献图。

4. 绘制拉贡数据图

向拉贡文献图中添加实验值。本例将对“This Work”与“Ref[12]”（本研究工作与某文献）的实验值进行对比。按图4-79（a）所示的步骤，双击①处的图层编号1打开“Layer Contents: Add,Remove,Group,Order Plots-Layer1（图层内容：添加，删除，成组，排序绘图-图层1）”对话框，拖选②处的“My data”数据，单击③处的“→”按钮添加，即可得到④处所示的新增数据。取消⑤处的“Rescale on Apply（应用时重新调整刻度范围）”复选框，避免因新增绘图导致原图中刻度范围的变化。单击“OK（确定）”按钮。

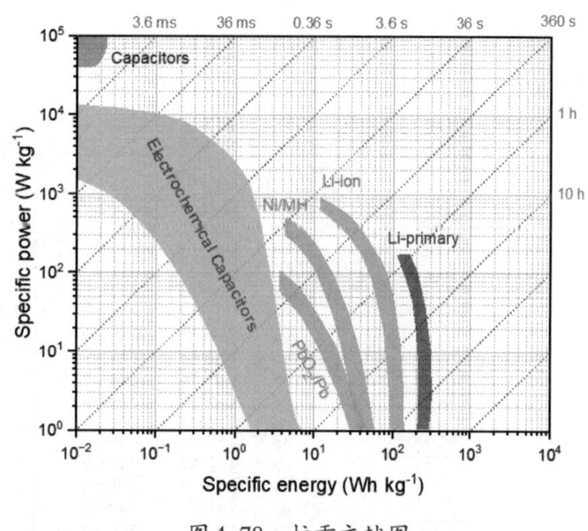

图4-78 拉贡文献图

按图4-79（b）所示的步骤重构图例。选择左边工具栏①处的“Reconstruct Legend（重构图例）”或按“Ctrl+L”快捷键，即可得到②处所示的图例。图例中包含了辅助线的图例，需要双击②处，选中后按“Delete”键删除。经过其他细节修改，可得目标图。

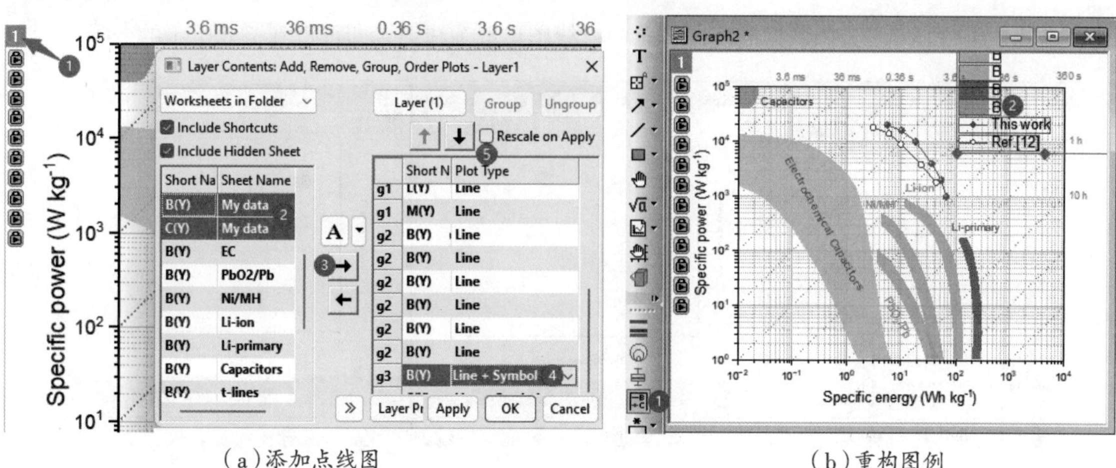

（a）添加点线图

（b）重构图例

图4-79 添加点线图并重构图例

4.4.2 自由能台阶图

自由能台阶图是一种用于描述化学反应或相变过程中能量变化的图表。在自由能台阶图中，横轴通常表示反应进度或某种程度的变化，纵轴表示自由能的变化。自由能是描述系统在恒定温度和压力下的能量状态的物理量，其变化可以反映出系统的稳定性和反应方向。

例10：创建如图4-80（a）所示的XYY型工作表，第一列为“Reaction coordinate(反应坐标)”，即反应进程，这里用递增的数字表示。第二、三列为两个样品的自由能。为了构造台阶，工作表中填入“双份”数据，表达台阶的“线段”两个端点。绘制的自由能台阶图如图4-80（b）所示。

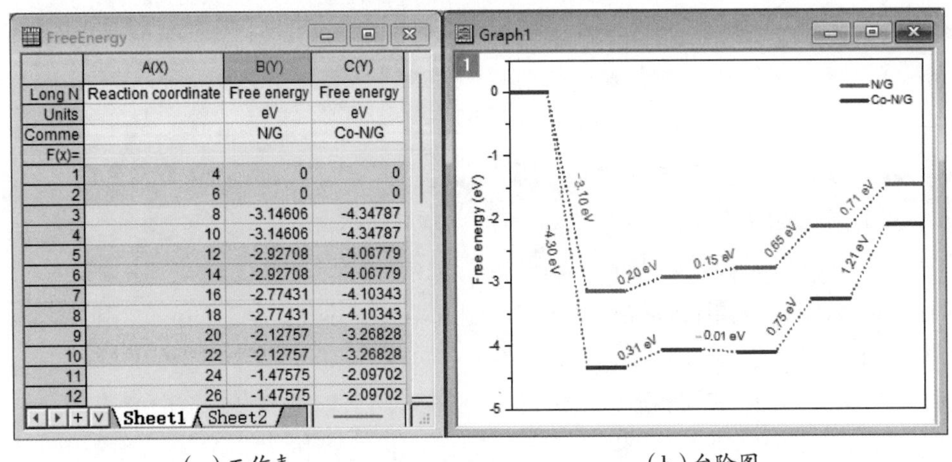

（a）工作表　　　　（b）台阶图

图4-80　自由能工作表及台阶图

1. 绘制2点线段图

按图4-81所示的步骤，单击①处全选数据，单击下方工具栏②处点线图右边的▼按钮，选择③处的“2 Point Segment（2点线段图）”，即可得到④处所示的线段图。单击⑤处绘图窗口的标题栏激活窗口，选择下方工具栏⑥处的线图工具将点线图更改为线图，即可得到⑦处所示的台阶。

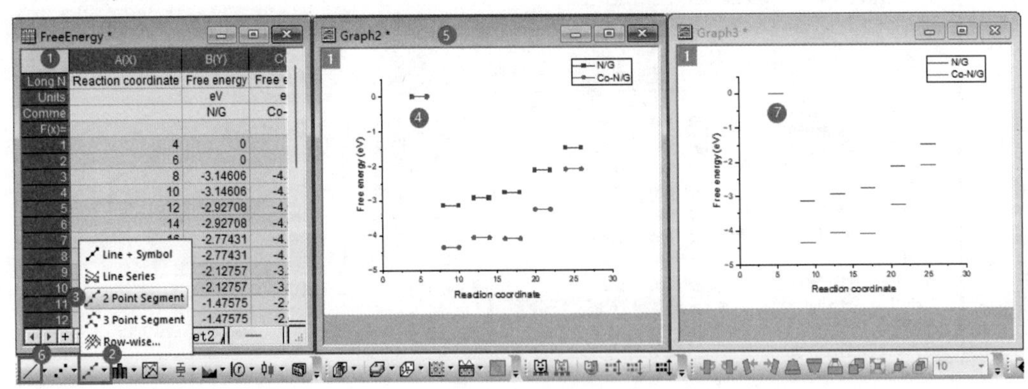

图4-81　全选数据绘制2点线段图

修改其他绘图细节，如删除X轴刻度线、刻度线标签、轴标题，显示图层边框线，调整页面至图层大小。

2. 用重绘法绘制虚线

“重绘法”是指将同样的数据在一个坐标系中绘制多次，每次绘图的类型不同。这里，我们将向自由能台阶图中增加相同的数据，绘制另一种线图。

按图4-82所示的步骤，双击①处的图层编号1打开“Layer Contents: Add, Remove, Group, Order

Plots-Layer 1（图层内容：添加，删除，成组，排序绘图-图层1）”对话框，取消②处的“Rescale on Apply（应用时重新调整刻度范围）”，避免新增图调整坐标系刻度范围。拖选③处的数据，单击④处的“→”按钮，双击⑤处新增的数据行，修改“Plot Type（绘图类型）”为“Line（线）”。拖选⑤处新增数据，单击⑥处的“↑”按钮，将虚线绘制在自由能台阶图的下方，避免虚线遮挡台阶。单击“OK（确定）”按钮。

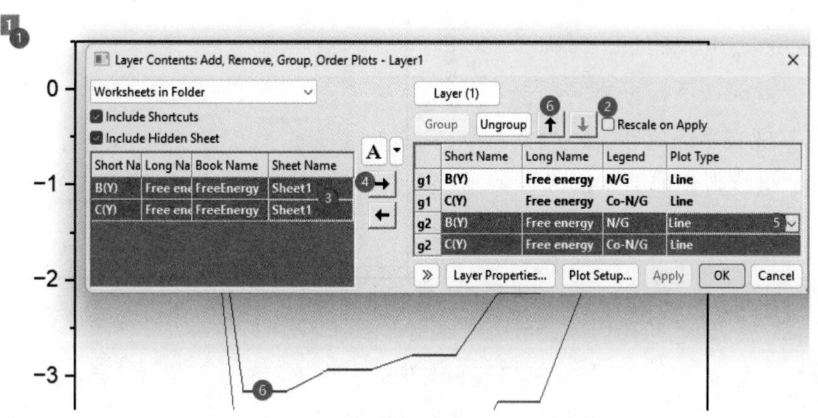

图4-82　用重绘法绘制虚线

修改其他绘图细节：单击对象（曲线、台阶），利用上方工具栏设置粗细、颜色；双击图例，删除不需要的图例；单击图例，利用浮动工具栏隐藏图例边框。

3. 添加旋转文本标签

右击空白处选择“Add Text（添加文本）”（或利用左边工具栏的“A”按钮添加文本），输入文字“−3.1 eV”。输入负号，按图4-83（a）所示的步骤，可以在文本框（或其他单元格）的输入状态下，在①处的光标处按“Ctrl+M”快捷键打开“Symbol Map（符号表）”对话框，进入②处的“Math（数学）”选项卡，选择③处的负号，单击④处的“Insert（插入）”按钮，在无须输入其他符号时，单击⑤处的“Close（关闭）”按钮。

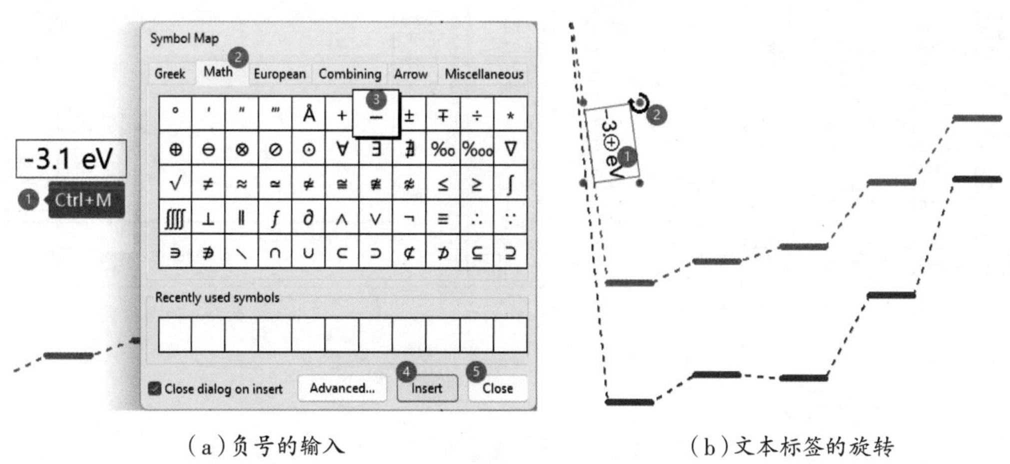

（a）负号的输入　　　　（b）文本标签的旋转

图4-83　负号的输入与文本标签的旋转

根据曲线走势旋转文本标签，可以使图注与图形更加协调一致。按图4-83（b）所示的步骤，单击①处的文本两次（注意不是双击，而是单击-停顿-单击），待文本周围的句柄变为圆点时，移动鼠标到②处的圆点句柄附近，鼠标会变为圆形箭头，此时按下鼠标拖动到合适角度，即可实现文字的旋转。经过其他细节的修改，最终得到如图4-84所示的效果。

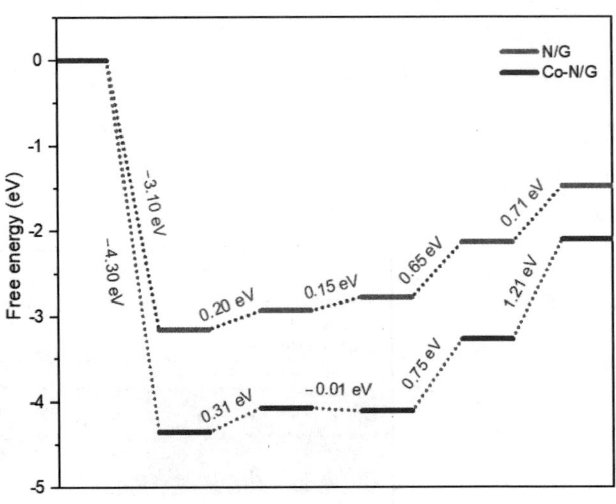

图4-84　自由能台阶图

4.4.3 断点Log轴点线图

断点图是指当数据之间存在较大差异或异常值时，对坐标轴进行断点（Break）处理的图。当数据集中在某个范围内，而另一些数据远超出这个范围时，设置断点可以使图表更清晰地展示数据的分布情况。通过在坐标轴上设置断点，可以避免数据的极端值对整体数据的展示造成干扰，同时保持图表的可读性。

例11：准备一张XYYY型工作表，填入"Long Name（长名称）""Units（单位）""Comments（注释）"等信息，如图4-85（a）所示。这些信息将被显示在轴标题和图例中。绘制断点Log轴点线图，如图4-85（b）所示。

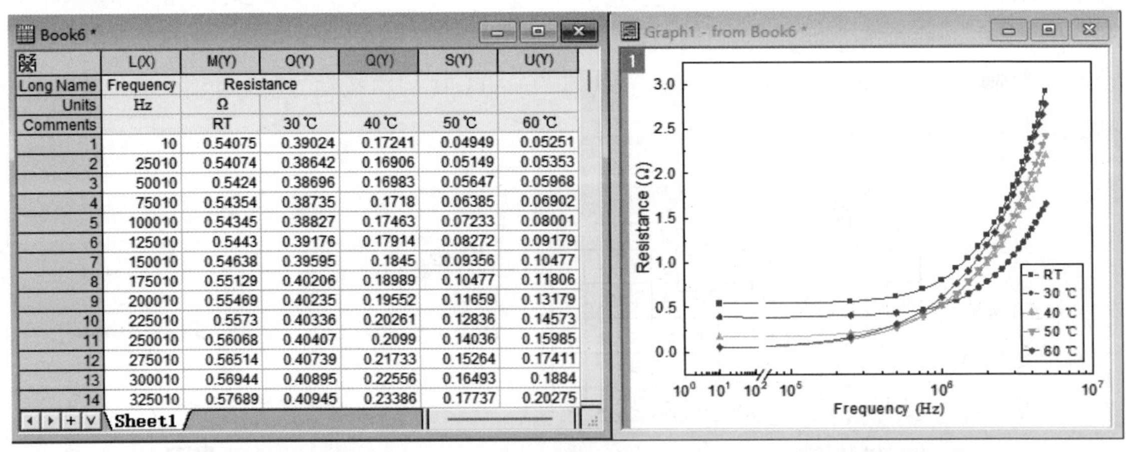

Book6 *

	L(X)	M(Y)	O(Y)	Q(Y)	S(Y)	U(Y)
Long Name	Frequency	Resistance				
Units	Hz	Ω				
Comments		RT	30 ℃	40 ℃	50 ℃	60 ℃
1	10	0.54075	0.39024	0.17241	0.04949	0.05251
2	25010	0.54074	0.38642	0.16906	0.05149	0.05353
3	50010	0.5424	0.38696	0.16983	0.05647	0.05968
4	75010	0.54354	0.38735	0.1718	0.06385	0.06902
5	100010	0.54345	0.38827	0.17463	0.07233	0.08001
6	125010	0.5443	0.39176	0.17914	0.08272	0.09179
7	150010	0.54638	0.39595	0.1845	0.09356	0.10477
8	175010	0.55129	0.40206	0.18989	0.10477	0.11806
9	200010	0.55469	0.40235	0.19552	0.11659	0.13179
10	225010	0.5573	0.40336	0.20261	0.12836	0.14573
11	250010	0.56068	0.40407	0.2099	0.14036	0.15985
12	275010	0.56514	0.40739	0.21733	0.15264	0.17411
13	300010	0.56944	0.40895	0.22556	0.16493	0.1884
14	325010	0.57689	0.40945	0.23386	0.17737	0.20275

Sheet1

（a）工作表　　　　（b）断点Log轴点线图

图4-85　工作表及断点Log轴点线图

1. 绘制Log轴点线图

按图4-86所示的步骤，单击①处全选数据，选择下方工具栏②处的点线图工具，即可得到③处所示的点线图。由于X轴的刻度跨了几个数量级，通常设置成Log型X轴。双击③处的X轴打开"X

Axis-Layer 1（X坐标轴-图层1）”对话框，进入④处的“Scale（刻度）”选项卡，修改⑤处的“Type（类型）”为“Log10”，设置⑥处的范围为1～1E7。单击“OK（确定）”按钮。双击散点，选择“Candy（糖果）”颜色，得到⑦处所示的Log轴点线图。从图中可见，*X*轴方向上有一段范围内无数据点，导致了高值范围的点线图重叠，无法显示其数据差异。

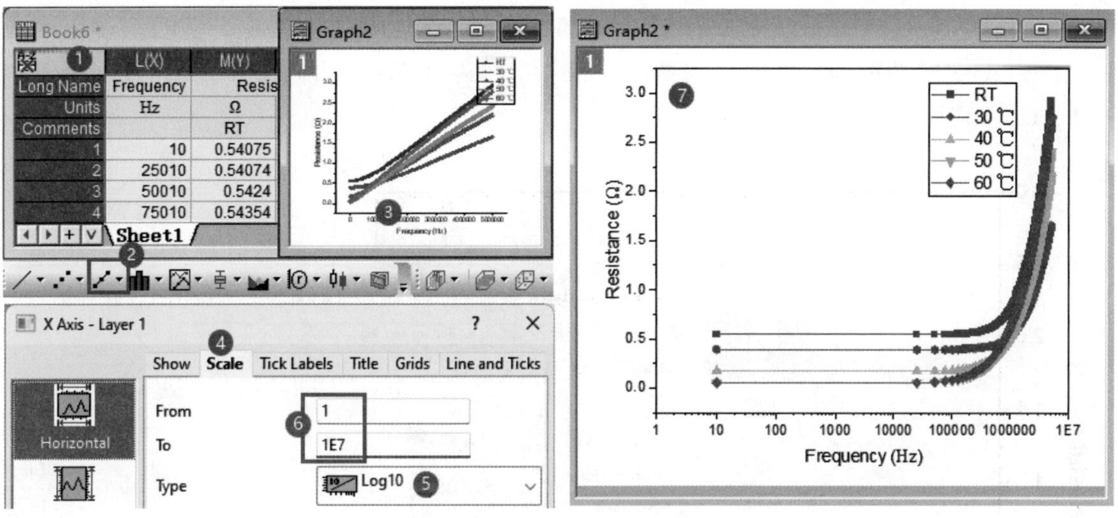

图4-86　Log轴点线图的绘制

2. 设置断点

初步判断*X*轴方向的“空值”范围为100～100000（1E2～1E5），需要在该范围设置断点。双击*X*轴打开“X Axis-Layer 1（X坐标轴-图层1）”对话框，按图4-87所示的步骤设置断点。单击①处的“Breaks（断点）”选项卡，修改②处的“Number of Breaks（断点数）”为1，双击③处设置断点的起始值和终止值，双击④处修改断点缺口的位置为20（位于*X*轴20%的位置）。单击“OK（确定）”按钮，即可得到⑤处所示的断点图。还可以单击⑤处的断点，拖动断点到合适位置。

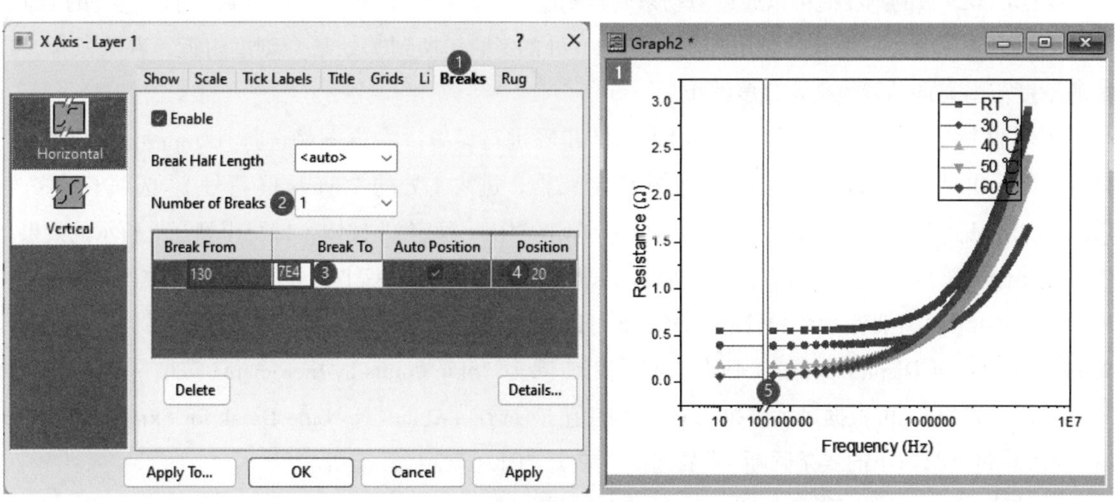

图4-87　断点的设置

提示 ⚠ 断点的起始值和结束值可以设置为$n(1±30\%)$，以确保断点前后都有主刻度线。例如，断点范围为100～100000，则起始值为130，计算方式为100×(1+30%)，结束值为70000，计算方式为100000×(1−30%)。

此时刻度标签略显拥挤，需要改为科学记数法。按图4-88所示的步骤，双击①处的X轴刻度标签打开“X Axis-Layer 1（X坐标轴-图层1）”对话框，进入②处的“Tick Labels（刻度线标签）”选项卡，修改③处的“Display（显示）”为“Scientific：10^3（科学记数法：10^3）”，单击“OK（确定）”按钮，即可得到④处所示的效果。

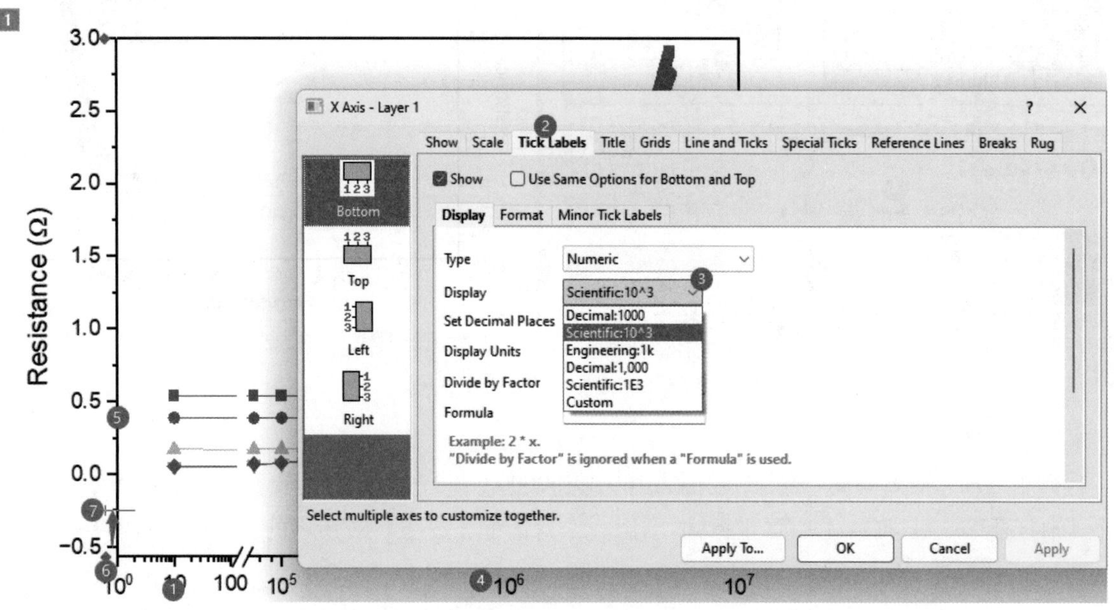

图4-88　刻度标签格式的设置与刻度范围的调整

Origin 2024版的刻度值可以通过拖动来调整刻度范围。按图4-88所示的步骤，单击⑤处的Y轴，此时Y轴头尾两端会出现红色菱形句柄，拖动⑥处的Y轴句柄到⑦处某个刻度附近，释放鼠标，Y轴的刻度范围会自动调整到该刻度线上。

图例的宽度过大，可按图4-89（a）所示的步骤进行设置。右击图例选择“Properties（属性）”打开“Text Object-Legend（文本对象-图例）”对话框，进入①处的“Symbol（符号）”选项卡，修改“Legend Symbol Width（图例符号宽度）”为50，单击“OK（确定）”按钮，即可得到③处所示的效果。

点线图上符号太密集，可以按图4-89（b）所示的步骤设置。双击①处的散点打开“Plot Details-Plot Properties（绘图细节-绘图属性）”对话框，进入②处的“Drop Lines（垂直线）”选项卡，修改③处的“Data Points Display Control（数据点显示控制）”为“Skip Points by Increment（按增量跳过点）”，并设置跳过数为8（可根据显示效果设置合适的值），选择④处的“No Line Break for Skipped Point(s)（不显示跳过点时留下的线条间断）”复选框。单击“OK（确定）”按钮。

经过其他细节设置，得到如图4-90所示的效果。

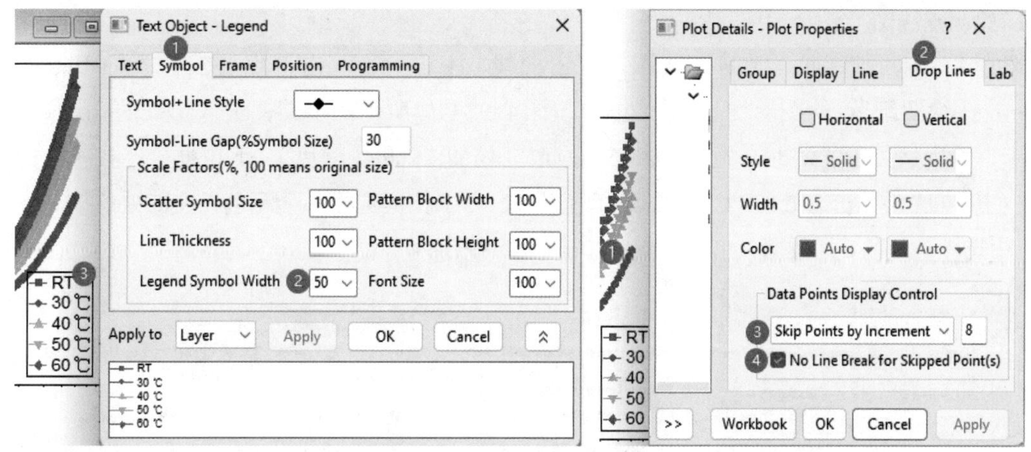

（a）图例宽度的设置　　　　（b）跳点的设置

图4-89　图例宽度、跳点的设置

4.4.4 分类彩色点线图

在处理一组数据时，若要对某些特定点进行强调，或者对数据进行分类并通过颜色区分不同的变化过程，通常能通过为点线图中的分类数据设置不同的颜色，或者为相应的区块添加背景色来实现。

例12：准备一张XYY型工作表，A、B两列为x、y数据，C列按Wavelength（波长）数据作为分类标签，如图4-91（a）所示。绘制的分类彩色点线图，如图4-91（b）所示。

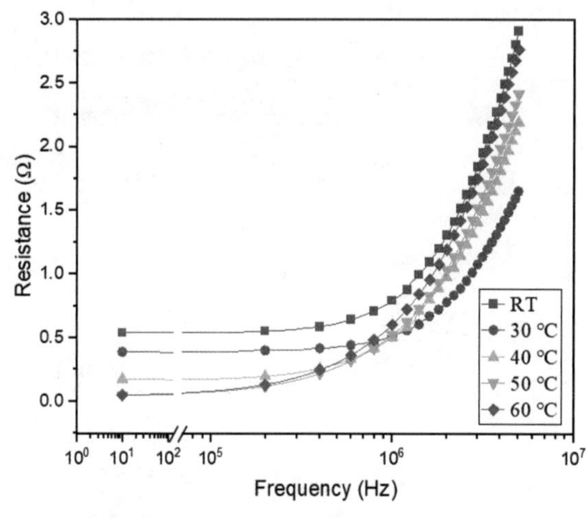

图4-90　断点Log轴点线图

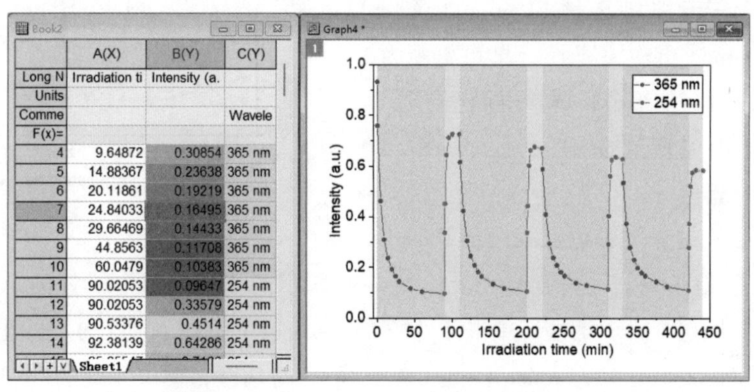

	A(X)	B(Y)	C(Y)
Long N	Irradiation ti	Intensity (a.	
Units			
Comme			Wavele
F(x)=			
4	9.64872	0.30854	365 nm
5	14.88367	0.23638	365 nm
6	20.11861	0.19219	365 nm
7	24.84033	0.16495	365 nm
8	29.66469	0.14433	365 nm
9	44.8563	0.11708	365 nm
10	60.0479	0.10383	365 nm
11	90.02053	0.09647	254 nm
12	90.02053	0.33579	254 nm
13	90.53376	0.4514	254 nm
14	92.38139	0.64286	254 nm

（a）工作表　　　　（b）分类彩色点线图

图4-91　工作表及分类彩色点线图

1. 绘制点线图

选择A、B两列数据，绘制点线图。双击曲线（注意不是双击散点）打开“Plot Details-Plot Properties（绘图细节-绘图属性）”对话框，按图4-92（a）所示的步骤，进入①处的“Line（线）”选项卡，设置②处的“Width（宽）”为1.5，修改③处的“Color（颜色）”下拉框，选择④处的“By Points（按点）”，单击⑤处的“Color List（颜色列表）”下拉框选择一个配色，在⑥处的“Index（索引）”中选择⑦处的C列数据。单击“Apply（应用）”按钮。

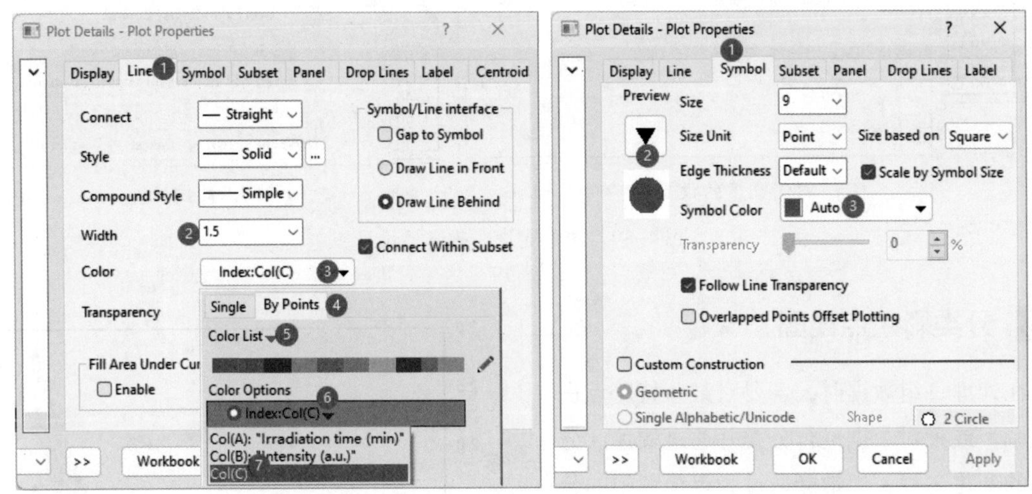

（a）线条颜色　　　　（b）散点颜色

图4-92　点线图颜色的设置

按图4-92（b）所示的步骤，进入①处的“Symbol（符号）”选项卡，单击②处修改符号为圆点。单击③处的“Symbol Color（符号颜色）”下拉框，选择“Auto（自动）”，让符号颜色跟随线条的颜色变化。单击“OK（确定）”按钮。如若图例尚未更新，右击图例选择“Legend（图例）→Reconstruct Legend（重构图例）”，即可更新为2种分类的图例。设置其他细节，调整页面至图层大小，即可得到如图4-93所示的效果。

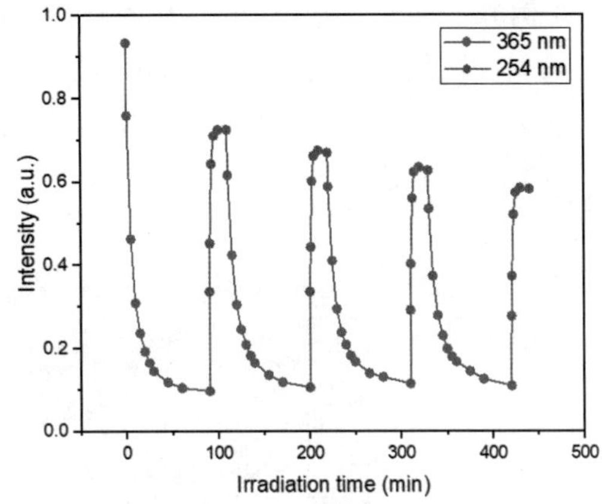

图4-93　分类彩色点线图

2. 添加区块背景色

这里在前面绘制的分类彩色点线图的基础上，添加与点线图颜色相匹配的区块背景色。按图4-94所示的步骤，双击①处的X轴打开“X Axis-Layer 1（X坐标轴-图层1）”对话框，单击②处的“Reference Lines（参照线）”选项卡，单击③处的“Details（细节）”按钮打开“Reference Lines（参照线）”对话框，单击④处的“Add（添加）”按钮创建周期节点的x坐标（如0、90、…、440），如⑤处框线所示。因为我们需要在周期节点之间构建区块，所以除了首尾节点（0和440）外，其余节点需要“双份”，构造区块的边界。分别选择⑥处的偶数行，按相同的步骤设置填充颜色：取消⑦处的“Show（显示）”复选框（不显示区块的边框线）。选择⑧处的边界刻度，其中“0”表示从90填充至其前一节点0，110填充至90，依次类推。根据周期中点线图的颜色，设置⑨处的颜色，修改⑩处的“Transparency(%)[透明度(%)]”为85。设置好填充颜色后，单击“OK（确定）”按钮。

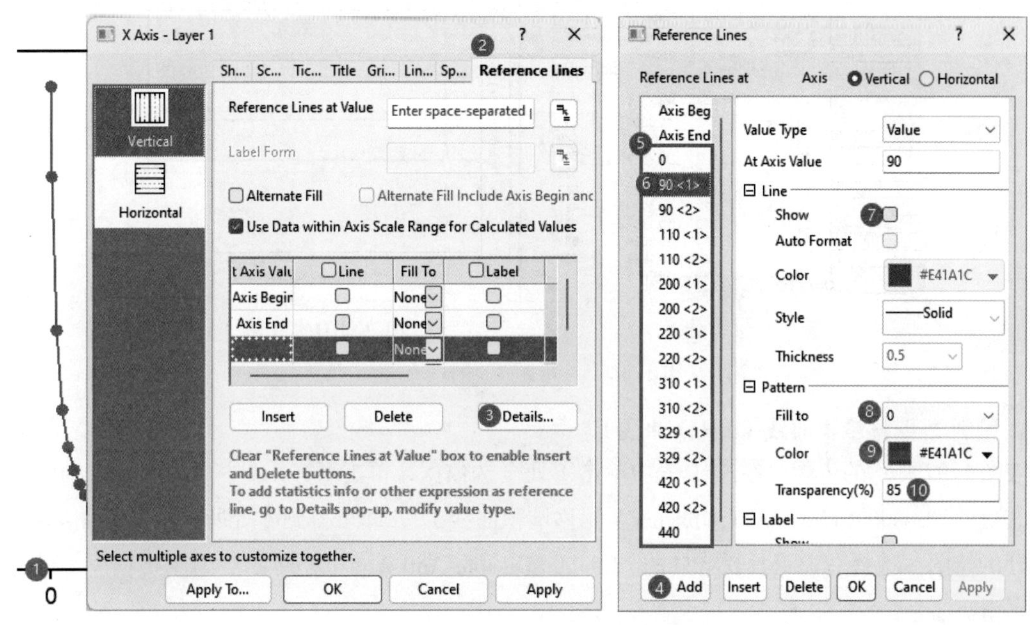

图 4-94　按分类设置符号颜色

经过其他细节设置，即可得到如图4-95所示的效果。

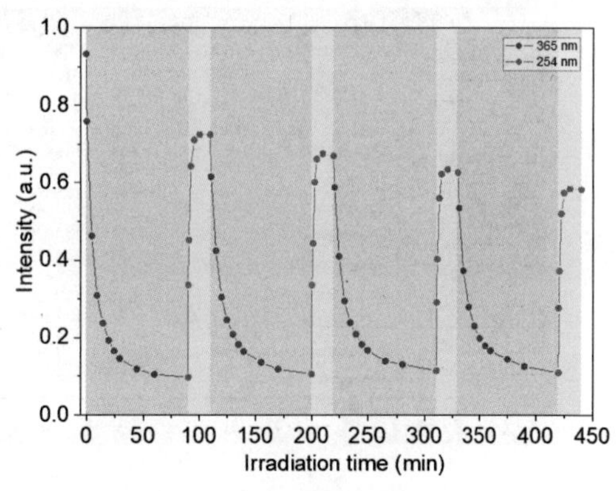

图 4-95　分类填充彩色点线图

4.5 曲线图

曲线图是一种用曲线来表示数据变化趋势的图表形式。在曲线图中，横轴通常表示时间或其他连续变量，纵轴表示相应的数值变量。通过连接数据点，可以清晰地展示数据的变化趋势和关联关系。

4.5.1 XRD+PDF 卡线图

XRD+PDF卡线图是一种包含PDF卡辅助竖线的XRD曲线图。PDF卡是指X射线衍射（XRD）标准物相的标准卡，用于帮助研究人员识别和确定材料的晶体结构和组成。这些标准卡包含了大量已知的晶体结构和衍射数据，可以与实验数据进行对比，从而确定样品中存在的物相。通过与PDF

卡进行对比，研究人员可以快速准确地鉴定材料的晶体结构，从而为进一步的研究和分析奠定基础。

例13：准备“XRD Data”工作簿，新建2张n(XY)型工作表，分别命名为“XRD”和“PDF”，如图4-96（a）所示，在XRD表中填入4组XRD数据，在PDF表中填入标准卡线数据。绘制的XRD卡线图如图4-96（b）所示。

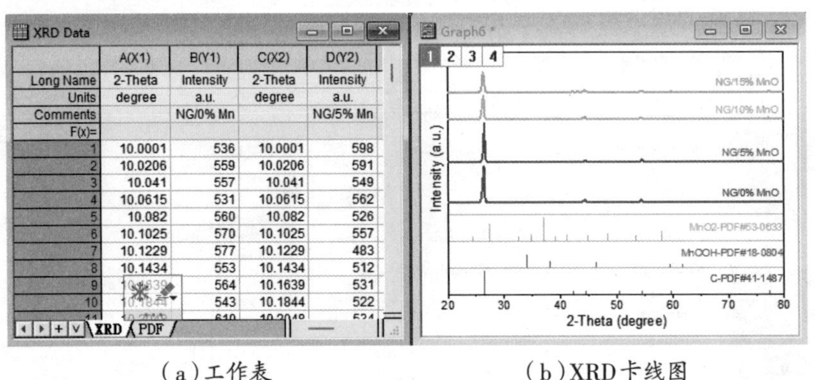

（a）工作表　　　　（b）XRD卡线图

图4-96　工作表及XRD卡线图

1. 绘制Y偏移堆积曲线（XRD曲线）

按图4-97所示的步骤，在XRD表中单击①处全选数据，单击下方工具栏②处的多*Y*轴图工具，选择③处的“Stacked Lines by Y Offsets（Y偏移堆积曲线）”，即可得到④处所示的堆积曲线图。单击④处的绘图，选择右边工具栏⑤处的“Enable/Disable Anti-Aliasing（启用/禁用抗锯齿）”工具使曲线平滑。

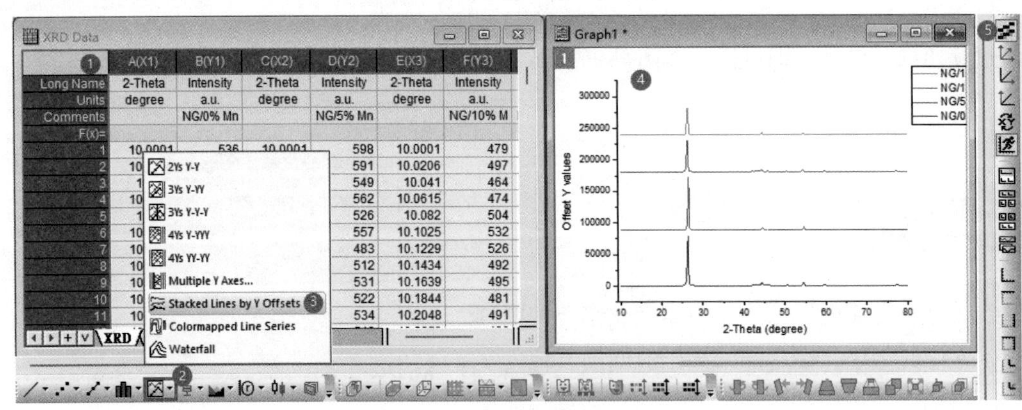

图4-97　Y偏移堆积曲线的绘制

双击*Y*轴标题，修改为“Intensity (a.u.)”。单击图层，利用浮动工具栏添加图层边框。

XRD曲线的*Y*轴及刻度值无实际意义，可以分别单击*Y*轴、刻度标签，按“Delete”键删除。对于平行分布的曲线，可以单击图例并按“Delete”键删除，后续以添加文本标签的形式在曲线上方进行注释，这种处理方式不仅更直观，而且还能增强数据的可读性。按图4-98所示的步骤添加标签图例。双击曲线打开“Plot Details-Plot Properties（绘图细节-绘图属性）”对话框，进入①处的“Label

（标签）”选项卡，勾选②处的“Enable（启用）”复选框，勾选③处的“Show at Specified Points Only（仅在指定点显示）”，并选择“0”，修改“Font（字体）”下拉框中的颜色为“Auto（自动）”，则字体颜色将与相应曲线（如红色）保持一致。修改④处的“Label Form（标签形式）”为“Custom（自定义）”，在⑤处的“Format String（字符串格式）”文本框中输入“%（？）”，即显示“Comments（注释）”图例文本。通过⑥处的三项设置注释标签出现的位置，单击“Apply（应用）”按钮，查看效果，直到调整到合适值为止。

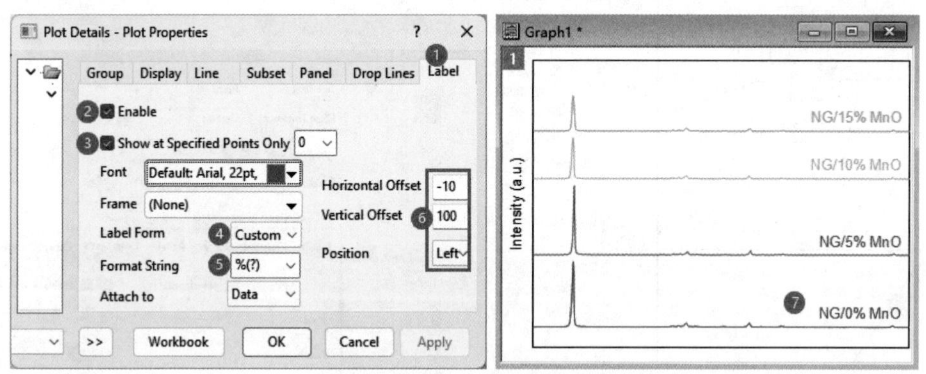

图4-98　自定义标签图例

2. 绘制堆积图（卡线图）

按图4-99所示的步骤，在PDF表中，单击①处全选数据，单击下方工具栏②处的多*Y*轴图工具，选择③处的“Stack（堆积图）”打开“Stack：plotstack（堆叠：图堆叠）”对话框，选择④处的“Auto Preview（自动预览）”复选框，单击⑤处“Options（选项）”前的“+”按钮展开选项组，修改⑥处的“Legend（图例）”为“No Legend（无图例）”。单击“OK（确定）”按钮。

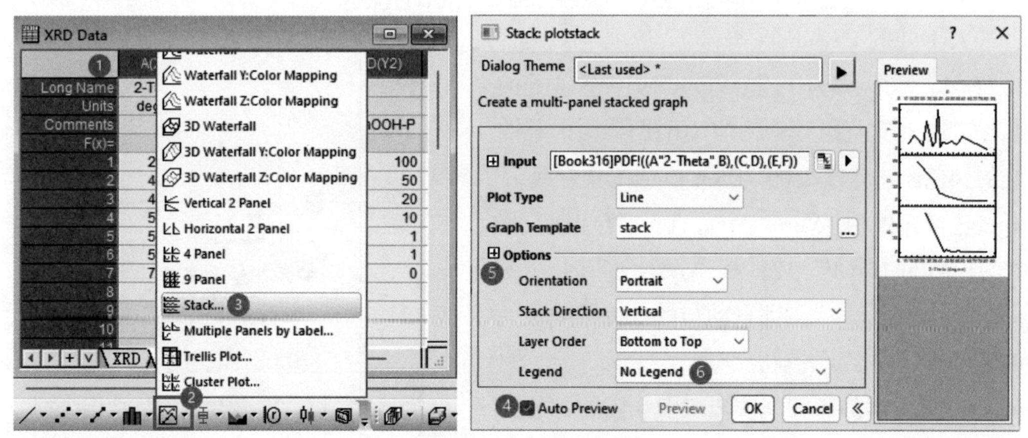

图4-99　堆积图的绘制

堆积图与Y偏移堆积曲线图有所不同，Y偏移堆积曲线图只包含一个图层，而堆积图由多个图层组成，因此堆积图具有独立的*X*轴、*Y*轴刻度线和轴标题等。在本例中，堆积图用于绘制PDF卡线图，将其放置在图的底部以辅助解释XRD曲线的峰位置。因此，需要删除除*X*轴以外的所有刻度线、刻度值、轴标题等，但保留轴线。删除时只需单击刻度值、轴标题等对象，然后按下“Delete”键即可。

按图4-100（a）所示的步骤，单击①处的轴线，选择浮动工具栏②处的“Tick Style (刻度样式)”按钮，选择③处的“None (无)”隐藏刻度线，用类似的方法修改其他图层。单击④处的折线，选择下方工具栏⑤处的散点图工具将折线修改为散点，用类似的方法修改其他折线。

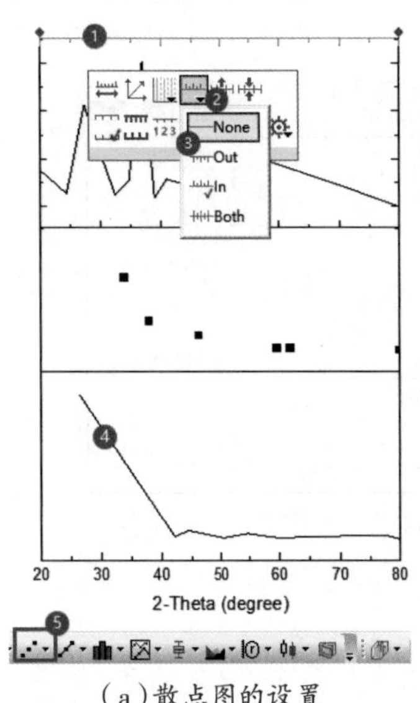

（a）散点图的设置

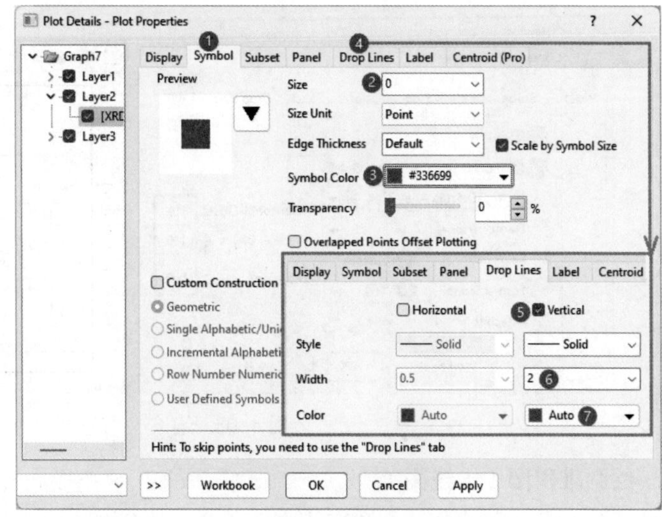

（b）垂直线的设置

图4-100 散点图与垂直线的设置

双击散点打开“Plot Details-Plot Properties（绘图细节-绘图属性）”对话框，按图4-100（b）所示的步骤，进入①处的“Symbol（符号）”选项卡，设置②处的“Size（大小）”为0（隐藏散点），设置③处的“Symbol Color（符号颜色）”为与XRD曲线图中某曲线对应的颜色。进入④处的“Drop Lines（垂直线）”选项卡，选择⑤处的“Vertical（垂直）”复选框，修改⑥处的“Width（宽）”为2，修改⑦处的“Color（颜色）”为“Auto（自动）”，即自动与散点符号颜色一致。单击“OK（确定）”按钮。

按图4-98所示的步骤修改PDF卡线图的标签图例，具体步骤略。

由于卡线图中的数据卡线覆盖了坐标轴和边框（如图4-101中的①处所示），需要将数据点置于坐标轴下方。按图4-101所示的步骤，右击①处的轴线，取消③处的“Data on Top of Axes（数据点覆盖坐

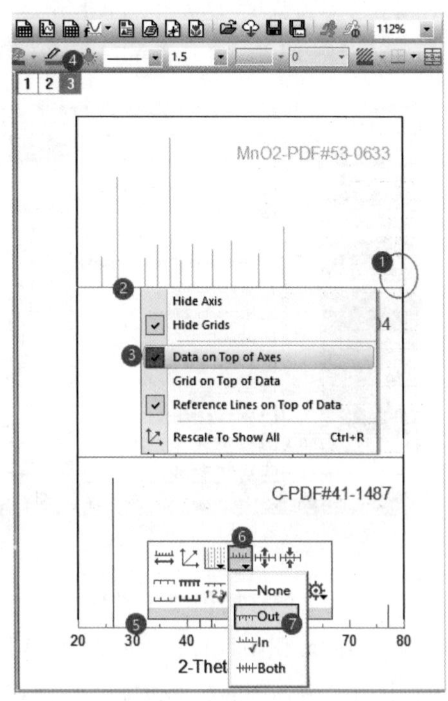

图4-101 取消数据覆盖轴线、设置刻度朝外

标轴)”复选框。为了弱化卡线图中3个坐标系之间的X轴(无刻度),单击②处的X轴,选择上方工具栏④处的“Line/Border Color(线条/边框颜色)”为灰色。

由于卡线图下轴刻度线与卡线夹杂在一起,容易混淆,需要将下方X轴的刻度线设置为朝外。单击⑤处的X轴,在浮动工具栏中单击⑥处的“Tick Style(刻度类型)”为⑦处的“Out(朝外)”。

3. 合并绘图

将XRD堆积曲线图和PDF卡线图合并为一张图,要使用图4-102中右边工具栏①处的“Merge(合并)”按钮。在单击该按钮之前,确保最小化其他不合并的绘图窗口。单击①处的合并按钮,打开“Merge Graph Windows: merge_graph(合并绘图窗口:合并_绘图)”对话框,选择②处的“Auto Preview(自动预览)”复选框,选择某张绘图,单击③处的两个按钮调整图层顺序,可以从“Preview(预览)”里预览效果。如果预览窗口中的排列异常,请确认③处的绘图清单,单击“×”按钮移除不需要合并的绘图,同时检查④处的行列数。本例为2行、1列实现两张绘图上下拼接。单击“OK(确定)”按钮,即可得到⑤处所示的效果。

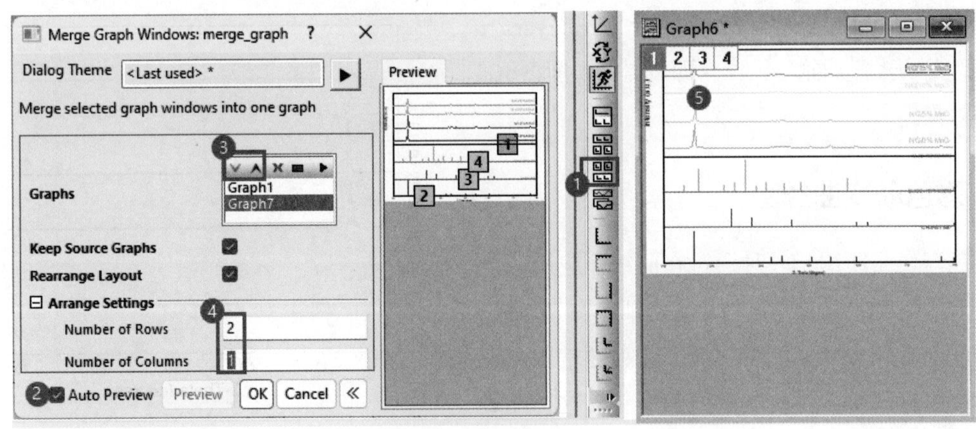

图4-102 合并绘图

4. 按投稿要求设置图层大小和字体大小

“Merge(合并)”按钮只能用于合并2D绘图,无法合并3D绘图(需要使用布局工具对各种图形进行排版)。此外,在合并后,需要重新设置图中的字体大小。一般投稿要求单张图的宽度不超过9 cm,下面以宽8 cm、高6 cm为例演示绘图细节的修改过程。

按图4-103(a)所示的步骤,双击图层外①处打开“Plot Details-Page Properties(绘图细节-页面属性)”对话框,选择②处的“Graph6(图6)”页面,取消③处的“Keep Aspect Ratio(保持纵横比)”复选框,选择④处的“Units(单位)”为“cm”,设置宽、高分别为8、6。单击“OK(确定)”按钮。

作为辅助图,卡线图需要缩小版面高度,以突出主要的XRD堆积曲线图。按图4-103(b)所示的步骤,单击①处的卡线图,拖动②处的句柄压缩图层高度。分别单击每个图层,修改③处的边框线粗细为0.2。分别单击文本标签,如单击④处的文本,修改⑤处的大小为6(按分级原则,刻度线标签大小为7,X轴标题大小为8)。单击卡线图,按“↑”或“↓”键,使卡线图与XRD堆积曲线图的边框线吻合。设置XRD堆积曲线粗细为1,卡线的粗细为0.5。

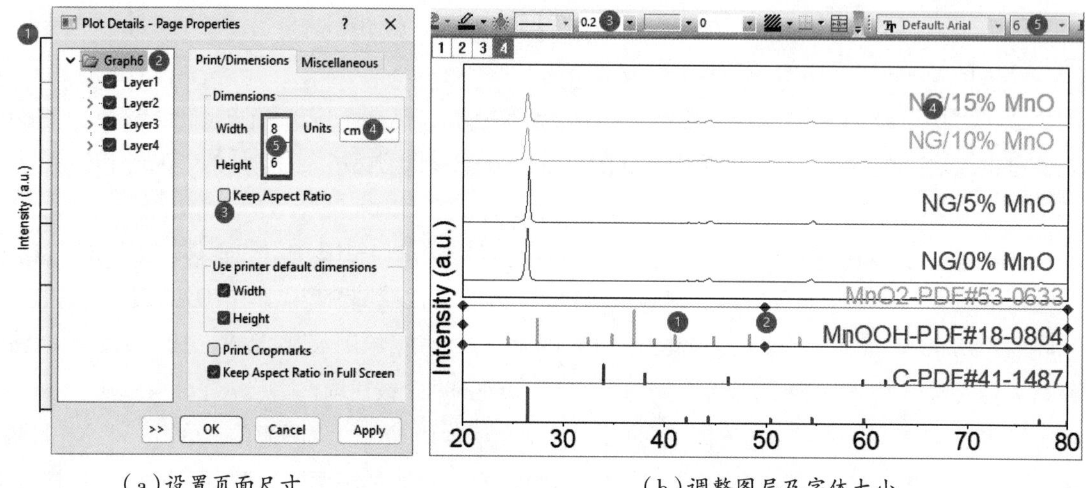

（a）设置页面尺寸　（b）调整图层及字体大小

图4-103　页面尺寸、图层、字体的调整

最后，右击图层外空白，选择“Fit Layers to Page（调整图层至页面大小）”，即可得到如图4-104所示的效果。

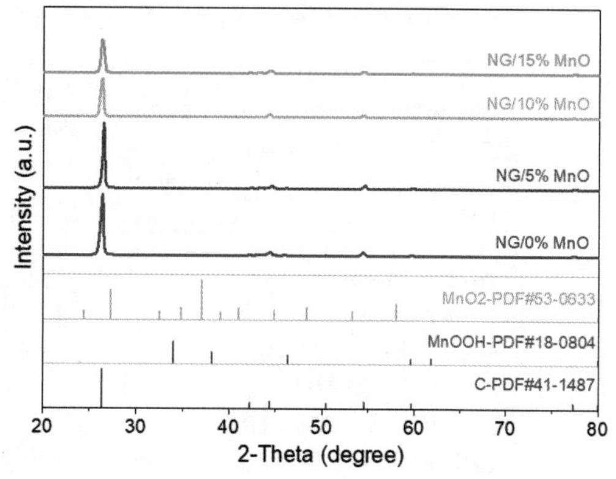

图4-104　XRD+PDF卡线图

4.5.2 彩色渐变曲线图

彩色渐变曲线图是一种通过在曲线上应用彩色渐变效果来突出数据的变化趋势或特征的图表形式。曲线的颜色会随着数据的变化而变化，通常采用渐变色或颜色标尺来表示不同数值的变化。这种图表形式能够赋予数据更生动、直观的展示方式，增强数据可视化的效果和吸引力，有助于观察者更轻松地理解数据的变化趋势和关联关系。

例14：准备一张XYYY型工作表，如图4-105（a）所示，A列为波长，其余各列为不同激发波长下测试的荧光发射光谱数据。

第一行、第二行分别填入“Long Name（长名称）”“Units（单位）”，“Comments（注释）”行填入激发波长（275～365 nm）。绘制彩色渐变曲线图，如图4-105（b）所示。

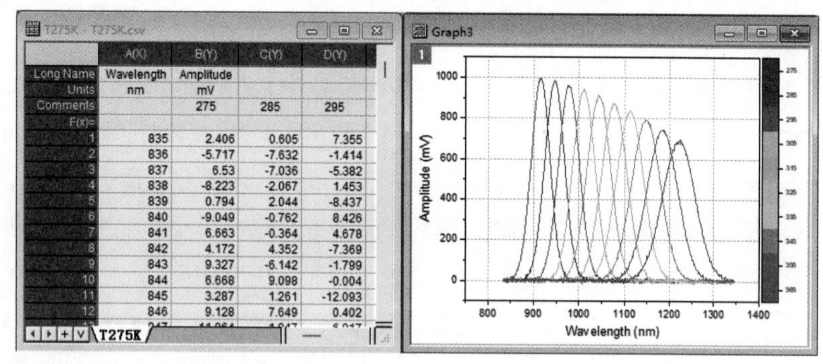

	A(X)	B(Y)	C(Y)	D(Y)
Long Name	Wavelength	Amplitude		
Units	nm	mV		
Comments		275	285	295
F(x)=				
1	835	2.406	0.605	7.355
2	836	-5.717	-7.632	-1.414
3	837	6.53	-7.036	-5.382
4	838	-8.223	-2.067	1.453
5	839	0.794	2.044	-8.437
6	840	-9.049	-0.762	8.426
7	841	6.663	-0.364	4.678
8	842	4.172	4.352	-7.369
9	843	9.327	-6.142	-1.799
10	844	6.668	9.098	-0.004
11	845	3.287	1.261	-12.093
12	846	9.128	7.649	0.402

（a）工作表　（b）彩色渐变曲线图

图4-105　工作表及彩色渐变曲线图

1. 绘制颜色映射曲线图

按图4-106所示的步骤，单击①处全选数据，选择②处的菜单“Plot（绘图）”、③处的“Basic 2D（基础2D）”，单击④处的“Colormapping Line Series（颜色映射的线条系列）”工具，即可得到⑤处所示的效果图。右击图层外空白区域，调整图层至页面大小。

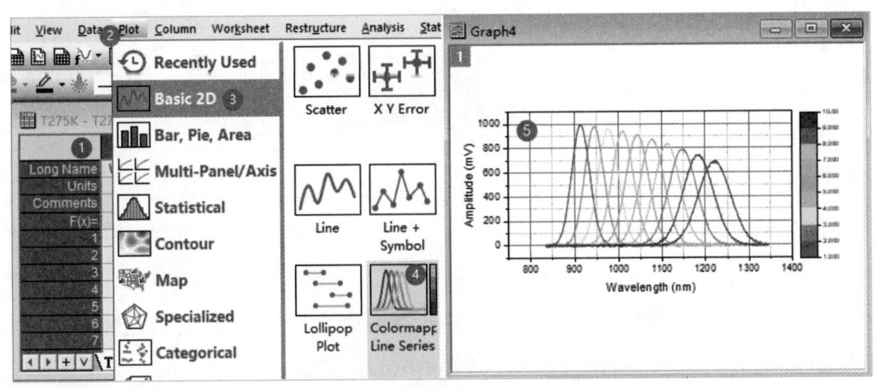

图4-106　曲线图的绘制

2. 调整网格线

主、次网格线分别与主、次刻度线对应。一般情况下网格线的颜色用浅灰色、虚线（或点线），非必要时建议隐藏次刻度线，使绘图简洁。按图4-107所示的步骤，双击①处的X轴打开“X Axis-Layer 1（X坐标轴-图层1）”对话框，进入②处的“Grids（网格）”选项卡，按下“Ctrl”键的同时单击③处的“Vertical（垂直）”和“Horizontal（水平）”两个方向，修改④处的“Color（颜色）”为“LT Gray（浅灰色）”，修改⑤处的“Style（样式）”为“Short Dot（短点线）”，取消⑥处的“Show（显示）”复选框，隐藏次刻度线，单击“OK（确定）”按钮。

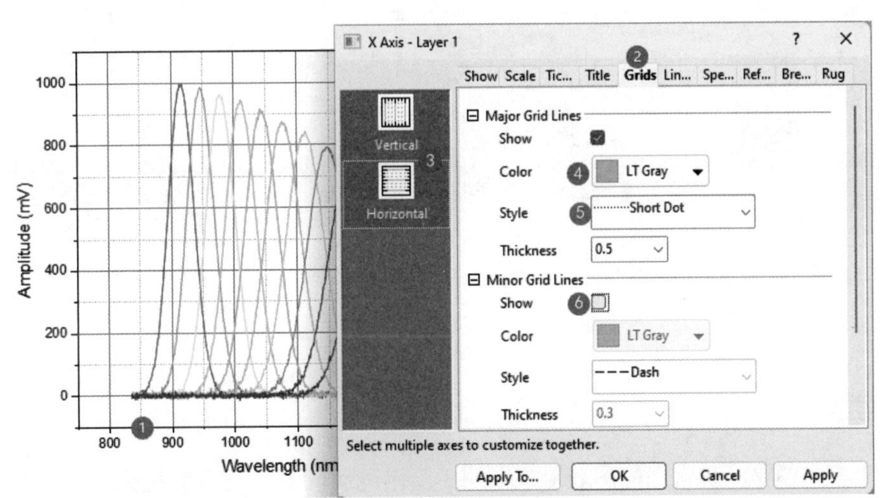

图4-107　网格线的设置

3. 颜色标尺的设置

按图4-108所示的步骤，双击①处的颜色标尺图例打开“Color Scale Control-Layer 1（色阶控制-图层1）”对话框，选择②处的“Labels（标签）”，取消③处的“Auto（自动）”复选框，修改④处的“Type（类型）”为“Column Name or Label（列名称或标签）”，修改⑤处的“Display（显示）”为“Comments（注释）”，展开⑥处的“Font（字体）”组，修改“Size（大小）”为18，单击“OK（确定）”按钮。

图4-108　色阶图例的设置

本例中激发波长的范围为276～365 nm，然而色阶图例的颜色却是由红色过渡到蓝色，与激发波长的递增顺序相反。这种颜色变化趋势无法准确地表达波长的递增趋势，因此需要调整颜色列表的色块变化顺序。双击色阶图例无法实现颜色顺序的调整，需要通过修改曲线的颜色映射来翻转颜色顺序。按图4-109（a）所示的步骤，双击①处的曲线打开“Plot Details-Plot Properties（绘图细节-绘图属性）”对话框，进入②处的“Colormap（颜色映射）”选项卡，单击③处的标签打开“Fill（填充）”对话框，单击④处的“↑↓”按钮交换起始、结束的色块，单击⑤处的“OK（确定）”按钮返回上一级窗口。单击“Apply（应用）”按钮，得到如图4-109（b）所示的效果。

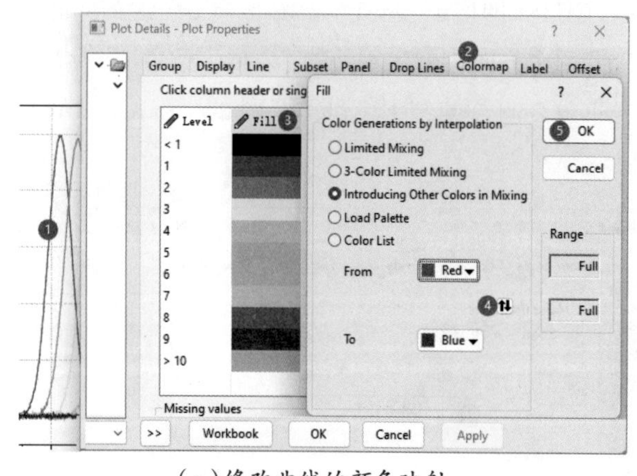

（a）修改曲线的颜色映射

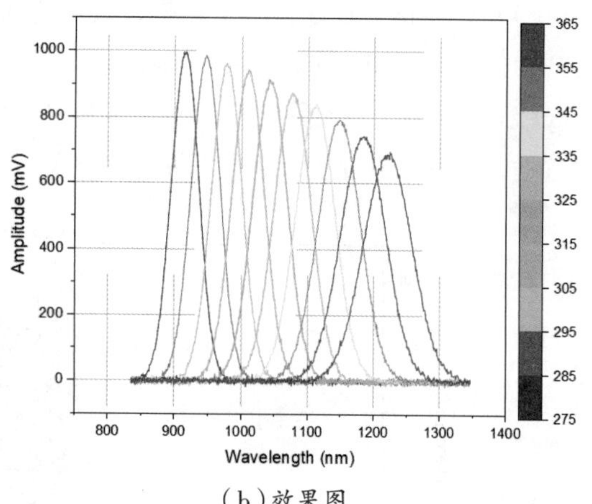

（b）效果图

图4-109　修改曲线的颜色映射

4.5.3 日期型X多Y图

日期型X多Y图是一种常用的图表形式，用于显示随时间变化的多个变量之间的关系。*X*轴通常表示时间或日期，而*Y*轴可以表示多个不同的变量。这种图表形式能够帮助观察者同时比较多个变量随时间的变化趋势，发现它们之间的关联性，预测变化趋势，更好地理解数据之间的关系，从而为数据分析和决策提供有力的支持。

例15：准备一张工作簿，包含3张XYYY型工作表，如图4-110（a）所示，每张表中的A列为Date(日期)，采用E列数据绘制日期型X多Y图，如图4-110（b）所示。

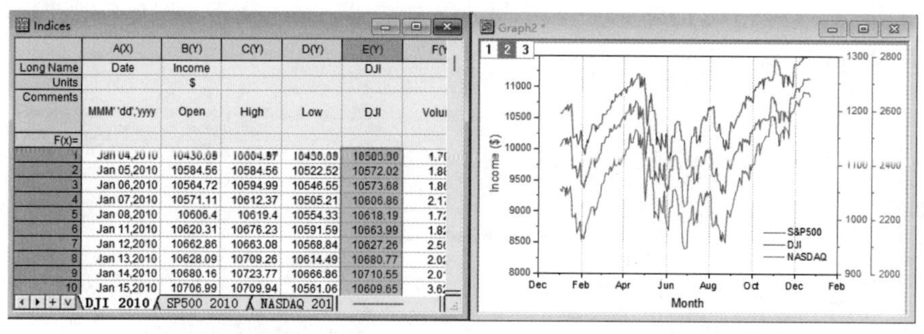

（a）工作簿　　（b）日期型X多Y图

图4-110　工作簿及日期型X多Y图

本例3条曲线的Y均为同一指标"Income（收入）"，绘制多Y轴图的目的是避免3条曲线的重叠与交叉。

1. 绘制多Y图

按图4-111所示的步骤，单击①处的E列标签选择E列数据，单击②处的菜单"Plot (绘图)"，选择③处的"Multi-Panel/Axis（多面板/多轴）"，选择④处的"3Ys Y-YY"工具，即可得到⑤处所示的效果。此时默认绘制了点线图，单击⑤处激活绘图窗口，选择下方工具栏⑥处的"Line（线）"按钮将其更改为曲线图。

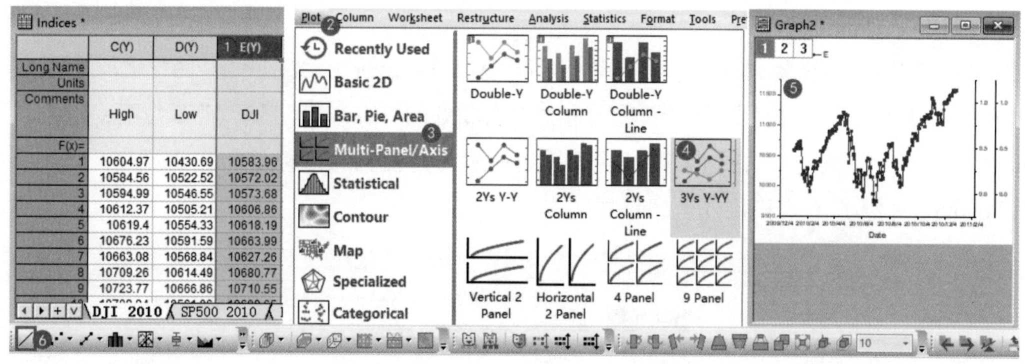

图4-111　绘制多Y图

提示 ⚠ 如果工作表不复杂，比如，需要准备XYYY型4列工作表，全选4列数据，则可以按照图4-111中的步骤直接生成3条曲线。

2. 用拖入法绘图

所得绘图为3个图层，其中第一个图层已经绘制了曲线，而图层2和图层3为空白，可双击左上角图层编号2或3打开对话框，选数据添加。该方法已在前面章节中介绍。这里介绍另一种便捷的方法——拖入法。

按图4-112所示的步骤，选择①处的图层编号2，进入②处的第二张工作表，选择③处的E列数据，移动鼠标到所选列的右边缘，待鼠标变为叠加图标时，按下鼠标向⑤处绘图窗口中拖放，即可为图层2添加数据并绘制散点图，单击⑤处激活散点图，选择⑥处的线图工具将点线图更改为线图。按相同的步骤，选择⑦处的图层编号3，进入⑧处的第三张工作表，选择E列进行③～⑥的操作，即可得到⑨处所示的效果。

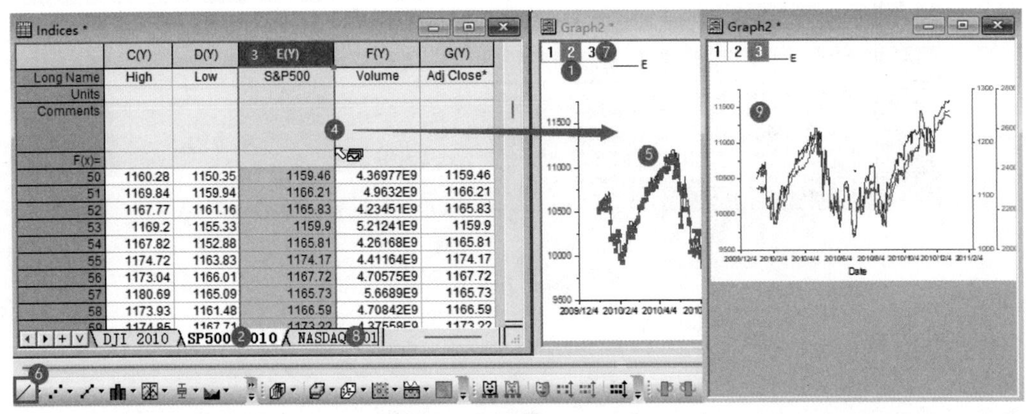

图4-112　用拖入法绘图

所得绘图中3条曲线的Y轴都为相同的标题，只需添加左Y轴标题。3个Y轴刻度范围略有差异，适当调节每条曲线对应的Y轴刻度范围，可以避免曲线之间的重叠或交叉。分别将Y轴刻度范围修改为8000～11500、900～1300、2000～2800。重构图例，将图例拖放到右下方空白处。右击图层外的空白区域，选择“Fit Page to Layers（调整页面至图层大小）”。

3. 日期型X轴的设置

按图4-113所示的步骤，双击①处的X轴打开“X Axis-Layer 1（X坐标轴-图层1）”对话框，进入②处的“Tick Labels（刻度线标签）”选项卡，单击③处的“Display（显示）”下拉框，选择④处的“Feb”，单击“OK（确定）”按钮，即可得到⑤处所示的月份轴刻度标签。与此对应，将X轴标题改为“Month（月份）”，在图层左上角添加文本标签“2010”。

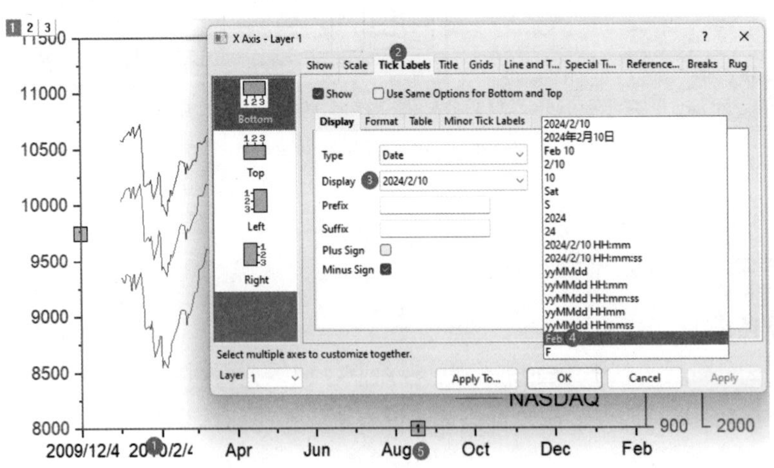

图4-113　日期型X轴的设置

4. 隐藏（或显示）与置顶（或置底）图层

在绘制多个图层时，经常会遇到轴刻度线颜色不一致的情况，这通常是由于图层叠放顺序错误导致的。如图4-114所示，①处的轴线应该为黑色，而错误地显示了图层3的浅蓝色。右击②处的图层编号3，选择③处的“Hide Other Layers（隐藏其他图层）”将图层1和图层2隐藏，此时发现图层3的四周有浅蓝色的边框线。因为图层3位于置顶位置，导致*X*、*Y*轴的轴线为浅蓝色。单击④处的图层3，利用浮动工具栏⑤处的“Layer Frame（图层框架）”将浅蓝色边框线隐藏。再右击②处的图层编号3选择③处的“Hide Other Layers（隐藏其他图层）”解除其他图层的隐藏。

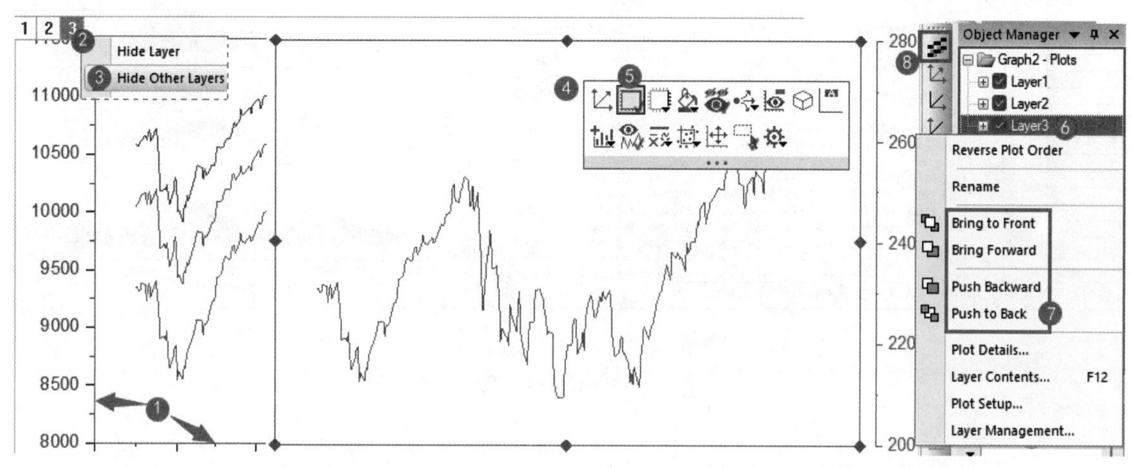

图4-114　隐藏图层、隐藏边框线、置顶图层

如果出现曲线相互遮挡的情况，可以右击右边栏“Object Manager（对象管理器）”中⑥处的“Layer3（图层3）”，选择⑦处的“Bring to Front（置顶）”或“Push to Back（置底）”将某条曲线置顶或置底，来调整图层的叠放顺序。也可以通过右击左上角的图层编号，从右键菜单中进行置顶或置底操作。

默认情况下绘制的曲线具有锯齿感，可以单击曲线，选择右边工具栏最上方⑧处的“Enable/Disable Anti-Aliasing（启用/禁用抗锯齿）”工具使曲线变得平滑。经过其他细节设置，如显示上轴（无刻度）轴线，双击*X*轴进入“Grids（网格）”选项卡显示主网格线，最终得到图4-115。

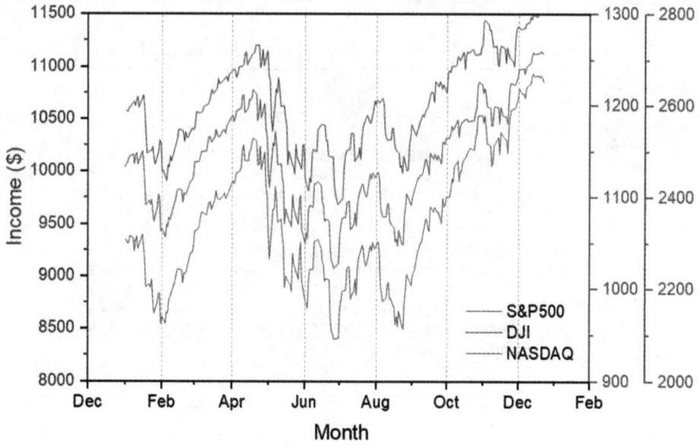

图4-115　日期型X多Y图

4.5.4 扣基线的XPS填充图

在实验室分析中，仪器在进行测量时会受到各种干扰因素的影响，如环境光线、电磁干扰等。这些因素会导致仪器检测到一定程度的背景信号，即基线（背景）。为了准确地分析样品的信号，研究人员通常会对谱图进行基线校正，以去除背景信号的影响。基线校正的目的是使样品信号更加

清晰和准确，突出样品本身的特征。在一些分析技术中，如光谱学、质谱学等，基线校正是非常重要的步骤，可以提高数据的准确性和可靠性，对于正确解读和分析谱图数据具有重要意义。

例16： 通过专业的XPS分析软件进行多峰拟合得到包含raw（原数据）、Envelope（包络线）、Peak1～Peak4（峰1～峰4）、Background（基线）等数据的工作表，如图4-116（a）所示，绘制扣减基线的XPS彩色填充图，如图4-116（b）所示。

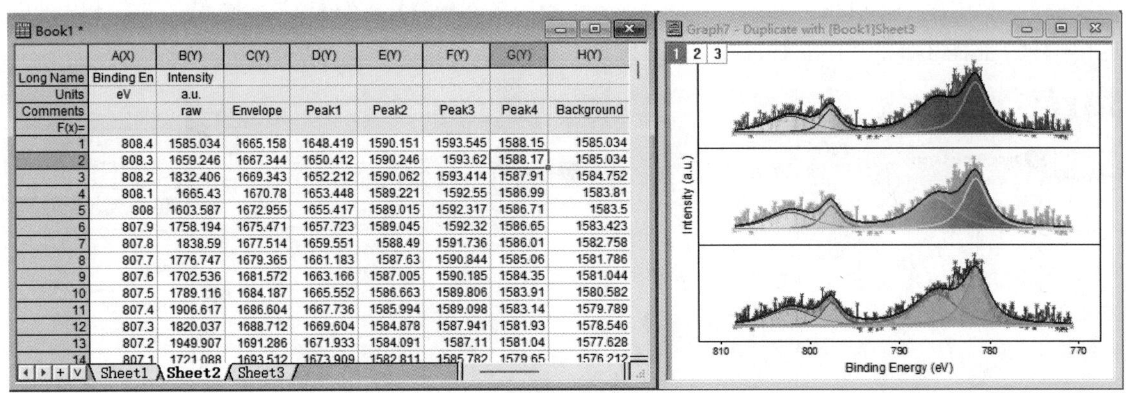

（a）工作表　　（b）XPS彩色填充图

图4-116　工作表及XPS彩色填充图

1. 扣减基线

按图4-117所示的步骤，单击上方工具栏①处的“Add New Columns（添加新列）”，添加与原表Y列数目相同的新列，添加相应的“Comments（注释）”。分别在新建列的“F(x)”单元格中输入相应列扣减H列（基线数据）的公式，如②处输入的“B-H”等。

	A(X)	B(Y)	C(Y)	D(Y)	E(Y)	F(Y)	G(Y)	H(Y)	I(Y)	J(Y)	K(Y)	L(Y)	M(Y)	N(Y)	O(Y)
Long Name	Binding En	Intensity													
Units	eV	a.u.													
Comments		raw	Envelope	Peak1	Peak2	Peak3	Peak4	Background	RAW	Envelope	Peak1	Peak2	Peak3	Peak4	Background
F(x)=									B-H	C-H	D-H	E-H	F-H	G-H	H-H
1	808.4	1585.034	1665.158	1648.419	1590.151	1593.545	1588.15	1585.034	0	80.124	63.385	5.117	8.511	3.111	0
2	808.3	1659.246	1667.344	1650.412	1590.246	1593.62	1588.17	1585.034	74.212	82.31	65.378	5.212	8.586	3.134	0
3	808.2	1832.406	1669.343	1652.212	1590.062	1593.414	1587.91	1584.752	247.654	84.591	67.46	5.31	8.662	3.157	0
4	808.1	1665.43	1670.78	1653.448	1589.221	1592.55	1586.99	1583.81	81.62	86.97	69.638	5.411	8.74	3.181	0
5	808	1603.587	1672.955	1655.417	1589.015	1592.317	1586.71	1583.5	20.087	89.455	71.917	5.515	8.817	3.205	0
6	807.9	1758.194	1675.471	1657.723	1589.045	1592.32	1586.65	1583.423	174.771	92.048	74.3	5.622	8.897	3.23	0
7	807.8	1838.59	1677.514	1659.551	1588.49	1591.736	1586.01	1582.758	255.832	94.756	76.793	5.732	8.978	3.254	0
8	807.7	1776.747	1679.365	1661.183	1587.63	1590.844	1585.06	1581.786	194.961	97.579	79.397	5.844	9.058	3.278	0
9	807.6	1702.536	1681.572	1663.166	1587.005	1590.185	1584.35	1581.044	121.492	100.528	82.122	5.961	9.141	3.304	0
10	807.5	1789.116	1684.187	1665.552	1586.663	1589.806	1583.91	1580.582	208.534	103.605	84.97	6.081	9.224	3.329	0

图4-117　利用F(x)公式扣减基线

2. 绘制XPS彩色填充曲线

按图4-118所示的步骤绘制原数据的XPS曲线。拖选①至②处选择A～H列数据，选择菜单③处的“Plot (绘图)”，单击④处的“Bar,Pie,Area (柱、饼、面积图)”，选择⑤处的“Fill Area (填充面积)”工具，即可得到⑥处所示的面积图。

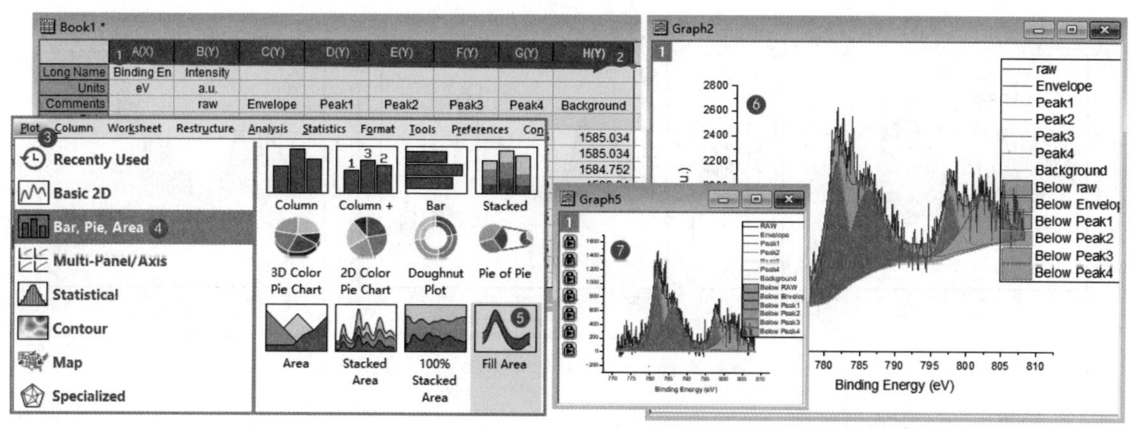

图4-118　填充面积图的绘制

提示 ▲ “Fill Area(填充面积)”工具默认填充某Y列曲线与最后一列Y曲线之间的区域，因此在准备面积图工作表时，请注意将基线数据安排在最后一列。

选择I～O列数据，按上述步骤，绘制扣除背景的XPS填充图，如图4-118中的⑦处所示。

XPS图的*X*轴为“Binding Energy (eV)”，即结合能(eV)，其刻度为降序，因此需要双击*X*轴，修改*X*轴“Scale(刻度)”为颠倒的范围，如修改“From(开始)”为810、“To(结束)”为770。XPS图的图例一般采用添加文本标签的方式在峰上批注，因此可以删除图例。

3. 填充颜色的设置

按图4-119所示的步骤，双击①处的曲线打开“Plot Details-Plot Properties(绘图细节-绘图属性)”对话框，进入②处的“Line(线)”选项卡，单击③处的“Color(颜色)”下拉框，进入④处的“By Plots(按曲线)”选项卡，单击⑤处的下拉框选择“Fire(火焰)”颜色列表。进入⑥处的“Pattern(图案)”选项卡，修改⑦处的“Color(颜色)”为“Auto(自动)”。单击“OK(确定)”按钮。

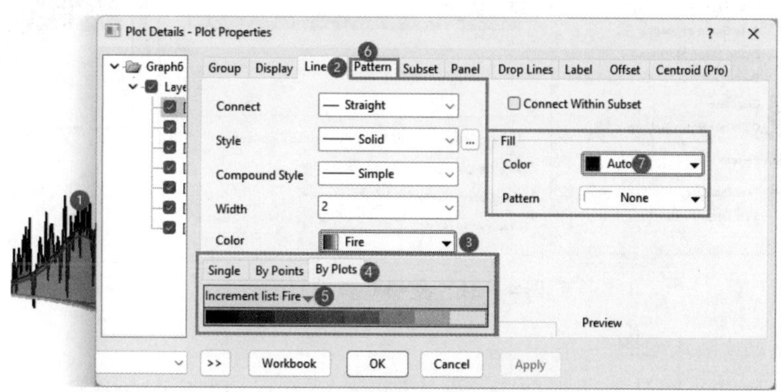

图4-119　线条及填充颜色的设置

在绘制完一张图后，可以复制副本并进行其他颜色的设置。按图4-120所示的步骤，在绘图窗口标题栏①处右击，选择②处的“Duplicate (复制)”，即可得到③处所示的绘图。按图4-119所示的步骤分别设置两种颜色基调的图，如图4-120中的④处和⑤处所示。

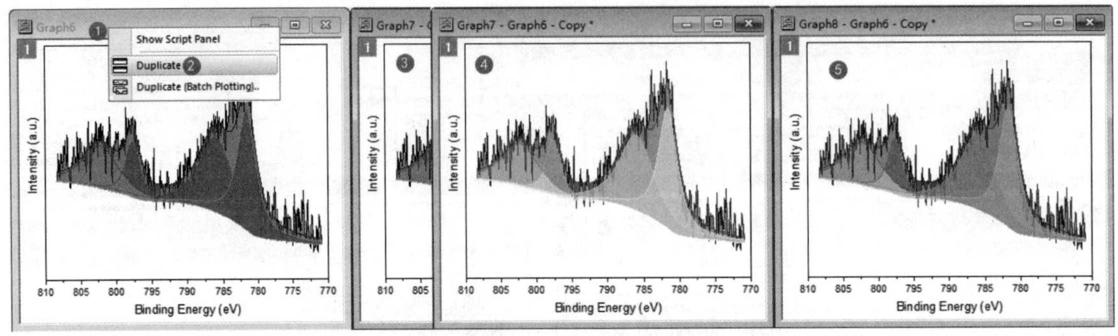

图4-120　复制绘图并更换颜色

4. 利用四大法宝高效绘图

在需要绘制大量相同或相近绘图的情况下，利用Origin绘图的四大法宝——复制（批量）绘图、复制（粘贴）格式绘图、模板绘图、主题绘图可以在已完成绘制的绘图基础上实现高效绘图。

（1）复制（批量）绘图

在完成绘制某一工作表的图形后，可以批量绘制其他具有相同数据结构的工作表图形。按图4-121所示的步骤，在绘图窗口标题栏①处右击，单击②处的“Duplicate (Batch Plotting)[复制(批量绘图)]”打开“Select Workbook（选择工作簿）”对话框，修改③处的“Batch Plot with（批量绘图数据）”为④处的“Sheet（表）”，选择⑤处的“[Book1]Sheet3（表3）”，或按下“Ctrl”键的同时单击需要绘图的工作表，或拖选所有工作表，单击“OK（确定）”按钮。当工作表数量较大时，该方法可以大幅提升绘图效率。

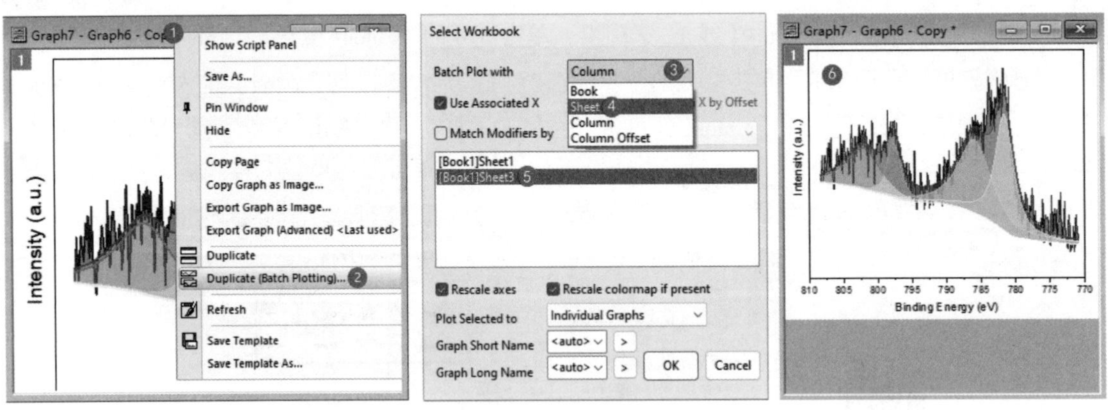

图4-121　复制（批量）绘图

（2）复制（粘贴）格式绘图

复制（粘贴）格式绘图的方法类似于“格式刷”。按图4-122所示的步骤，在①处右击，选择“Copy Format（复制格式）→All（所有）”，在③处右击，选择④处的“Paste Format（粘贴格式）”，所得绘图可能因数据变化而超出坐标系，单击右边工具栏⑤处的“Rescale Y（重新标度Y）”，可以灵活地调整*Y*轴的范围，即可“刷新”出⑥处有相同风格但数据不一样的绘图，这一功能极大地提高了绘图工作的效率。

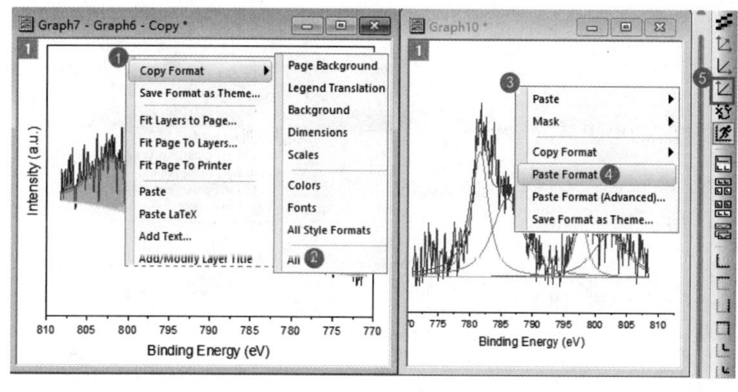

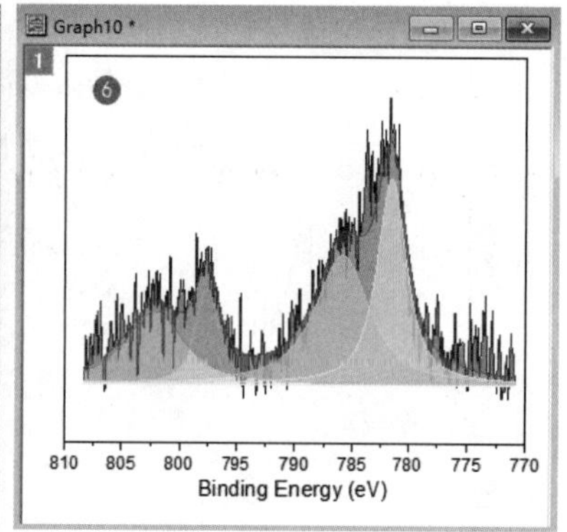

图4-122　复制（粘贴）格式绘图

（3）模板绘图

按图4-123（a）所示的步骤保存模板，在绘图窗口标题栏①处右击，选择②处的“Save Template As（另存为模板）”，打开“Utilities\File: template_saveas（应用\文件：模板_保存为）”对话框。注意，要修改③处的“Template Name（模板名）”，如果不进行修改，将会覆盖Origin的默认绘图模板，这意味着在后续绘制其他图时，将始终采用我们保存的模板图。单击“OK（确定）”按钮。

按图4-123（b）所示的步骤调用模板绘图，单击①处的表格选择相应列数据，单击下方工具栏②处的按钮打开“Template Library（模板库）”对话框，选择③处的模板，单击④处的“Plot（绘图）”按钮，即可快速绘制出图。

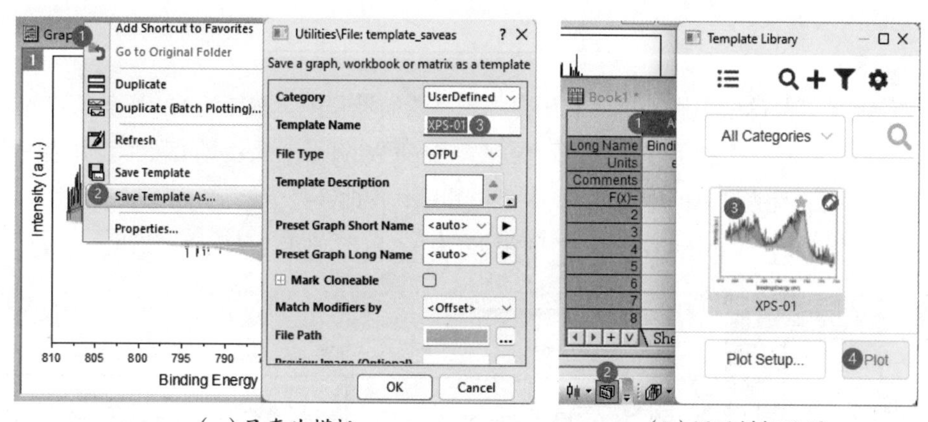

（a）另存为模板　　（b）调用模板绘图

图4-123　模板的保存与调用

（4）主题绘图

主题绘图功能可以对已绘制的所有图进行统一格式和样式的修改。例如，将所有绘图的刻度线朝内，按某期刊（如《物理评论快报》等）的要求对图进行统一设置。

按图4-124（a）所示的步骤保存主题，在图层外①处的空白处右击，选择②处打开“Save Format as Theme（保存格式为主题）”对话框，在③处“Name of the new theme（新主题的名称）”填入主题名称。

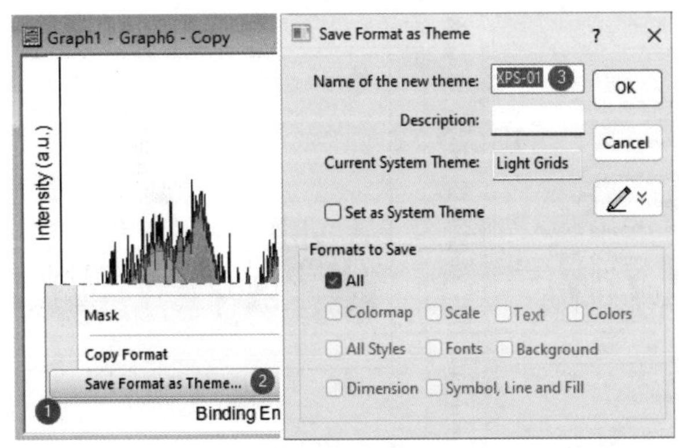

（a）保存主题

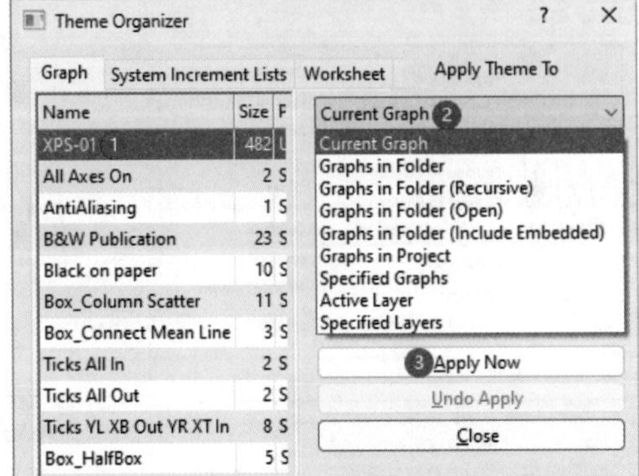

（b）调用主题

图4-124　主题的保存与调用

单击菜单“Preferences（设置）→Theme Organizer（主题管理器）”，或按F7键打开主题管理器窗口。按图4-124（b）所示的步骤，选择①处的主题，单击②处的“Apply Theme To（主题应用于）”下拉框，选择主题将要作用的对象。单击③处的“Apply Now（立即应用）”，结束后单击“Close（关闭）”按钮。这里有很多作用对象可选，如“Current Graph（当前绘图）”“Graphs in Folder（文件夹中的图）”“Graphs in Folder (Recursive)［文件夹中的图(包括子文件夹)］”“Graphs in Folder (Open)［文件夹中的图(打开的)］”“Graphs in Folder (Include Embedded)［文件夹中的图(包括嵌入的)］”“Graphs in Project（项目中的图）”“Specified Graphs（指定的图）”“Active Layer（激活的图层）”“Specified Layers（指定的图层）”。

5. 合并堆积图

在单独绘制各样品的绘图后，可以利用合并工具绘制堆积图。按图4-125所示的步骤，单击右边工具栏①处的“Merge（合并）”工具打开“Merge Graph Windows：merge_graph（合并绘图窗口：合并_绘图）”对话框，检查②处的3张绘图，并调整顺序，修改③处为3行1列。展开④处的“Spacing（间距）”，修改⑤处的“Vertical Gap（垂直间距）”为0。单击“OK（确定）”按钮。

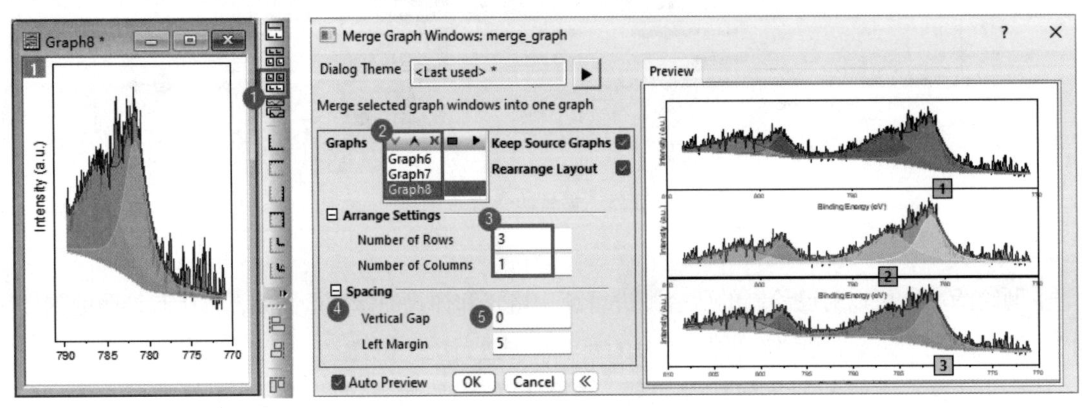

图4-125　合并堆积图

图中各峰可通过添加文本进行标注，本例不再赘述。设置其他细节，例如，单独设置原始XPS

曲线（粗糙曲线）为点线图，修改散点符号为“※”（米字型），设置透明度为60%，优化配色，最终得到图4-126。

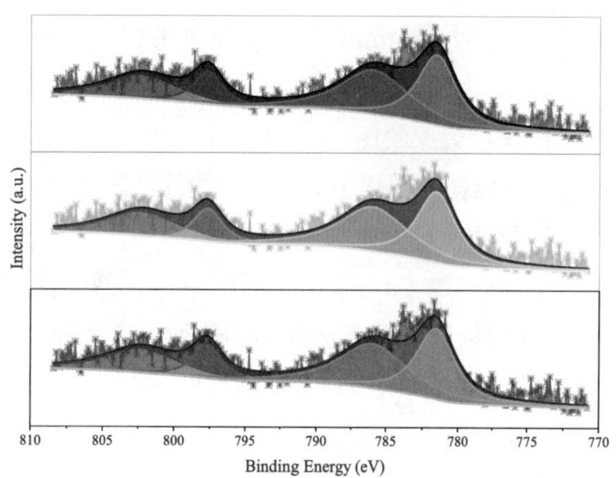

图4-126　XPS堆积图

4.6 柱状图

柱状图是最常用的绘图类型之一。柱状图通过使用垂直或水平的柱形来表示数据，通常用于比较不同类别或组之间的数据。这种图表简单直观、易于理解，适用于展示数量、比较趋势、分析数据等多种情况。由于其易于绘制和解读的特点，柱状图在各种领域和场景中被广泛应用。

4.6.1 多组分误差棒柱状图

多组分误差棒柱状图适用于对多组数据的平均值及其误差范围作对比分析，带有误差棒的柱状图能够清晰展示数据的变化范围和可靠性。

例17：在某实验中，研究者针对3种煅烧温度（具体为500℃、550℃、600℃）对2种光催化剂（标记为S1和S2）性能的影响。重点考察了2种去除机理（吸附和催化）对某一特定模拟污染物去除率的效果。整理出了去除率的工作表，如图4-127（a）所示。绘制出多组分误差棒柱状图，如图4-127（b）所示。

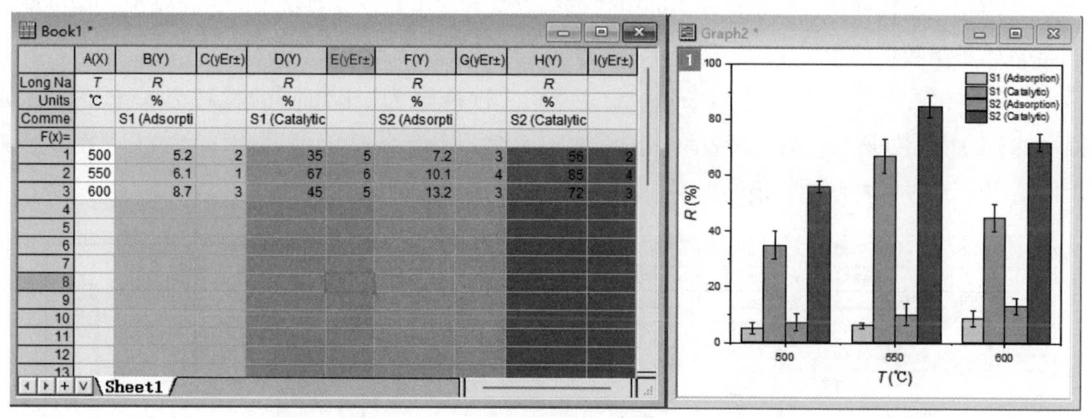

	A(X)	B(Y)	C(yEr±)	D(Y)	E(yEr±)	F(Y)	G(yEr±)	H(Y)	I(yEr±)
Long Na	T	R		R		R		R	
Units	℃	%		%		%		%	
Comme		S1 (Adsorpti		S1 (Catalytic		S2 (Adsorpti		S2 (Catalytic	
F(x)=									
1	500	5.2	2	35	5	7.2	3	56	2
2	550	6.1	1	67	6	10.1	4	85	4
3	600	8.7	3	45	5	13.2	3	72	3

（a）工作表　　（b）效果图

图4-127　多组分误差棒工作表及效果图

解析：本例为2×2型研究对象，即2种材料（S1和S2）乘以2种去除机理（吸附、催化）共4个图例，旨在研究在3种煅烧温度（500℃、550℃、600℃）下催化剂对某污染物的去除率的影响。如图4-127（b）所示，*X*轴用于表达3种温度（500℃、550℃、600℃），每个*X*刻度上显示4个样品（4

根柱子）。为了区分相同材料的2种贡献，可以采用色调相近的双色颜色列表（如浅红色、深红色）。Origin软件中的“Paired Color（成对颜色）”适用于对比研究的柱状图。

1. 选择数据绘图

全选数据，单击下方工具栏的柱状图工具，绘制出柱状图。

2. 修改成对颜色

按图4-128（a）所示的步骤，双击①处的柱子打开“Plot Details-Plot Properties（绘图细节-绘图属性）”对话框，单击②处的颜色列表，选择③处的“Increment list：Paired Color（增量列表：成对颜色）”，单击“OK（确定）”按钮。经过其他细节设置，最终得到如图4-128（b）所示的效果。

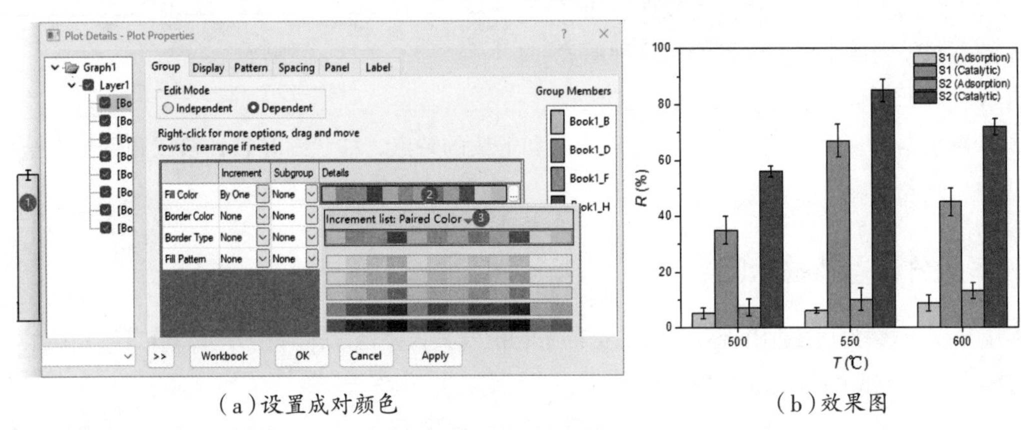

（a）设置成对颜色　　　　（b）效果图

图4-128　成对颜色的设置及最终效果图

4.6.2 分组堆积误差棒柱状图

分组堆积误差棒柱状图用于比较不同组数据的总量和各组数据在总量中的占比情况，通过堆积的柱子展示各组数据的相对比例，适用于展示整体趋势和相对比例的数据分析。

例18： 将例17工作表中的“Comment（注释）”行修改为2组相同的材料名（S1、S2），如图4-129（a）中①处所示，后续设置堆积图将按S1和S2分为2个子组。绘制图4-129（a）中③处所示的分组堆积误差棒柱状图，最终得到如图4-129（b）所示的目标图。

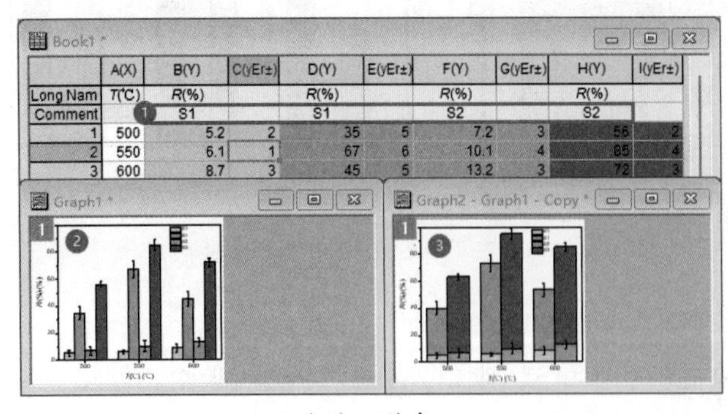

（a）工作表　　　　（b）目标图

图4-129　工作表及目标图

1. 设置累积、子组

按图4-130（a）所示的步骤，双击①处的图层空白区域打开“Plot Details-Layer Properties（绘图细节-图层属性）”对话框，选择②处的“Layer1（图层1）”，进入③处的“Stack（堆叠）”选项卡，选择④处的“Cumulative（累积）”，选择⑤处的“Offset Within Subgroup (in Group tab)[子组内偏移(在组选项卡中)]”。按图4-130（b）所示的步骤，选择①处的数据项目，进入②处的“Group（组）”选项卡，在“Subgrouping（子组）”中选择③处的“By Column Label（通过列标签）”，选择④处的“Column Label（列标签）”为“Comments（注释）”。单击“OK（确定）”按钮。

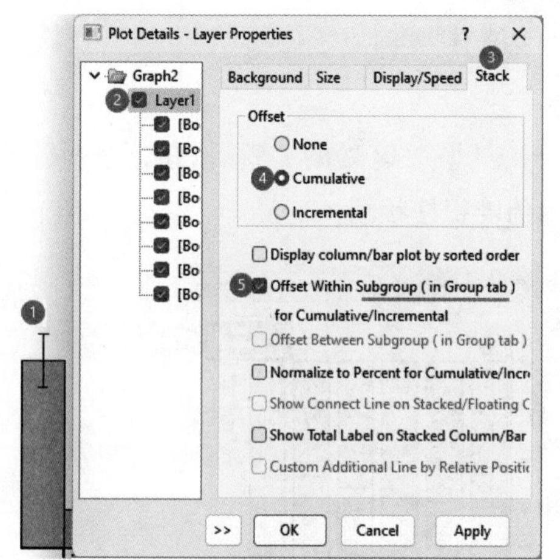

（a）设置累积

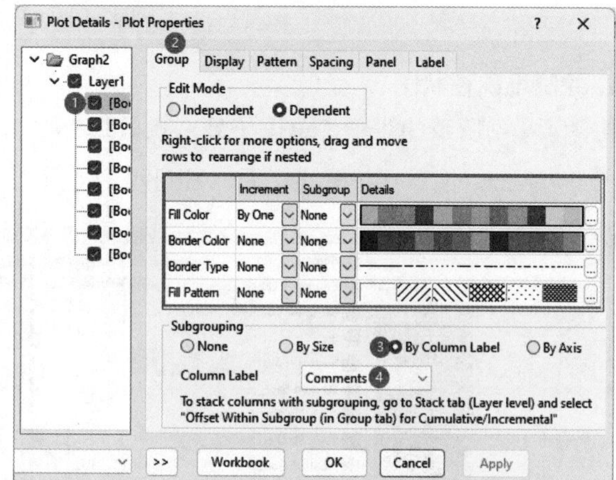

（b）设置子组

图4-130　累积、子组的设置

2. 设置其他细节

设置双色填充：双击柱子打开对话框，修改“Gradient Fill（渐变填充）”为“Two Colors（双色）”，设置“2nd Color（第二色）”为“White（白色）”。

设置间距（缩小柱宽）：进入“Spacing（间距）”选项卡，设置“Gap Between Bars（柱间距）”为40%。

设置图例：右击图例选择“Properties（属性）”，在图例文本后补充“Catalytic（催化）”或“Adsorption（吸附）”，进入“Symbol（符号）”选项卡，设置“Legend Symbol Width（图例符号宽度）”为50。

4.6.3 赝电容贡献率柱状图

通过对柱状图进行双色渐变填充，可以巧妙构造“立体”柱状图，使柱状图的表达更生动、美观。

例19：创建一张XYYY型工作表，如图4-131（a）所示，A列、B列为扫描速率，C列、D列分别为电容贡献率、扩散贡献率，E列取102（用于绘制铜帽），利用双色渐变填充方式绘制赝电容贡献率柱状图，如图4-131（b）所示。

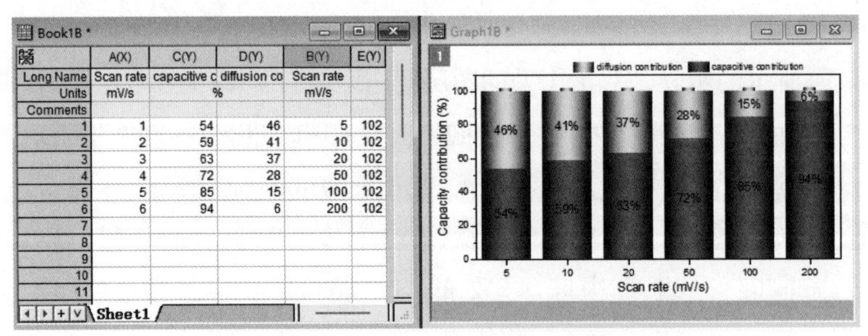

（a）工作表　　　　（b）赝电容贡献率柱状图

图4-131　工作表及赝电容贡献率柱状图

1. 绘制堆积柱状图

按图4-132所示的步骤，单击①处全选数据，单击下方工具栏②处的“▼”按钮，选择③处的“Stacked Column (堆积柱状图)”工具，即可得到④处所示的堆积柱状图。

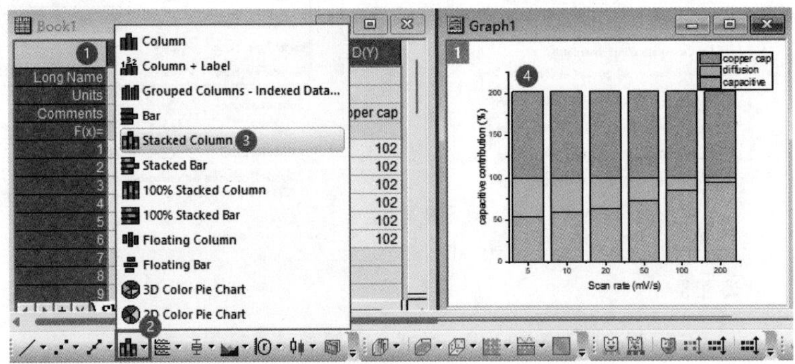

图4-132　绘制堆积柱状图

按图4-133所示的步骤，右击右边栏“Object Manager (对象管理器)”中①处的“copper cap（铜帽）”对象，选择②处的“Move out of Group（移出组）”，将铜帽对象移出，在③处按下鼠标拖往④处，在g1上释放，铜帽的顺序得到调整，如⑤处所示。原来在g1组中参与堆积的铜帽柱子已独立位于堆积柱状图的最底层，如⑥处所示。单击⑦处的“Rescale Y（重新标度Y）”调整*Y*轴刻度范围。

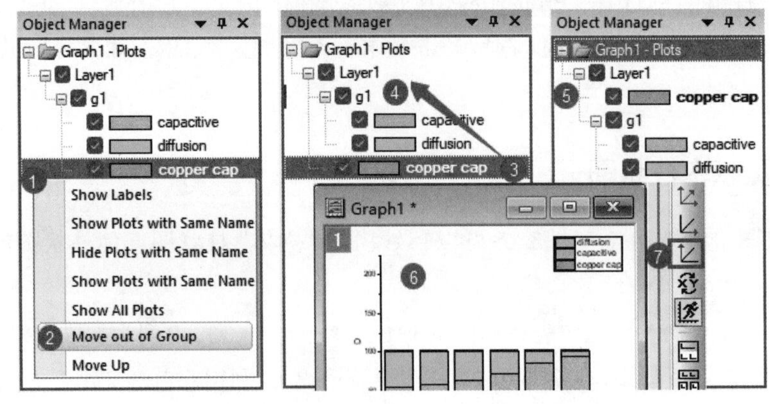

图4-133　移出组、对象排序、重新调整*Y*轴刻度范围

按图4-134（a）所示的步骤将铜帽柱子调窄。双击①处的铜帽柱子打开“Plot Details-Plot Properties（绘图细节-绘图属性）”对话框，进入②处的“Spacing（间距）”选项卡，修改③处的“Gap Between Bars(in%)（柱间距）”为80。单击④处的“Apply（应用）”按钮。

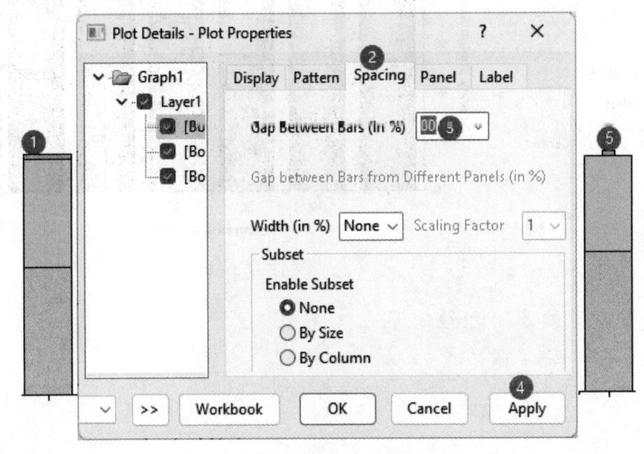

（a）设置柱间距

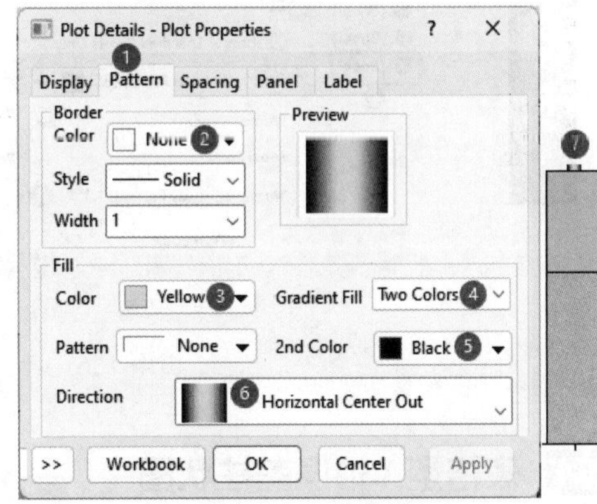

（b）设置双色填充

图4-134　铜帽柱状图的设置

按图4-134（b）所示的步骤修改双色填充。进入①处的“Pattern（图案）”选项卡，修改“Border（边框）”组中②处的“Color（颜色）”为“None（无）”，选择“Fill（填充）”组中③处的“Color（颜色）”为“Yellow（黄色）”。修改④处的“Gradient Fill（渐变填充）”为“Two Colors（双色）”，修改⑤处的“2nd Color（第二色）”为“Black（黑色）”。选择⑥处的“Direction（方向）”为“Horizontal Center Out（水平中心向外）”。单击“OK（确定）”按钮。

双击堆积柱状图，按图4-134（b）中相同的步骤进行设置。按图4-135所示的步骤解除“组”，对上下柱体的填充颜色进行单独设置。双击①处的柱状图打开“Plot Details-Plot Properties（绘图细节-绘图属性）”对话框，进入②处的“Group（组）”选项卡，选择③处的“Independent（单独）”。进入④处的“Pattern（图案）”选项卡，修改⑤处的“Color（颜色）”为某种颜色。选择⑥处的另一根柱子，重复⑤处的步骤选择另一种颜色。单击“OK（确定）”按钮。

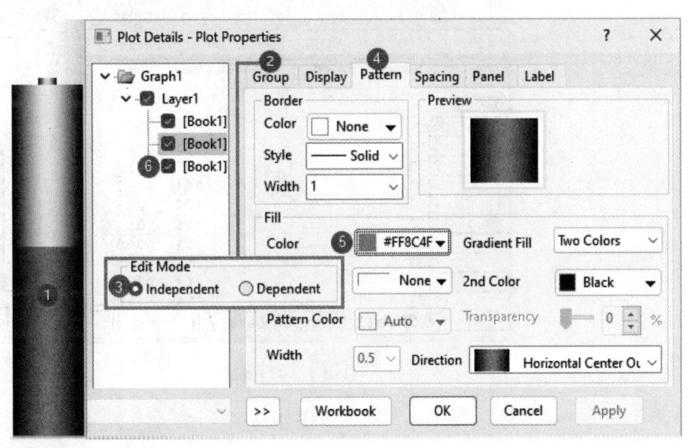

图4-135　解除组单独设置填充颜色

2. 设置标签

按图4-136所示的步骤，双击①处的柱状图打开“Plot Details-Plot Properties（绘图细节-绘图属性）”对话框，进入②处的“Label（标签）”选项卡，选择③处的“Enable（启用）”复选框，修改④处的“Numeric Display Format（数值显示格式）”为“.1"%"”，单击“Apply（应用）”按钮。单击⑤处的另一组柱子，选择③处的“Enable（启用）”复选框，即可得到⑥处所示的效果。单击“OK（确定）”按钮，最终得到如图4-136（b）所示的贡献率堆积柱状图。

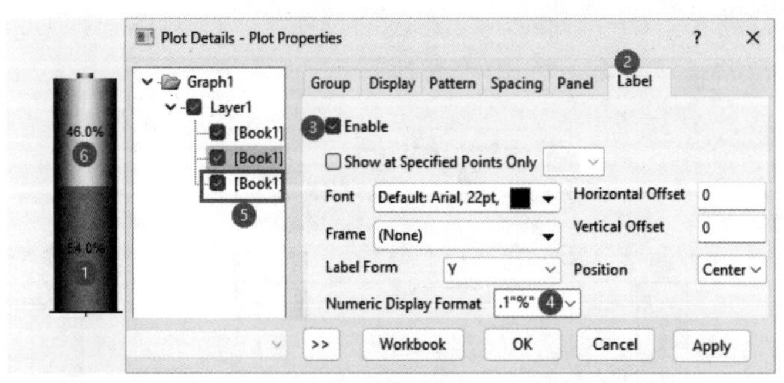

（a）标签的设置

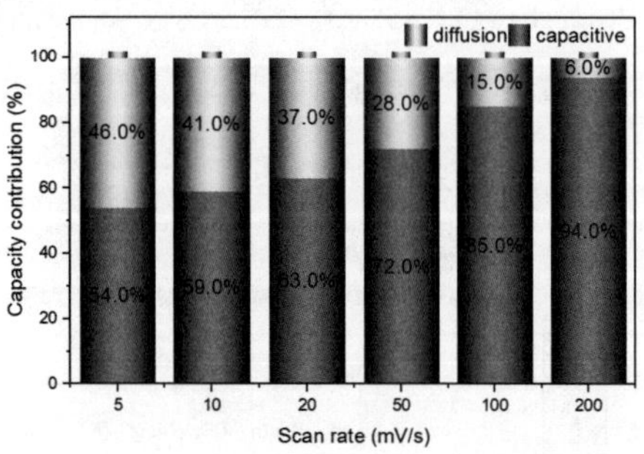

（b）贡献率堆积柱状图

图4-136　标签设置及贡献率堆积柱状图

4.6.4 表格型X轴误差柱状图

表格型X轴是指图表或图形中的X轴采用表格形式展示刻度值的一种方式，每个数据点对应一个单元格或特定的位置。这种形式的X轴通常用于展示离散型数据或类别型数据，方便比较和分析不同类别之间的关系。

例20：准备一张XXYE型工作表，如图4-137（a）所示，在A、B两列的列标签上右击选择“Set as X（设置为X）”，C列为Y，在D列的列标签上右击选择“Set as Y Error (设置为Y误差)”。绘制表格型X轴误差柱状图，如图4-137（b）所示。

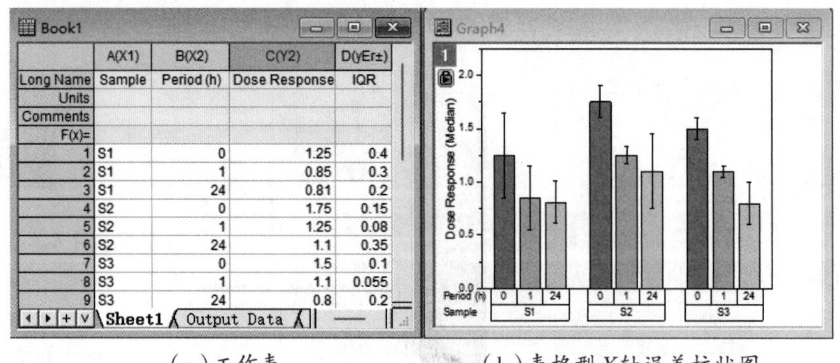

	A(X1)	B(X2)	C(Y2)	D(yEr±)
Long Name	Sample	Period (h)	Dose Response	IQR
Units				
Comments				
F(x)=				
1	S1	0	1.25	0.4
2	S1	1	0.85	0.3
3	S1	24	0.81	0.2
4	S2	0	1.75	0.15
5	S2	1	1.25	0.08
6	S2	24	1.1	0.35
7	S3	0	1.5	0.1
8	S3	1	1.1	0.055
9	S3	24	0.8	0.2

（a）工作表　　（b）表格型X轴误差柱状图

图4-137　工作表及表格型X轴误差柱状图

1. 绘制分组柱状图

按图4-138所示的步骤，单击①处全选数据，选择②处的菜单“Plot（绘图）”，选择③处的“Categorical（分组图）”和④处的“Grouped Columns-Indexed（组柱状图-索引数据）”工具打开对话框。选择⑤处的“Auto Preview（自动预览）”复选框，单击⑥处的“▸”按钮选择“A(X): Sample（按A列分组）”，修改⑦处的“Plot Type（绘图类型）”为“Column（柱状图）”，单击“OK（确定）”按钮。

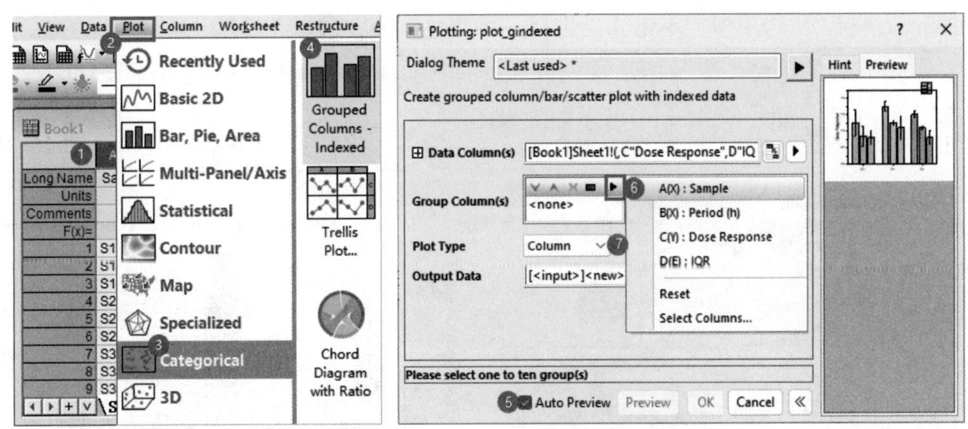

图 4-138　分组柱状图的绘制

2. 设置表格型 *X* 轴

按图 4-139 所示的步骤，双击①处的*X*轴标签“S1”打开“X Axis-Layer 1（X坐标轴-图层1）”对话框，进入②处的“Tick Labels（刻度线标签）”和③处的“Table（表格）”选项卡，修改④处的“Number of Rows（行数）”为2，选择“Show Table Row Title（显示表行标题）”复选框，选择⑤处的6个复选框用于显示*X*轴下方的表格型标签边框。选择⑥处的“Bottom 2（下2）”设置第二行表格标签，进入⑦处的“Display（显示）”选项卡，单击⑧处的“Dataset Name（数据集名称）”选择B列数据。单击“OK（确定）”按钮。

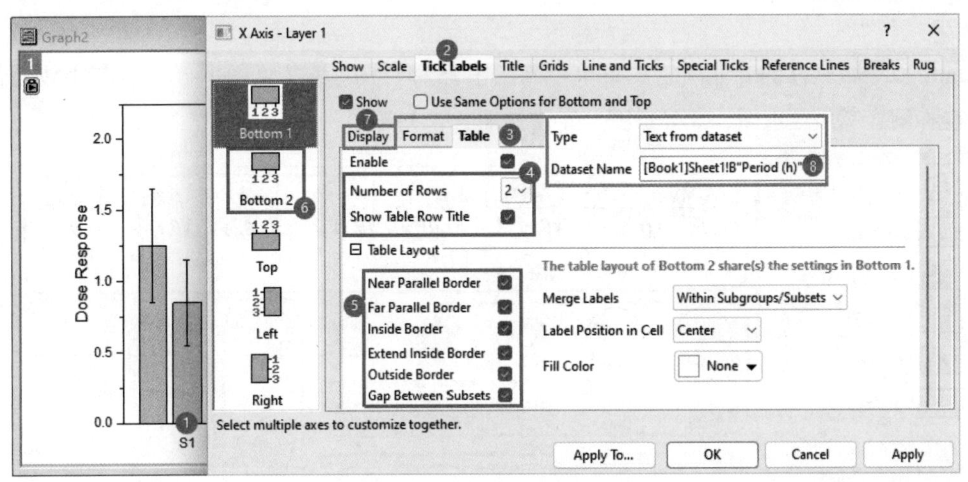

图 4-139　表格型 *X* 轴的设置

表格型*X*轴标签已经注明了各样品的名称及关系，因此可以单击图例按“Delete”键删除图例。默认情况下，表格型*X*轴的表行标题位于*X*轴的右端，可以拖动表行标题到*X*轴的左端。

3. 修改填充颜色

按图 4-140（a）所示的步骤，双击①处的柱状图打开“Plot Details-Plot Properties（绘图细节-绘图属性）”对话框，进入“Pattern（图案）”选项卡，单击②处的“Color（颜色）”下拉框，进入③处的“By Points（按点）”选项卡，单击④处选择一种颜色列表，选择⑤处的“Increment from（增量开始于）”，单击⑥处的色块，表示用从该处开始的3个色块填充组内的3根柱状图。单击“OK（确定）”按钮，即可得到如图4-140（b）所示的效果图。

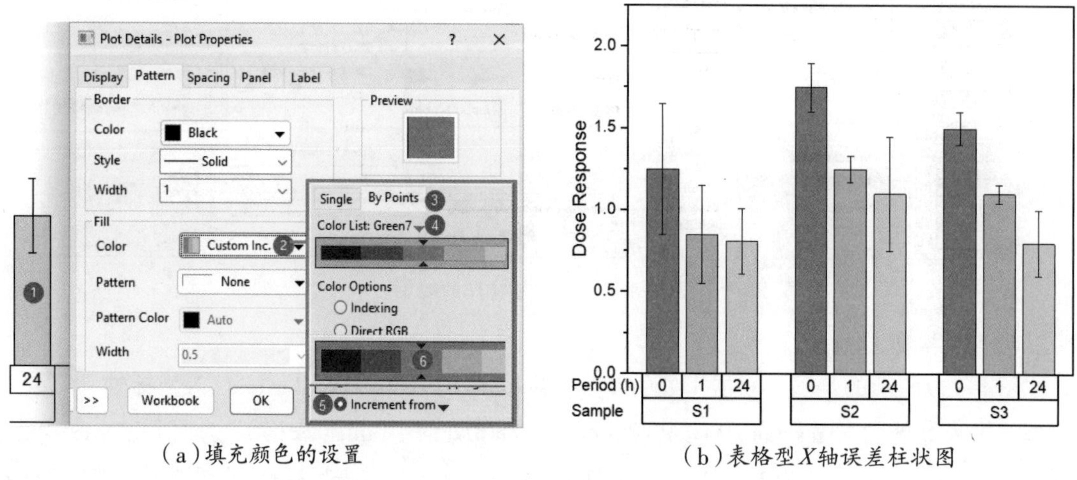

（a）填充颜色的设置　　（b）表格型X轴误差柱状图

图4-140　填充颜色的设置及表格型X轴误差柱状图

4.7 专业图

Origin 2024版软件的专业图绘图菜单中列出了35种绘图模板（见图4-141），其中较为常用的有①极坐标图、②风玫瑰图、③矢量图、④雷达图、⑤三元图。

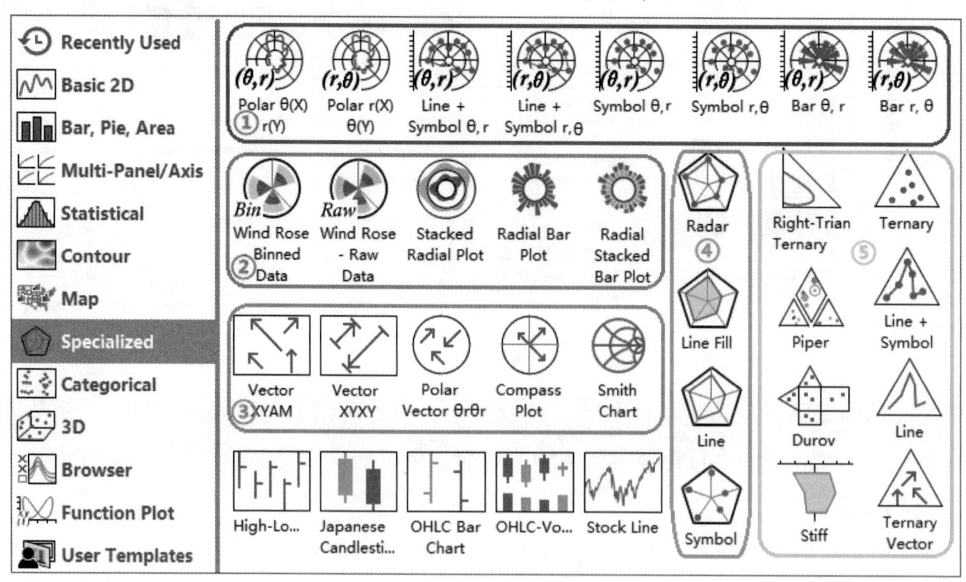

图4-141　专业图的绘图菜单

绘制专业图之前，需要按照要求创建符合绘图工具要求的工作表。“Plot (绘图)”菜单所列的绘图工具中，大部分工具的图表上已注明所需数据结构。例如，极坐标系列的数据表为由θ、r（或r、θ）组成的XY型结构，XYAM矢量图要求准备X、Y、角度A、幅度M共4列XYYY型数据，而XYXY矢量图则需要准备2(XY)型数据（矢量的起点、重点坐标）。另外，当鼠标移动到这些工具上并悬停时，会出现浅绿色提示框（见图4-142），这种提示框可以方便我们准备工作表，绘制想要的专业图。

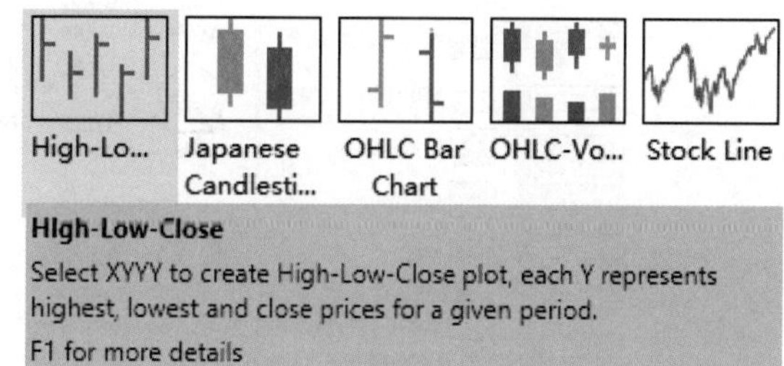

图4-142　鼠标悬停提示框

接下来将列举6个具有代表性的绘图案例，其余常用的专业图绘制过程均可参考这些案例。

4.7.1 极坐标误差带图

极坐标系包含角度和半径两个维度，可以用来表达某些角度方向上的数据分布，其中指标的强弱对应圆心（中心）向外径向延伸长短。当然，角度也可能不具有物理意义，仅作为“定位”坐标，将条形分布在圆上，用来横向比较样品的差异和纵向变化。

例21：准备一张XYE型工作表，如图4-143（a）所示，A列为Angle（角度），B列为Intensity（强度），C列为Error（误差）。绘制极坐标误差带图，如图4-143（b）所示。

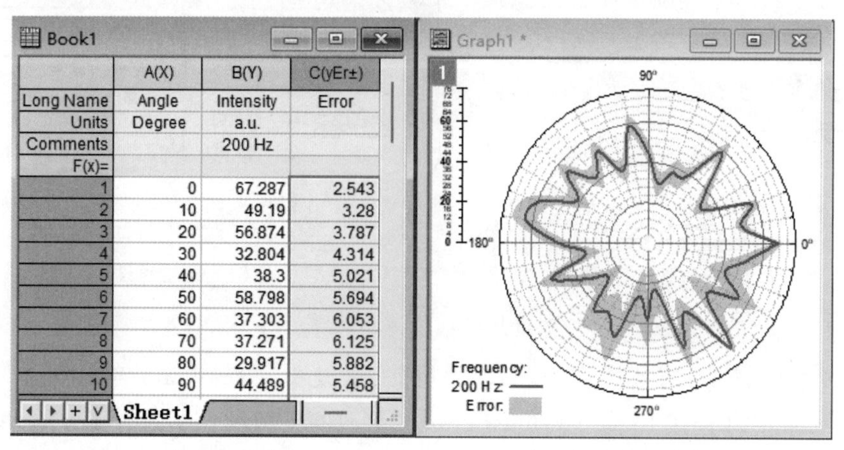

	A(X)	B(Y)	C(yEr±)
Long Name	Angle	Intensity	Error
Units	Degree	a.u.	
Comments		200 Hz	
F(x)=			
1	0	67.287	2.543
2	10	49.19	3.28
3	20	56.874	3.787
4	30	32.804	4.314
5	40	38.3	5.021
6	50	58.798	5.694
7	60	37.303	6.053
8	70	37.271	6.125
9	80	29.917	5.882
10	90	44.489	5.458

（a）工作表　　（b）极坐标误差带图

图4-143　工作表与极坐标误差带图

1. 绘制极坐标误差棒折线图

按图4-144所示的步骤，单击①处全选数据，选择②处的菜单“Plot（绘图）”，选择③处的“Specialized（专业图）”和④处的“Polar θ(X) r(Y)”工具，即可得到⑤处所示的极坐标误差棒折线图。

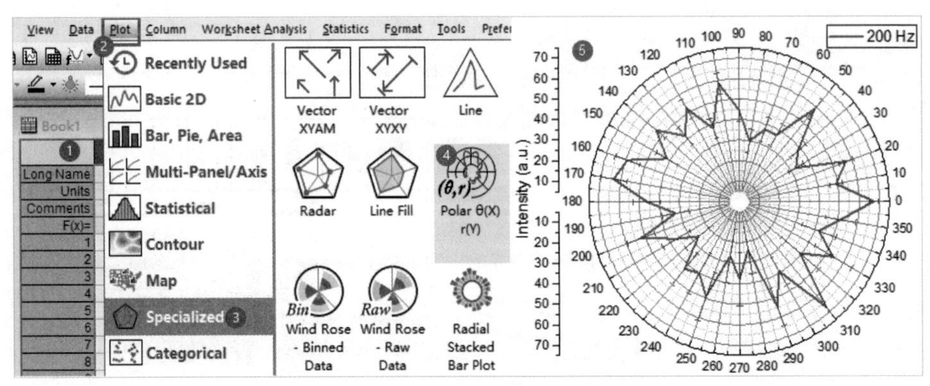

图4-144　极坐标误差棒折线图的绘制

2. 设置平滑均值线

按图4-145（a）所示的步骤设置平滑均值线。双击①处的折线打开“Plot Details-Plot Properties（绘图细节-绘图属性）”对话框，修改②处的“Connect（连接）”为“Modified Bezier（修改的贝塞尔）”。单击“Apply（应用）”按钮。

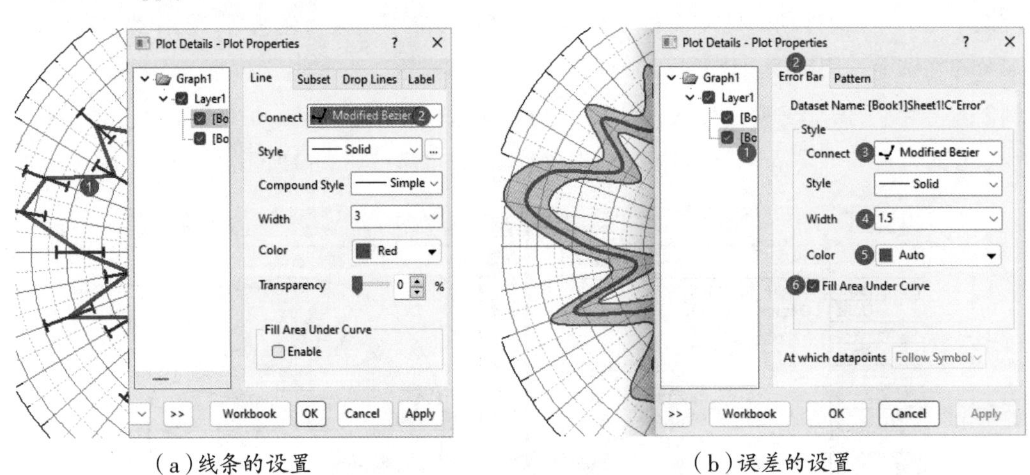

（a）线条的设置　　（b）误差的设置

图4-145　设置均值线

按图4-145（b）所示的步骤，选择①处的误差项目，进入②处的“Error Bar（误差棒）”选项卡，修改③处的“Connect（连接）”为“Modified Bezier（修改的贝塞尔）”，设置④处的“Width（宽）”为1.5或0（误差带曲线的粗细比均值线细）、⑤处的“Color（颜色）”为“Auto（自动）”。选择⑥处的“Fill Area Under Curve（填充曲线下区域）”，单击“OK（确定）”按钮。

3. 设置径向刻度

将极坐标系左侧的2条径向刻度线减少为1条。分别单击左下方的刻度线及标签，按“Delete”键删除。先将左上方的径向刻度线的刻度范围设置为0～76，加粗0、20、40、60刻度线标签，同时设置其刻度线位于轴线两侧（in & out，朝内和朝外2个方向）。按图4-146（a）所示的步骤，双击①处的径向刻度线打开“Radial Axis-Layer 1（径向轴-图层1）”对话框，进入②处的“Scale（刻度）”选项卡，修改③处的范围为0～76，设置④处的“Major Ticks（主刻度）”的增量“Value（值）”为

20、⑤处的“Minor Ticks（次刻度）”的增量“Count（数量）”为4。单击“Apply（应用）”按钮。

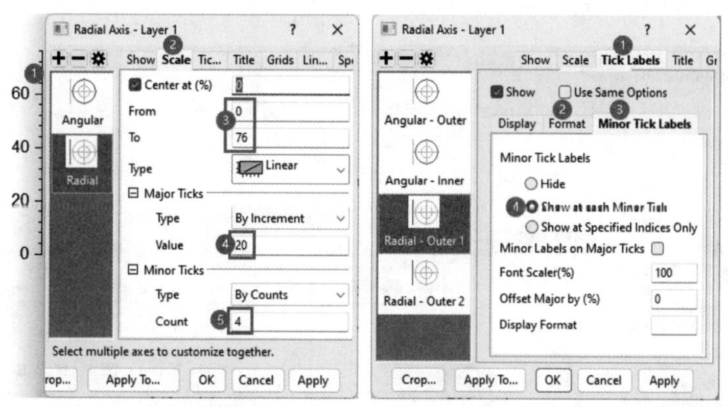

（a）径向刻度　　（b）径向刻度线标签

图4-146　径向刻度及径向刻度线标签的设置

按图4-146（b）所示的步骤，进入①处的“Tick Labels（刻度线标签）”和②处的“Format（格式）”选项卡，修改字体大小为12。进入③处的“Minor Tick Labels（次刻度标签）”选项卡，选择④处的“Show at each Minor Tick（显示每个次刻度标签）”，单击“Apply（应用）”按钮。

按图4-147所示的步骤，进入①处的“Special Ticks（特殊刻度线）”选项卡，单击②处的“Details（细节）”按钮打开“Special Ticks（特殊刻度线）”对话框，单击③处的“Add（添加）”按钮，并在“At Axis Value（在刻度值）”中分别输入0、20、40、60及末端刻度值76（如⑧处所示）。拖选④处的0～60刻度值，取消⑤处的“Auto Tick Format（自动刻度格式）”复选框，设置⑥处的“Style（样式）”为“In & Out（朝内和朝外）”，设置⑦处的“Thickness（粗度）”为2（比其他刻度粗）。单击⑧处的76（末端刻度线）。单击“Apply（应用）”按钮。进入“Label Format（标签格式）”选项卡，取消⑨处的“Auto（自动）”复选框，修改⑩处的“Size（大小）”为16，选择“Bold（加粗）”复选框。单击“OK（确定）”按钮。

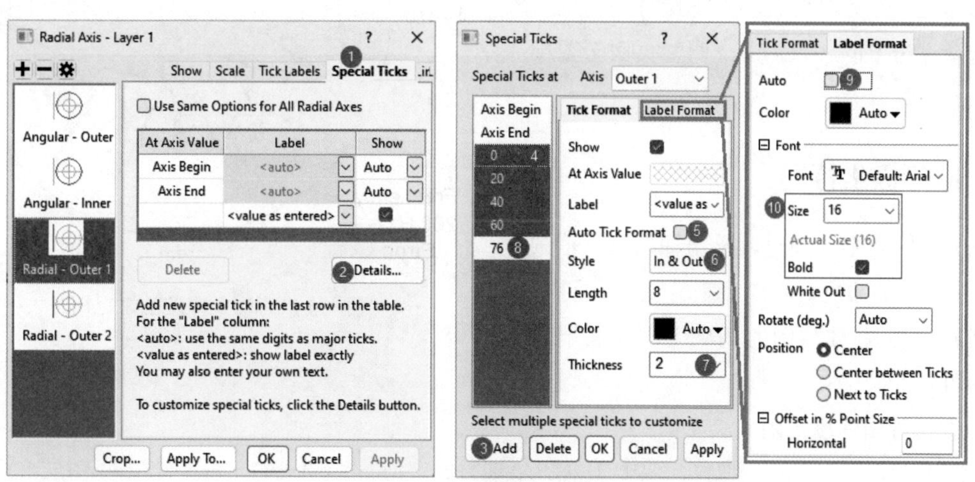

图4-147　特殊刻度线的设置

4. 设置角轴刻度

按图4-148（a）所示的步骤，双击极坐标系①处的外圈刻度线打开“Angular Axis-Layer 1（角轴-图层1）”对话框，进入②处的“Scale（刻度）”选项卡，修改“Major Ticks（主刻度）”中③处的增量“Value（值）”为90、“Minor Ticks（次刻度）”中④处的“Count（数量）”为8，单击“OK（确定）”按钮。

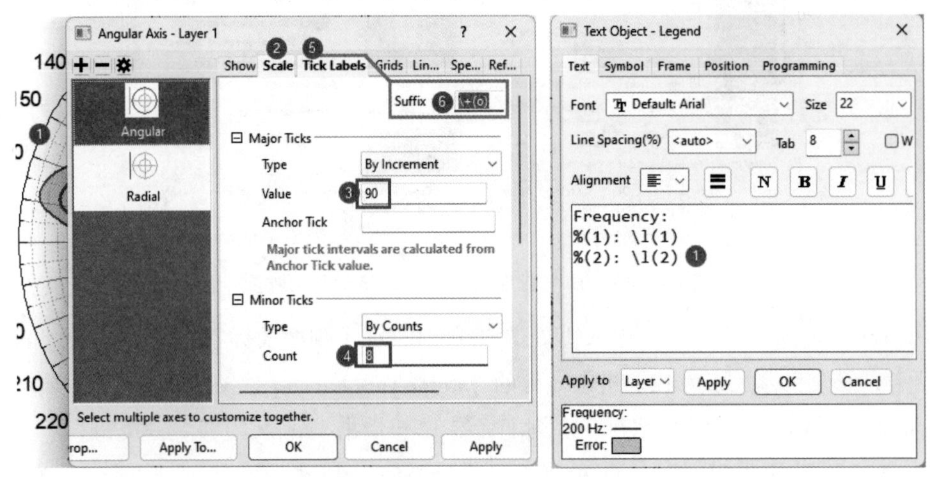

（a）角轴刻度的设置　　　　（b）图例的设置

图4-148　角轴刻度及图例的设置

在图例上右击选择“Properties (属性)”对话框，按图4-148（b）所示的步骤，在①处输入“Frequency:（频率）”，增加图例文本“%(2): \l(2)”，单击“OK（确定）”按钮。单击图例，利用浮动工具栏隐藏图例框架，将图例拖动到左下方适当位置。在图层外空白处右击，选择“Fit Page to Layers (调整页面至图层大小)”，最终得到图4-149。

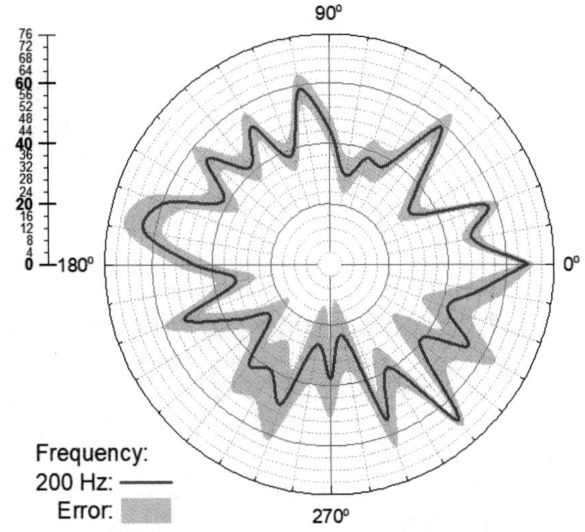

图4-149　极坐标误差带曲线图

4.7.2 扇形极坐标图

在极坐标图中，通过调整角轴的刻度范围和零刻度的起始角度，可以绘制扇形极坐标图。

例22：在例21绘图的基础上，绘制扇形极坐标图。

1. 调整角轴刻度范围

按图4-150（a）所示的步骤，双击①处的角轴打开“Angular Axis-Layer 1（角轴-图层1）”对话框，进入②处的“Scale（刻度）”选项卡，修改③处的刻度范围为0°～120°，设置“Major Ticks（主刻度)”中④处的增量“Value(值)”为30°。单击“Apply(应用)”按钮。

由于径向刻度为垂直排列，与扇形的一边不平行，按图4-150(b)所示的步骤设置扇形起始刻度沿顺时针旋转30度。进入①处的“Show(显示)”选项卡，修改②处的“Direction(方向)”为“Clockwise(顺时针)”，修改“Axes Start at(deg.)[轴的起始角(度)]”为30。单击“Apply(应用)”按钮，即可得到③处所示的效果。

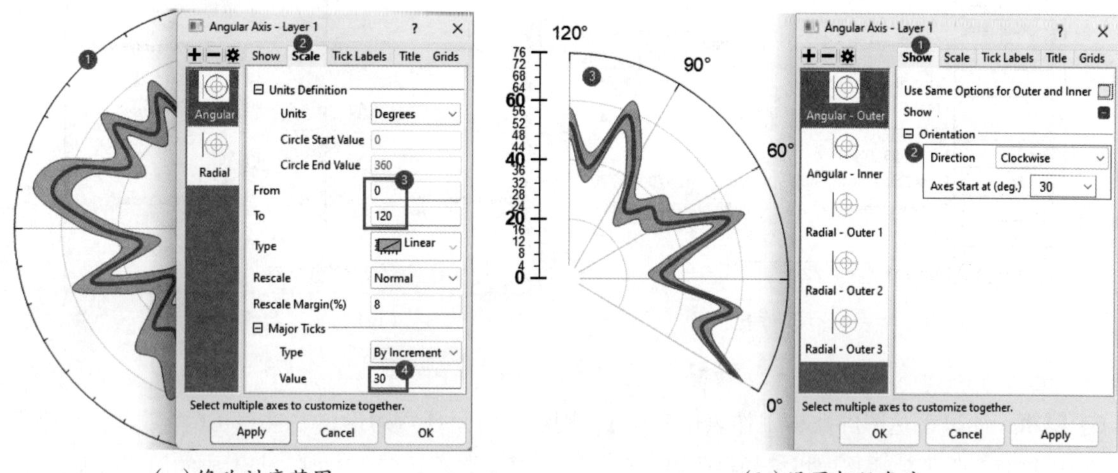

(a)修改刻度范围　　(b)设置起始角度

图4-150　扇形极坐标图的设置

2. 设置水平径向轴

按图4-151所示的步骤，进入①处的“Line and Ticks(轴线和刻度线)”选项卡，单击②处的“+”按钮添加轴线，即可得到③处所示的“Radial-Inner 4(径向-内4)”轴，单击“Apply(应用)”按钮，即可得到④处所示的效果。

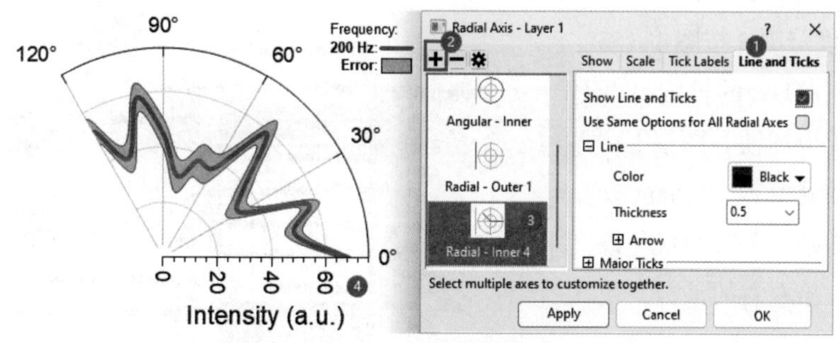

图4-151　水平径向轴的设置

4.7.3 雷达图

雷达图通常用于描述某个研究对象的各项性能指标，常见于游戏角色各项技能在整体队伍中的评价。此外，雷达图也可用于科研绘图中，如电池性能雷达图常用于评价电池材料的循环寿命、比容量、负载量等多项性能。

例23：创建一张XYY型数据表，A列为电池的各项性能（含单位），B列为This work(本研究)达到的指标，C列、D列为对比的文献指标，如图4-152（a）所示，绘制出的电池性能雷达图如图4-152（b）所示。

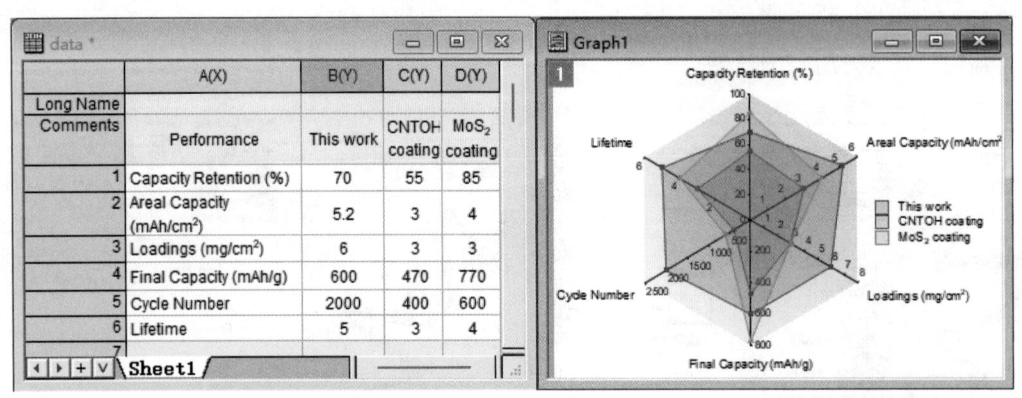

（a）工作表　　　　（b）电池性能雷达图

图4-152　工作表及电池性能雷达图

解析：如果雷达图的数据工作表中有6行，则绘图将呈现六边形，并且存在6个数轴。在进行横向比较时，除了关注某项指标的最强者，我们更希望能够看到综合表现，即围成的面积越大越好。

由于各指标的物理量和单位各不相同，数量级存在较大差异，因此绘制的雷达图形状可能不太美观，甚至出现曲线超出图层的现象。为了解决这个问题，需要单独设置每个数轴的刻度范围，通常设置每个数轴的最大刻度为该指标的最大值，从而实现各曲线围成的图形尽可能铺展开。

1. 绘制雷达图

全选数据，单击菜单“Plot (绘图)→Specialized (专业图)→Radar (雷达图)”，得到一张雷达图草图。

调整各轴刻度范围，按图4-153所示的步骤，双击①处的轴线打开“Axis 1-Layer 1（坐标轴1-图层1）”对话框，单击②处修改“From（开始）”为0、“To（结束）”为100（该指标最大值的1.2倍左右的整数，使各样品曲线尽可能铺展开），修改“Major Ticks（主刻度）”中③处的“By Increment（按增量）”为20。再依次将④处的数轴进行类似设置。单击“Apply（应用）”按钮。

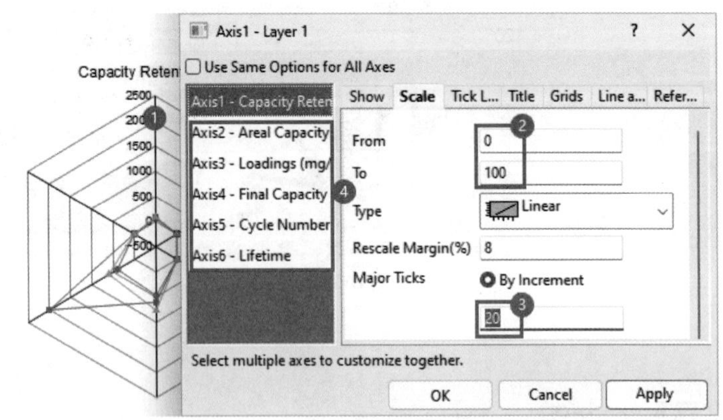

图4-153　雷达图各轴刻度范围的设置

2. 隐藏网格线

通常雷达图具有网格线，为了避免与曲线混淆，需要将网格线设置为灰色虚线（或不显示）。

按图4-154所示的步骤，进入①处的“Grids（网格）”选项卡，选择②处的“Use Same Options for All Axes（对所有轴使用相同的选项）”复选框，选择③处的“Show（显示）”复选框（或取消复选框，以隐藏网格线），修改“Major Grid Lines（主网格线）”中④处的“Color（颜色）”为“LT Gray（浅灰色）”、“Style（样式）”为“Short Dot（短点线）”。单击“Apply（应用）”按钮。

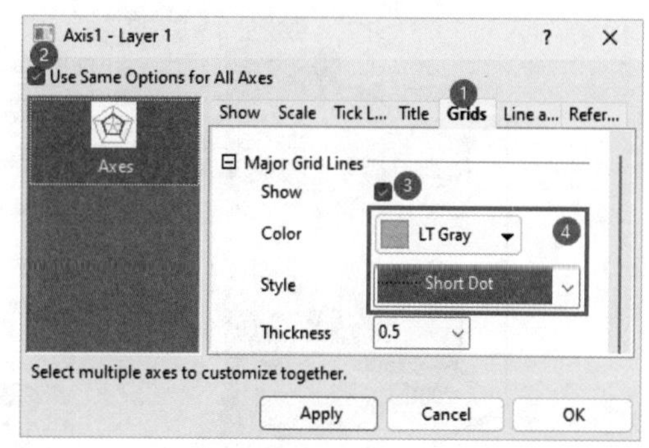

图4-154　网格线的设置

3. 设置刻度线及刻度值

按图4-155（a）所示的步骤设置刻度线。进入①处的“Line and Ticks（轴线和刻度线）”，取消②处的“Use Same Options for All Axes（对所有轴使用相同的选项）”复选框，拖选③处的数轴，修改“Major Ticks（主刻度）”中④处的“Style（样式）”为“Out（朝外）”。单击“Apply（应用）”按钮。

按图4-155（b）所示的步骤设置刻度值。进入①处的“Tick Labels（刻度线标签）”选项卡，选择数轴后，单击②处的“Show Tick Labels（显示刻度线标签）”下拉框，选择“Before Axis（在坐标轴前）”，单击“Apply（应用）”按钮。

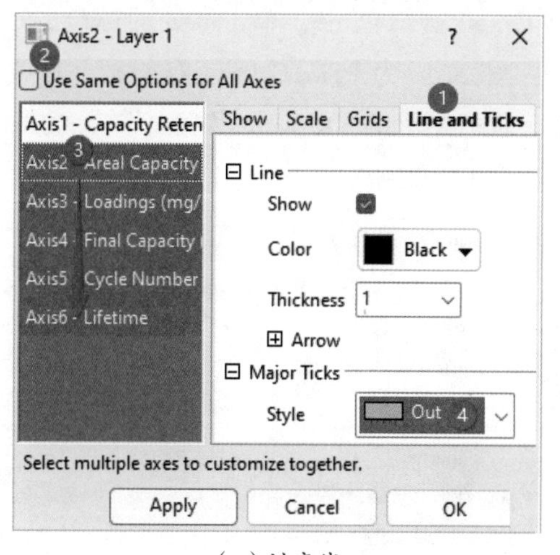

（a）刻度线

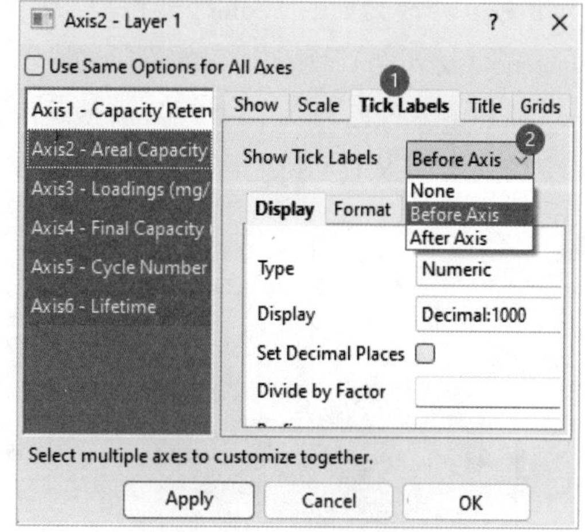

（b）刻度值

图4-155　刻度线与刻度值的设置

4. 设置半透明填充

按图4-156所示的步骤，双击①处的曲线打开“Plot Details-Plot Properties（绘图细节-绘图属性）”对话框，进入②处的“Line（线）”选项卡，选择③处的“Enable（启用）”复选框，并修改为“Inclusive Broken by Missing Values（填充区域内部-在缺失值处断开）”。单击“OK（确定）”按钮，单击雷达图，利用浮动工具栏为雷达图添加多边形图层边框，得到①处所示的效果。

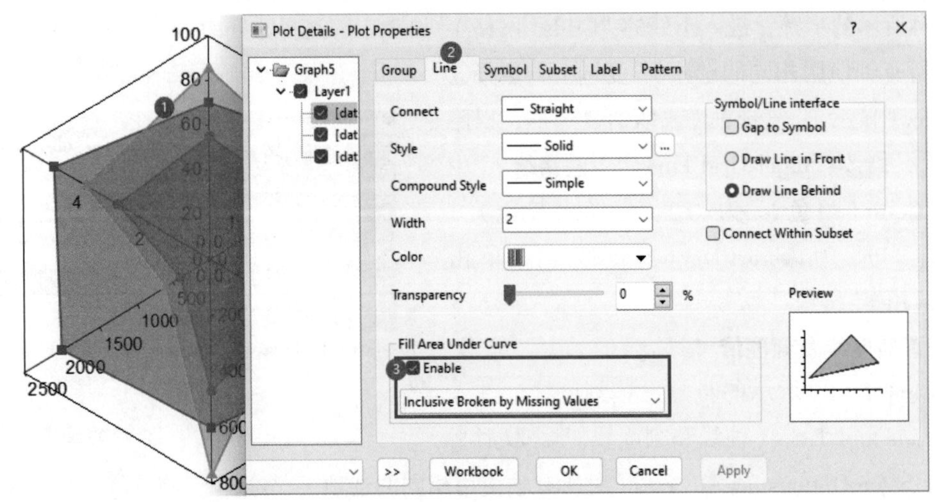

图4-156　半透明填充的设置

“Pattern（图案）”选项卡可对填充颜色进行设置，此处设置“Transparency（透明度）”为80%。

雷达图的图层为多边形，为雷达图添加浅色渐变的“背景”会使雷达图更加生动和吸引人。按图4-157所示的步骤，双击①处的图层空白打开“Plot Details-Layer Properties（绘图细节-图层属性）”对话框，修改②处的“Color（颜色）”为“LT Cyan（蓝绿色）”，单击③处的标尺3次设置“Transparency（透明度）”为60%，修改④处的“Mode（模式）”为“Two Colors（双色）”，修改⑤处的“2nd Color（第二颜色）”为“LT Yellow（浅黄色）”，修改⑥处的“Direction（方向）”为“Diagonal TR BL（对角线方向 从右上到左下）”，单击“Apply（应用）”按钮。

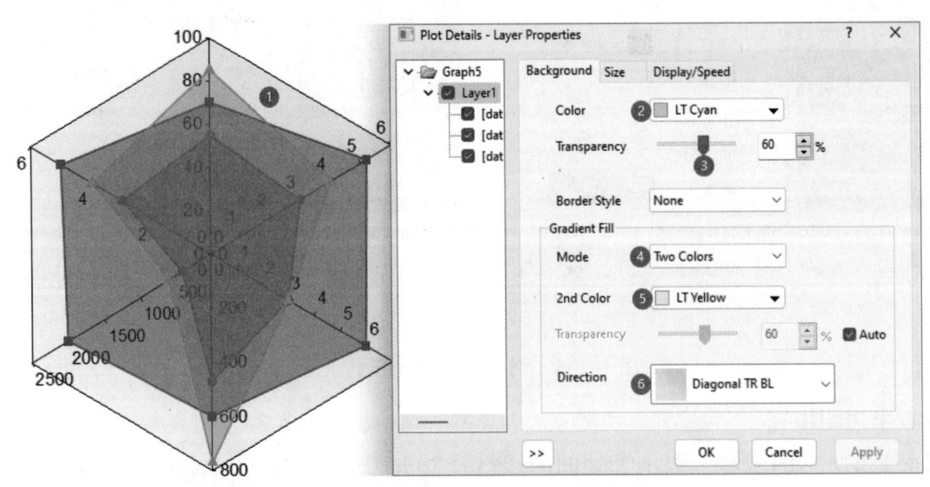

图4-157　图层背景的设置

修改图例色块、隐藏边框线：右击图例，在“符号”选项卡中修改“图案块宽度”为50，在“边框”选项卡中修改“边框”为“无”，单击“确定”按钮。

由于本例电池各项性能的数轴存在较大的差异，所以网格线往往跟刻度线不太一致。因此，隐藏网格线比较好，取消选择“显示”复选框。当雷达图中心的刻度发生“聚集”或“堆叠”时，可以保留一个"0"刻度，隐藏其他数轴的零刻度，按图4-153所示的步骤，将其他轴的0改为0.001（增量的1‰），巧妙实现零刻度的"隐藏"。面积图通常会覆盖刻度线标签，可以在刻度线标签上右击，取消"Data on Top of Axes（数据点覆盖坐标轴）"复选框。

经过其他细节设置，即可得到如图4-158所示的效果。

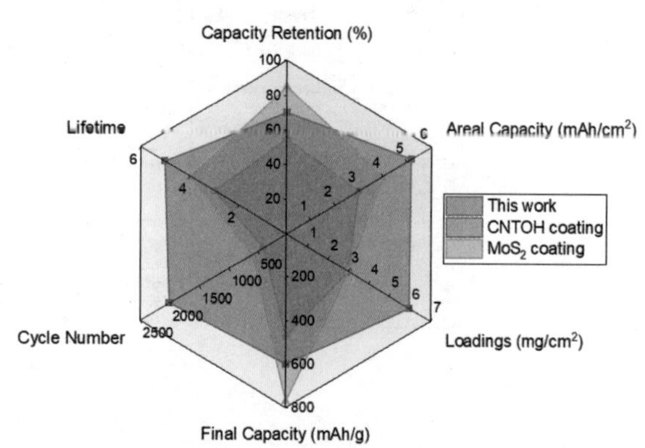

图4-158　电池性能雷达图最终效果

4.7.4 分组径向条形图

分组径向条形图是一种数据可视化图表，用于比较多个组之间的数据。在这种图表中，数据以条形的形式沿着同心圆环状排列，每个组的数据以不同的颜色或样式表示。每个组的数据条形长度表示数据的大小，而条形的角度表示不同的组。通过这种方式，用户可以直观地比较不同组之间的数据差异和趋势。分组径向条形图通常用于展示多个类别或变量在不同条件下的比较情况。与传统的柱状图相比，分组径向条形图在视觉上更加吸引人，能够更清晰地展示不同组之间的数据关系。这种图表设计提供了一种新的途径，使数据比较更加直观和易于理解。

例24：准备一张XYYL型工作表，如图4-159（a）所示，A列为样品编号，用于设置刻度线标签；B列为某种百分比，即条形高度；C列为标签属性，用于设置分类颜色；D列用于控制分类条（内环）的厚度。绘制分组径向条形图，如图4-159（b）所示。

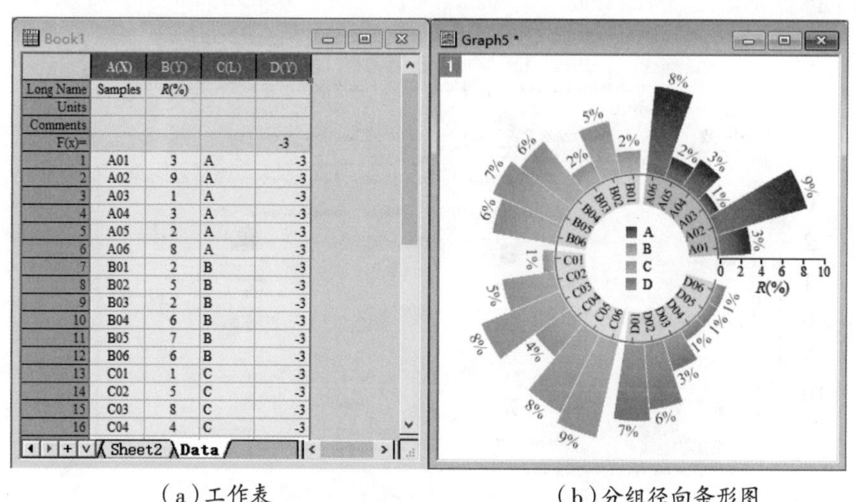

	A(X)	B(Y)	C(L)	D(Y)
Long Name	Samples	R(%)		
Units				
Comments				
F(x)=				-3
1	A01	3	A	-3
2	A02	9	A	-3
3	A03	1	A	-3
4	A04	3	A	-3
5	A05	2	A	-3
6	A06	8	A	-3
7	B01	2	B	-3
8	B02	5	B	-3
9	B03	2	B	-3
10	B04	6	B	-3
11	B05	7	B	-3
12	B06	6	B	-3
13	C01	1	C	-3
14	C02	5	C	-3
15	C03	8	C	-3
16	C04	4	C	-3

（a）工作表　　　　（b）分组径向条形图

图4-159　工作表及分组径向条形图

1. 绘制分组径向条形图

按图4-160所示的步骤，选择①处表格中的A～C列数据，单击②处菜单"Plot（绘图）"，选择③处的"Specialized（专业图）"和④处的"Radial Bar Plot（径向条形图）"，即可得到⑤处所示的分组径向条形图。如果选择A、B两列数据（无分类标签列），则可按上述步骤绘制出无间隔的径向条形图。

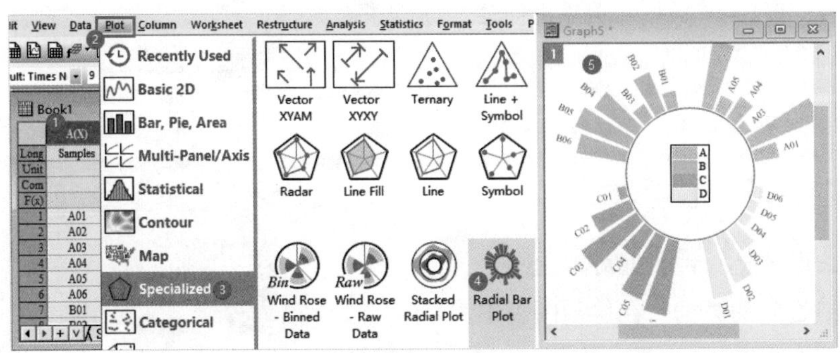

图4-160　分组径向条形图的绘制

2. 设置水平径向轴

极坐标图的径向轴默认出现在左侧。在本例中，将在径向条形图中添加一条水平径向轴，并删除左侧的两个径向轴。按图4-161所示的步骤，双击①处的径向轴打开"Radial Axis-Layer 1（径向轴-图层1）"对话框，进入②处的"Line and Ticks（轴线和刻度线）"选项卡，单击③处的"+"按钮，左边栏将出现④处所示的水平径向轴，如果使用扇形坐标系，添加的轴则可设置在扇形两边的任意一边。设置⑤处主刻度线中的"Length（长）"为4、⑥处次刻度线中的"Style（样式）"为"None（无）"（不显示次刻度线）。进入⑦处的"Tick Labels（刻度线标签）"选项卡，设置⑧处的字体"Size（大小）"为14、⑨处的"Rotate (deg.) [旋转(度)]"为"Parallel（平行）"，单击"Apply（应用）"按钮，即可得到⑩处所示的水平径向轴。

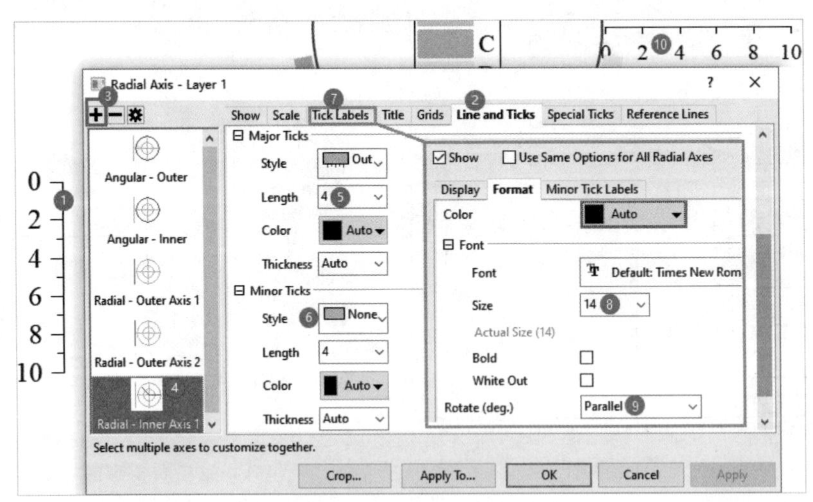

图4-161　水平径向轴的设置

3. 设置内环角轴

按图4-162所示的步骤，进入①处的"Scale (刻度)"选项卡，修改②处的"Circle End Value (圆结束值)"为25.5。当圆的范围比实际值（24.5）大时，将产生缺口。另外，"From"和"To"表示刻度范围，当工作表中有n个数据点时，“From”为0.5，“To”为n+0.5。例如，32个数据点的径向条形图的刻度范围为0.5～32.5。进入③处的“Tick Labels(刻度线标签)”选项卡，选择④处的“Show(显示)”复选框，进入“Format(格式)”选项卡，修改⑤处的字体“Size(大小)”为14、⑥处的“Rotate (deg.) [旋转(度)]”为“Perpendicular(垂直)”。进入⑦处的“Line and Ticks(轴线和刻度线)”选项卡，选择“Show Line and Ticks(显示轴线和刻度线)”复选框，单击“OK(确定)”按钮，即可得到⑧处所示的内环角轴。左侧的两条垂直径向轴、刻度值、标题等，可分别单击后，按“Delete”键删除。

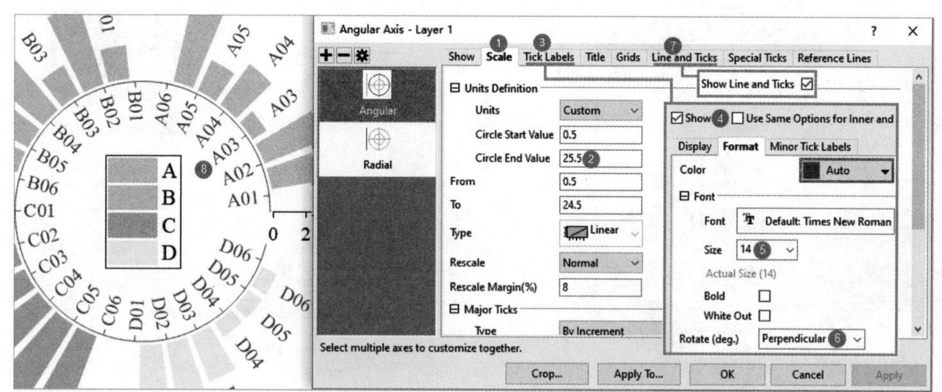

图4-162　内环角轴的设置

4. 设置柱间距

由于设置了分组标签，因此分组径向条形图中存在2种间距：一是组内间距(较小)，二是组与组之间的间距(较大)。这两种间距需要精修设置才能使内环角轴刻度线与柱条一一对应。按图4-163所示的步骤，双击①处的柱条打开“Plot Details-Plot Properties(绘图细节-绘图属性)”对话框，进入②处的“Spacing(间距)”选项卡，修改③处的“Gap Between Bars (in %) [柱间距(%)]”为2，设置④处的“Gap Between Subsets (%) [子集的距离(%)]”为5，单击“Apply(应用)”按钮。

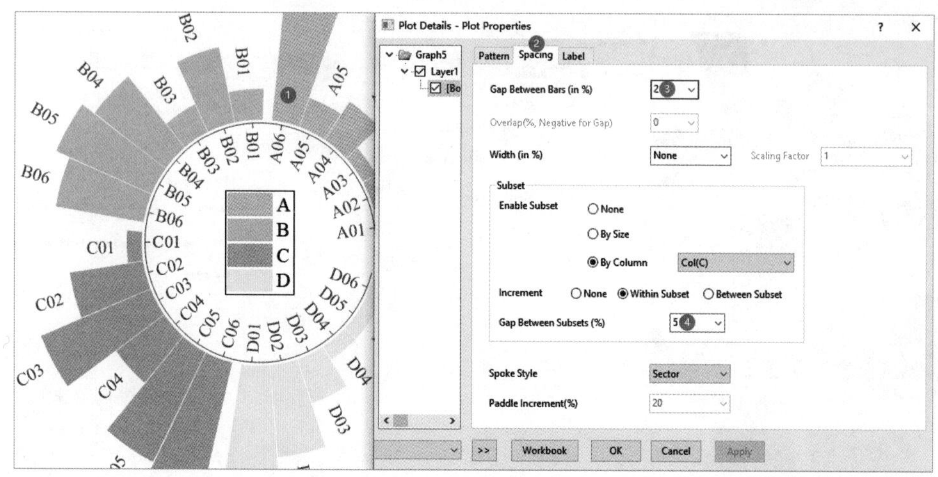

图4-163　柱间距的设置

5. 填充图案颜色

按图4-164所示的步骤，进入①处的“Pattern（图案）”选项卡，单击②处弹出颜色设置面板，进入③处的“By Points（按点）”选项卡，单击④处选择一种颜色列表，修改⑤处的“Index（索引）”来源于“Col(C)”（C列）。修改⑥处的“Gradient Fill（渐变填充）”为“One Color（单色）”，修改⑦处的“Lightness（亮度）”为70%。单击“Apply（应用）”按钮，即可得到⑧处所示的效果。

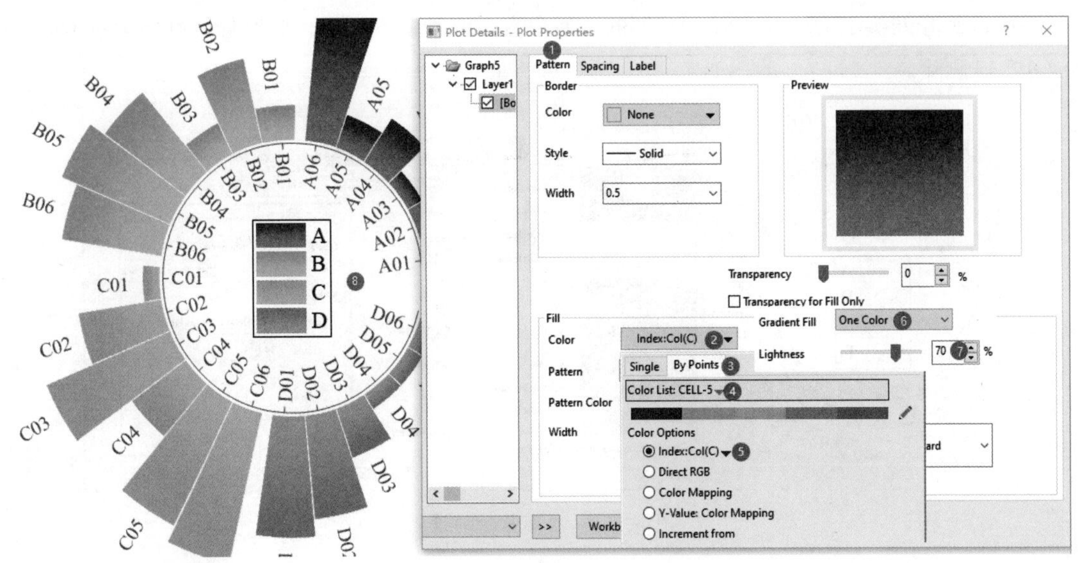

图4-164　填充图案颜色的设置

6. 设置数值标签

按图4-165所示的步骤，进入①处的“Label（标签）”选项卡，单击②处的“Font（字体）”下拉框，在弹窗中修改③处的“Rotate (deg.) [旋转(度)]”为“Angular（角度）”。修改④处的“Label Form（标签形式）”为“Col(B)”（B列）。在⑤处的“Numeric Display Format（数值显示格式）”中选择“*"%"”。单击并拖动标签贴近柱条末端，单击“Apply（应用）”按钮，即可得到⑥处所示的效果。

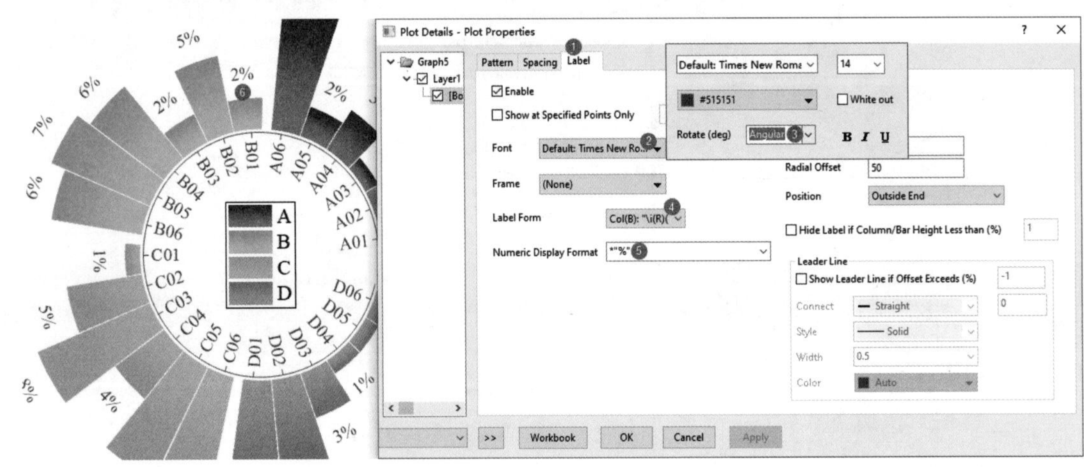

图4-165　数值标签的设置

7. 缩小图例

单击图例，利用浮动工具栏隐藏图例边框。按图4-166所示的步骤，单击图例中①处的某个色块，利用浮动工具栏②处的两个按钮缩小图例。

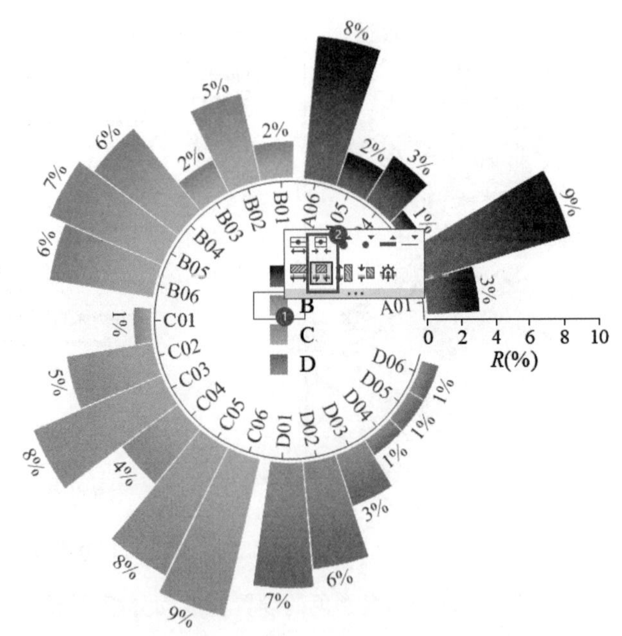

图4-166　图例的缩小

8. 添加内环分类带

前面的绘图已满足要求，若能对内环角轴刻度线标签（A01～D06）设置不同的背景颜色，将有助于提升标签的区分度。在工作表中添加一列（D列），在F(x)中输入“-3”（以能覆盖刻度标签为依据设置一个负数）。按图4-167所示的步骤添加D列数据到径向条形图中。双击①处的图层编号打开“Layer Contents:Add, Remove, Group, Order Plots-Layer 1（图层内容：添加，删除，成组，排序绘图-图层1）”对话框，选择②处的D列数据，单击③处的“→”按钮添加D列数据到右边列表中。双击④处的新增数据，修改其“Plot Type（绘图类型）”为“Column/Bar（柱条图）”。单击“OK（确定）”按钮，即可得到⑤处所示的效果。

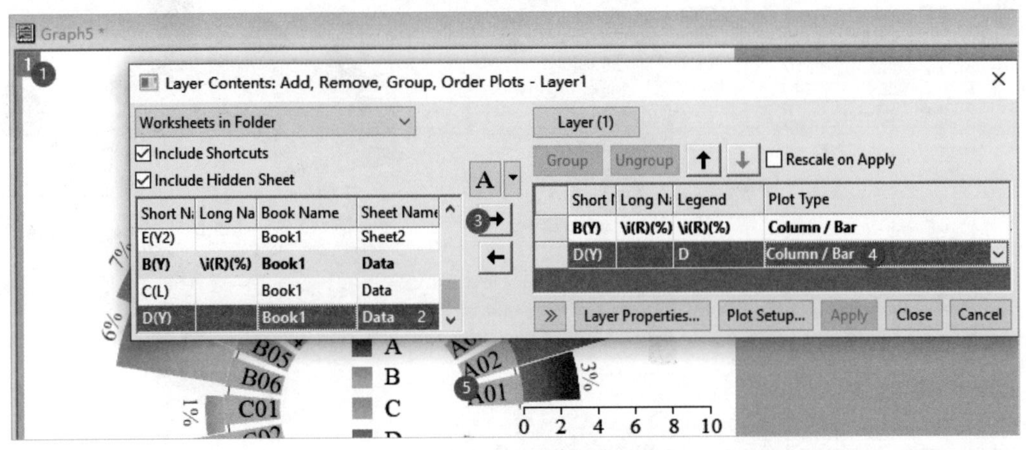

图4-167　内环分类带的添加

此时内环分类带的组内间距过大，为了起到分类示意作用并将相关的柱条包含在内，因此需要将组内间距设置为0。按图4-168所示的步骤，双击①中内环柱条打开“Plot Details-Plot Properties（绘图细节-绘图属性）”对话框，进入②处的“Spacing（间距）”选项卡，修改③处的“Gap Between Bars (in %)［柱间距(%)］”为2，修改④处的“By Column（按列）”为⑤处的“Col(C)”（C列），修改⑥处的“Gap Between Subsets (%)［子集的距离(%)］”为5，单击“Apply（应用）”按钮。

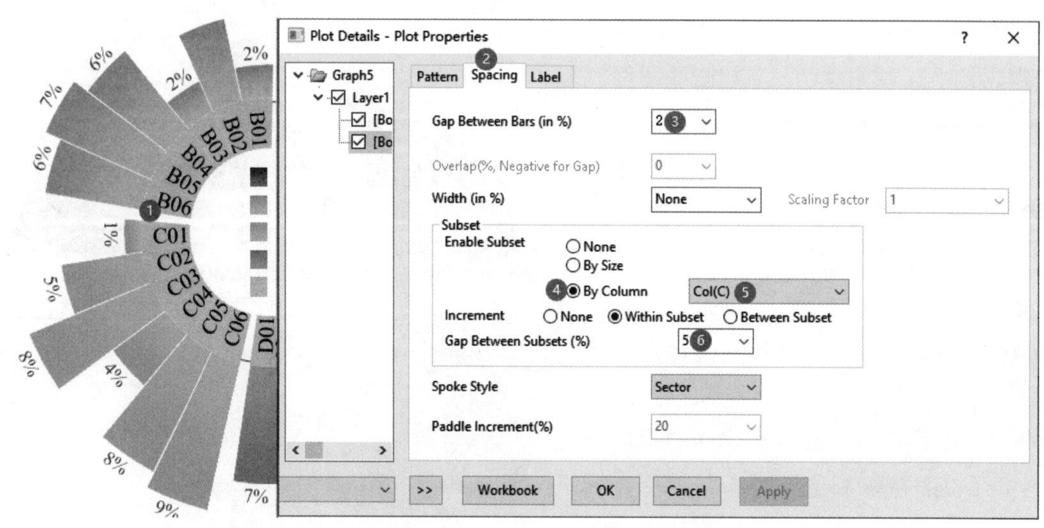

图4-168　内环分类带组内间距的设置

内环分类带的图案颜色的设置与前面分组径向条形图的设置类似。按图4-169（a）所示的步骤，进入①处的“Pattern（图案）”选项卡，单击②处的“Color（颜色）”为“By Points（按点）”，“Index（索引）”来源于“Col(C)（C列）”，设置③处的“Transparency（透明度）”为80。单击“OK（确定）”按钮，可得如图4-169（b）所示的效果图。

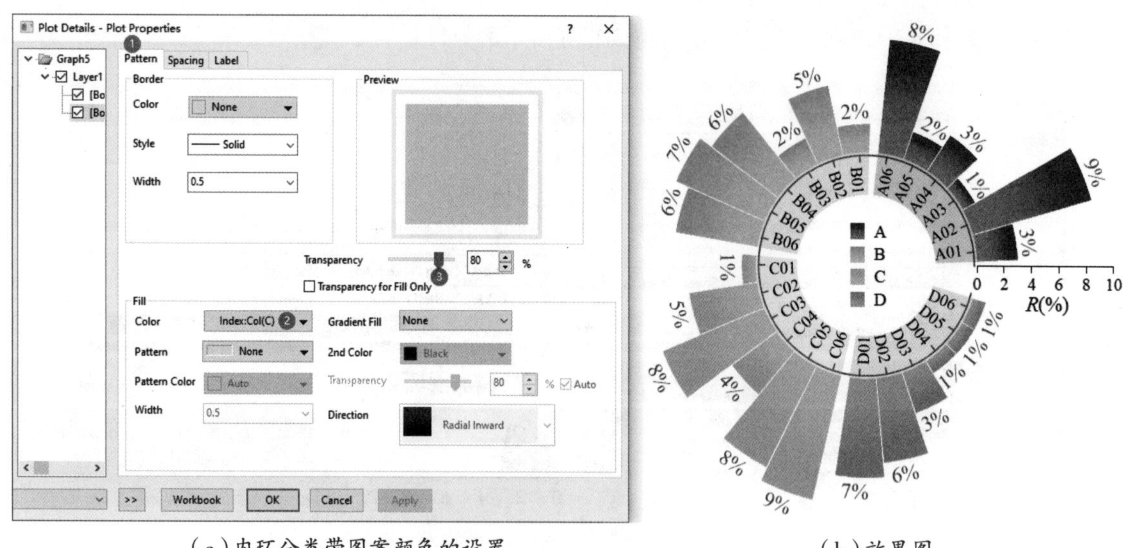

（a）内环分类带图案颜色的设置　　（b）效果图

图4-169　内环分类带图案颜色的设置及效果图

4.7.5 径向堆积条形图

径向堆积条形图与普通堆积柱状图在表达数据结果上具有相同的作用，但前者的可视化效果更佳。

例25：复制例24的工作表，在标签列之前插入2列，填入堆积数据。如图4-170（a）所示，A列为样品编号，B～D列为y数据，E列为标签列，选择E列，右击选择“Set as Label(设置为标签属性)”，F列为内环数据。绘制径向堆积条形图，如图4-170（b）所示。

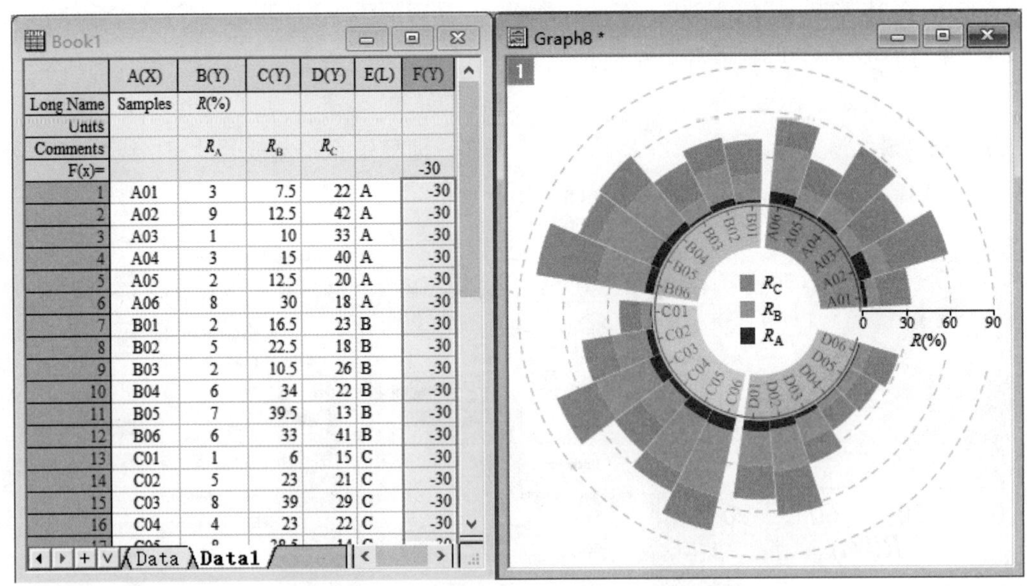

（a）工作表　　　　（b）径向堆积条形图

图4-170　工作表及径向堆积条形图

本例的绘图过程与例24相近。

1. 绘制径向堆积条形图

按图4-171所示的步骤，选择①处的A～E列数据（E列为标签型），单击菜单②处的“Plot（绘图）”→③处的“Specialized（专业图）”→④处的“Radial Stacked Bar Plot（径向堆积条形图）”。

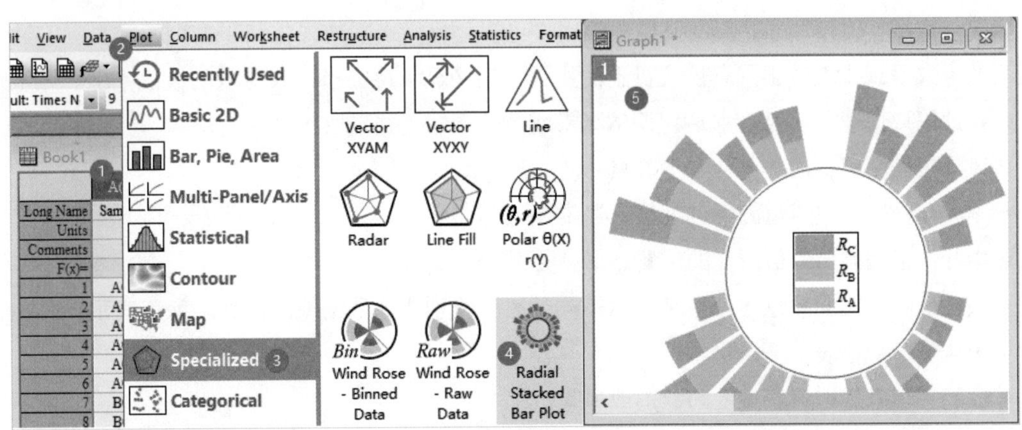

图4-171　径向堆积条形图的绘制

后续操作步骤可参考图4-161～图4-169。堆积条形图建议关闭渐变填充，将图4-164中⑥处的“Gradient Fill（渐变填充）”修改为“None（无）”。

2. 显示网格线

按图4-172所示的步骤，双击①处的水平径向轴打开“Radial Axis-Layer 1（径向轴-图层1）”对话框，进入②处的“Grids（网格）”选项卡，在“Major Grid Lines（主网格线）”组中选择③处的“Show（显示）”复选框，修改④处的“Color（颜色）”为“LT Gray（浅灰色）”，修改⑤处的“Style（样式）”为“Dash（划线）”，可得①处所示的网格线。主网格线与主刻度位置一致，但在极坐标系中，可能在最外主刻度上无法显示网格线，可以进入⑥处的“Scale（刻度）”选项卡，修改⑦处的“To”为90.01（最大值为90），单击“OK（确定）”按钮，即可显示90刻度处的网格线。在图层外空白处右击，选择“Fit Page to Layers（调整页面至图层大小）”，可得目标图。

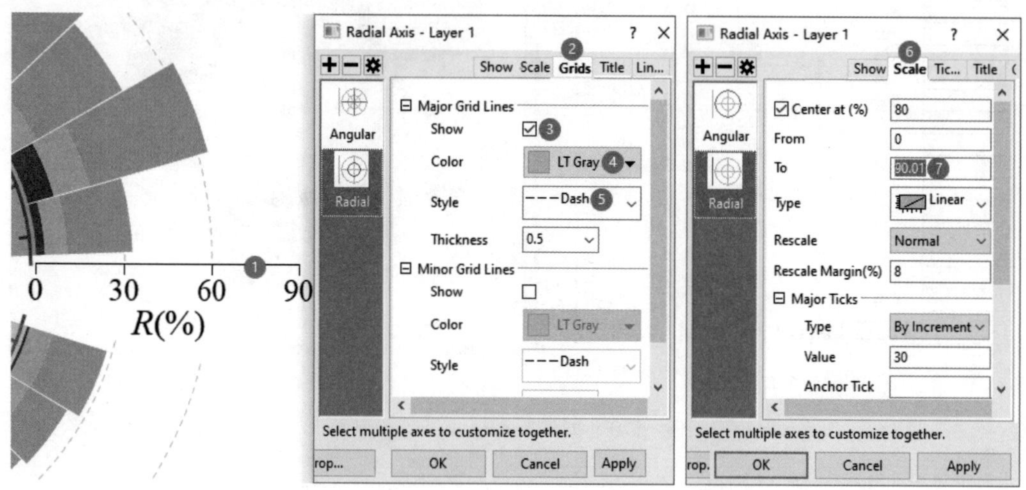

图4-172　网格线的设置

4.7.6 风险仪表图

风险仪表图（Risk Gauge Chart）是一种用于可视化风险水平或评估结果的图表类型。它通常以仪表盘的形式呈现，类似于汽车仪表盘上的指针，用来显示特定指标或变量的数值范围。风险仪表图可以帮助用户快速了解风险水平、评估结果或绩效指标，并采取相应的行动。

在风险仪表图中，通常包括以下要素。

● 刻度盘：表示数值范围的刻度线，通常从低到高排列。

● 指针：指示当前数值所在的位置，通常是一个箭头或线条。

● 颜色编码：不同颜色通常用来表示不同的风险级别或评估结果。例如，绿色表示低风险，黄色表示中风险，红色表示高风险。

● 标签：用来标识仪表盘上的数值或风险级别。

风险仪表图的优点包括直观易懂、能够快速传达信息、适用于监控和决策等。此外，风险仪表图还可以根据具体需求进行定制，如调整刻度范围、改变颜色编码方案或添加额外的标识符。

例26：准备一张XYY型工作表，如图4-173（a）所示，A列为定义风险等级，B列为各等级在仪表盘上分布的角度范围（表盘角度为180°时，各等级范围角度之和为180°），C列为指针数据。绘制半圆仪表图和扇形仪表图，如图4-173（b）和图4-173（c）所示。

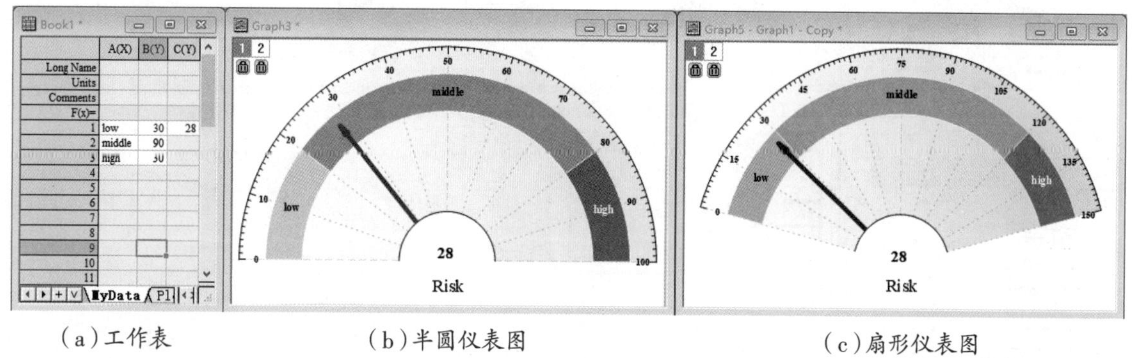

（a）工作表　　（b）半圆仪表图　　（c）扇形仪表图

图4-173　工作表及风险仪表图

1. 调用码表模板

Origin软件提供了较多新颖的绘图模板。按图4-174所示的步骤，单击①处的菜单“Tools（工具）”，打开②处的“Template Center（模板中心）”对话框，找到“Speedometer Chart（码表图）”模板，单击③处的按钮下载该模板。

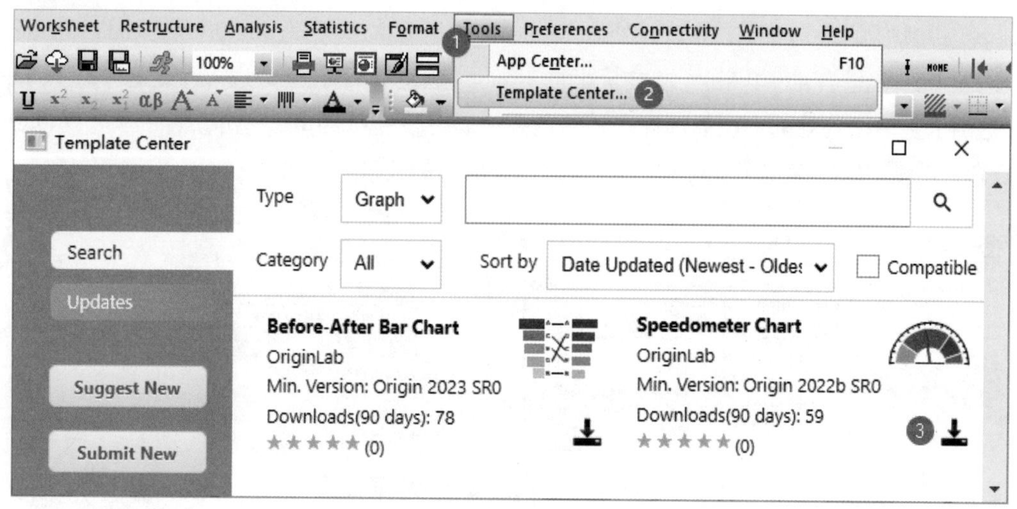

图4-174　模板中心

模板绘图法是高效绘图的四大法宝之一，已在4.5.4小节里详细介绍。模板绘图对工作表的数据结构有一定的要求。当我们对新模板不熟悉时，可以先单击图4-175中②处的按钮打开“Template Library（模板库）”对话框，移动鼠标到③处弹出提示气泡。气泡中提示需要3列数据，第一、二列分别为levels（等级）和percentage（百分比），第三列为指针数据。按照气泡提示构造工作表。

按图4-175所示的步骤，单击①处全选数据，单击下方工具栏②处的按钮打开“Template Library（模板库）”对话框，选择③处的“Speedometer Chart（码表图）”模板，单击④处的“Plot（绘图）”按钮，即可得到⑤处所示的仪表图。

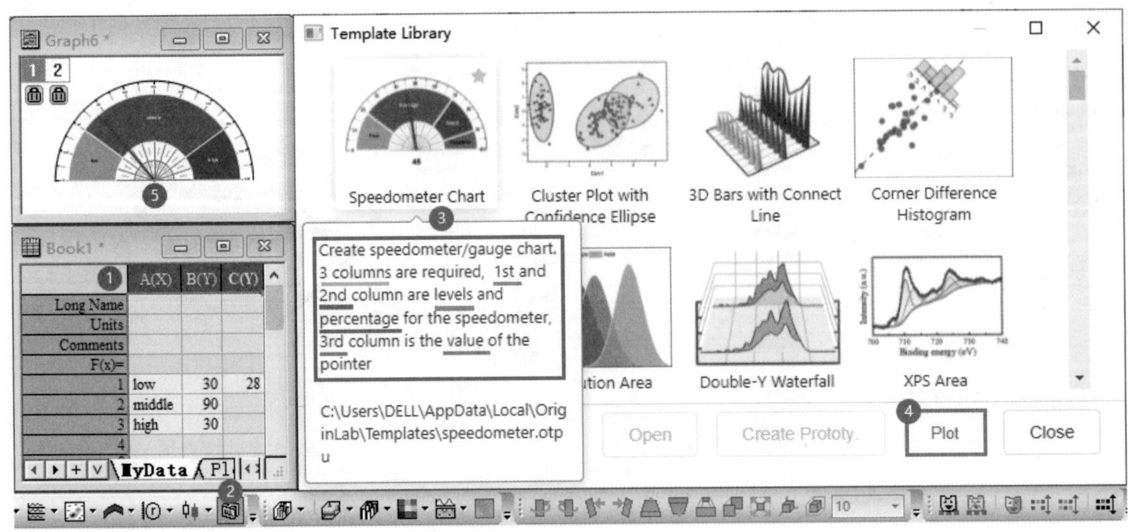

图 4-175　码表图模板的调用

2. 美化仪表盘

码表图模板采用不同颜色的空心饼图表达风险等级。按图4-176所示的步骤缩小环饼宽度。双击①处的饼图打开“Plot Details-Plot Properties（绘图细节-绘图属性）”对话框，进入②处的“Pie Geometry（饼图构型）”选项卡，修改③处的“Hole Size（开孔大小）”为80。进入④处的“Pattern（图案）”选项卡，单击“Fill（填充）”组中⑤处的“Color（颜色）”下拉框，进入⑥处的“By Points（按点）”选项卡，单击⑦处的下拉框选择一种颜色列表，在颜色列表⑧处单击，表示从⑧处色块开始配置颜色。单击“OK（确定）”按钮，即可得到⑨处所示的效果。

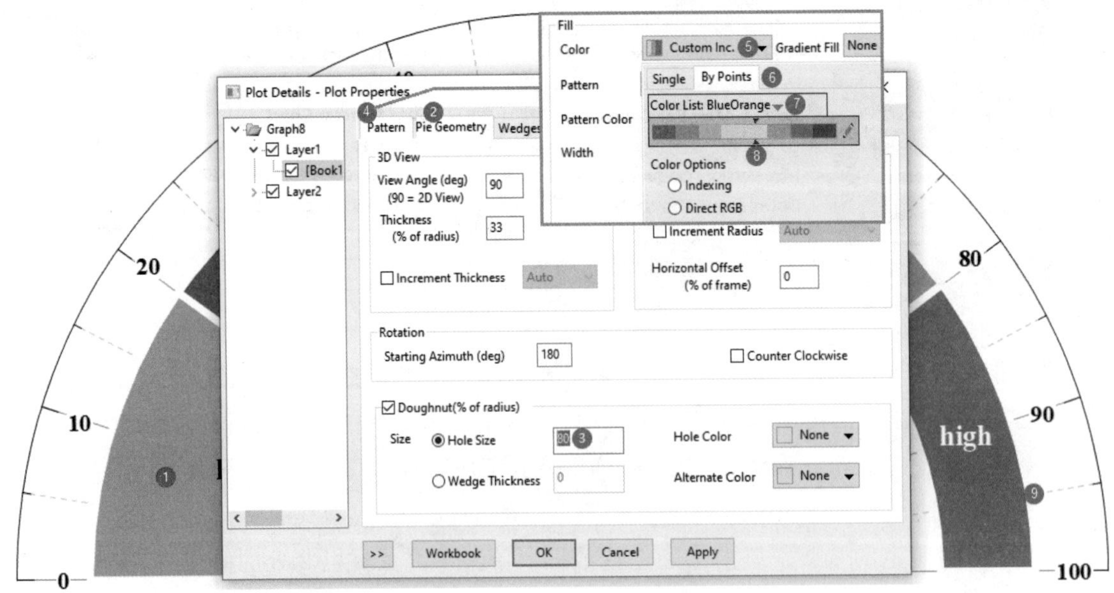

图 4-176　饼图开孔大小的设置

3. 设置极坐标系

按图4-177（a）所示的步骤将表盘中心设置为空心，双击①处的外环角轴打开“Angular Axis-Layer 2（角轴-图层2）”对话框，进入②处的“Scale（刻度）”选项卡，选择③处的“Radial（径向）”，修改④处的“Center at（%）（中心位于）”为20。单击“Apply（应用）”按钮，即可得到⑤处所示的效果。

按图4-177（b）所示的步骤将内环角轴设置为无刻度。进入②处的“Line and Ticks（轴线和刻度线）”选项卡，选择②处的“Angular-Inner（角轴-内）”，分别设置③、④处的主刻度、次刻度的“Style（样式）”为“None（无）”，单击“Apply（应用）”按钮。

按图4-177（c）所示的步骤将径向网格线设置为虚线，将环形网格线隐藏。进入①处的“Grids（网格）”选项卡，选择②处的“Angular（角度）”，修改③处的“Color（颜色）”为“LT Gray（浅灰）”，修改④处的“Style（样式）”为“Dot（点）”，取消⑤处的“Show（显示）”复选框。选择⑥处的“Radial（径向）”，取消主刻度、次刻度的“Show（显示）”复选框。单击“OK（确定）”按钮，添加文本“Risk”，调整数字标签拖动到空心的圆心位置，右击图层外空白区域，选择“Fit Page to Layers（调整页面至图层大小）”。

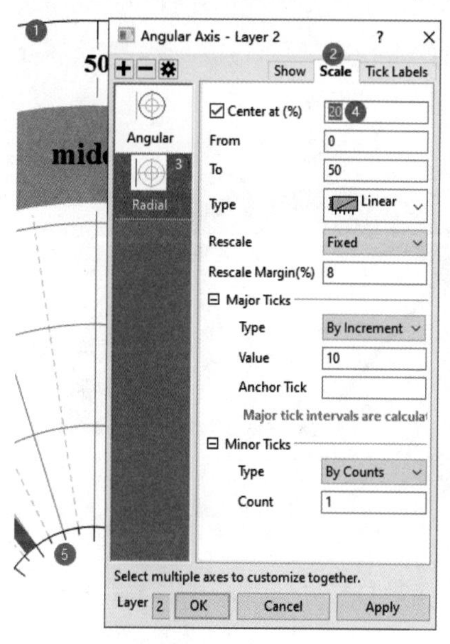

（a）极坐标空心的设置

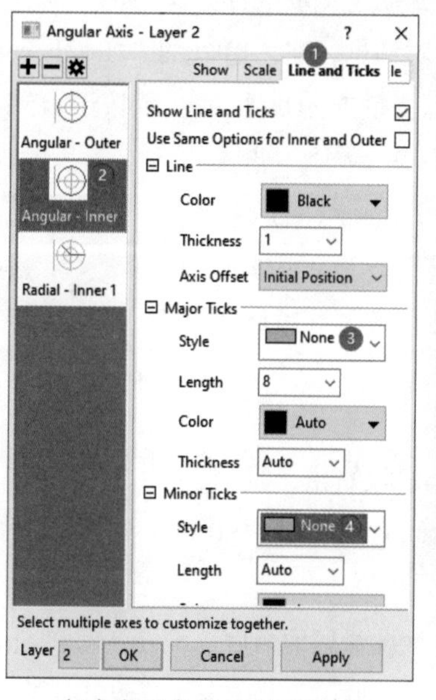

（b）内环角轴无刻度设置

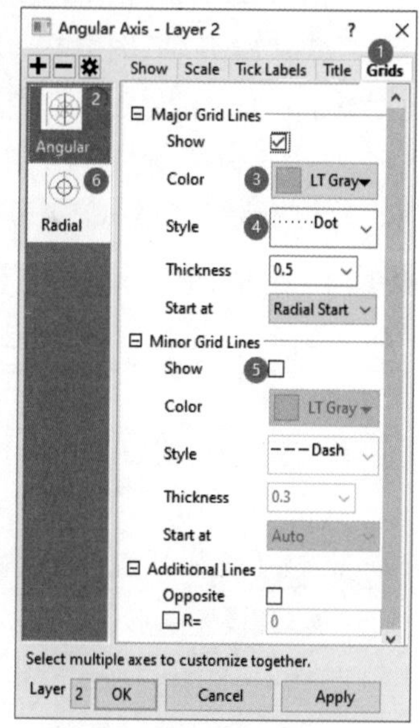

（c）网格线的设置

图4-177 极坐标空心和网格线的设置

4. 添加渐变背景颜色

按图4-178（a）所示的步骤添加渐变背景颜色。双击①处图层空白区域打开“Plot Details-Layer Properties（绘图细节-图层属性）”对话框，修改②处的“Color（颜色）”为“LT Yellow（浅黄色）”，设置“Gradient Fill（渐变填充）”组中③处的“Mode（模式）”为“Two Colors（双色）”，修改④处的“2nd Color（第二色）”为“White（白色）”和⑤处的“Direction（方向）”为“Right Left（从右到左）”，单击“OK（确定）”按钮。

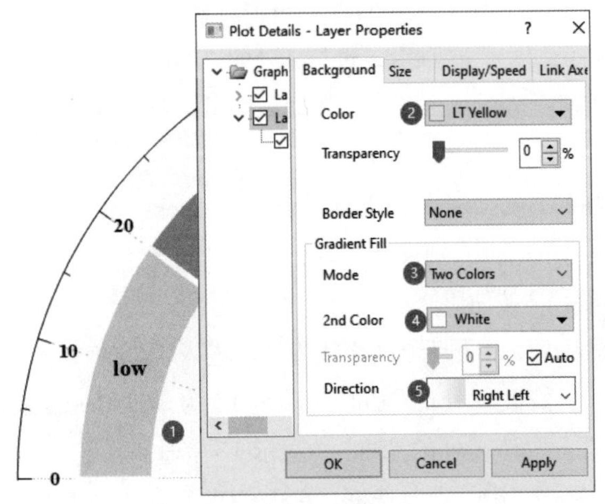

（a）渐变填充设置

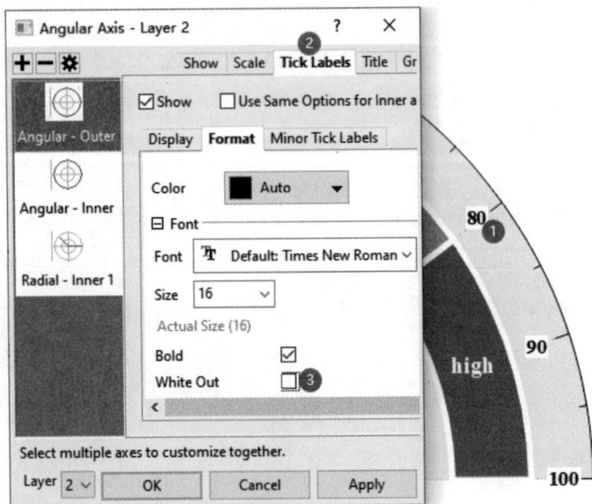

（b）刻度线标签无白底设置

图4-178　渐变填充与刻度线标签无白底设置

按图4-178（b）所示的步骤取消刻度线标签文本的白底。双击①处的刻度线标签打开“Angular Axis-Layer 2（角轴-图层2）”对话框，进入②处的“Tick Labels（刻度线标签）”选项卡，取消③处的“White Out（白底）”复选框，单击“OK（确定）”按钮。

双击外环角轴刻度打开对话框，进入“Scale（刻度）”选项卡，设置“Minor Ticks（次刻度）”组中的“Count（数量）”为9，单击“OK（确定）”按钮，即可得到如图4-179所示的效果。

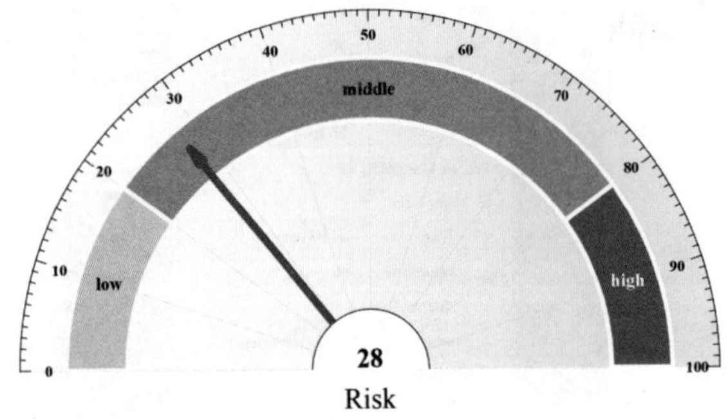

图4-179　半圆风险仪表图

5. 设置扇形仪表图

在图4-179的绘图窗口标题栏右击，选择“Duplicate（复制）”创建一个副本。按图4-180所示的步骤设置扇形仪表图。

按图4-180（a）所示的步骤设置扇形角度。双击①处的外环角轴打开“Angular Axis-Layer 2（角轴-图层2）”对话框，在“Scale（刻度）”选项卡中修改②处的“Units（单位）”为“Degrees（角度）”，修改③处的“To”为150（扇形角度），修改④处的次刻度增量“Value（值）”为15°（按15°为间隔构造10个主刻度）。进入⑤处的“Show（显示）”选项卡，修改⑥处的“Axes Start at (deg.)[坐标轴开始于(度)]”为165。165°的计算过程：原半圆风险仪表图的0°开始于180°（左端），扇形角度为150°，角度差为30°（180°−150°=30°）；扇形需要设计成左右对称的形式，扇形左右两边的水平角为15°，因此0°开始于165°（180°−15°=165°）。

按图4-180（b）所示的步骤设置饼图的占比。双击①处的饼图打开“Plot Details-Plot Properties（绘图细节-绘图属性）”对话框，进入②处的“Wedges（楔子）”选项卡，修改③处的“Wedges Total by（楔子总数）”按“Percent（百分比）”设置为41.667%。41.667%的计算过程：原仪表图中扇形为半圆（占50%），扇形角度为150°占整圆（360°）的41.667%（150÷360×100%≈41.667%）。

按图4-180（c）所示的步骤设置饼图的旋转角度。进入①处的“Pie Geometry（饼图构型）”选项卡，修改②处的“Starting Azimuth (deg)[起始方位角(度)]”为195°，单击“Apply（应用）”按钮来确定。单击“OK（确定）”按钮，即可得到如图4-181（a）所示的效果。

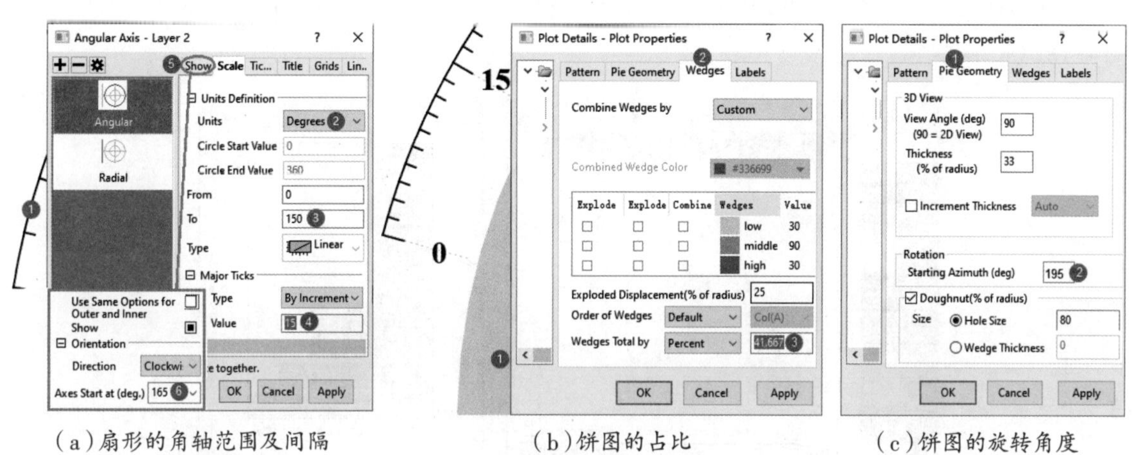

（a）扇形的角轴范围及间隔　（b）饼图的占比　（c）饼图的旋转角度

图4-180　扇形仪表图的设置

在实际应用时，可以右击扇形仪表图的绘图窗口标题，选择“Duplicate（复制）”创建多个副本，然后改变它们的颜色或角度，如图4-181（b）和图4-181（c）所示。

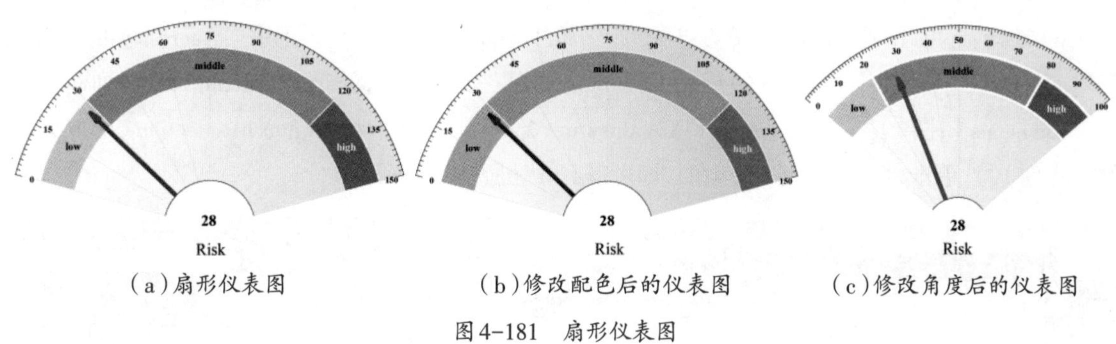

（a）扇形仪表图　（b）修改配色后的仪表图　（c）修改角度后的仪表图

图4-181　扇形仪表图

4.8 热图

热图（Heatmap）通过色彩的渐变来表示数据的大小。与等高线图不同，热图使用颜色的深浅来表示数据值的大小，常用于展示数据的密度、温度分布、数据频率等。热图通常用于展示跨越二维平面的数据点或事件的集中程度，能够直观地展示数据的分布情况和趋势。热图在数据分析、统计学、生物信息学等领域被广泛应用，能够帮助研究人员更好地理解数据的特征和关系。

4.8.1 灭菌效果热图

灭菌效果通常用表格形式来呈现，表中用“+”和“-”表示细菌的“存”和“亡”。如果用热图代替表格，则可使表格数据更加直观。

例27：准备一张XYYY型工作表，如图4-182（a）所示，A列为灭菌剂的质量浓度，B～H列为不同时间的灭菌效果，用1和0表示细菌的“存”和“亡”。绘制可视化的灭菌效果热图，如图4-182（b）所示。

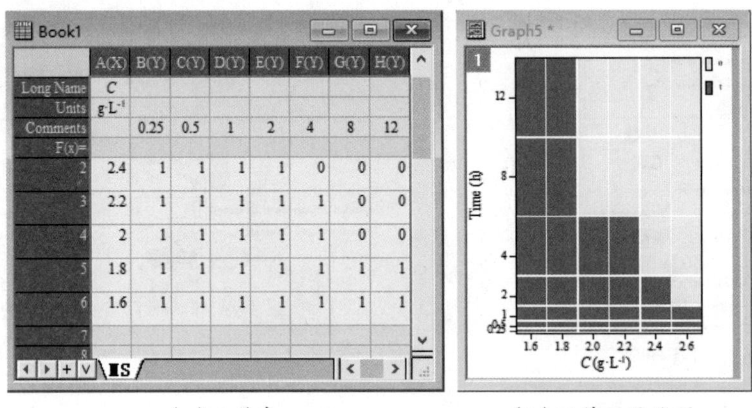

（a）工作表　　（b）灭菌效果热图

图4-182　工作表及灭菌效果热图

按图4-183所示的步骤，单击①处全选数据，单击下方工具栏②处的热图按钮打开“Plotting: plotvm（绘图：plotvm）”对话框，修改③处的“Data Layout (数据布局)”，选中“Y across columns（Y跨列）”，修改“Y Values in（Y值在）”为“Column Label（列标签）”，修改“Column Label（列标签）”为“Comments（注释）”。修改④处的“X Values in（X值在）”为“1st column in selection（选取区域的第一列）”。单击“OK（确定）”按钮，即可得到⑤处所示的热图。

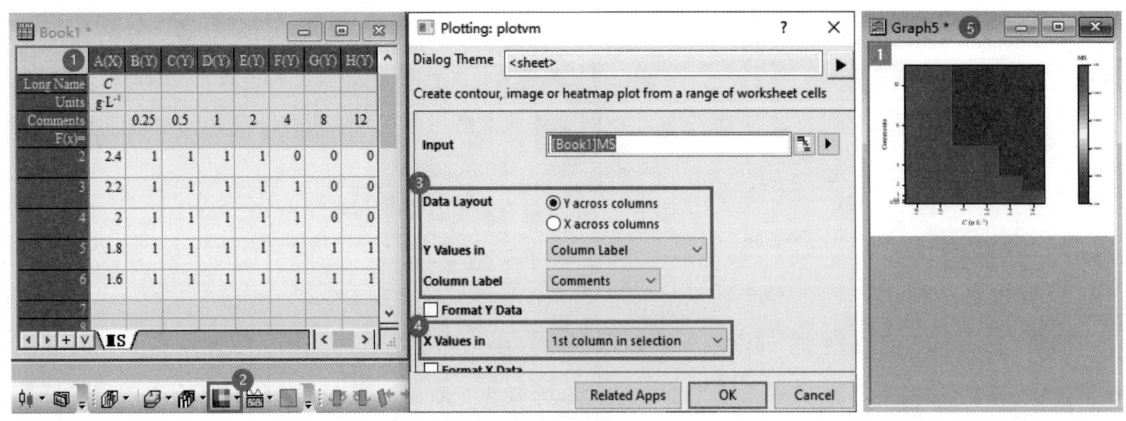

图4-183　热图的绘制

按图4-184所示的步骤修改颜色映射和色块间距。双击①处的灭菌效果热图打开“Plot Details-

Plot Properties（绘图细节-绘图属性）”对话框，进入②处的“Colormap（颜色映射）”选项卡，单击③处的“Level（级别）”打开“Set Levels（设置级别）”对话框。因为只显示0和1两个级别，所以修改④处的“Major Levels（主级别）”为2、“Minor Levels（次级别）”为0，单击“OK（确定）”按钮返回上一级对话框。单击⑤处的“Fill（填充）”选项卡，打开“Fill（填充）”对话框，选择⑥处的“Limited Mixing（有限混合）”，修改⑦处“From（开始）”和“To（结束）”的颜色，单击“OK（确定）”按钮返回上一级对话框。进入⑧处的“Display（显示）”选项卡，在“Spacing（间距）”组里拖动⑨处的两组间距滑块并设置为10，单击“Apply（应用）”按钮。

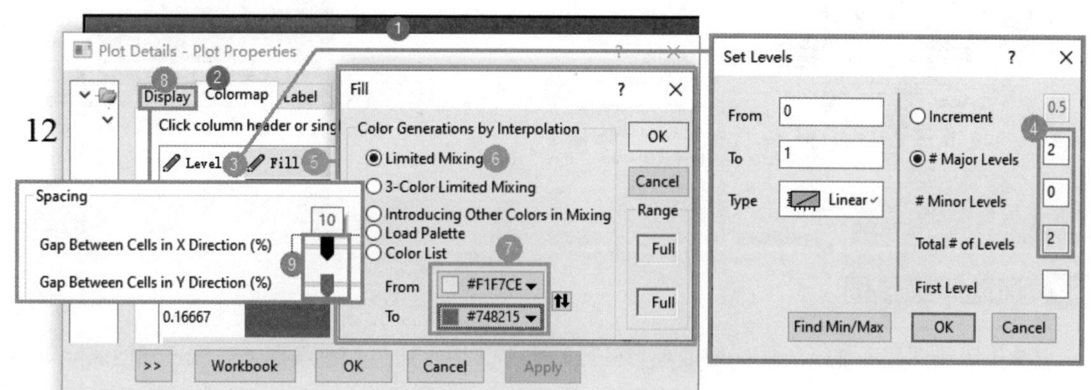

图4-184　颜色映射与色块间距的设置

按图4-185所示的步骤设置图例格式。单击图例拖动①处的句柄调整图例大小，双击②处的图例打开“Color Scale Control-Layer 1（色阶控制-图层1）”对话框，在“Layout（布局）”页面，修改③处的“Layout（布局）”为“Separated（分离）”，单击“Apply（应用）”按钮可得④处的效果。进入⑤处的“Labels（标签）”页面，将⑥处的“Label Form（标签形式）”的“Range（范围）”修改为“Value（值）”，取消⑦处的“Auto（自动）”复选框，设置⑧处的“Custom Format（自定义格式）”为“.0”（0位小数）。单击“OK（确定）”按钮。

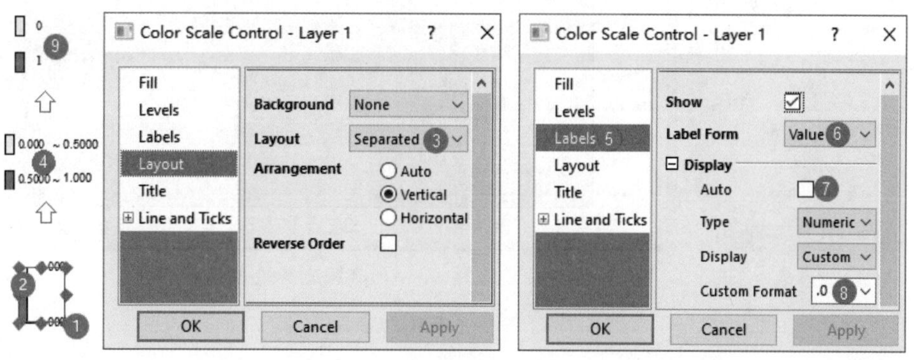

图4-185　图例格式的设置

按图4-186所示的步骤①～⑥进行图层比例、文字旋转、调整页面至图层大小等设置，最终得到图4-187。

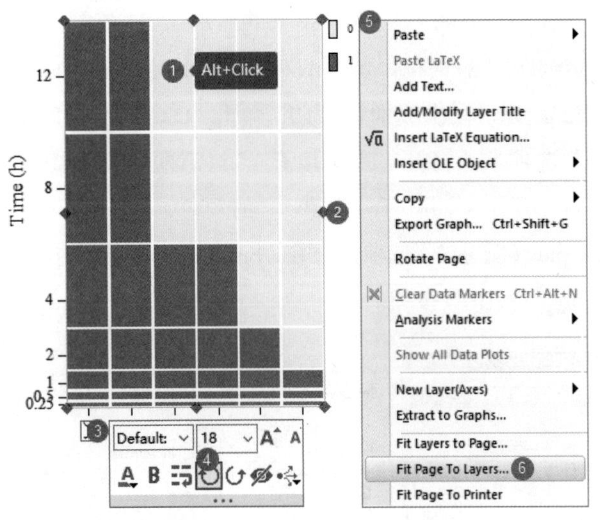

图4-186　图层比例、文字旋转等设置

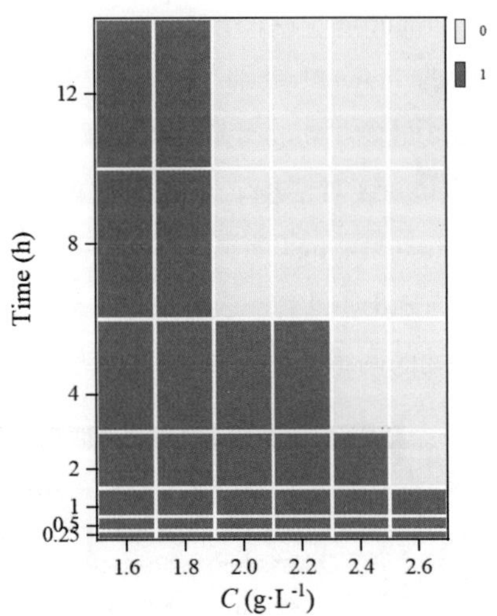

图4-187　灭菌效果热图

4.8.2 风险等级热图

风险等级热图用于显示不同区域或项目的风险水平。通常通过颜色编码来表示不同的风险等级，如绿色表示低风险，黄色表示中风险，红色表示高风险。这种图表可以帮助用户快速识别和理解风险分布情况，进而制定风险管理策略和决策。通过风险等级热图，用户可以直观地了解哪些区域或项目需要重点关注和处理，以降低潜在的风险影响。

例28：准备一张矩阵表，如图4-188（a）所示，绘制风险等级热图，如图4-188（b）所示。

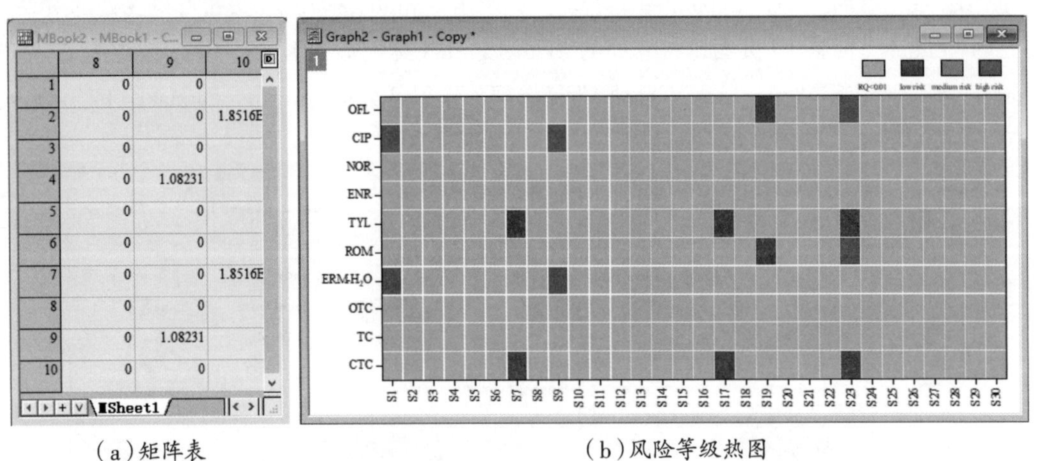

（a）矩阵表　　（b）风险等级热图

图4-188　矩阵表与风险等级热图

1. 准备数据

这里分析来自30个监测点的水样中不同化合物（如抗生素）的含量。如图4-189所示，第一行为30个监测点（样品编号为S1～S30），第一列是10种抗生素的简称，为了与数据单元格区分，将第一行和第一列填充不同的颜色。第一行与第一列之间围成的单元格为数据，即10行×30列的矩阵。这种数据结构也与目标图4-188（b）的结构一致。在Origin中创建跟Excel表格结构一样的矩阵表。具体创建步骤可参考3.2.1小节的内容，本小节不再赘述。

1		S1	S2	S3	S4	S5	S6	S7	S8
2	CTC	0	0.02928	0.00466	0	0.0051	0.0103	0.0413	
3	TC	0	0	0	0	0	0	0	
4	OTC	0	9.39E-04	7.70E-04	0	6.47E-04	0.00128	7.78E-04	
5	ERM H\ (2)O	0.35811	0	0	0	0	0	0	
6	ROM	0	0	0	0	0	0	0	
7	TYL	0	0.02928	0.00466	0	0.0051	0.0103	0.0413	
8	ENR	0	0	0	0	0	0	0	
9	NOR	0	9.39E-04	7.70E-04	0	6.47E-04	0.00128	7.78E-04	
10	CIP	0.35811	0	0	0	0	0	0	
11	OFL	0	0	0	0	0	0	0	

图4-189　Excel数据表

2. 绘制热图

按图4-190所示的步骤，单击①处全选矩阵数据，选择下方工具栏②处的热图按钮，得到③处所示的热图。按下“Alt”键，单击热图出现句柄，拖动句柄调整热图宽度，如④处所示。右击图层外空白处，选择“Fit Page to Layers（调整页面至图层大小）”。

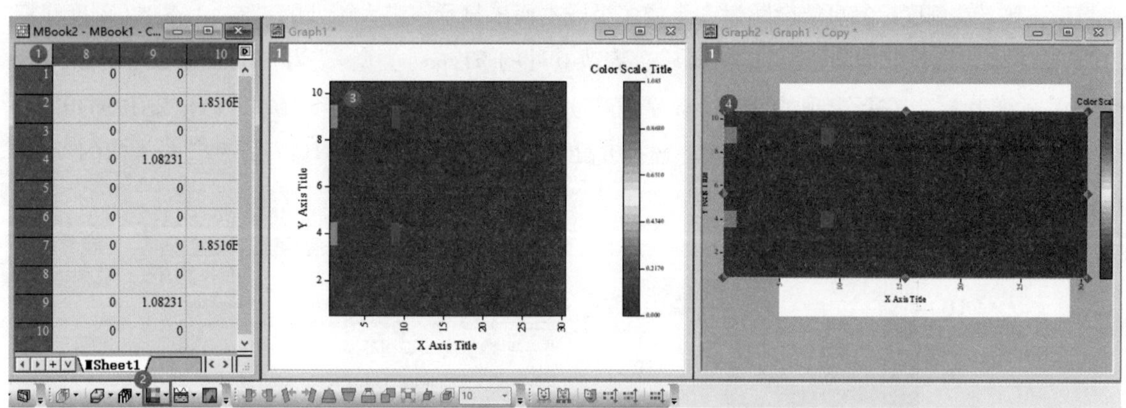

图4-190　绘制热图

3. 设置风险级别

双击热图打开“Plot Details-Plot Properties（绘图细节-绘图属性）”对话框，按图4-191所示的步骤设置色块间距、颜色映射。进入①处的“Display（显示）”选项卡，拖动②处X和Y方向的间距滑块（建议均为5）。进入③处的“Colormap（颜色映射）”选项卡，单击④处的“Level（级别）”选项卡，打开“Set Levels（设置级别）”对话框，设置⑤处的“Major Levels（主级别）”“Minor Levels（次级别）”分别为4和0，即只显示主级别的颜色，单击“OK（确定）”按钮返回上一级对话框。双击⑥处的每个级别，分别输入0.01、0.04、0.08、0.12、>2（风险级别阈值）。单击⑦处的“Fill（填充）”选项卡，打开“Fill（填充）”对话框，选择⑧处的“3-Color Limited Mixing（3色有限混合）”，设置⑨处的3种颜色（设置从绿色、黄色到红色的渐变），单击“OK（确定）”按钮返回上一级对话框。如果需要设置特殊颜色，可以单击⑩处的某个色块打开对话框进行设置。

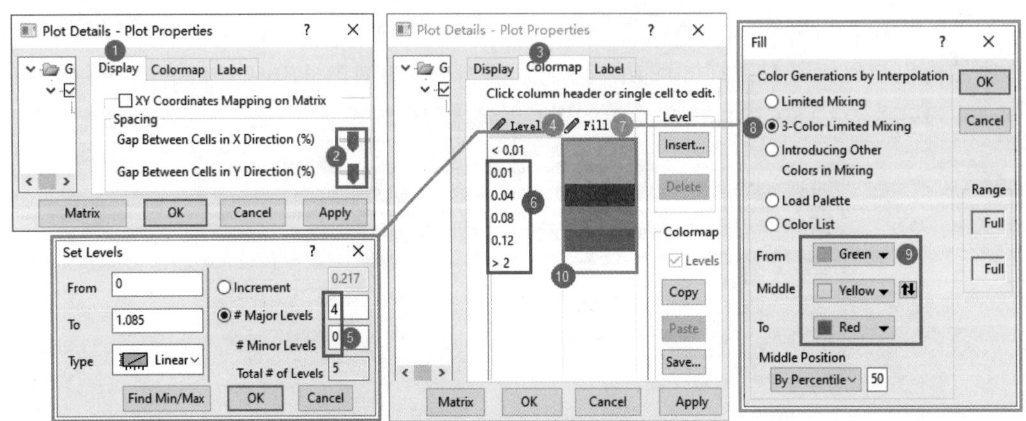

图4-191　风险级别的设置

4. 设置轴标签

按图4-192所示的步骤，双击①处的*Y*轴打开“Y Axis-Layer 1（Y坐标轴-图层1）”对话框，进入②处的“Scale（刻度）”选项卡，修改③处的主刻度增量“Value（值）”为1。如果增量值为2或其他数值，则*Y*轴刻度标签可能会跳过一个或多个样本而未显示。进入④处的“Tick Labels（刻度线标签）”选项卡，选择⑤处的“Left（左轴）”，修改⑥处的“Type（类型）”为“Tick-indexed string（刻度索引字符串）”，在新出现的“String（字符串）”输入框⑦处输入刻度文本“TYL ENR NOR CIP OFL”，注意每个标签之间以空格分隔。选择⑧处的“Bottom（下轴）”，进行⑥和⑦步类似的设置。单击“OK（确定）”按钮。

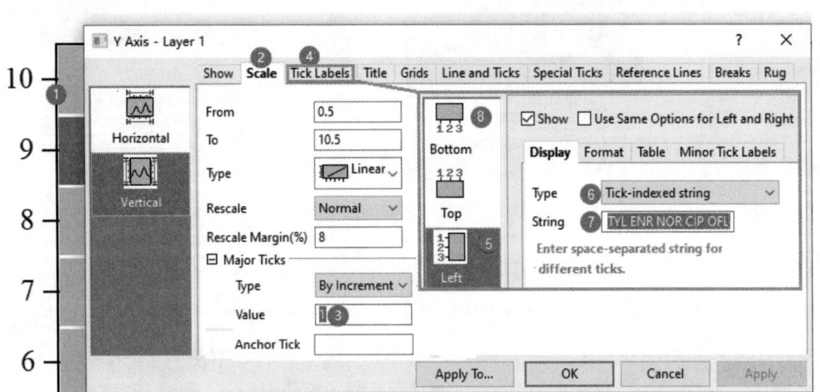

图4-192　轴标签的设置

5. 设置分离的水平图例

按图4-193所示的步骤设置分离的水平图例。双击①处的色阶图例打开“Color Scale Control-Layer 1（色阶控制-图层1）”对话框，单击②处的“Layout（布局）”，修改③处的“Layout（布局）”为“Separated（分离）”，单击“Apply（应用）”按钮。单击④处的“Labels（标签）”，修改⑤处的“Label Form（标签形式）”为“Value（值）”，取消⑥处的“Auto（自动）”复选框，修改⑦处的“Type（类型）”为“Tick-indexed string（刻度索引字符串）”，在⑧处的“String（字符串）”文本框中输入4

种风险级别的标签文本，每个标签之间以空格分隔。这里的风险等级标签由多个单词组成，因此需要将每个标签用“半角”双引号括起来。单击“OK（确定）”按钮，即可得到⑨处所示的效果。

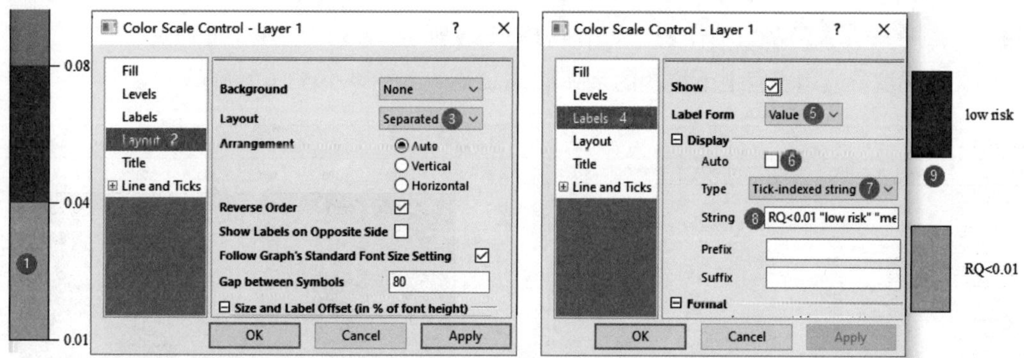

图 4-193　分离的水平图例的设置

按图 4-194 所示的步骤，单击图例，拖动①处的句柄调整至水平排列，并将图例移动到图层右上角外侧。

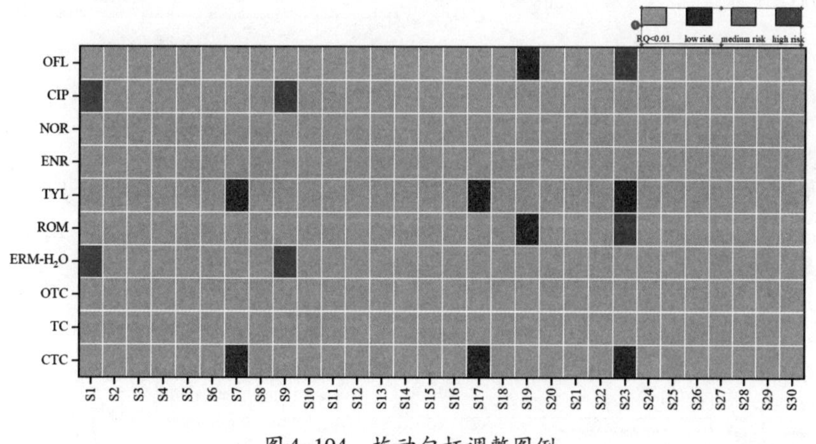

图 4-194　拖动句柄调整图例

4.9 等高线图

等高线图（Contour 图）又称为等值线图，是一种用来表示三维表面特征在二维平面上的图形表示方法。在这种图中，等高线或轮廓线用来表示具有相同数值的点的连线。这些数值可以是高度、压力、温度、湿度等任何可量化的数据。Contour 图可以直观地展示数据在二维平面上的分布情况，同时通过颜色的强弱变化来表示数据的强度变化。Contour 图中参照线和光谱曲线的结合可以帮助观察者更好地理解数据的特征和趋势。作为一种重要的数据可视化和分析工具，Contour 图在科学研究、地质勘探、气象预测等领域中有着广泛应用。通过对 Contour 图的分析，可以更深入地理解数据的空间分布特征，为相关领域的研究和决策提供支持。

4.9.1 余晖Contour图

余晖Contour图可以描述不同时间荧光光谱强度的衰减情况，揭示发光材料的余晖衰减寿命特性。

例29：创建一张XYYY型工作表，如图4-195（a）所示，A列为波长，B列及其右方各列为不同时间的荧光强度。绘制一组上下拼接的余晖Contour图，如图4-195（b）所示。

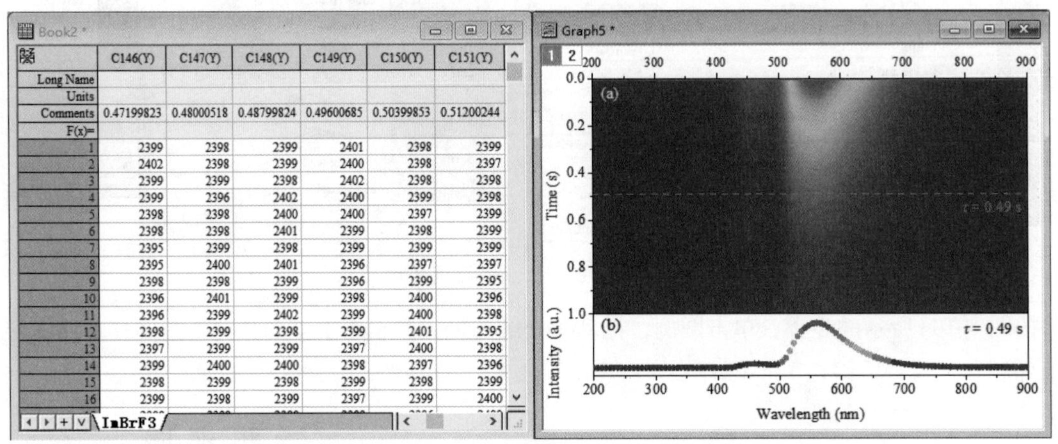

	C146(Y)	C147(Y)	C148(Y)	C149(Y)	C150(Y)	C151(Y)
Long Name						
Units						
Comments	0.47199823	0.48000518	0.48799824	0.49600685	0.50399853	0.51200244
F(x)=						
1	2399	2398	2399	2401	2398	2399
2	2402	2398	2399	2400	2398	2397
3	2399	2399	2398	2402	2398	2398
4	2399	2396	2402	2400	2399	2398
5	2398	2398	2400	2400	2397	2399
6	2398	2398	2401	2399	2398	2399
7	2395	2399	2398	2399	2399	2399
8	2395	2400	2401	2396	2397	2397
9	2398	2398	2399	2396	2399	2395
10	2396	2401	2399	2398	2400	2396
11	2396	2399	2402	2399	2400	2398
12	2398	2399	2398	2399	2401	2395
13	2397	2399	2399	2397	2400	2398
14	2399	2400	2400	2398	2397	2396
15	2398	2399	2398	2399	2398	2399
16	2399	2398	2399	2397	2399	2400

（a）工作表　　（b）余晖Contour图

图4-195　工作表及余晖Contour图

1. 绘制Contour图

按图4-196所示的步骤绘制草图。单击①处全选数据，单击下方工具栏②处的“▼”按钮，选择③处的“Contour-Color Fill（等高线图-颜色填充）”工具打开“Plotting: plotvm（绘图：plotvm）”对话框，注意修改④处的“Y Values in（Y值在）”为“Column Label（列标签）”，修改“Column Label（列标签）”为“Comments（注释）”，选择⑤处的“X Values in（X值在）”为“1st column in selection（选取区域的第一列）”。单击“OK（确定）”按钮即可得到⑥处所示的Contour图。

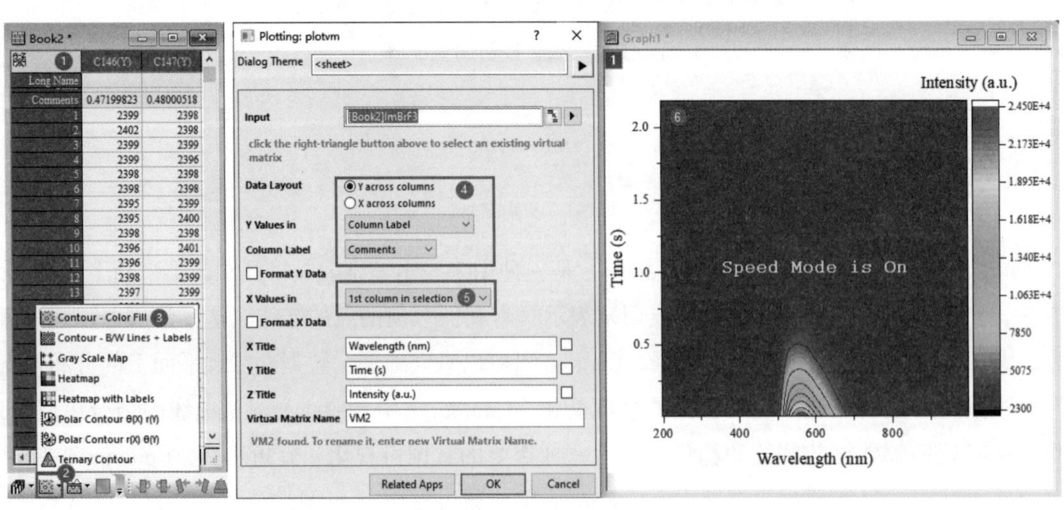

图4-196　Contour图的绘制

双击Y轴打开“Y Axis-Layer 1（Y坐标轴-图层1）”对话框，进入“Scale（刻度）”选项卡，选择“Reverse（翻转）”复选框，单击“OK（确定）”按钮。单击图例，按“Delete”键删除。右击图层外空白区域，选择“Fit Page to Layers（调整页面至图层大小）”。

2. 修改颜色映射

按图4-197所示的步骤，双击①处打开“Plot Details-Plot Properties（绘图细节-绘图属性）”对话框，单击②处的“Level（级别）”选项卡，打开“Set Levels（设置级别）”对话框，将主级别和次级别均设置为10。单击③处的“Fill（填充）”选项卡，打开“Fill（填充）”对话框，选择④处的“Load Palette（加载调色板）”，选择⑤处的“Maple（枫树）”调色板，单击⑥处的“OK（确定）”按钮返回上一级对话框。单击⑦处的“Line（线）”选项卡，隐藏所有等高线。单击“OK（确定）”按钮，即可得到⑧处所示的效果。

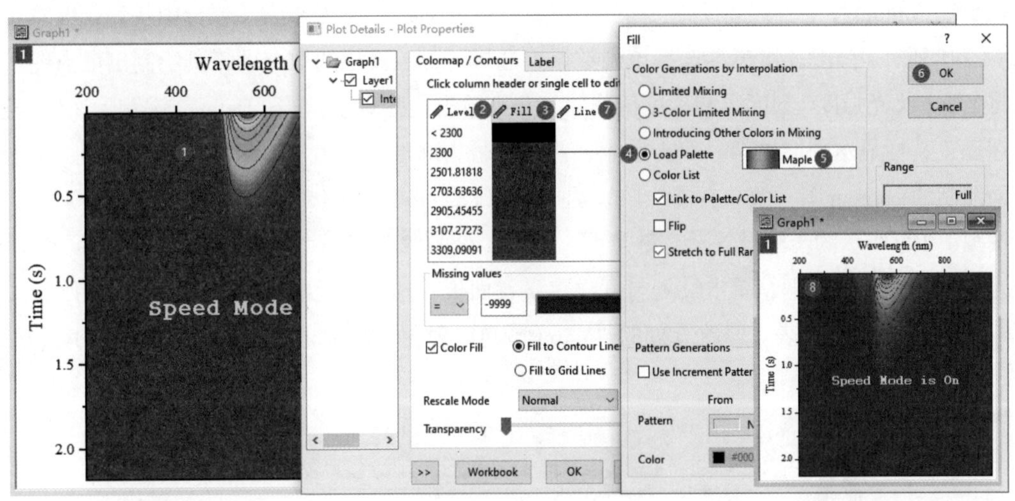

图4-197　颜色映射的修改

> **提示** ⚠ 当数据量较大时，绘图中常出现“Speed Mode is On（快速模式已启用）”文字，可以单击绘图，选择右边工具栏“Enable/Disable Speed Mode（启用/禁用快速模式）”按钮（“跑人”图标的按钮）隐藏该文字。

按图4-198所示的步骤添加一条τ=0.49 s的虚线。双击①处的Y轴打开“Y Axis-Layer 1（Y坐标轴-图层1）”对话框，进入②处的“Reference Lines（参照线）”选项卡，单击③处的“Details（细节）”按钮打开“Reference Lines（参照线）”对话框，单击④处的“Add（添加）”按钮，在⑤处的“At Axis Value（在刻度值）”文本框中输入0.49，修改⑥处的“Color（颜色）”为“Orange（橙色）”，修改⑦处的“Style（类型）”为“Dash（虚线）”，修改⑧处的“Thickness（粗细）”为2。单击“OK（确定）”按钮返回上一级对话框。由于添加的虚线参照线通常被Contour图覆盖而不可见，可在⑨处的轴线上右击，选择⑩处的“Reference Lines on Top of Data（参照线置于数据顶部）”。在新增的虚线右端附近添加文本“τ=0.49 s”。

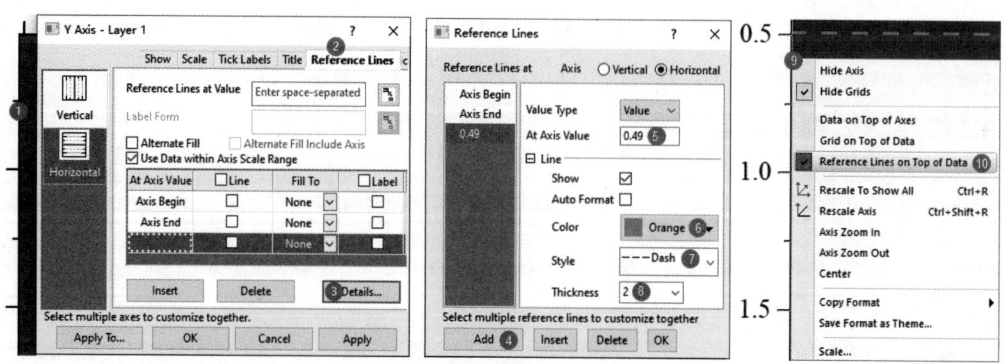

图4-198　参照线的设置

3. 绘制某时刻的荧光光谱

在余晖Contour图下方需要绘制一条τ=0.49 s的荧光曲线，从工作表注释行中找到0.49左右的数据列（C148列），单击C148标签选择该列数据，选择下方工具栏的散点图工具绘制出散点图。通常可以将Y轴（荧光强度）刻度线和刻度值删除，分别单击这些对象，按“Delete”键删除。单击绘图，利用浮动工具栏显示图层框架。双击散点，修改符号为球形。双击修改X轴的刻度范围、刻度增量与前面绘制的Contour图一致。右击绘图，选择“Fit Page to Layers（调整页面至图层大小）”。

按图4-199所示的步骤设置渐变散点图。双击①处的散点打开“Plot Details-Plot Properties（绘图细节-绘图属性）”对话框，单击②处打开颜色设置面板，选择③处的“By Points（按点）”、④处的“Maple（枫树）”颜色列表。修改⑤处的“Map（颜色映射）”为“Col（C148）”，单击“OK（确定）”按钮。

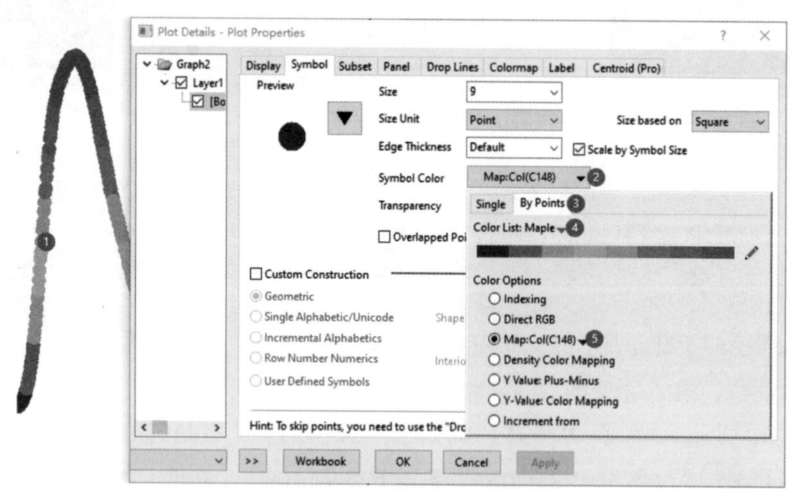

图4-199　渐变散点图的设置

4. 合并组图

按图4-200所示的步骤，单击右边工具栏①处的“Merge（合并）”工具打开“Merge Graph Windows: merge_graph（合并绘图窗口：merge_graph）”对话框，检查②处绘图的上下顺序，修改③处的“Number of Rows（行数）”为2、“Number of Columns（列数）”为1，修改④处的“Vertical Gap

（垂直间距）”为0。单击“OK（确定）”按钮。

拖动调节上下两图的宽度。单击荧光光谱散点图，拖动句柄压缩光谱散点图。当拖动散点图的句柄时，Contour图也可能随之调整，这是因为两图是关联的。按图4-201所示的步骤取消图层关联。右击①处的图层编号2，选择②处的“Layer Management（图层管理）”对话框，进入③处的“Link（关联）”选项卡，修改“Link To（关联到）”为“None（无）”。单击⑤处的“Apply（应用）”和“OK（确定）”按钮。

Contour图不容易被选择，但按“Alt”键，单击Contour图即可将其选中，下拉句柄将Contour图的高度调整到合适大小。单击散点图，拖动调节句柄。减小散点图的高度，增加Contour图的高度，即可得到如图4-202所示的效果。

从图中可以看出，Contour图由多条曲线的强度数据组成。在Y轴上绘制的参照线可以与其下方的光谱曲线相呼应。光谱曲线正是Contour图中τ=0.49 s参照线对应的“剖面线”，它展示了Contour图中颜色强弱变化对应的光谱强度变化。Contour图正是将多条光谱曲线沿Y轴排列后，根据光谱强弱数据“扁平化”为颜色映射的等高图。

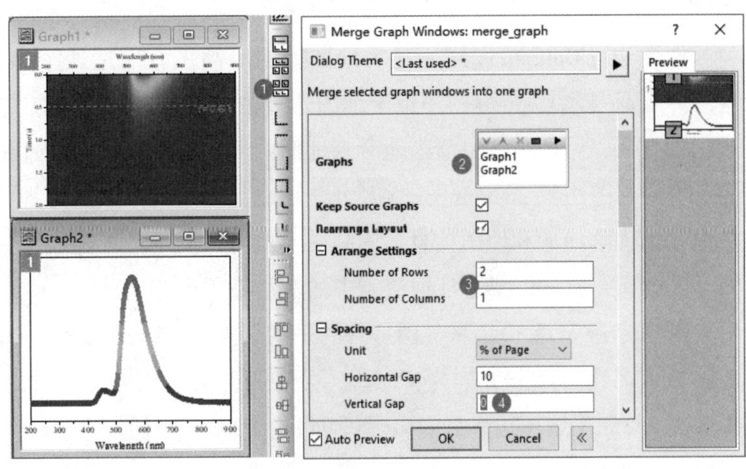

图4-200　合并组图

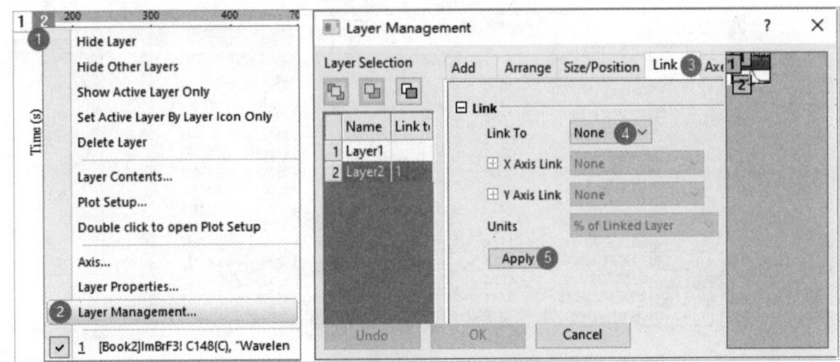

图4-201　取消图层关联

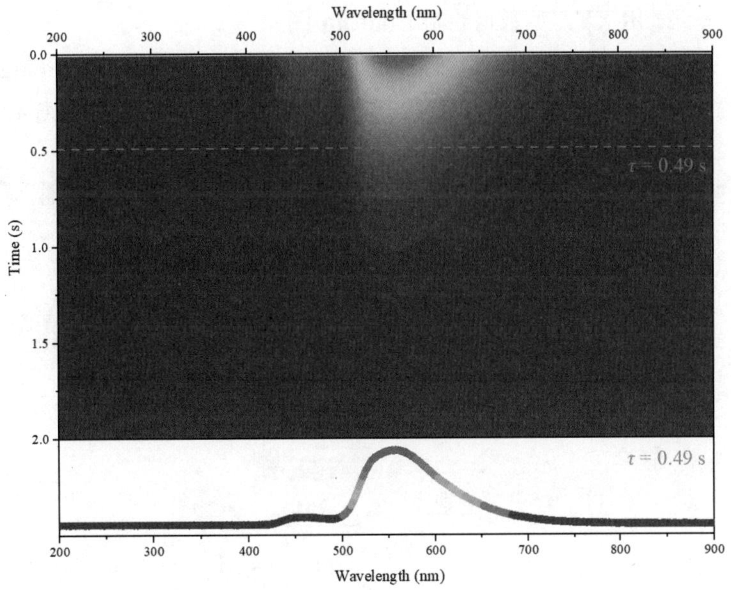

图4-202　余晖Contour图

4.9.2 地图边界Contour图

地图边界Contour图用于显示地图上的等高图，通过地图边界数据对Contour图进行“裁剪”。这意味着只显示Contour图中位于地图边界内的部分，而将地图边界外的部分进行隐藏或去除。通过这种方式，用户可以更清晰地看到地图内部的等高线分布和地形特征，而不会受到地图边界外部的干扰。地图边界Contour图的“裁剪”功能有助于提高数据可视化的准确性和清晰度，可以帮助用户更好地理解地形和地图信息。等高图不仅可以展示地形地貌，还可以用于显示各种污染程度在地图上的分布，比如，描述江河流域中的水污染程度等情况。

例30：准备近30年来美国一月的平均气温工作表，如图4-203（a）所示，A列为标签型（用于备注城市名称），B～D列为XYZ型（分别为经度、维度、一月的平均气温），E、F列为XY型（边界线）。绘制出地图边界Contour图，如图4-203（b）所示。

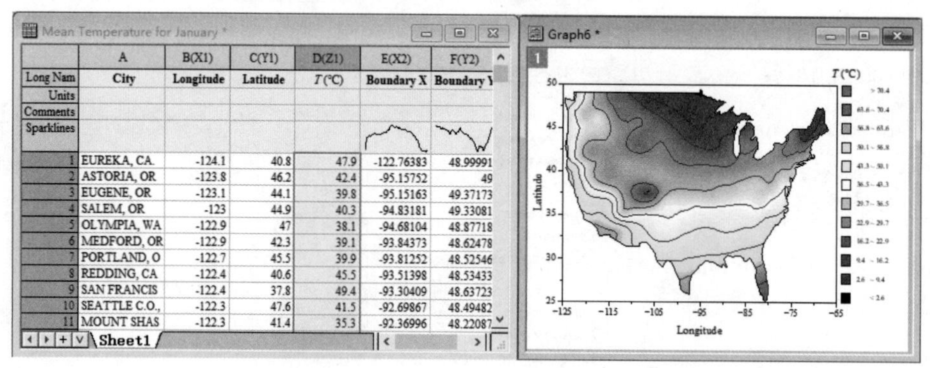

	A	B(X1)	C(Y1)	D(Z1)	E(X2)	F(Y2)
Long Nam	City	Longitude	Latitude	T(°C)	Boundary X	Boundary Y
Units						
Comments						
Sparklines						
1	EUREKA, CA	-124.1	40.8	47.9	-122.76383	48.99991
2	ASTORIA, OR	-123.8	46.2	42.4	-95.15752	49
3	EUGENE, OR	-123.1	44.1	39.8	-95.15163	49.37173
4	SALEM, OR	-123	44.9	40.3	-94.83181	49.33081
5	OLYMPIA, WA	-122.9	47	38.1	-94.68104	48.87718
6	MEDFORD, OR	-122.9	42.3	39.1	-93.84373	48.62478
7	PORTLAND, O	-122.7	45.5	39.9	-93.81252	48.52546
8	REDDING, CA	-122.4	40.6	45.5	-93.51398	48.53433
9	SAN FRANCIS	-122.4	37.8	49.4	-93.30409	48.63723
10	SEATTLE C.O.,	-122.3	47.6	41.5	-92.69867	48.49482
11	MOUNT SHAS	-122.3	41.4	35.3	-92.36996	48.22087

（a）工作表　　（b）地图边界Contour图

图4-203　工作表及地图边界Contour图

1. 用XYZ型数据绘制Contour图

选择B、C、D三列数据，单击下方工具栏的“等高线图-颜色填充”工具。按图4-204中①～⑦处的步骤设置边界线。调整图层至页面大小，即可得到⑧处所示的效果图。

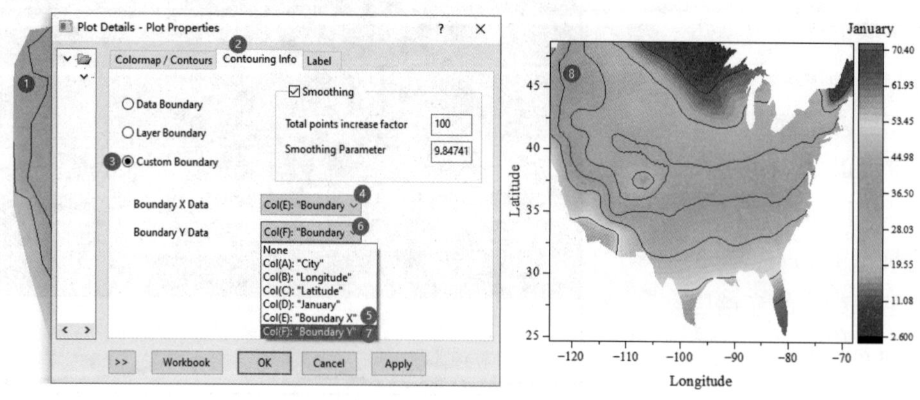

图4-204　设置边界线及效果图

2. 设置颜色映射级别和填充颜色

按图4-205所示的步骤设置级别和填充颜色。双击①处的Contour图打开“Plot Details-Plot Properties（绘图细节-绘图属性）”对话框，进入②处的“Colormap/Contours（颜色映射/等高线）”选项卡，单击③处的“Level（级别）”选项卡，打开“Set Levels（设置级别）”对话框，修改④处的主、次级别数，单击“OK（确定）”按钮返回上一级对话框。单击⑤处的“Fill（填充）”选项卡，打开“Fill（填充）”对话框，选择⑥处的“Load Palette（加载调色板）”，单击⑦处选择“Temperature（温度）”调色板。单击“OK（确定）”按钮。

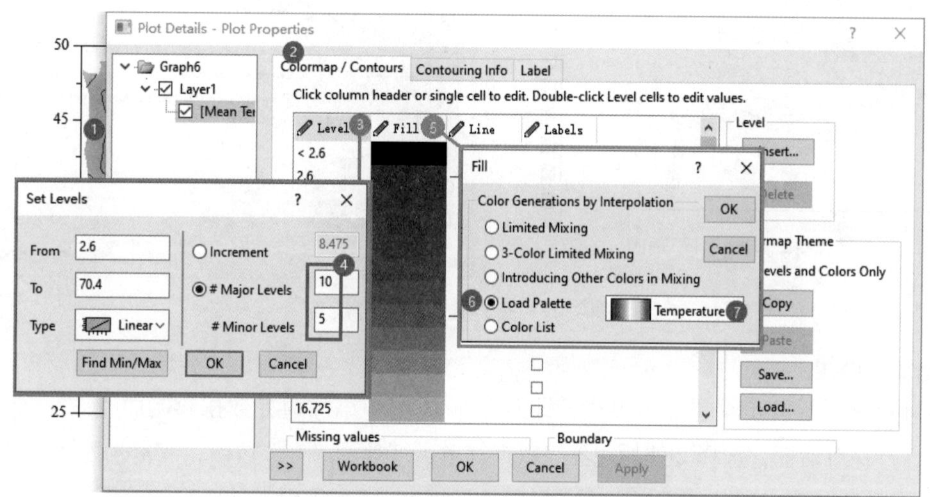

图4-205　颜色映射级别和填充颜色的设置

3. 设置颜色标尺

按图4-206所示的步骤设置标尺刻度值的小数位，双击①处的颜色标尺打开“Color Scale Control-Layer 1（色阶控制-图层1）”对话框，选择②处的“Labels（标签）”页面，取消③处的“Auto（自动）”复选框，修改④处的“Custom Format（自定义格式）”为“.1”（小数点后1位），单击“Apply（应用）”按钮。

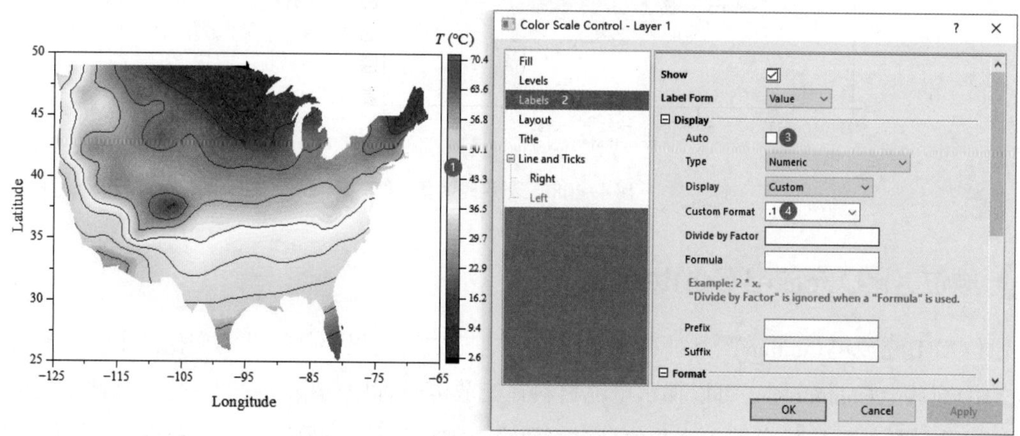

图4-206　颜色标尺刻度值小数位的设置

有些Contour图中颜色标尺为色块、刻度值为范围，可以按图4-207所示的步骤设置。单击①处的“Layout（布局）”页面，修改②处的“Layout（布局）”为“Separated（分离）”，单击“OK（确定）”按钮，即可得到③处所示的效果。

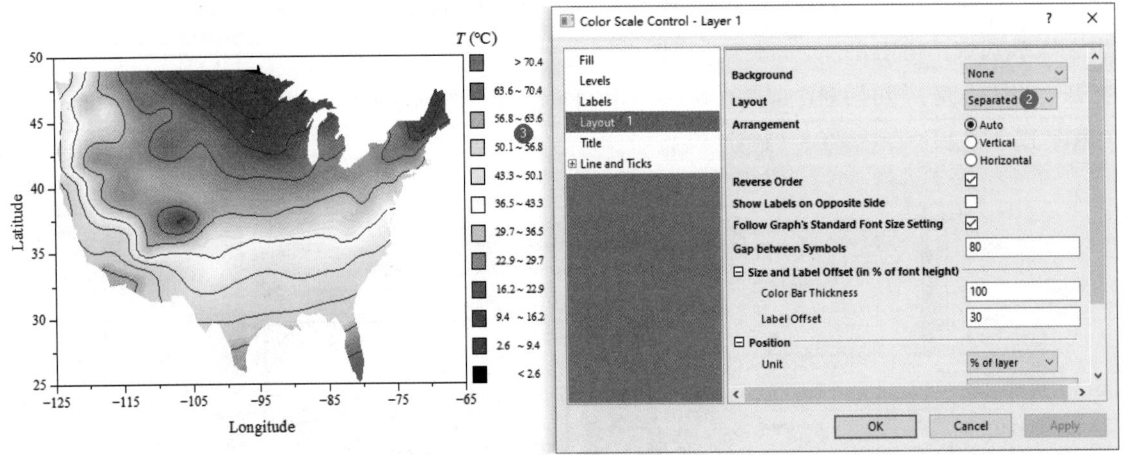

图4-207　分离颜色标尺的设置

4. 添加边界线

按图4-208所示的步骤添加边界线，即向Contour图中添加边界数据绘制曲线图。双击①处的图层编号1打开对话框，选择②处的边界线数据，单击③处的“→”按钮，双击④处并修改为“Line（线）”，单击“Apply（应用）”和“Close（关闭）”按钮，即可得到⑤处所示的效果。

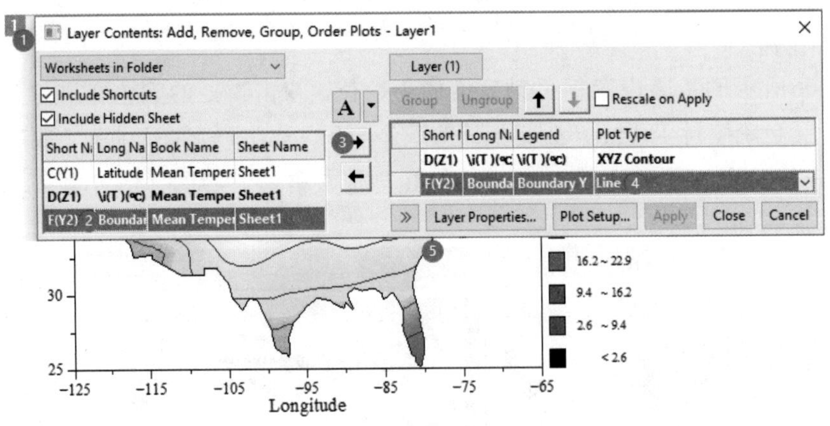

图4-208　边界线的添加

4.9.3 原位XRD充放电Contour图

原位XRD充放电Contour图是一种用于研究电池充放电过程中晶体结构变化的工具。通过观察原位XRD充放电Contour图，可以揭示电池材料在充放电过程中晶格参数的变化、晶体结构的相变情况，以及材料的结构稳定性。这些信息对于研究电池的性能、循环寿命和安全性具有重要意义，可以为优化电池设计和材料选择提供数据支持。

例31：构造一个工作簿，如图4-209（a）所示，包含充放电数据表（GCD）、原位XRD数据表及一系列局部角度范围的XRD数据表。绘制出原位XRD充放电Contour图，如图4-209（b）所示。如果GCD数据表中A列Time单位是s的话，需要利用F(*x*)=A/60将其换算为与原位XRD测试数据表中注释行参数一致的单位（min）。

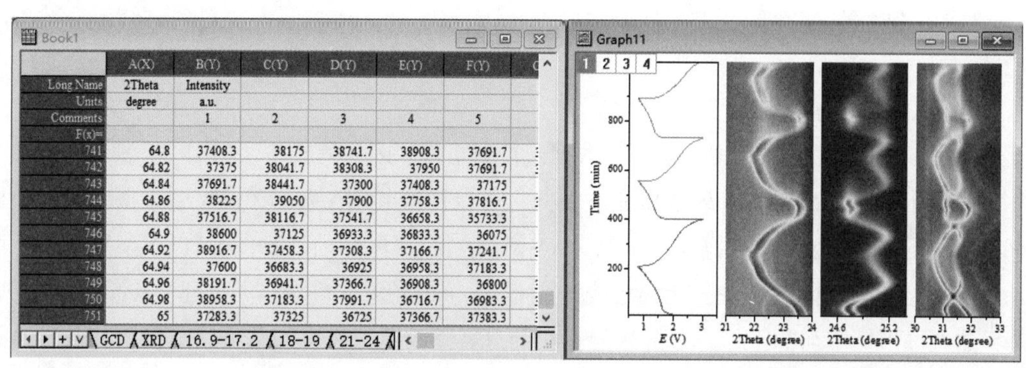

	A(X)	B(Y)	C(Y)	D(Y)	E(Y)	F(Y)
Long Name	2Theta	Intensity				
Units	degree	a.u.				
Comments		1	2	3	4	5
F(x)=						
741	64.8	37408.3	38175	38741.7	38908.3	37691.7
742	64.82	37375	38041.7	38308.3	37950	37691.7
743	64.84	37691.7	38441.7	37300	37408.3	37175
744	64.86	38225	39050	37900	37758.3	37816.7
745	64.88	37516.7	38116.7	37541.7	36658.3	35733.3
746	64.9	38600	37125	36933.3	36833.3	36075
747	64.92	38916.7	37458.3	37308.3	37166.7	37241.7
748	64.94	37600	36683.3	36925	36958.3	37183.3
749	64.96	38191.7	36941.7	37366.7	36908.3	36800
750	64.98	38958.3	37183.3	37991.7	36716.7	36983.3
751	65	37283.3	37325	36725	37366.7	37383.3

（a）工作簿　　（b）目标图

图4-209　原位XRD充放电Contour图

1. 交换*XY*的充放电曲线

在目标图中，充放电GCD曲线与普通的充放电曲线不一样，是交换*XY*后的转置图，目的是辅助说明右边一系列原位XRD的Contour图。在Contour图中，横轴是XRD的衍射角（2θ），而纵轴则是测试进程（与充放电进程一致），因此转置的GCD曲线纵轴（Time）用来描述其右方的Contour图，右方的4个Contour图纵轴均被删除，它们的*Y*轴及刻度线均由GCD曲线的*Y*轴来描述。

全选GCD表（*XY*型）中数据，单击下方工具栏的线图工具绘制曲线图，单击右边工具栏中的按钮交换*XY*轴，可得转置的GCD曲线。GCD曲线要与Contour图并排布局，所以GCD曲线图需要设置为长条形，以确保图层（坐标系围成区域）的尺寸与XRD Contour图的尺寸一致。按图4-210所示的步骤，双击图层打开“Plot Details-Layer Properties（绘图细节-图层属性）”对话框，选择①处的“Layer 1（图层1）”，进入②处的“Size（大小）”选项卡，修改③处的“Units（单位）”为cm，设置④处的“Width（宽）”“Height（高）”分别为8、16。选择⑤处的“Fixed Factor（固定因子）”为1。单击“OK（确定）”按钮，显示图层框架，调整页面至图层大小，即可得到⑥处所示的效果。注意，原位XRD数据表的注释行数值从10 min增加到1040 min后，GCD曲线的*Y*轴刻度范围需要与其保持一致。

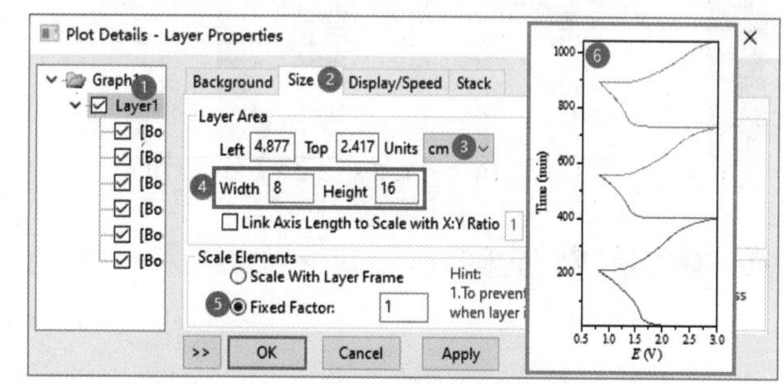

图4-210　页面尺寸的设置

提示　设置固定因子为1，可以保证在多图合并时所有图中字体的大小一致。

2. 整理局部角度范围的 XRD 数据

原位XRD Contour图通常描述某些局部角度范围的“特写”，而非全部角度范围的“全谱”。以复制16.9°～17.2°数据表为例，从XRD表格的A列找到16.9°所在行，并拖选至17.2°所在行，按“Ctrl+C”快捷键复制，在工作簿的“XRD”表格标签上右击选择“Insert（插入）”一张空白工作表“Sheet1”，单击新表的第一行第一格，按“Ctrl+V”快捷键粘贴，双击新建表的标签“Sheet1”将其修改为“16.9-17.2”，拖动新建表的标签到“XRD”表格之后。按相同方法整理好其他局部角度范围的工作表。

3. 绘制 XRD Contour 图

绘制Contour图的数据一般是XYYY型数据或行列矩阵。因为测试条件相同（检测角度范围、扫描速率等），所以原位XRD的X列数据完全相同，可以构建共用X列的XYYY型数据。对于怎样从几十个甚至上百个原位XRD数据文件（包含XY两列）批量导入并且合并为XYYY型数据表，可参考3.4.4小节中类似的介绍。通过XYYY型数据绘制Contour图时，都会自动创建Virtual Matrix（虚拟矩阵），这些虚拟矩阵与源工作表是链接的。我们只需修改源工作表的数据，虚拟矩阵及其绘图都会自动更新。

按图4-211所示的步骤，单击“16.9-17.2”工作表中①处列标签全选数据，单击下方工具栏②处的“▼”按钮，选择“Contour-Color Fill（等高线图-颜色填充）”工具打开“Plotting：plotvm（绘图：plotvm）”对话框，修改③处的“Y Values in（Y值在）”为“Column Label（列标签）”，修改“Column Label（列标签）”为“Comments（注释）”。单击“OK（确定）”按钮。

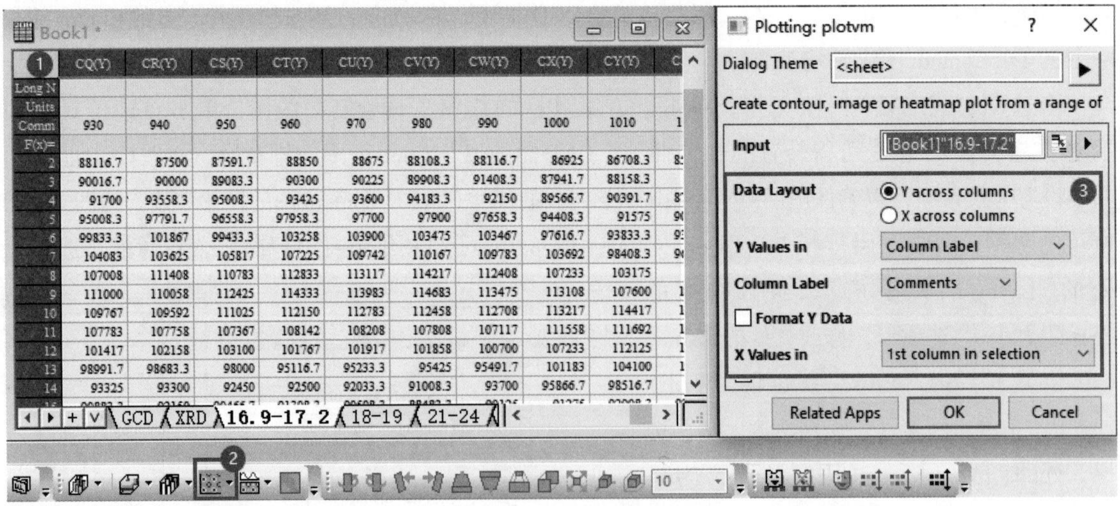

图4-211　Contour图的绘制

按图4-212所示的步骤设置Contour图层的尺寸使其与GCD曲线图的尺寸保持一致。双击①处的Contour图打开“Plot Details-Layer Properties（绘图细节-图层属性）”对话框，步骤与图4-210的一致，这里省略对过程的描述。

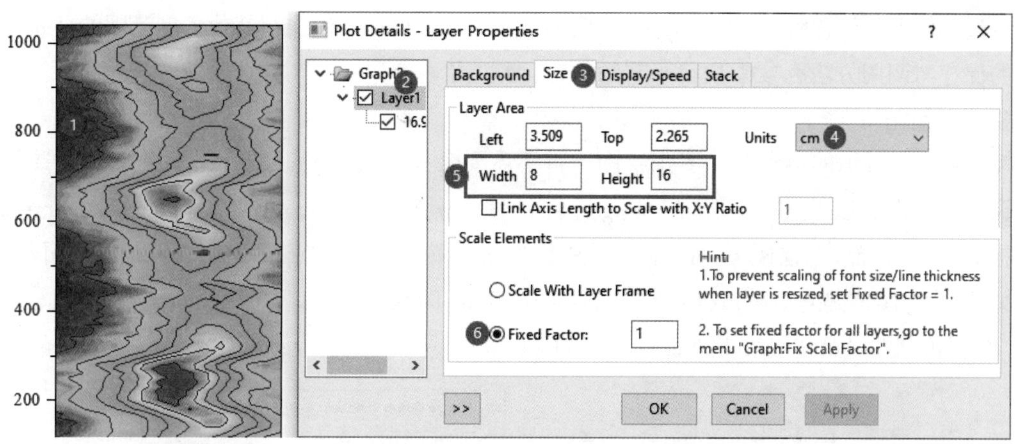

图4-212　图层尺寸的设置

按图4-213所示的步骤修改填充颜色、隐藏等高线。双击①处打开“Plot Details-Plot Properties（绘图细节-绘图属性）”对话框，单击②处的“Fill（填充）”选项卡，打开“Fill（填充）”对话框，选择③处的“Load Palette（加载调色板）”，单击④处下拉框选择“Warming”调色板，单击“OK（确定）”按钮返回上一级对话框。单击⑤处的“Line（线）”选项卡，打开“Contour Lines（等高线）”对话框，取消⑥处的“Show on Major Levels Only（只显示主级别）”复选框，选择⑦处的“Hide All（隐藏所有）”。单击“OK（确定）”按钮返回上一级对话框，单击“OK（确定）”按钮。双击Y轴修改与GCD曲线一致的Y刻度范围（10～1040），分别单击Y轴、刻度线标签、Y轴标题，按“Delete”键删除。调整页面至图层大小。

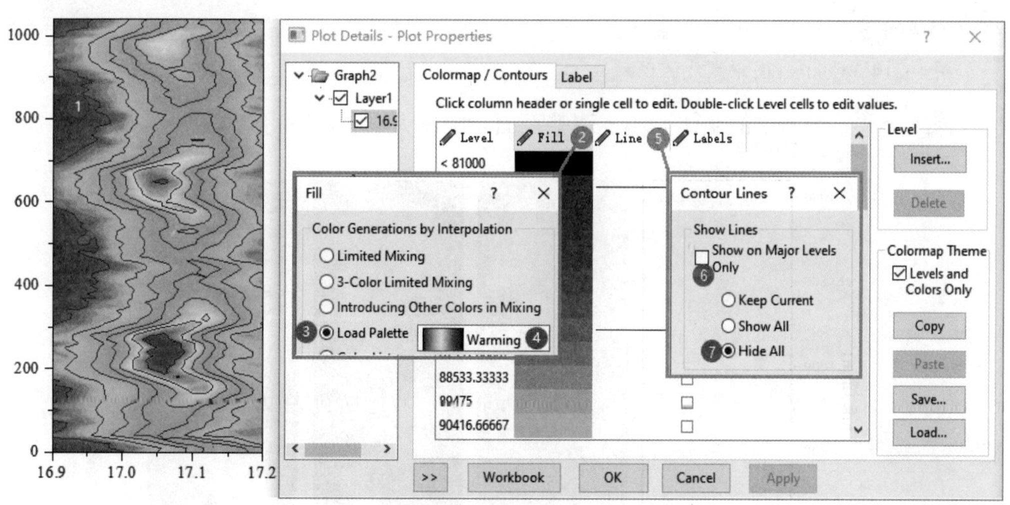

图4-213　填充颜色、隐藏等高线的设置

Contour图的上方有一根黑线（如图4-214中①处所示），可以按图4-214所示的步骤将其隐藏。双击②处的X轴刻度线打开“X Axis-Layer 1（X坐标轴-图层1）”对话框，进入③处的“Grids（网格）”选项卡，取消④处的“Opposite（对面）”复选框，即可隐藏黑线。

经过其他细节设置后，可保存Contour图为模板，通过模板可以绘制其他角度范围的Contour图。模板的保存与调用方法可参考4.5.4小节的内容，此处不再赘述。

4. 合并组图

按图4-215所示的步骤合并多张绘图。将不需要合并的绘图窗口最小化，只留下需要合并的绘图窗口。单击右边工具栏①处的“Merge（合并）”工具打开“Merge Graph Windows：merge_graph（合并绘图窗口：合并_绘图）”对话框，检查②处的绘图顺序，如果顺序有错误，选择绘图名称后，单击②处的按钮调整顺序，修改③处的“Number of Rows（行数）”为1、“Number of Columns（列数）”为4，根据预览效果调整修改④处的“Horizontal Gap（水平间距）”为2。单击“OK（确定）”按钮。

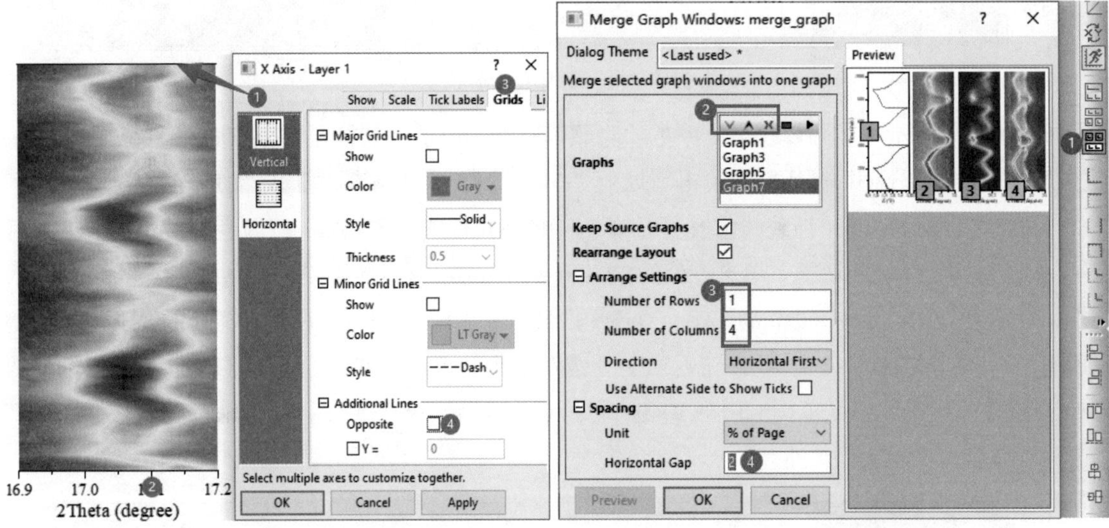

图4-214 Contour图中黑线的隐藏　　　　图4-215 多图合并

检查修改合并后绘图中的字体大小，调整页面至图层大小。最终得到如图4-216所示的效果。

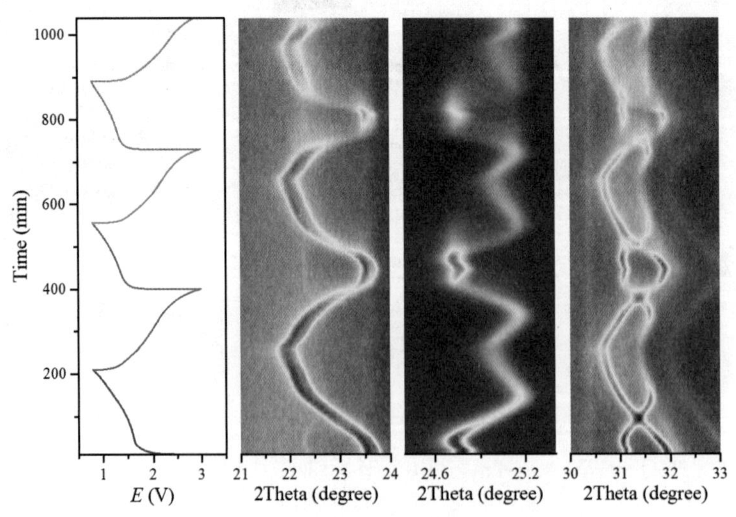

图4-216 原位XRD Contour图

4.9.4 循环伏安Contour图

循环伏安Contour图可以清晰展示不同扫描速率下氧化还原峰的偏移情况。

例32：准备一张2（X5Y）型工作表，如图4-217（a）所示，将循环伏安数据的负扫、正扫部分拆分，分别填入A～F列和G～L列。A列和G列为X列，填入电位数据。绘制出循环伏安Contour图，如图4-217（b）所示。

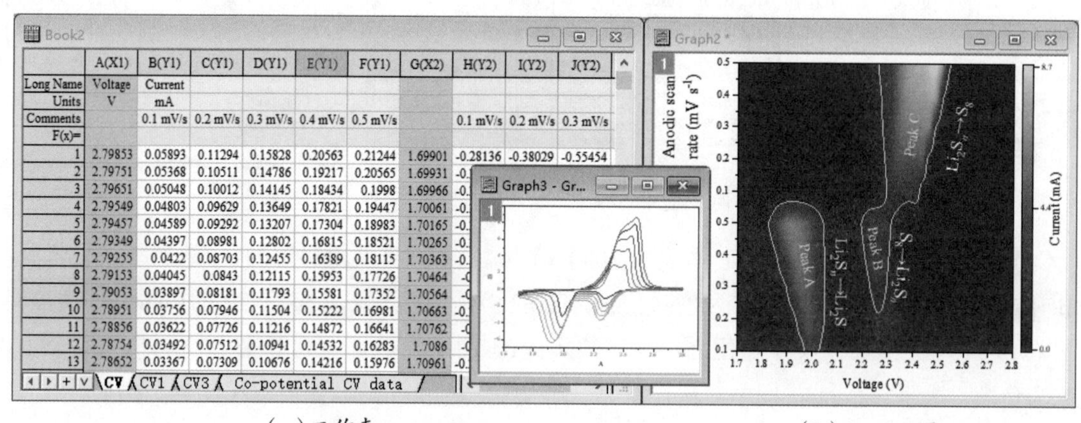

（a）工作表　　（b）Contour图

图4-217　循环伏安数据工作表及Contour图

1. 准备数据

XYYY型工作表为万能型工作表，可以绘制多种绘图，包括2D点线柱饼图、Contour图、瀑布图等。本例需要构建共用第一列E（电位）而排列多列I（不同扫描速率的电流）的EIII（XYYY型）工作表。

在进行循环伏安测试之前，建议将采样速率设定为1 mV/point，即每1 mV的电位变化记录一个数据点。同时，电位采集的精度应设置为1 mV（或精确到三位小数）。这样的设置可以确保循环伏安测试中正扫和负扫部分的电位数据基本保持一致，实现所谓的“共E”现象。尽管有时由于仪器的测试误差，正扫和负扫的电位数据可能不会完全对应，但通过验证可以确认这些误差是否在可接受的范围内。如果是，那么可以认为实现了“共E”，即正扫、负扫电位数据一致。

按图4-218所示的步骤验证正扫、负扫电位数据的误差。在工作簿的第一张表格①处的标签“CV”上右击，选择“Duplicate（复制）”创建一个副本“CV1”，单击②处选择新增的副本CV1表，拖选③处的A～F列并右击，选择④处的“Sort Columns（列排序）”和⑤处的“Ascending（升序）”，使负扫的电位与正扫一致，即均从1.7 V递增到2.8 V。单击⑥处的“Add New Columns（添加新列）”按钮在表格末尾新增一列M，双击⑦处M列的F（x）单元格，输入公式“ABS（G-A）/A*100”，计算G列相对于A列的“共E”误差。单击⑧处的M(Y2)列标签选择M列，绘制线图，并添加均值参照线，可得⑨处的平均相对误差0.107%。该误差很低，在允许的范围内，可以认为“共E”。在“CV1”表格标签上右击，选择“Duplicate（复制）”，即可得到一个副本“CV3”，删除G列和M列，即可得到“共E”的CV数据表。

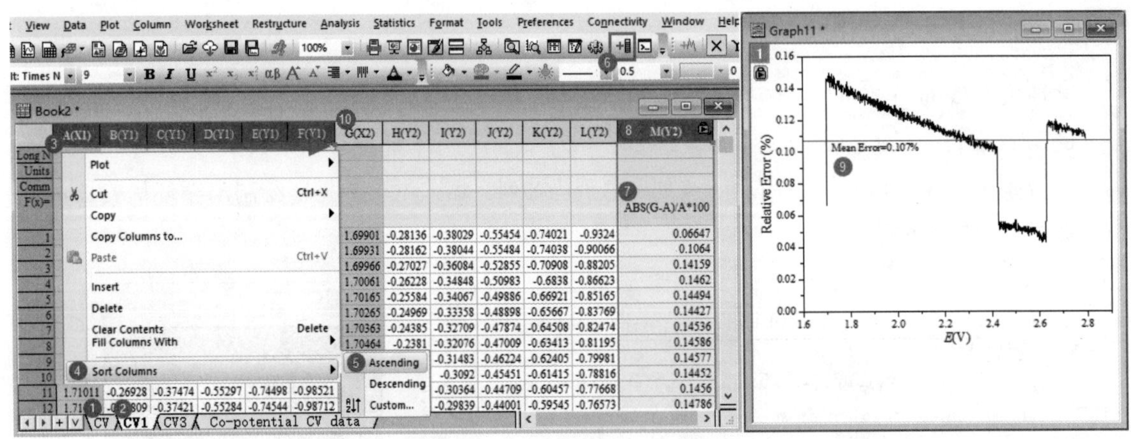

图4-218 “共E”误差的计算与绘图

Contour图的工作表结构特点：表结构为XYYY型，x数据来源于第一列，y数据跨列且来源于Comments（注释）行，而且y数据为单调（递增或递减）。因此，需要在各列Y的Comments（注释）行输入1～10（无意义，仅作定位之用，目的是让CV的电流数据罗列开来）。另外，负扫的CV电流为负数，为了在Contour图中对比还原峰、氧化峰，对负扫的电流值取相反数。例如，在B列的F（x）单元格里输入“-B”，依次类推。调整后的“Co-potential CV data（共E的CV数据）”表如图4-219所示。

Book2 *

	A(X)	B(Y)	C(Y)	D(Y)	E(Y)	F(Y)	G(Y)	H(Y)	I(Y)	J(Y)	K(Y)
Long Name	Voltage	Current									
Units	V	mA									
Comments		1	2	3	4	5	6	7	8	9	10
F(x)=		-B	-C	-D	-E	-F					
1	2.79853	-0.05893	-0.11294	-0.15828	-0.20563	-0.21244	-0.28136	-0.38029	-0.55454	-0.74021	-0.9324
2	2.79751	-0.05368	-0.10511	-0.14786	-0.19217	-0.20565	-0.28162	-0.38044	-0.55484	-0.74038	-0.90066
3	2.79651	-0.05048	-0.10012	-0.14145	-0.18434	-0.1998	-0.27027	-0.36084	-0.52855	-0.70908	-0.88205
4	2.79549	-0.04803	-0.09629	-0.13649	-0.17821	-0.19447	-0.26228	-0.34848	-0.50983	-0.6838	-0.86623
5	2.79457	-0.04589	-0.09292	-0.13207	-0.17304	-0.18983	-0.25584	-0.34067	-0.49886	-0.66921	-0.85165
6	2.79349	-0.04397	-0.08981	-0.12802	-0.16815	-0.18521	-0.24969	-0.33358	-0.48898	-0.65667	-0.83769
7	2.79255	-0.0422	-0.08703	-0.12455	-0.16389	-0.18115	-0.24385	-0.32709	-0.47874	-0.64508	-0.82474
8	2.79153	-0.04045	-0.0843	-0.12115	-0.15953	-0.17726	-0.2381	-0.32076	-0.47009	-0.63413	-0.81195

CV / CV1 / CV3 / Co-potential CV data

图4-219 “共E”的CV数据表

2. 绘制Contour图

按图4-220所示的步骤绘制Contour图。单击“Co-potential CV data（共E的CV数据）”表中①处全选数据，单击②处的“Contour-Color Fill（等高线图-颜色填充）”工具，打开“Plotting：plotvm（绘图：plotvm）”对话框，修改③处的“Y Values in（Y值在）”为“Column Label（列标签）”，修改“Column Label（列标签）”为“Comments（注释）”行。单击“OK（确定）”按钮，即可得到④处所示的Contour图。

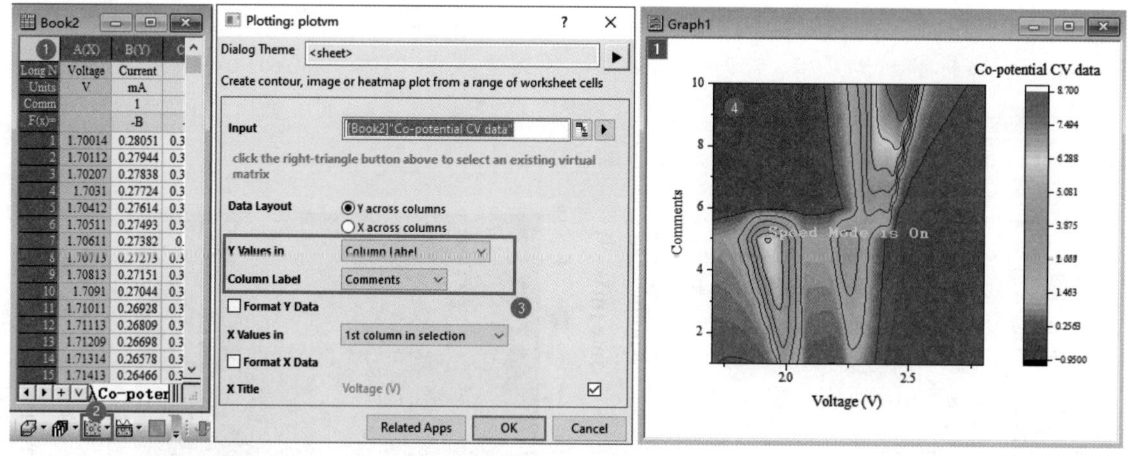

图4-220 Contour图的绘制

颜色映射、图例的设置可参考前面章节，本例不再赘述。按图4-221（a）所示的步骤只显示指定值的等高线。单击①处某条等高线2次单独选中该等高线，在浮动工具栏②处修改粗细为2，单击③处按钮选择④处的橙色，将该等高线标记为特殊的等高线。按图4-221（b）所示的步骤，双击Contour图打开“Plot Details-Plot Properties（绘图细节-绘图属性）”对话框，拖动①处的滚动条找到特殊等高线（②处），记住其值（1.4625），单击③处的“Line（线）”选项卡，打开“Contour Lines（等高线）”对话框，取消④处的“Show on Major Levels Only（只显示主级别）”复选框，选择⑤处的“Hide All（隐藏所有）”，单击“OK（确定）”按钮返回上一级对话框，在“1.4625”的“Line（线）”单元格⑥处单击打开“Line（线）”对话框，选择⑦处的“Show（显示）”复选框，单击“OK（确定）”按钮返回上一级对话框。单击“OK（确定）”按钮。添加图中文本并修改上下标、颜色等格式，旋转至合适的角度，拖动到合适的位置。设置Y轴刻度范围为1～10、分度增量为1。最后调整页面至图层大小。

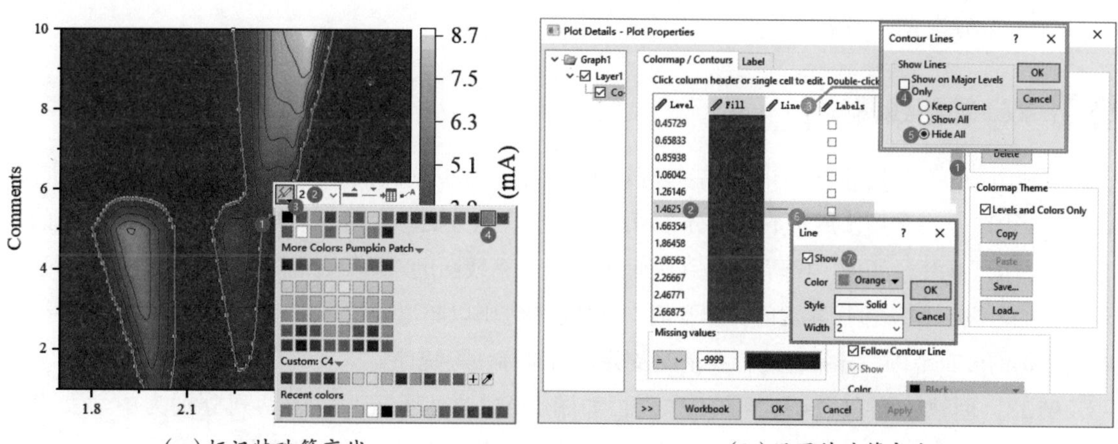

（a）标记特殊等高线　（b）设置特殊等高线

图4-221 特殊等高线的标记与设置

Y轴表示阴极扫描速率、阳极扫描速率，需要设置两部分递增的扫描速率。按图4-222所示的步骤，双击*Y*轴①处的刻度值打开“Y Axis-Layer 1（Y坐标轴-图层1）”对话框，进入②处的“Tick Labels（刻度线标签）”选项卡，修改③处的“Type（类型）”为“Tick-indexed string（刻度索引字符串）”，在④处的“String（字符串）”文本框中输入“1 2 3 4 5 1 2 3 4 5”（数字之间以空格分隔）。单击“OK（确定）”按钮，即可得到①处所示的目标图。

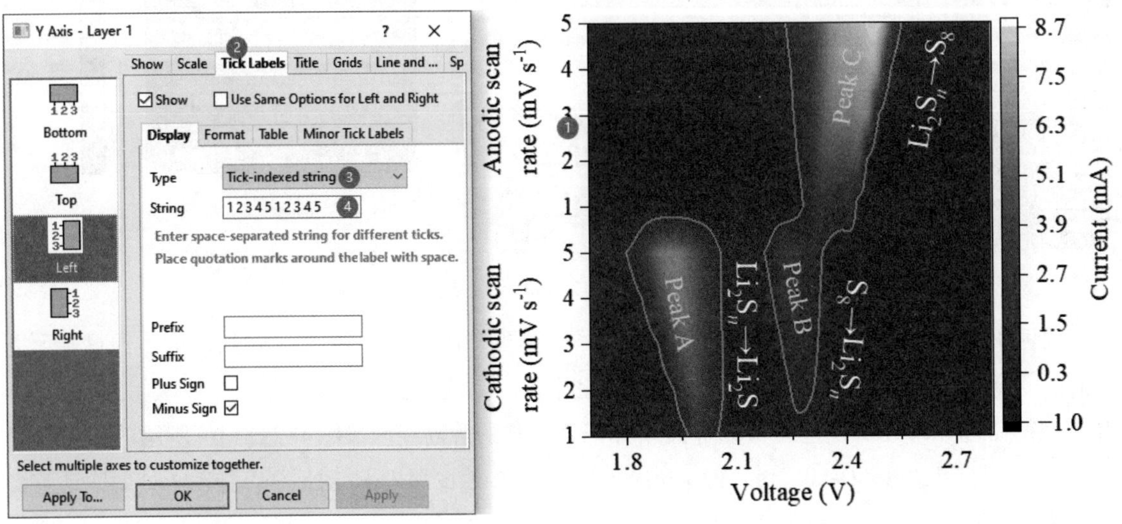

图4-222 刻度索引字符串的设置

4.10 统计图

在科研中，经常需要利用箱线图等对实验数据进行统计分析。这些绘图基于统计学原理对数据进行统计分析，并将分布特征以可视化方式展示出来。在Origin软件中，单击菜单“绘图→统计图”，可以获得多种绘图模板。以下是一些常用的统计图介绍。

4.10.1 双*Y*轴箱线图

箱线图是一种常用的统计图形，能够有效地帮助研究人员分析和理解数据集的特征。箱线图（又称为箱形图）是一种用于展示数据集分布情况的图形表示方法。它由一个箱体组成，代表数据的四分位数范围（IQR），箱体内部有一条线表示中位数。箱线图的“须”从箱体两端延伸出来，用于显示数据的范围，但不包括异常值。异常值（如果存在）则以超出须的个别点表示。箱线图能够提供有关数据的分布范围、异常值的存在情况及分布的对称性等统计。

例33：创建一张仅含4列Y的工作表，如图4-223（a）所示，A、B两列分别为中学女生的Height（身高）、Weight（体重），C、D两列分别为中学男生的Height（身高）、Weight（体重）。绘制出双*Y*轴箱线图，如图4-223（b）所示。

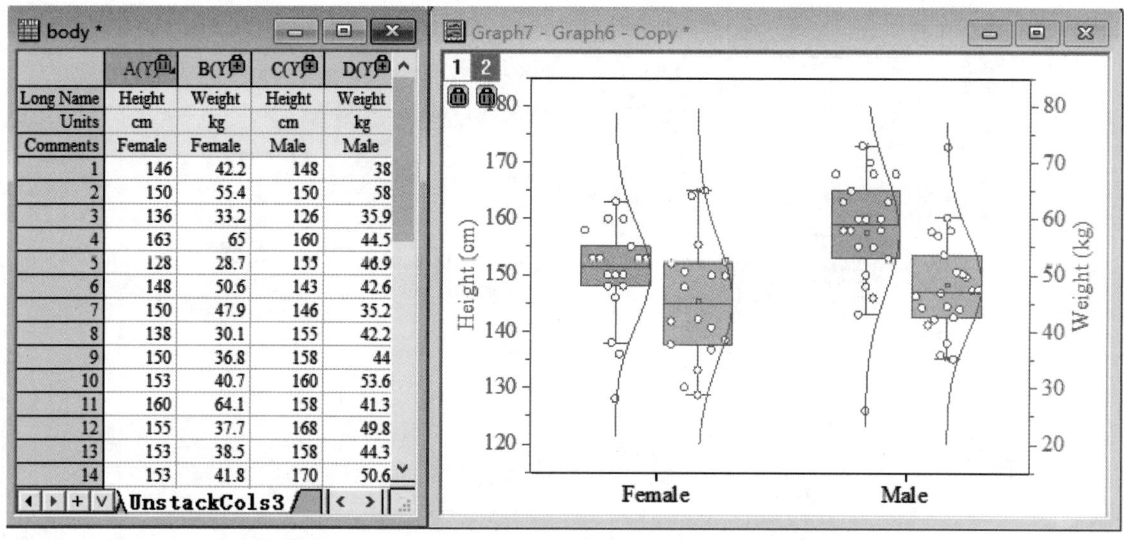

（a）工作表　　　　（b）目标图

图4-223　双Y轴箱线图

1. 绘制双Y轴箱线图

箱线图只对Y列数据进行统计。按图4-224所示的步骤，单击①处选择4列y数据，选择②处的菜单“Plot（绘图）”、③处的“Statistical（统计图）”和④处的“2Ys Box（双Y轴箱线图）”，即可得到⑤处所示的箱线图。

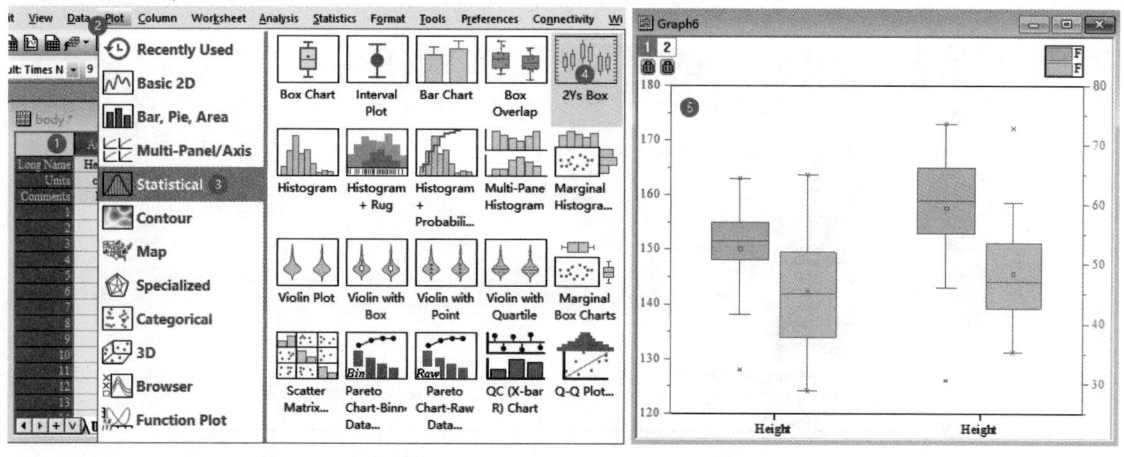

图4-224　双Y轴箱线图的绘制

前面的普通箱线图仅呈现了统计结果，未显示原始散点的分布情况。如果我们既要看统计结果又要看原始数据点，那么就需要在箱线图上重叠数据点。按图4-225所示的步骤，双击①处的箱线图打开“Plot Details-Plot Properties（绘图细节-绘图属性）”对话框，单击②处的“Box（箱体）”选项卡，单击③处的“Type（类型）”下拉框，选择“Box+Data Overlap（箱体+重叠数据）”。单击④处的另一组箱线图，重复③处的操作。单击“OK（确定）”按钮，即可得到⑤处所示的效果。

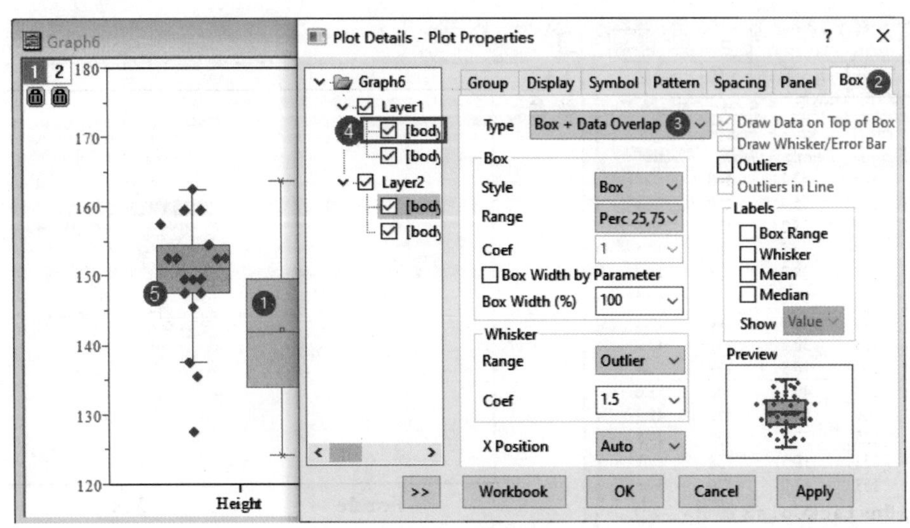

图4-225　重叠数据

按图4-226所示的步骤设置轴标题。双击①处的*Y*轴打开"Y Axis-Layer 1（Y坐标轴-图层1）"对话框，进入②处的"Title（标题）"选项卡，选择③处的"Show（显示）"复选框，修改④处的"Color（颜色）"为"Auto（自动）"（自动与坐标轴的颜色保持一致）。单击⑤处的"Layer（图层）"下拉框选择2号图层，单击⑥处的"Left（左轴）"，重复步骤③～④的操作，单击"OK（确定）"按钮，即可得到⑦处所示的轴标题。

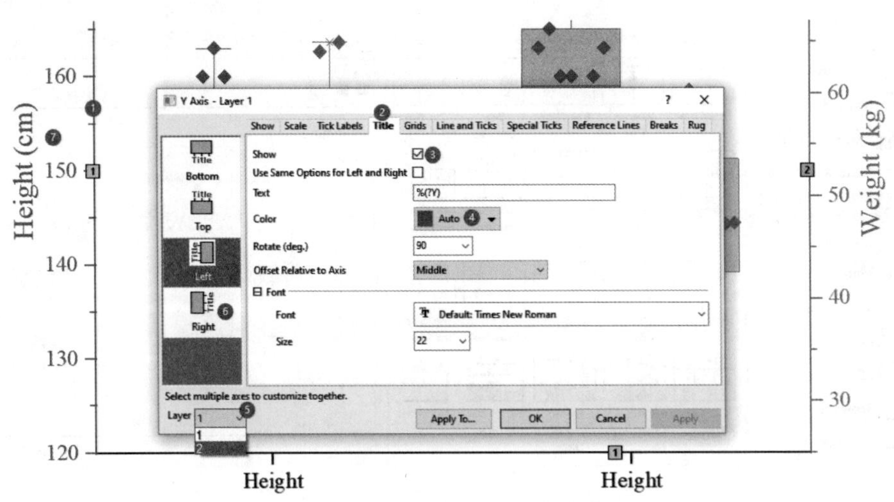

图4-226　轴标题的设置

箱线图的颜色与相应的坐标轴颜色一致，已经具有很好的指示作用，可以单击图例并按"Delete"键删除。双击*X*轴刻度标签打开"Y Axis-Layer 1（Y坐标轴-图层1）"对话框，进入"Tick Labels（刻度线标签）"选项卡，修改"Display（显示）"为"Comments（注释）"。单击"OK（确定）"按钮。

按图4-227所示的步骤设置散点符号，双击①处的箱线图打开"Plot Details-Plot Properties（绘图细节-绘图属性）"对话框，进入②处的"Symbol（符号）"选项卡，单击③处的"▼"按钮选择圆圈符号。选择④处的另一组箱线图，重复③处的操作。单击“Apply（应用）”按钮，即可得到⑤处所示的效果。

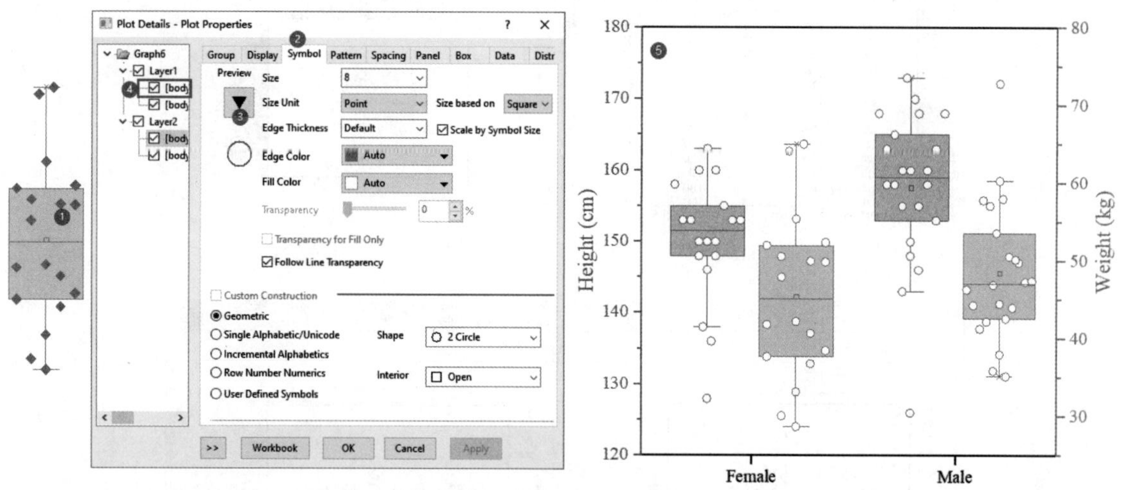

图 4-227　散点符号的修改

2. 叠加正态曲线

按图 4-228 所示的步骤，依次勾选①处和④处的数据项目，单击②处的“Distribution（分布）”选项卡，设置③处的“Curve Type（曲线类型）”为“Normal（正态）”。单击“OK（确定）”按钮，调整 Y 轴刻度范围，即可得到⑤处所示的效果。

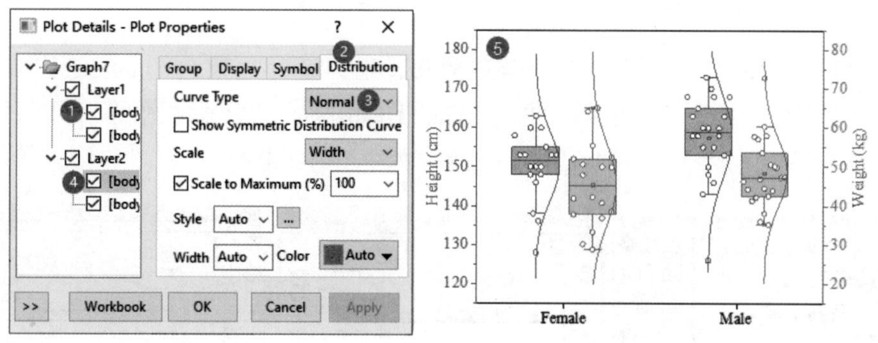

图 4-228　叠加正态曲线

4.10.2 统计分布边际图

边际图是一种用于对散点图中 X 和 Y 方向上的分布进行统计的可视化方法。边际图通常在散点图的边缘显示 X 轴和 Y 轴上的分布情况，以便更全面地呈现数据的特征。

例 34： 准备一张 3(XY) 型工作表，如图 4-229（a）所示，展示 3 个年度范围内某种类型发动机小型化的演变历程，X 列为 Power（功率），Y 列为 Weight（重量）。通过简单设置可绘出 3 种包含边际统计结果的边际图，如图 4-229（b）～（d）所示。

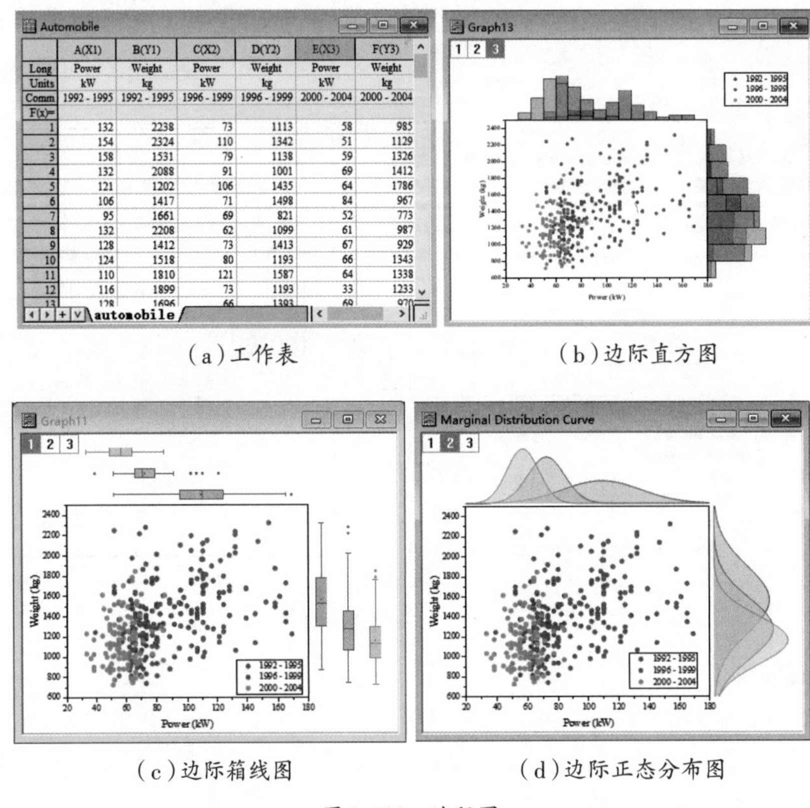

	A(X1)	B(Y1)	C(X2)	D(Y2)	E(X3)	F(Y3)
Long	Power	Weight	Power	Weight	Power	Weight
Units	kW	kg	kW	kg	kW	kg
Comm	1992 - 1995	1992 - 1995	1996 - 1999	1996 - 1999	2000 - 2004	2000 - 2004
F(x)=						
1	132	2238	73	1113	58	985
2	154	2324	110	1342	51	1129
3	158	1531	79	1138	59	1326
4	132	2088	91	1001	69	1412
5	121	1202	106	1435	64	1786
6	106	1417	71	1498	84	967
7	95	1661	69	821	52	773
8	132	2208	62	1099	61	987
9	128	1412	73	1413	67	929
10	124	1518	80	1193	66	1343
11	110	1810	121	1587	64	1338
12	116	1899	73	1193	33	1233

（a）工作表　（b）边际直方图

（c）边际箱线图　（d）边际正态分布图

图4-229　边际图

绘制边际图

按图4-230所示的步骤，单击①处全选数据，选择②处的菜单“Plot（绘图）”、③处的“Statistical（统计图）”，分别单击④处的“Marginal Histogram（边际直方图）”、⑤处的“Marginal Box Charts（边际箱线图）”工具，即可得到⑥处和⑦处所示的效果。

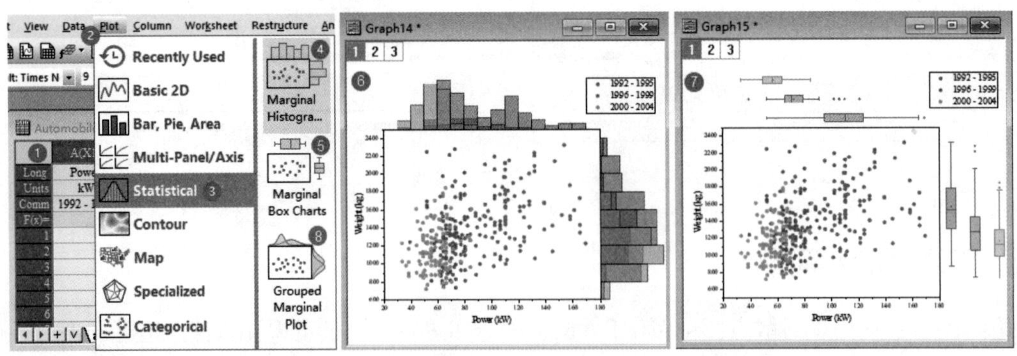

图4-230　边际直方图、边际箱线图的绘制

单击⑧处的“Grouped Marginal Plot（组边际图）”打开“Plotting: plot_marginal（绘图：plot_marginal）”对话框。按图4-231所示的步骤，分别单击①、②、③处的下拉框，选择各类边际图。例如，选择①处的“Main Layer（主图层）”为“Scatter（散点）”，选择②处的“Top Layer（顶部图层）”

为“Distribution Curves with Fill（带填充的边际曲线）”，选择③处的“Right Layer（右侧图层）”为“Follow Top Layer（跟随顶层）”。修改④、⑤两处的间隙和边际图层大小，选择⑥处的复选框“Show Rugs（显示轴须）”（轴须也能反映数据在X和Y方向上的分布情况）。单击“OK（确定）”按钮，即可得到边际正态分布图。

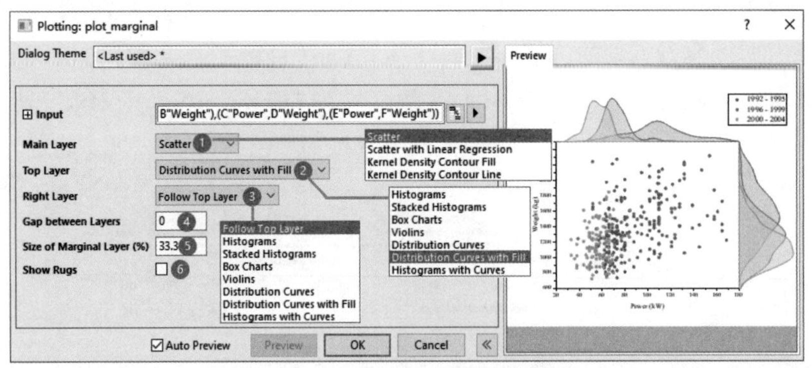

图 4-231　边际正态分布图的绘制

4.10.3 带箱体的小提琴图

小提琴图是一种统计图，因其形状酷似小提琴而得名。

小提琴图和箱线图是两种不同的统计图形，它们在展示数据分布方面有着不同的特点。小提琴图能够展示数据的分布密度，而箱线图则更侧重于展示数据的中位数、四分位数和异常值。在实际的数据分析中，可以结合两者，通过绘制带箱体的小提琴图，可以同时展示数据的分布密度和中位数、四分位数等统计信息，从而更全面地呈现数据的特征。根据实际的数据分析需要，可以选择合适的绘图类型，以便更好地呈现和解释数据。这种结合两种图形的方法可以为数据分析提供更多的信息和见解。

例 35：准备一张 5Y 型工作表，如图 4-232（a）所示，绘制带箱体的小提琴图，如图 4-232（b）所示。

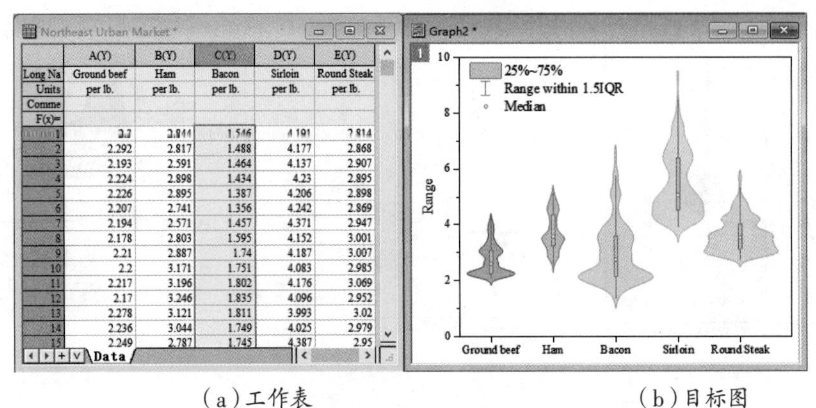

	A(Y)	B(Y)	C(Y)	D(Y)	E(Y)
Long Name	Ground beef	Ham	Bacon	Sirloin	Round Steak
Units	per lb.	per lb.	per lb.	per lb.	per lb.
Comments					
F(x)=					
1	2.2	2.844	1.546	4.191	2.814
2	2.292	2.817	1.488	4.177	2.868
3	2.193	2.591	1.464	4.137	2.907
4	2.224	2.898	1.434	4.23	2.895
5	2.226	2.895	1.387	4.206	2.898
6	2.207	2.741	1.356	4.242	2.869
7	2.194	2.571	1.457	4.371	2.947
8	2.178	2.803	1.595	4.152	3.001
9	2.21	2.887	1.74	4.187	3.007
10	2.2	3.171	1.751	4.083	2.985
11	2.217	3.196	1.802	4.176	3.069
12	2.17	3.246	1.835	4.096	2.952
13	2.278	3.121	1.811	3.993	3.02
14	2.236	3.044	1.749	4.025	2.979
15	2.249	2.787	1.745	4.387	2.95

（a）工作表　　（b）目标图

图 4-232　带箱体的小提琴图

1. 绘制带箱体的小提琴图

全选数据，单击菜单“Plot（绘图）→Statistical（统计图）→Violin with Box（带箱体的小提琴图）”，即可绘制出图。按图4-233所示的步骤，双击①处的小提琴图打开“Plot Details-Plot Properties（绘图细节-绘图属性）”对话框，进入②处的“Distribution（分布）”选项卡，修改③处的“Bandwidth（带宽）”为0.2，修改④处的“Scale to Maximum(%)［尺寸至最大(%)］”为150，修改⑤处的“Color（颜色）”为“Maple”颜色列表，修改⑥处的“Fill（填充）”为“Auto（自动）”。进入⑦处的“Pattern（图案）”选项卡，修改⑧处“Border（边框）”中的“Color（颜色）”为“Gray（灰色）”；修改⑨处“Fill（填充）”中的“Color（颜色）”为“Auto（自动）”（自动跟随轮廓线的颜色）。单击“OK（确定）”按钮。

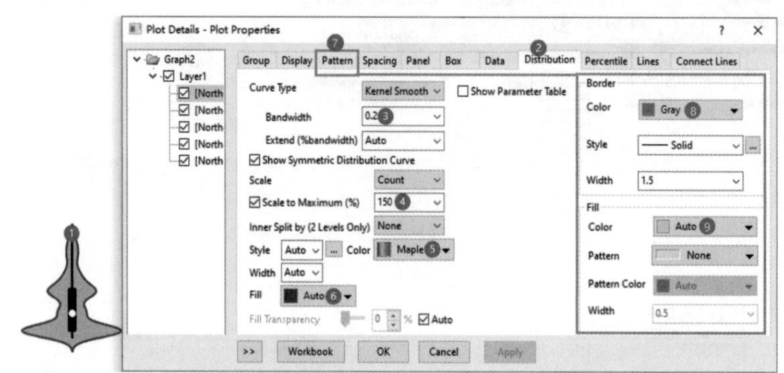

图4-233　带箱体的小提琴图的设置

与其他普通绘图略不同，小提琴图超出坐标系，不能一键调整刻度范围，并且右边工具栏上方的“调整刻度”按钮似乎也不能调整。这是因为图4-233中④处输入的放大率为150，对数据进行了放大，并没有映射坐标系刻度的变化，因此，“调整刻度”按钮失效，需要通过手动调整。双击*X*轴，修改“刻度”的“结束”为5.7，单击“OK（确定）”按钮，即可得到目标图。

2. 绘制其他类型的图

参考前述方法，全选数据后，单击菜单“Plot（绘图）→Statistical（统计图）”中不同的模板，绘制半小提琴图、蜂群图、脊线图（见图4-234）。关于绘图细节的设置，可参考前面介绍的“绘图细节”对话框的操作，此处不再单独介绍。

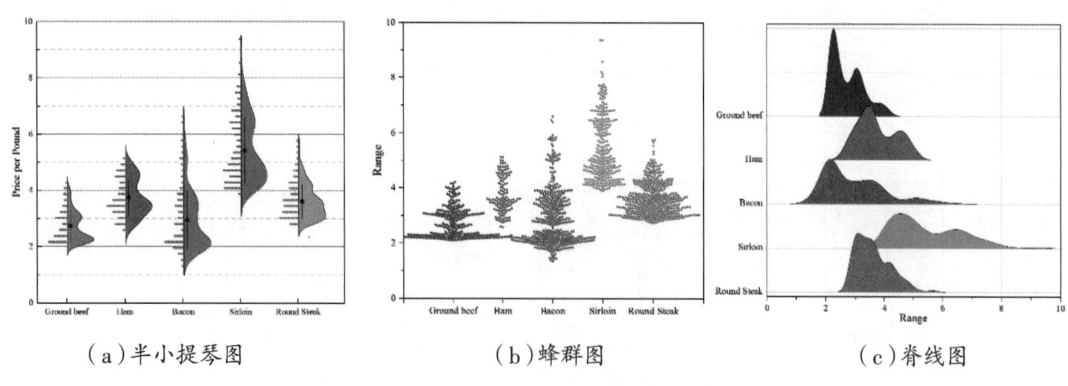

（a）半小提琴图　（b）蜂群图　（c）脊线图

图4-234　采用类似方法绘制的3种绘图

4.10.4 粒径分布直方图

粒径分布图是一种用于显示颗粒在不同尺寸范围内分布情况的图表。在粒径分布图中，通常用横轴表示颗粒的尺寸范围，用纵轴表示颗粒的数量或百分比。通过粒径分布图，可以直观地了解颗粒的尺寸分布情况，包括颗粒的平均尺寸、尺寸范围、颗粒大小的分布情况等。这种图表通常被广泛应用于颗粒物料分析、颗粒工程和颗粒物料处理等领域中。

例36：准备一张工作表，如图4–235（a）所示，仅设置一列*Y*，存放粒径的测量数据。绘制出粒径分布图，如图4–235（b）所示。

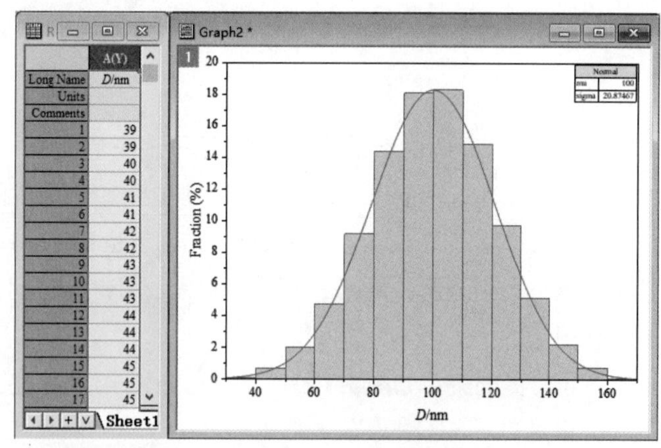

（a）工作表　　（b）目标图

图4–235　粒径分布图

分布图绘制非常简单。选择A列数据，单击菜单“Plot（绘图）”→“Statistical（统计图）→Distribution（分布图）”，可立即绘制出图。

*Y*轴默认显示为计数，一般粒径分布显示的是相对频率百分比。按图4–236所示的步骤，双击①处的直方图打开“Plot Details-Plot Properties（绘图细节-绘图属性）”对话框，单击②处的“Data（数据）”选项卡，单击③处的“Data Height（数据高度）”下拉框，选择“Relative Frequency（相对频率）”，单击“OK（确定）”按钮。

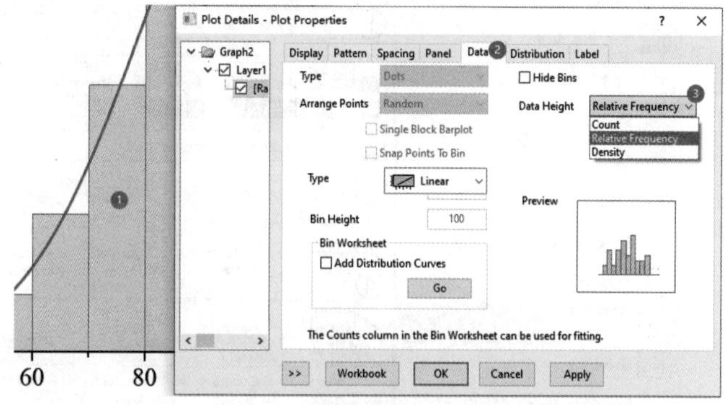

图4–236　*Y*轴数据高度的设置

*Y*轴刻度标签显示为小数，需要换算为百分比。按图4–237所示的步骤，双击*Y*轴打开“Y Axis-Layer1（Y坐标轴-图层1）”对话框，修改“Divide by Factor（除以因子）”为0.01，单击“OK（确定）”按钮。修改*Y*轴标题及单位，改为“Fraction/%”，调整其他细节，调整页面至图层大小，最终得到目标图。

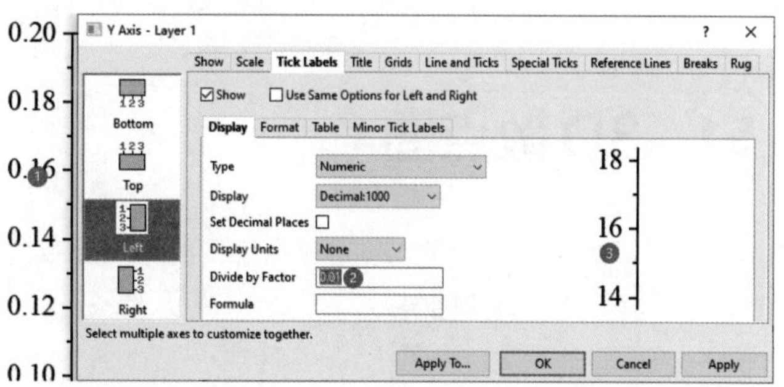

图4–237　刻度标签的换算

05 第5章 三维绘图

三维（3D）绘图由于比二维（2D）绘图多一个维度，因此三维绘图的工作表在数据结构上与二维绘图的工作表有所不同。最明显的区别在于二维绘图采用XY型表格，而三维绘图采用XYZ型表格。但是三维绘图与二维绘图在数据表结构上也存在一些相似之处。例如，XYYY型工作表和矩阵数据表既可用于绘制二维图（如等高线图、热图），也可用于绘制三维图（如瀑布图、表面图、3D点线柱图）。

三维绘图的菜单如图5-1所示，主要分为3D点线柱图①～③、表面图④、三元图⑤、线框图⑥、矢量图⑦、墙形图⑧等。

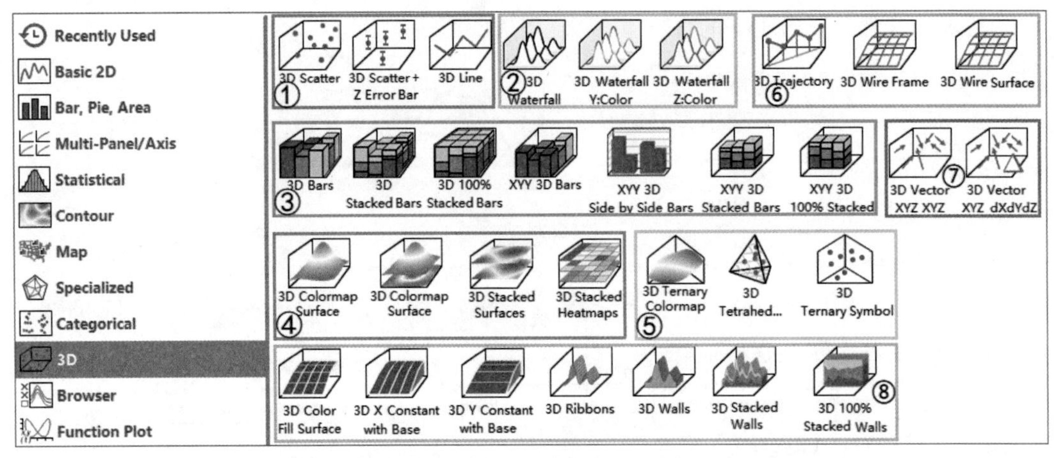

图5-1　三维绘图菜单

5.1 3D散点图

3D散点图主要显示X、Y、Z三个维度的空间分布情况。与2D散点图一样，3D散点图主要包括散点图、泡泡图、点线图等。

5.1.1 参考柱体3D散点图

3D散点图由于三维视觉效果的限制，常常难以清晰分辨，因此通常需要绘制一些辅助平面（或立方体），以突出散点之间的差异和关联。

例1：准备一张XYZY型工作表，如图5-2（a）所示，*X*、*Y*、*Z*为绘图所需数据，第四列为文本标签（样品名称）。由于该工作表仅有2行数据，绘制的参考柱体3D散点图包含2个点，如图5-2（b）所示。

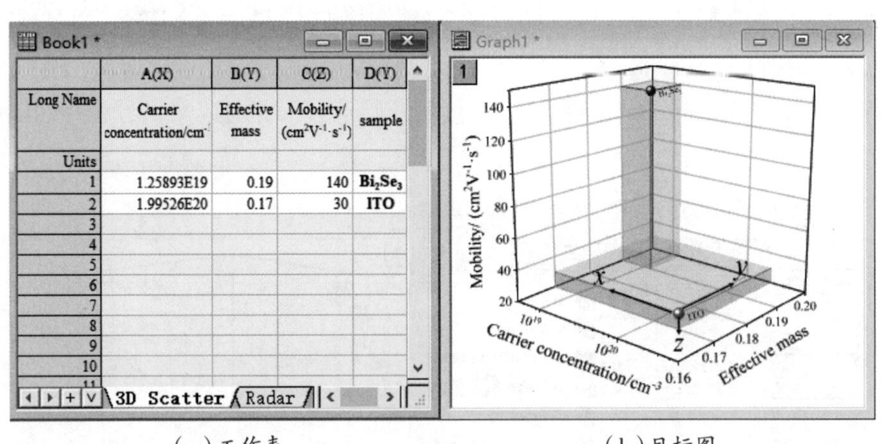

（a）工作表　　　　（b）目标图

图5-2　参考柱体3D散点图

解析：在对比研究2种光伏材料（Bi_2Se_3和ITO）的性能时，通常会考察载流子浓度、有效质量和迁移率3个指标。将图5-2（a）中的表格转置后得到如图5-3（a）所示的表格，选择XYY型数据，可以绘制雷达图，如图5-3（b）所示，对比展示这2种材料的3个指标情况。在本例中，我们将利用Origin软件的“Cube Plot”App插件来构建参考面，定义长、宽、高等参数，设置填充色和透明度。根据本例还可以绘制柱体声定位散点图。

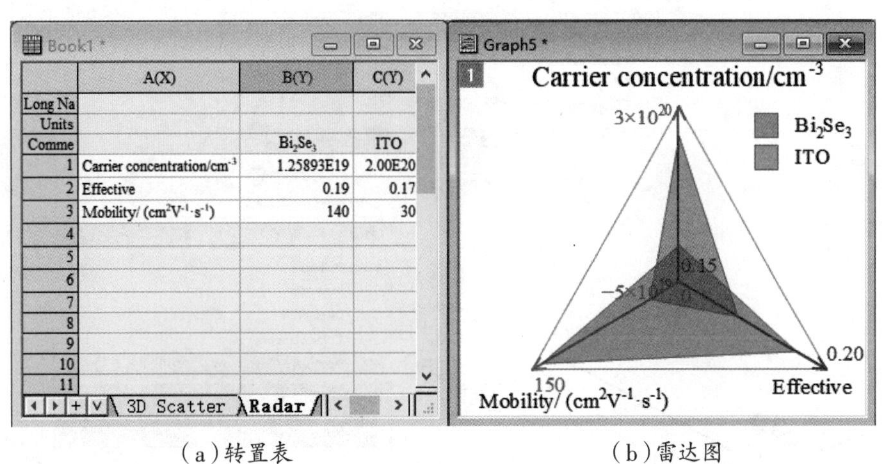

（a）转置表　　　　（b）雷达图

图5-3　转置表与雷达图

雷达图可以通过“面积”大小综合评价两种材料的整体水平，而3D散点参考柱面图则可以通过“体积”大小对材料进行综合评价。这两种类型的绘图既能展示整体水平，又能比较单项指标的差异。

1. 绘制3D散点图

按图5-4所示的步骤，拖选①处的A～C三列标签，选择*X*、*Y*、*Z*三列数据，单击下方工具栏②处的3D图按钮，选择③处的“3D Scatter（3D散点图）”，即可得到④处所示的效果图。

因为绘制的2个点为2种材料，所以需要用不同的颜色区分。按图5-5所示的步骤，双击①处的散点打开“Plot Details-Plot Properties（绘图细节-绘图属性）”对话框，选择②处的“Original（原始数据）”，进入③处的“Symbol（符号）”选项卡，单击④处打开颜色设置面板，选择⑤处的“By Points（按点）”，单击⑥处的“Increment from（增量开始于）”，选择⑦处的红色，这样就能使这2个点分别为红色、蓝色。单击“Apply（应用）”按钮。

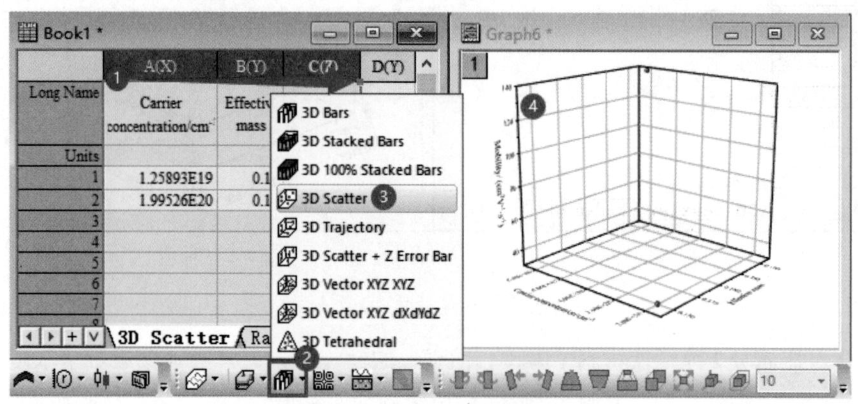

图5-4　3D散点图的绘制

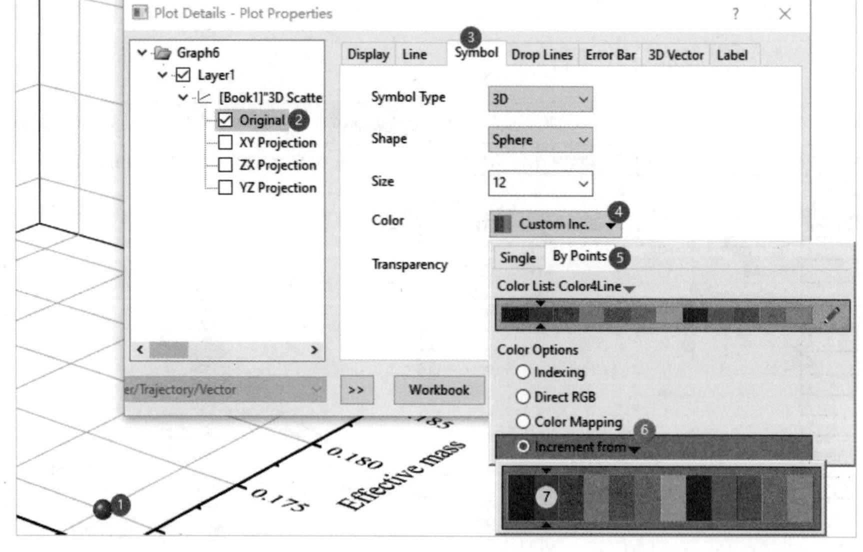

图5-5　散点颜色的设置

按图5-6所示的步骤显示标签。进入①处的“Label（标签）”选项卡，选择②处的“Enable（启用）”复选框，单击③处的“Label Form（标签形式）”下拉框，选择④处的D列，单击“Apply（应用）”按钮，即可得到⑤处所示的效果。

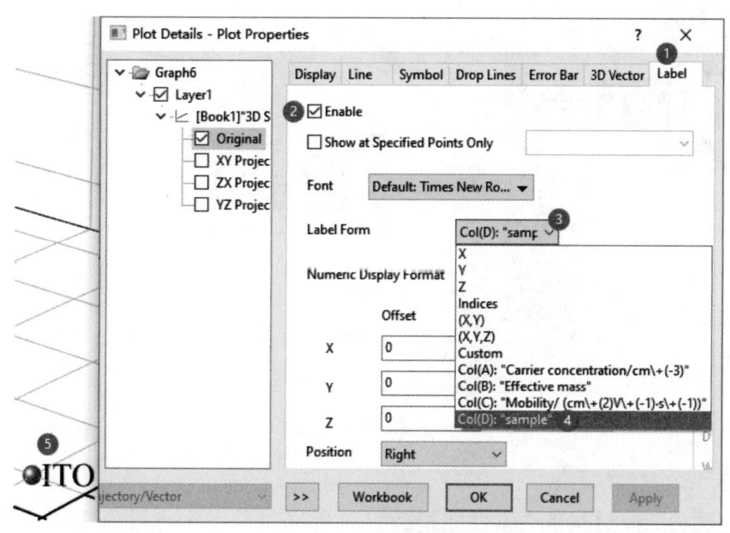

图5-6 标签的显示

在三维图中，刻度线标签和标题默认是“贴”在相应平面的，这样的设计可能会降低可读性。为了改善这一点，我们可以调整所有刻度线标签和轴标题文本的方向，使其面向屏幕（贴在纸张正面的文字）。按图5-7所示的步骤，在“Plot Details-Layer Properties (绘图细节-图层属性)”对话框中，选择①处的“Layer 1(图层1)”，进入②处的“Axis(坐标轴)”选项卡，选择③处的“All In Plane of Screen（全在屏幕平面）”。单击“OK（确定）”按钮，即可得到④处所示的效果。

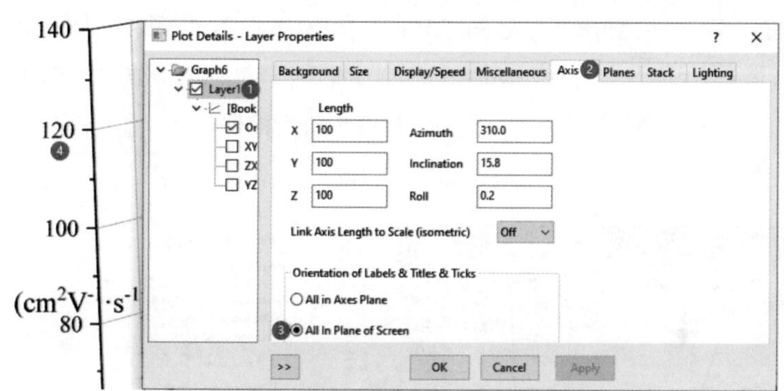

图5-7 设置标签、轴标题、刻度线的方向

调整后，散点的位置离坐标系边界太近，刻度太密。按图5-8所示的步骤，双击①处的X轴打开“X Axis-Layer 1（X坐标轴-图层1）”对话框，进入②处的“Scale（刻度）”选项卡，修改③处的范围为1E19～3E20，修改④处的“Type（类型）”为“Log10”。分别选择⑤处的Y轴和Z轴，分别设置③处Y轴和Z轴的范围为0.16～0.20、20～160。

轴标题需要与相应的坐标轴平行。进入⑥处的“Title（标题）”选项卡，分别选择⑦处的Y轴和Z轴后，分别修改⑧处的“Rotate (deg.)[旋转(度)]”为-20、30、93，单击“Apply（应用）”按钮进行效果预览，并对角度进行适当的调整，顺时针为负数。单击“OK（确定）”按钮，即可得到⑨处所示的效果。

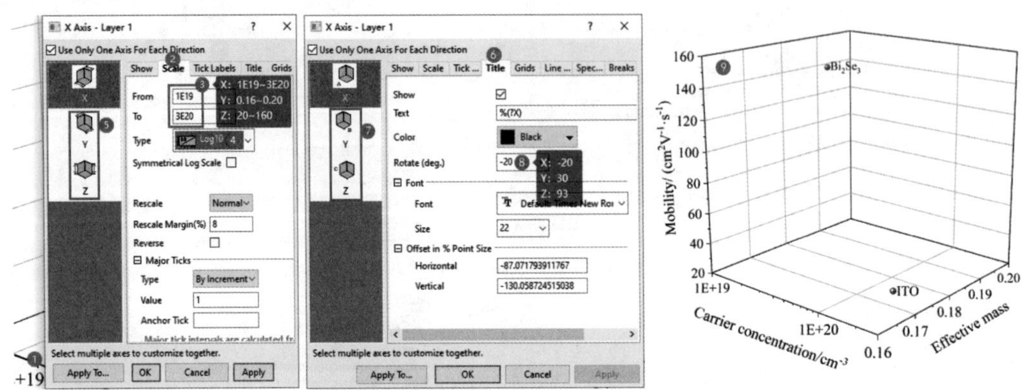

图5-8　刻度与轴标题的设置

2. 添加立方体

为了更明显地区分2种材料的3项性能指标，可以通过在每个点绘制*XY*、*YZ*和*XZ*三个方向的平面来构造立方体。但是这种操作可能需要添加6个面，步骤相对烦琐。这里介绍Origin软件的App插件“Cube Plot（2021）.opx”，该插件可以通过设置长、宽、高等参数，快速构造半透明立方体，从而更方便地展示数据。

将App插件“Cube Plot（2021）.opx”拖入Origin软件界面，在弹出的对话框中单击“OK（确定）”或“Yes（是）”按钮，即可安装成功。安装后，该App插件将出现在右边栏的“Apps”选项卡中。

按图5-9所示的步骤，单击①处激活绘图窗口，单击右边栏的“Apps”选项卡，选择②处的“Cube Plot（立方体绘图）”，在弹出的③处的“Apps：PlotCube”对话框中分别修改④、⑥、⑧处的*X*、*Y*、*Z*的极值，均从该点的*X*、*Y*、*Z*值到*X*轴、*Y*轴、*Z*轴刻度起始值（或结束值），即该点分别向*X*、*Y*和*Z*轴投影的方向，如⑤、⑦、⑨处所示。修改⑩处的边框线颜色和填充色，透明度为75。选择“Add Cube Plot to（添加立方体到）”为“Active Graph（激活的绘图窗口）”，单击“OK（确定）”按钮。

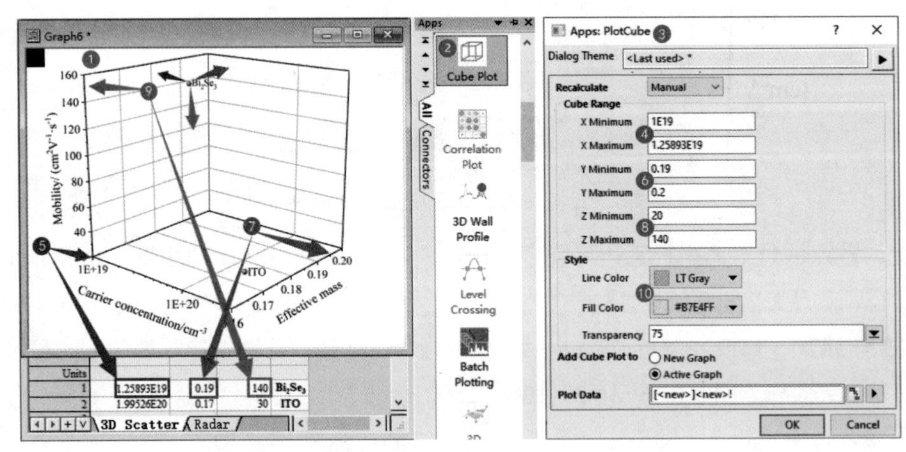

图5-9　立方体的添加

按照相同的方法添加第二个样品散点的立方体后，可能会导致坐标轴的范围发生变化。为了修正这个问题，可以双击坐标轴，将刻度范围调整为预设值，从而得到目标图。

5.1.2 彩色填充3D瀑布图

彩色填充3D瀑布图可以在三维坐标系中展示数据的变化趋势。在这种图表中，数据以不同颜色的填充区域表示，每个填充区域的高度代表某种强度。通过彩色填充的方式，可以直观地展示数据的变化情况，使观察者能够更清晰地理解数据的分布和趋势。这种图表通常用于展示数据在不同维度上的变化，如时间、空间或其他因素对数据的影响。

例2：准备一张XYYY型工作表，如图5-10（a）所示，A列为时间，B～F列为不同频率下测试的振幅。在①处的“Units（单位）”标签上右击弹出快捷菜单，单击②处的“Insert（插入）”进入二级菜单，选择③处的“User Parameters（用户参数）”打开对话框，在“Name（名称）”文本框中输入“Frequency（Hz）”，单击“OK（确定）”按钮可新增一行，在每列Y的频率单元格中输入相应的参数，如50.78、58.59、66.41、74.22、82.03。绘制彩色填充3D瀑布图，如图5-10（b）所示。

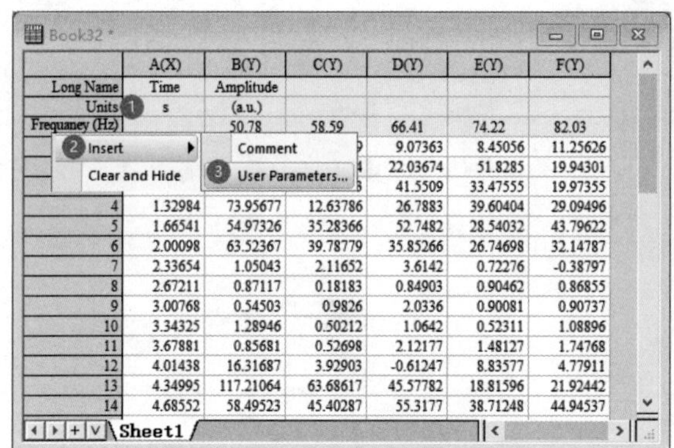

（a）工作表

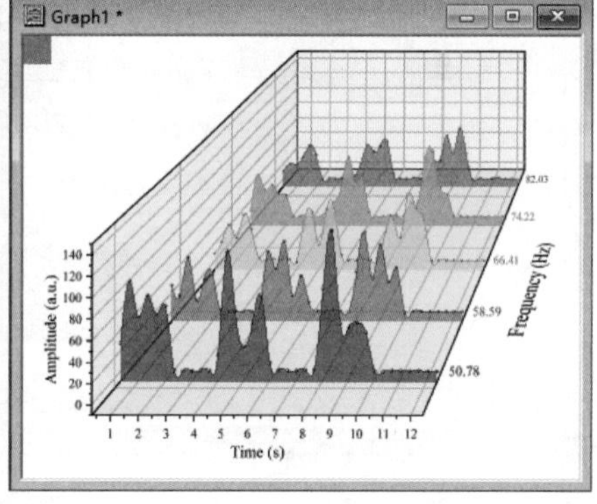

（b）目标图

图5-10　彩色填充3D瀑布图

1. 绘制3D瀑布图

按图5-11所示的步骤，单击①处全选数据，在下方工具栏②处选择“3D Waterfall Z：Color Mapping（3D瀑布图Z：颜色映射）”工具，即可得到③处所示的效果。

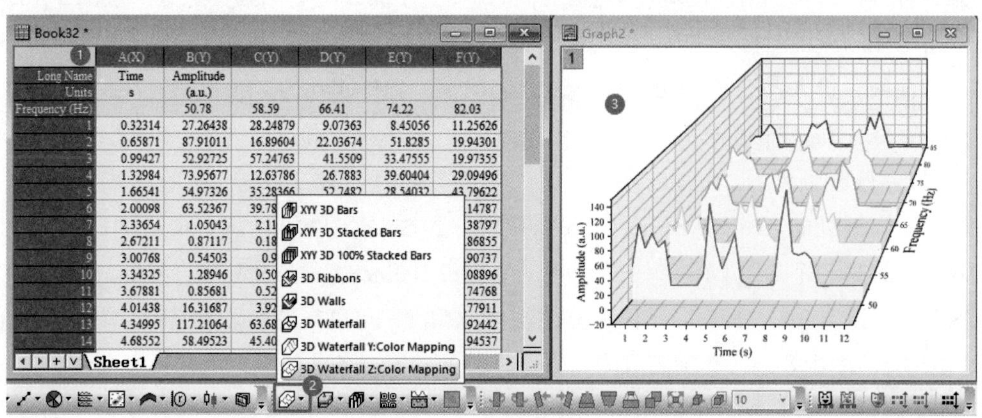

图5-11　3D瀑布图的绘制

按图5-12所示的步骤修改折线为平滑的点线图。双击①处的折线打开“Plot Details-Plot Properties（绘图细节-绘图属性）”对话框，进入②处的“Symbol（符号）”选项卡，修改“Size（大小）”为5，单击“Color（颜色）”下拉框，进入“By Plots（按曲线）”选项卡，选择颜色列表“Rainbow7”。进入③处的“Pattern（图案）”选项卡，修改“Border（边框）”组中④处的“Connect（连接）”为“Spline（样条）”，单击⑤处的“Color（颜色）”下拉框，选择颜色列表“Rainbow7”，设置“Fill（填充）”组中⑥处的“Color（颜色）”为“Rainbow7”颜色列表（与框线颜色一致），设置⑦处的“Transparency（透明度）”为40。单击“OK（确定）”按钮。

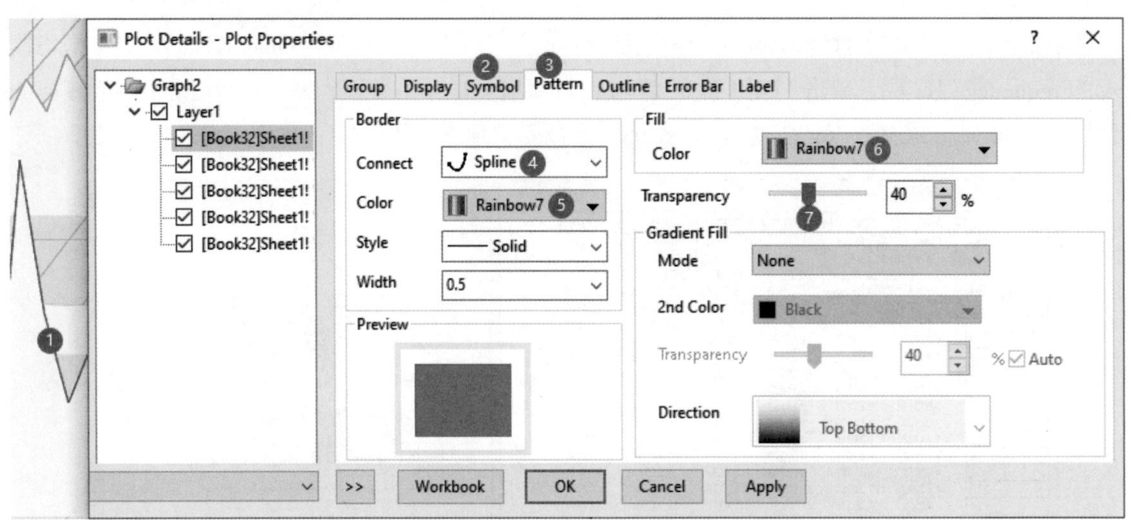

图5-12　点线图颜色映射与填充的设置

2. 设置右侧Z轴刻度标签

在3D瀑布图中左轴为Y轴，采用2D图坐标系的风格，符合读数习惯。底部平面右侧轴为Z轴，用以表示样品名称或用户参数的变化。由于用户参数不一定呈线性变化（不均匀），所以Z轴刻度并不与每条曲线的位置对应。有两种方法添加对应的刻度标签：一是添加文本，二是启用标签。下面采用第二种方法来添加对应的刻度标签，并将标签置于曲线与右侧轴交点处。按图5-13所示的步骤，双击①处的点线图打开“Plot Details-Plot Properties（绘图细节-绘图属性）”对话框，选择②处的第一条曲线，进入③处的“Label（标签）”选项卡，选择④处的“Enable（启用）”复选框和⑤处的“Show at Specified Points Only（仅在指定点显示）”复选框，并设置为0。单击⑥处的“Font（字体）”下拉框并修改颜色为“Default（默认）”，单击⑦处的“Label Form（标签形式）”为“Custom（自定义）”，在⑧处的“Format String（格式字符串）”文本框中输入“%(wcol(n)[D1]$)”（表示采用表格第n列的第一个参数D1）。如果有第二个User Defined（用户自定义）参数，则用“D2”表示，依次类推。设置⑨处“Position（位置）”组中的X和Y，可以在设置某个值后，单击“Apply（应用）”按钮，查看图中效果，直到满意为止。选择⑩处的第二条曲线及以后的每条曲线，选择④处的“Enable（启用）”复选框。最后单击“OK（确定）”按钮。在Origin中，设置好第一个数据的图形后，第二个以后的数据曲线无需重复设置，只需选择“Enable（启用）”复选框即可。

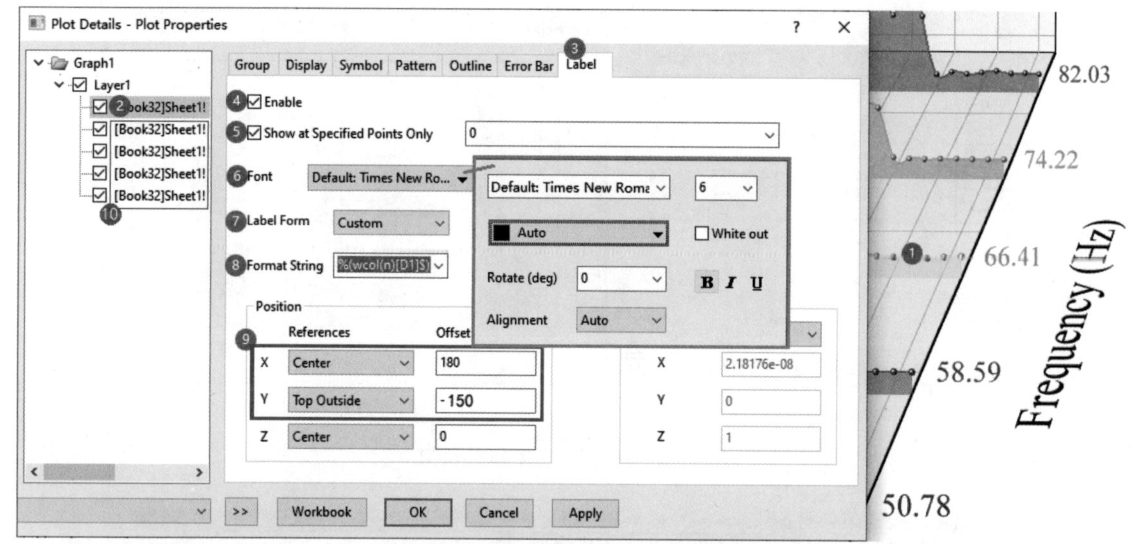

图 5-13　设置右侧 Z 轴刻度标签

原右侧Z轴及刻度标签需要分别单击后按“Delete”键删除。拖动右侧Z轴的标题到合适位置，避免与新建的标签文本重叠。经过其他细节设置后可得到目标图。

5.2 3D柱状图

3D柱状图通常用于呈现数据的分布情况、趋势和关联性，使数据分析更加直观和易于理解。这种图表在商业、科学研究和数据可视化领域有着广泛应用。

5.2.1 3D并排误差棒柱状图

当类别或维度变量较少时，通常采用多张单独的2D柱状图来展示数据。但是这种方式可能不方便进行横向对比，特别是当需要比较不同类别或维度之间的数据时。在这种情况下，绘制并排的3D柱状图是一个较好的优化思路。

例3：准备一张X2（YE）型工作表，如图5-14（a）所示，A列为X数据，B、C列为样品A的Y数据及Y误差，D、E列为样品B的Y数据及Y误差。注意，C、E列需要右击，选择“Set as（设置为）”“Y Error（Y误差）”。绘制3D并排误差棒柱状图，如图5-14（b）所示。

1. 绘制 3D 并排柱状图

按图5-15所示的步骤，单击①处全选数据，选择②处的菜单“Plot（绘图）”、③处的“3D”和④处的“XYY 3D Side by Side Bars（XYY 3D 并排柱状图）”工具，即可得到⑤处所示的效果。

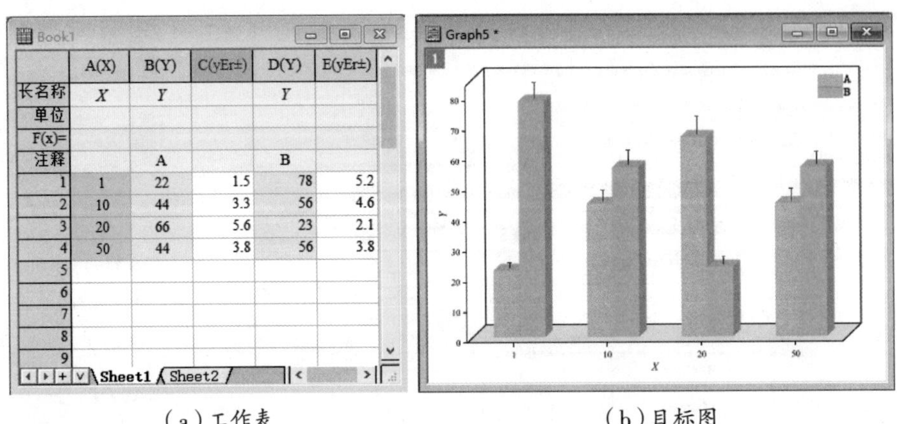

	A(X)	B(Y)	C(yEr±)	D(Y)	E(yEr±)
长名称	X	Y		Y	
单位					
F(x)=					
注释		A		B	
1	1	22	1.5	78	5.2
2	10	44	3.3	56	4.6
3	20	66	5.6	23	2.1
4	50	44	3.8	56	3.8
5					
6					
7					
8					
9					

（a）工作表　　　　（b）目标图

图5-14　3D并排误差棒柱状图

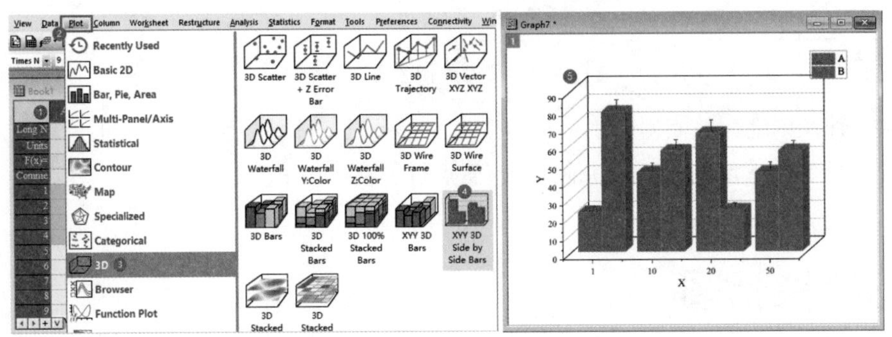

图5-15　3D并排柱状图的绘制

按图5-16所示的步骤，双击①处的柱状图打开“Plot Details-Plot Properties（绘图细节-绘图属性）”对话框，进入②处的“Pattern（图案）”选项卡，修改“Border（边框）”组中③处的“Color（颜色）”为“None（无）”（不显示边框线）。单击“Fill（填充）”组中④处的“Color（颜色）”下拉框，选择⑤处的“By Plots（按曲线）”，单击⑥处下拉框选择一个颜色列表。单击“Apply（应用）”按钮。

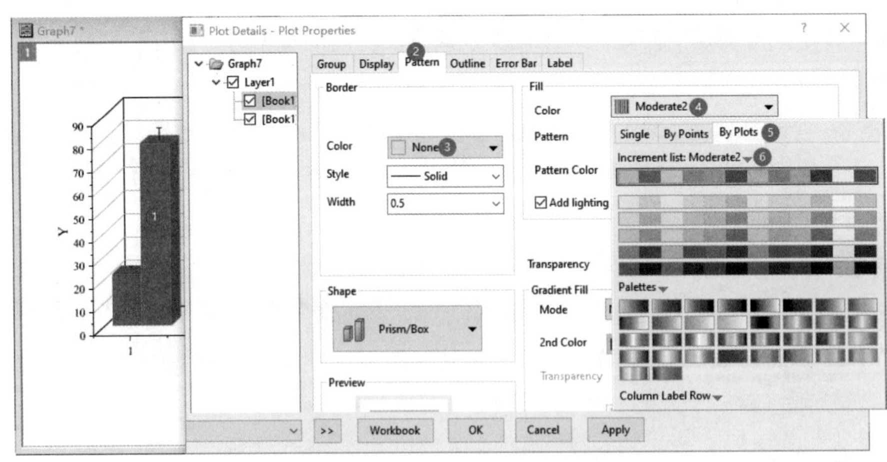

图5-16　柱体颜色设置

按图5-17所示的步骤调整图层至页面大小。单击①处的空白区域，调出句柄，拖动②处的句柄扩大绘图，拖动绘图至页面内部的合适位置。

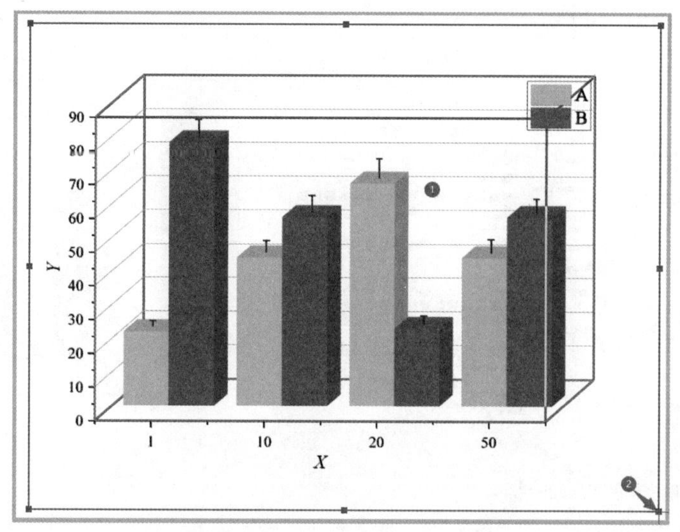

图5-17　拖动句柄调整图层至页面大小

2. 调整柱形和排列

按图5-18所示的步骤调整柱形和排列。单击①处的柱子，利用浮动工具栏②处的按钮将其修改为圆柱，单击③处的按钮选择④处的“None（无）”，将排列队形由左右并排改为前后并排。但后方的误差棒被遮挡，可以利用浮动工具栏⑤处的按钮缩小前排柱子的宽度，露出后排的误差棒。单击后排柱体，单击⑤处的工具缩小后排柱子宽度，使前后排柱体宽度（或直径）保持一致。

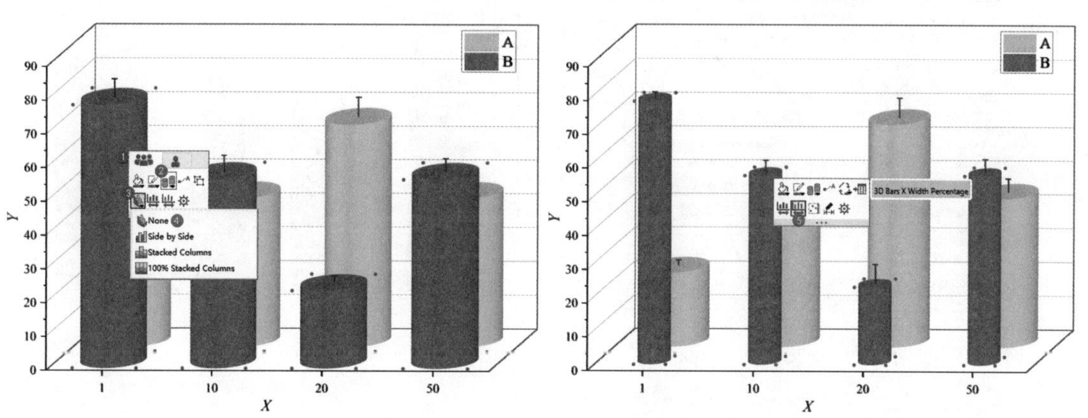

图5-18　调整柱形和排列

3. 单独设置填充颜色

采用颜色列表对柱体颜色进行设置，有时候得到的填充颜色并不令人满意。按图5-19所示的步骤，双击①处的柱子打开“Plot Details-Plot Properties（绘图细节-绘图属性）”对话框，进入②处的“Group（组）”选项卡，选择“Independent（独立）”（解除群组）。进入③处的“Pattern（图案）”

选项卡，单击“Fill（填充）”组中④处的“Color（颜色）”下拉框，选择⑤处的“Single（单独）”，选择⑥处的某个颜色。选择⑦处的另一组柱子，重复步骤④～⑥的操作，选择另一种颜色。单击“Apply（应用）”按钮可以得到①处所示的效果。

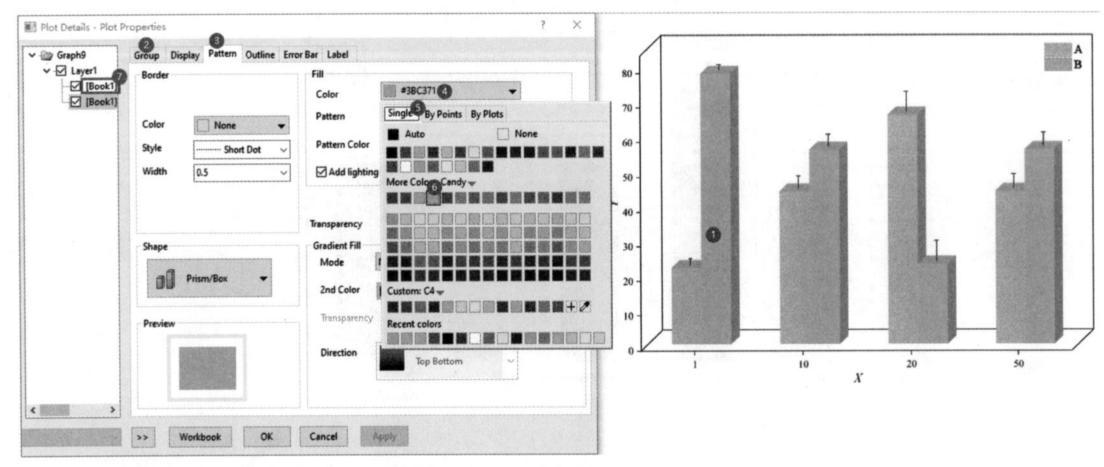

图5-19　填充颜色的独立设置

4. 设置底部平面的颜色

按图5-20所示的步骤，选择①处的“Layer 1（图层1）”，进入②处的“Planes（平面）”选项卡，修改“ZX”平面中③处的“Color（颜色）”为“#B7E4FF”，单击“OK（确定）”按钮，即可得到④处所示的效果。

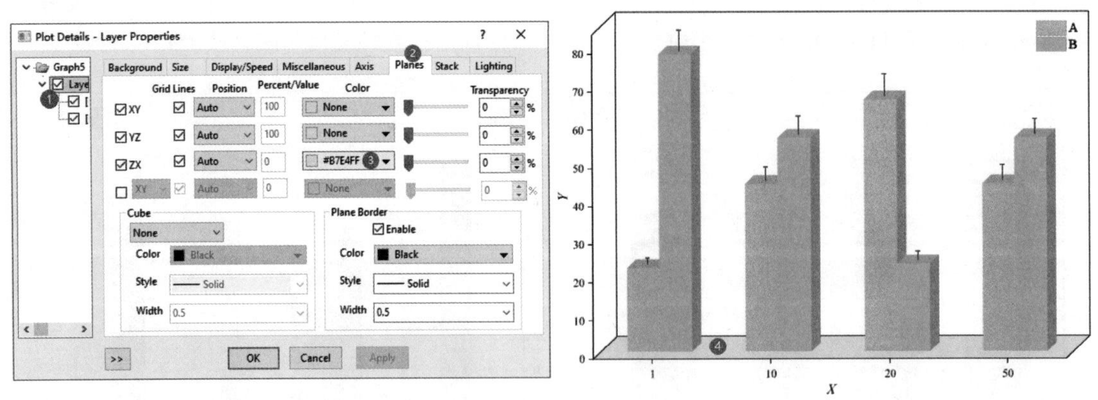

图5-20　底部平面颜色的设置

5.2.2 元素周期表3D柱状图

元素周期表3D柱状图是一种以三维柱状图形式呈现元素周期表中元素分布的图表。在这种图表中，每个元素都用一个立体的柱状图表示，柱状图的高度可以代表该元素的某种属性，比如，原子量、电负性等。通过将元素周期表呈现为3D柱状图，可以更直观地比较不同元素之间的性质和特征，使元素周期表的信息更加生动和易于理解。这种图表形式通常用于教学、科研和科普领域，帮助人们更好地理解元素周期表中元素的排列和特性。

例4： 构建含4张工作表的工作簿，如图5-21（a）所示，绘制的元素周期表3D柱状图，如图5-21（b）所示。

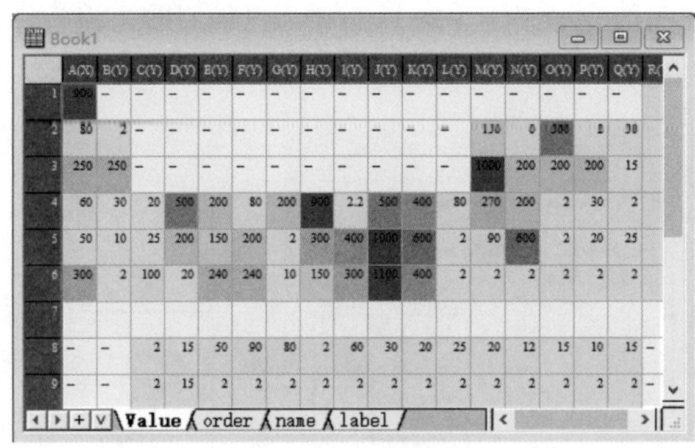

（a）工作簿

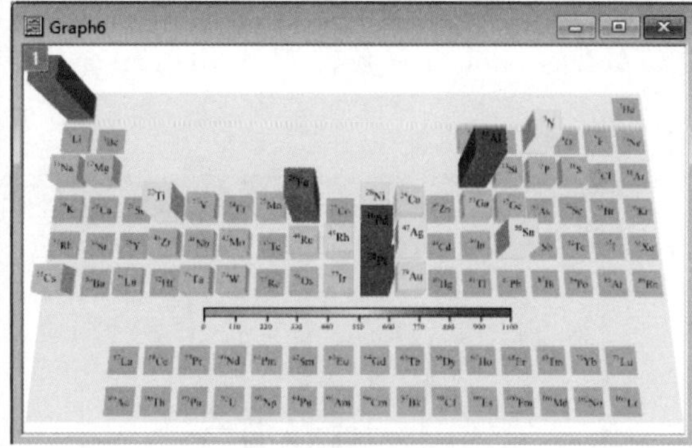

（b）目标图

图5-21　元素周期表3D柱状图

解析： 元素周期表的信息相对稳定，因此可以作为模板来绘制图表。通过下载本例Origin文件，将“Value”表中的数据替换为实际的研究数据，无须进行其他设置，就可以获得完美的绘图。

label表中的文本用于显示图中标签，该表是根据order表（原子序数）和name表（元素符号）利用公式自动生成的。公式语法与Excel相似，可以对其中一个单元格定义公式，然后拖动单元格右下角的“+”，自动填充其他元素的单元格。

1. 绘制3D条状图

按图5-22所示的步骤，单击Value表①处全选数据，单击下方工具栏②处的“3D Bars（3D条状图）”打开“Plotting: plotvm（绘图：plotvm）”对话框，单击③处的“OK（确定）”按钮，即可得到④处所示的3D条状图。

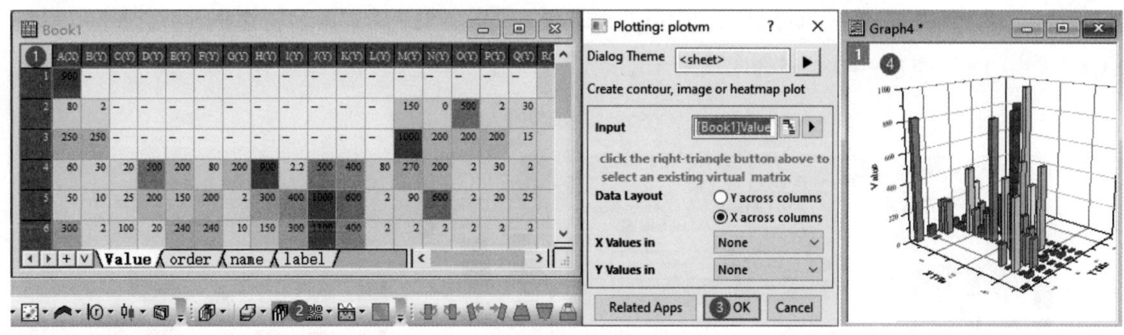

图5-22　3D条状图的绘制

2. 调整3D图的姿态与尺寸

按图5-23（a）所示的步骤调整3D条状图的姿态。单击激活绘图窗口后，单击下方工具栏①处的旋转按钮将*X*轴调整至水平，然后单击②处的按钮调整仰角，使3D图尽量面向读者。此时得到的元素周期表前后、左右是颠倒的。双击Y轴打开对话框，交换From和To的值，单击“OK（确定）”按钮。

按图5-23（b）所示的步骤设置3D坐标系的集合尺寸和旋转角度。双击①处的柱图打开“Plot Details-Layer Properties（绘图细节-图层属性）”对话框，选择②处的“Layer 1（图层1）”，进入③处的“Axis（坐标轴）”选项卡，设置④处的X、Y、Z的“length（长度）”分别为300、100、50，设置⑤处X的“Rotation（旋转）”为70（绕X轴旋转70°），而Y和Z方向旋转为0。单击“OK（确定）”按钮。

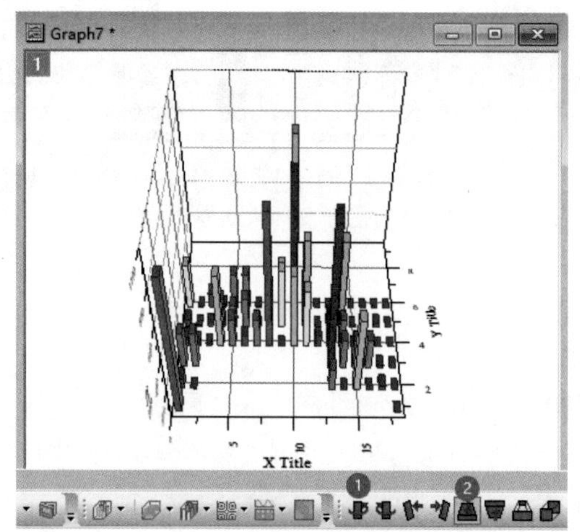

（a）3D条状图姿态的调整

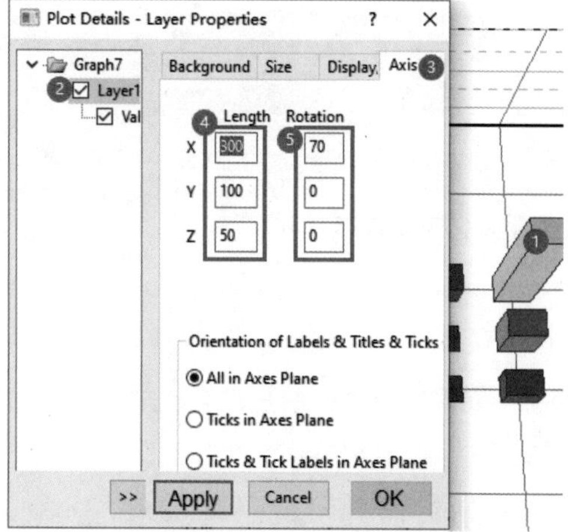

（b）轴长及绕轴旋转角的设置

图5-23　3D条状图姿态及尺寸的设置

3. 隐藏平面及网格线

按图5-24所示的步骤隐藏网格线。双击①处的X轴打开“X Axis-Layer 1（X坐标轴-图层1）”对话框，进入②处的“Grid Lines（网格线）”选项卡，分别单击③处的三个方向的数轴，取消④处的“Major Grids（主网格）”“Minor Grids（次网格）”复选框。进入⑤处的“Tick Labels（刻度线标签）”选项卡，分别取消每个方向上⑥处的“Show Major Labels（显示主标签）”复选框。单击“OK（确定）”按钮。若轴线和刻度线尚未隐藏，可以直接单击轴线、刻度线、轴标题等对象，按“Delete”键删除。最后得到⑦处所示的效果。

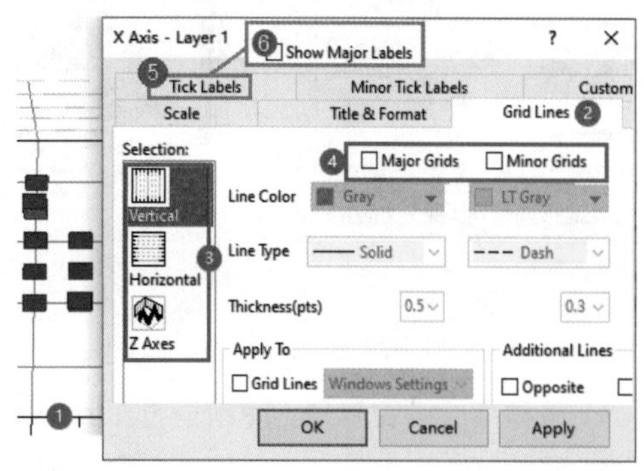

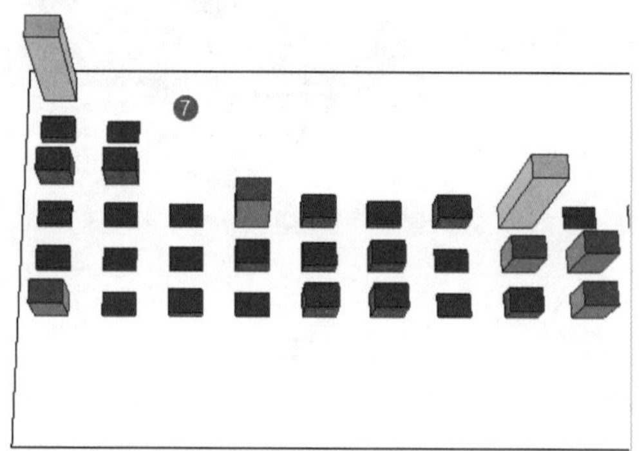

图5-24　隐藏网格线

4. 隐藏柱状图的边框线、设置填充颜色

按图 5-25 所示的步骤隐藏柱状图的边框线、设置填充颜色。双击①处的图层空白处打开“Plot Details-Plot Properties（绘图细节 - 绘图属性）”对话框，选择②处的“Value（值）”，进入③处的“Bars（柱状图）”选项卡，设置④处的“Border Width（边框宽度）”为 0，进入⑤处的“Colormap（颜色映射）”选项卡，单击⑥处的“Fill（填充）”选项卡，打开“Fill（填充）”对话框，选择⑦处的“3-Color Limited Mixing（3 色有限混合）”，单击⑧处的三种颜色下拉框，选择绿色、黄色和红色，单击“Apply（应用）”按钮，单击“OK（确定）”按钮返回上一级对话框。其他步骤不再赘述。

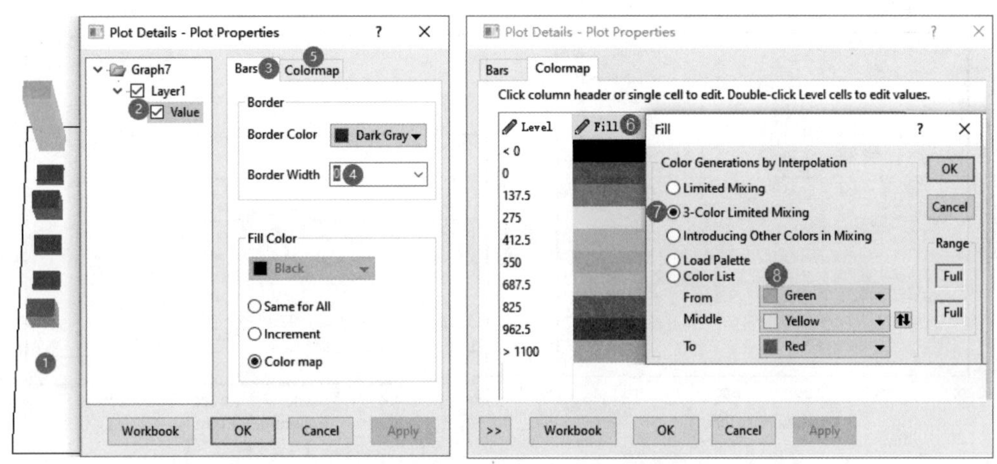

图 5-25　隐藏边框线、填充颜色的设置

将工作表 Value 中的数据替换为自己的实验结果，双击本例的元素周期表样图（见图 5-26），更换填充颜色，即可使用在论文中。

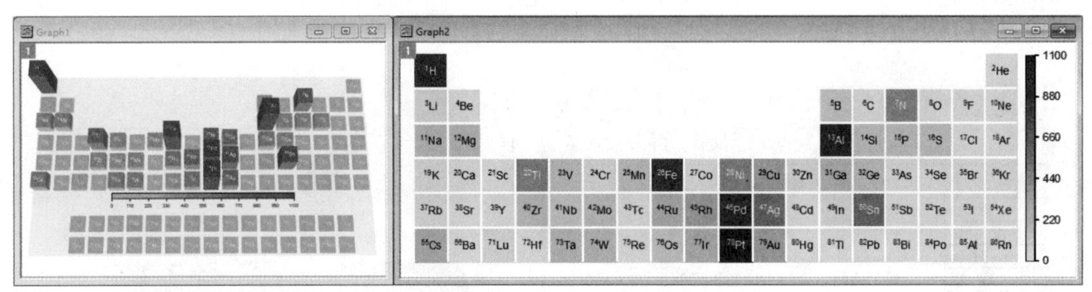

图 5-26　2 种元素周期表样图

5.3 3D 曲面图

3D 曲面图常用于显示数据在三个维度上的变化。在这种图表中，数据以曲面的形式呈现，曲面的高度或形状可以代表数据的数值大小或变化趋势。通过在三维坐标系中显示曲面图，观察者可以更直观地理解数据在不同维度上的关系和变化。3D 曲面图通常用于展示复杂的数据模式、表达

数据之间的关联性，以及揭示数据的规律和趋势。这种图表形式在科学研究、工程领域和数据可视化中有着广泛应用。

5.3.1 红外光谱3D曲面图

在讨论某种因素引起某种性质的变化时，如果仅采用几个样品或测试了几条曲线，通常可以绘制出2种二维曲线图，如普通曲线图和堆积曲线图，如图5-27所示。二维曲线图虽然能精确对比出峰位置，但所描述的变化趋势不够清楚。

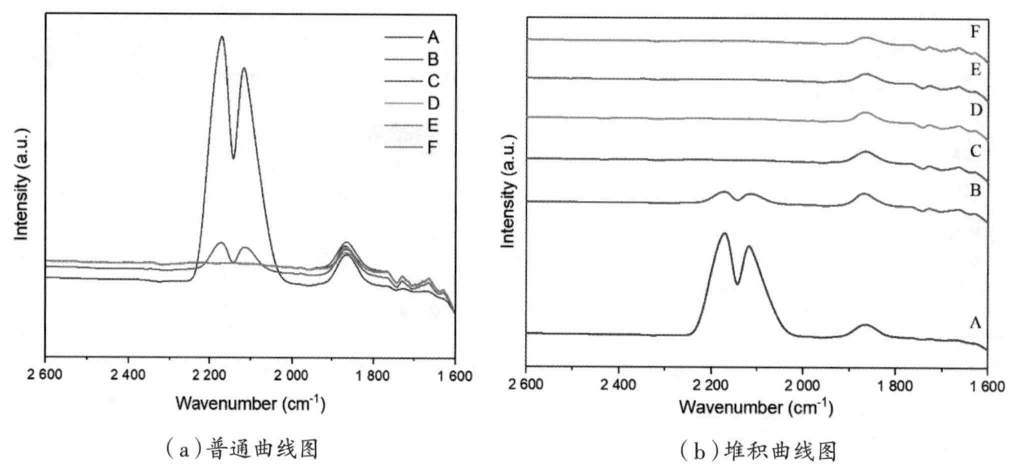

（a）普通曲线图　　（b）堆积曲线图

图5-27　普通二维曲线图

例5：准备一张XYYY型工作表，如图5-28（a）所示，A列为波数，B列及其后各列为样品A～F的红外光谱数据。注意这里的红外光谱数据记录的是吸收率，而非透过率。绘制红外光谱3D曲面图，如图5-28（b）所示。

Book2A

	A(X)	B(Y)	C(Y)	D(Y)
Long Name	Wavenumber	Intensity		
Units	cm^{-1}	a.u.		
Comments		A	B	C
F(x)=				
12	1621.841	-94.111	-93.67649	-93.399
13	1623.769	-94.046	-93.54636	-93.257
14	1625.698	-93.990	-93.4362	-93.136
15	1627.626	-93.943	-93.37224	-93.066
16	1629.555	-93.905	-93.35545	-93.050
17	1631.483	-93.874	-93.36536	-93.062
18	1633.411	-93.848	-93.38873	-93.088
19	1635.34	-93.823	-93.41862	-93.118

Sheet4　Sheet5

Graph9

（a）工作表　　（b）目标图

图5-28　红外光谱3D曲面图

1. 绘制3D颜色映射曲面图

按图5-29所示的步骤，单击①处全选数据，单击下方工具栏②处的按钮，选择③处的“3D Colormap Surface（3D颜色映射曲面图）”，在打开的对话框中，分别选择④处的“Y Values in（Y值在）”为“Column Label（列标签）”，选择“Column Label（列标签）”为“Comments（注释）”，选择“X Values in（X值在）”为“1st column in selection（选取区域的第一列）”，单击“OK（确定）”按钮，即可得到⑤处所示的效果。

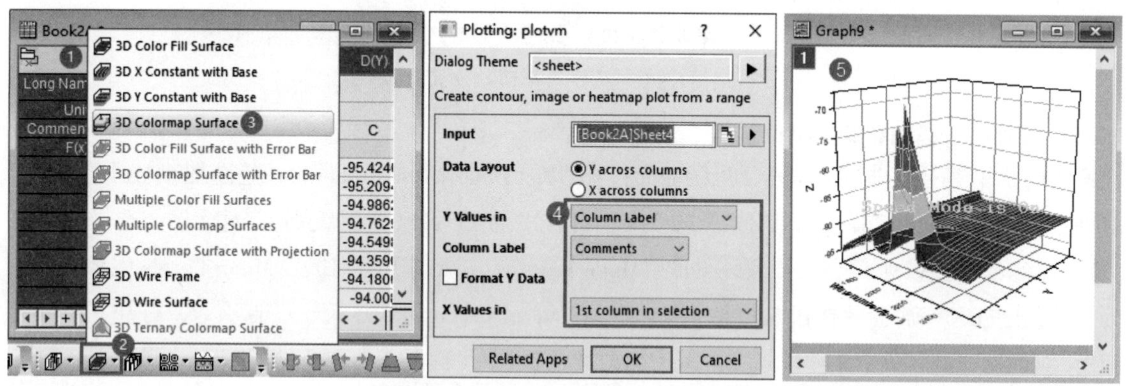

图5-29　3D颜色映射曲面图的绘制

为了避免曲面遮挡，需要颠倒坐标轴刻度范围，使曲面以最佳视角呈现。可以双击右侧轴打开“Plot Details-Plot Properties（绘图细节-绘图属性）”对话框，进入“Scale（刻度）”选项卡，将其刻度范围的“From”和“To”的值互换。单击“Apply（应用）”按钮，X轴的波数是从大到小递减的，必要时修改X轴可得范围，单击“OK（确定）”按钮，也可以单击激活绘图，选择下方工具栏的3D旋转工具，将曲面转过来，使曲面前低后高。

如果Z轴所表达的数量无意义时，可以删除Z轴及颜色标尺图例，单击颜色标尺，按“Delete”键删除。如果不需要在曲面上显示网格线，可以双击X轴打开“X Axis-Layer1（X坐标轴-图层1）”对话框，分别选择3个方向，取消“Major Grids（主网格）”的复选框，最后单击“OK（确定）”按钮。如果图中出现“Speed Mode is On（快速模式已启用）”水印，可以单击右边工具栏的“跑人”按钮将水印关闭。

2. 调整尺寸和隐藏平面

调整坐标系姿态可以使曲面特征更好地展示出来。按图5-30所示的步骤，双击①处的曲面打开“Plot Details-Layer Properties（绘图细节-图层属性）”对话框，选择②处的“Layer1（图层1）”，进入③处的“Axis（坐标轴）”选项卡，设置④处的“Length（长度）”中的X为200、Y为150、Z为100，三轴的“Rotation（旋转）”分别为-30、-1、170。单击“Apply（应用）”按钮查看效果，调整到合适为止。进入⑤处的“Planes（平面）”选项卡，取消勾选⑥处的XY、YZ、ZX平面的复选框（隐藏）。单击“OK（确定）”按钮。如果所得绘图透视效果严重，可以单击下方工具栏⑦处的两个按钮减小透视或增加正交。如果调整正交后，X轴倾斜，可以重复步骤①～④，调整到合适为止。

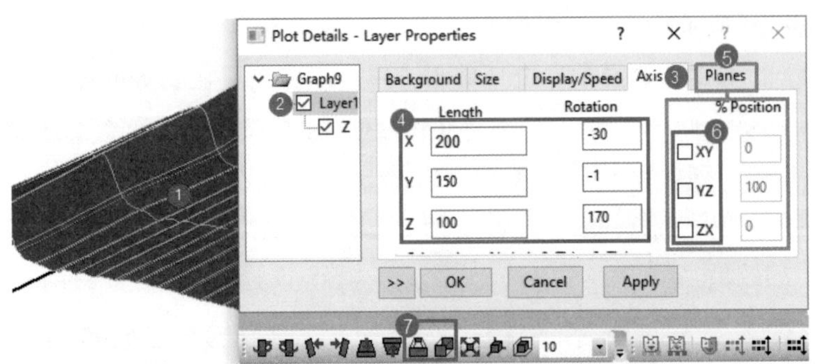

图 5-30　尺寸及平面的设置

3. 设置映射级别和调色板位置

按图5-31所示的步骤，双击①处的曲面打开“Plot Details-Plot Properties（绘图细节-绘图属性）”对话框，单击②处的“Level（级别）”选项卡，打开“Set Levels（设置级别）”对话框，选择③处的“Major Levels（主级别）”，并设置④处的“Major Levels（主级别）”为10、“Minor Levels（次级别）”为5，单击“OK（确定）”按钮返回上一级对话框，单击⑤处的“Fill（填充）”选项卡，打开“Fill（填充）”对话框，选择⑥处的“Load Palette（加载调色板）”，单击⑦处选择“Rainbow”调色板。单击“OK（确定）”按钮返回上一级对话框，单击“OK（确定）”按钮。

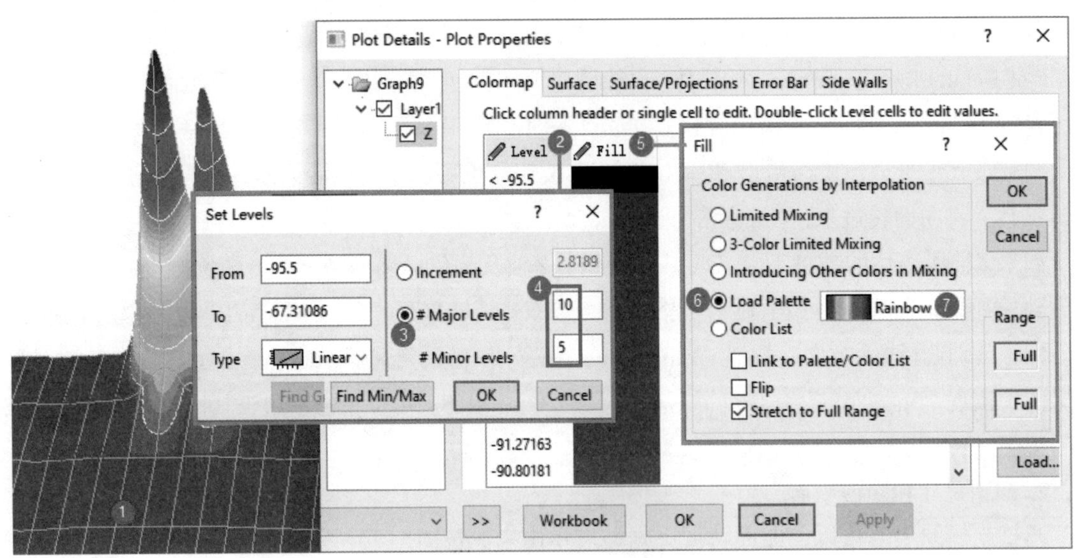

图 5-31　映射级别和调色板的设置

4. 修改右侧刻度值

右侧轴的刻度一般与曲面上水平方向的网格线一致，可定义字符串显示文本刻度值。按图5-32所示的步骤，双击①处的刻度线打开“Y Axis-Layer 1（Y坐标轴-图层1）”对话框，进入“Tick Labels（刻度线标签）”选项卡，选择③处的“Type（类型）”为“Tick-indexed string（刻度索引字符串）”，在④处的文本框中输入“A B C D E”。注意文本之间要用空格分隔，如果刻度标签由多个单词组成，请用“半角”双引号括起来。按“OK（确定）”按钮。经过其他细节设置可得目标图。

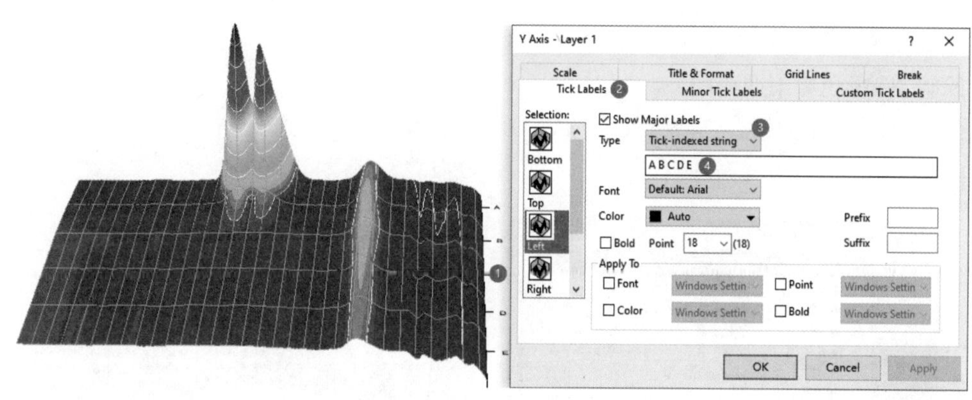

图 5-32　文本刻度值的设置

5.3.2 AFM曲面投影图

AFM（Atomic Force Microscopy，原子力显微镜）曲面投影图是通过原子力显微镜获取的表面形貌图像。原子力显微镜是一种高分辨率的显微镜，可以在原子尺度上观察样品表面的形貌和结构。在AFM曲面投影图中，样品表面的高度变化会被映射成灰度或彩色图像，显示出样品表面的微观形貌特征，如凹凸、颗粒、纹理等。通过分析AFM曲面投影图，可以获取样品表面的形貌信息，了解样品的表面粗糙度、形貌特征及表面结构的变化，对材料科学、纳米技术等领域的研究具有重要意义。

例6：通过AFM测试得到一张矩阵表，如图5-33（a）所示，绘制AFM曲面投影图，如图5-33（b）所示。

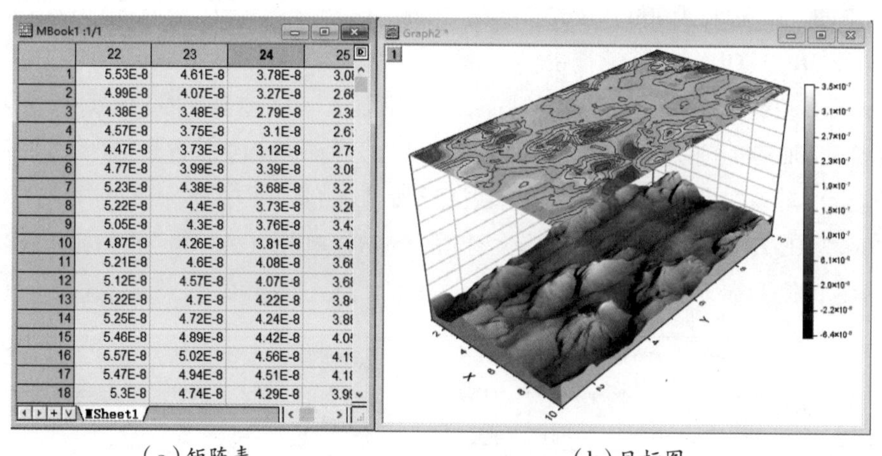

MBook1 :1/1

	22	23	24	25
1	5.53E-8	4.61E-8	3.78E-8	3.0
2	4.99E-8	4.07E-8	3.27E-8	2.6
3	4.38E-8	3.48E-8	2.79E-8	2.3
4	4.57E-8	3.75E-8	3.1E-8	2.6
5	4.47E-8	3.73E-8	3.12E-8	2.7
6	4.77E-8	3.99E-8	3.39E-8	3.0
7	5.23E-8	4.38E-8	3.68E-8	3.2
8	5.22E-8	4.4E-8	3.73E-8	3.2
9	5.05E-8	4.3E-8	3.76E-8	3.4
10	4.87E-8	4.26E-8	3.81E-8	3.4
11	5.21E-8	4.6E-8	4.08E-8	3.6
12	5.12E-8	4.57E-8	4.07E-8	3.6
13	5.22E-8	4.7E-8	4.22E-8	3.8
14	5.25E-8	4.72E-8	4.24E-8	3.8
15	5.46E-8	4.89E-8	4.42E-8	4.0
16	5.57E-8	5.02E-8	4.56E-8	4.1
17	5.47E-8	4.94E-8	4.51E-8	4.1
18	5.3E-8	4.74E-8	4.29E-8	3.9

（a）矩阵表　　　　（b）目标图

图 5-33　AFM 曲面投影图

解析：Origin软件下方工具栏的功能选项中有一个名为“带投影的3D颜色映射曲面图”的工具，可以用来绘制带有顶部投影的3D曲面图。但是需要注意的是，投影的颜色与3D曲面之间是绑定的，因而导致在对上方投影和下方曲面的颜色进行单独设置时比较困难。为了解决这个问题，可以采用重绘法，即使用相同的数据在相同的坐标系中绘制两种不同类型的图，从而实现对上方投影和下方曲面的颜色进行单独设置。

1. 绘制3D颜色映射曲面图

按图5-34所示的步骤，单击①处全选数据，单击下方工具栏②处的“▼”按钮，选择③处的“3D Colormap Surface（3D颜色映射曲面图）”工具，即可得到④处所示的效果。

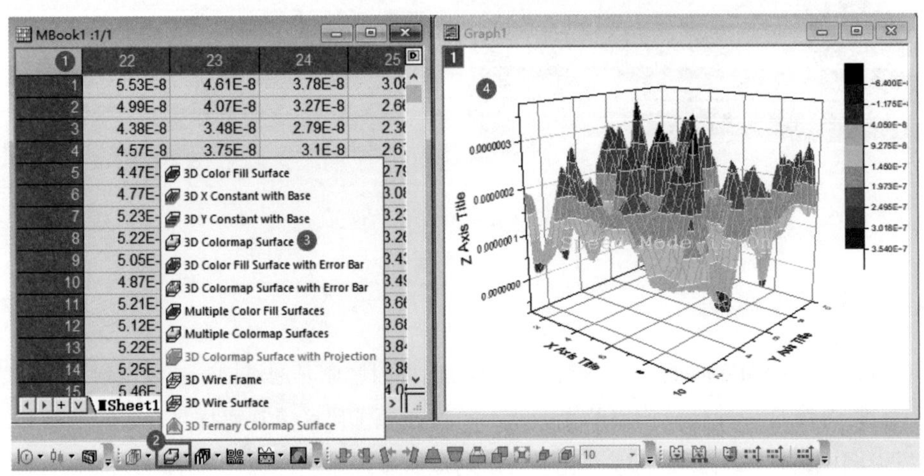

图5-34　3D颜色映射曲面图的绘制

2. 调整3D图的形状和姿态

按图5-35（a）所示的步骤设置尺寸和旋转角，双击①处的曲面打开“Plot Details-Layer Properties（绘图细节-图层属性）”对话框，进入②处的“Axis（坐标轴）”选项卡，修改③处“Length（长度）”组中的“Y”轴长为200，修改④处的“Rotation（旋转）”组中的X、Y、Z轴角度分别为20、-10、-40，单击“OK（确定）”按钮。

目标图需要在粗糙面的上方绘制扁平的Contour等高线图，为了避免遮挡，需要将Z轴刻度范围加大。另外，增大Z轴刻度范围，可以使粗糙面的幅度变小，使粗糙面更接近真实曲面。按图5-35（b）所示的步骤设置Z轴刻度范围，双击①处的Z轴打开“Z Axis-Layer 1（Z坐标轴-图层1）”对话框，修改②处的“To”为1E-6（一般设置为原Z轴最大刻度的5倍）。单击“OK（确定）”按钮。分别单击Z轴、刻度值、轴标题，按“Delete”键删除。单击右边工具栏的“跑人”按钮隐藏“Speed Mode（快速模式）”。

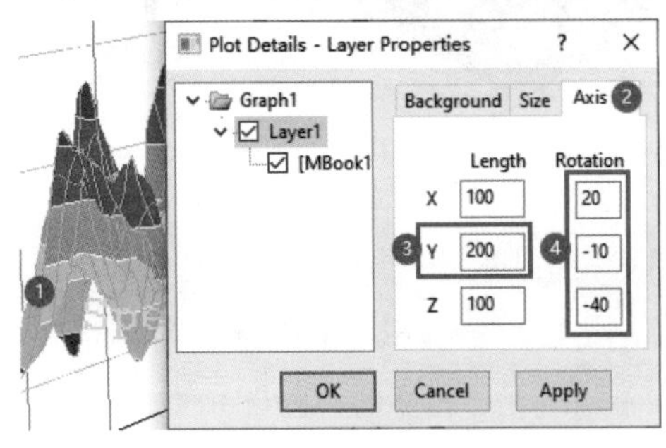

（a）尺寸和旋转角的设置

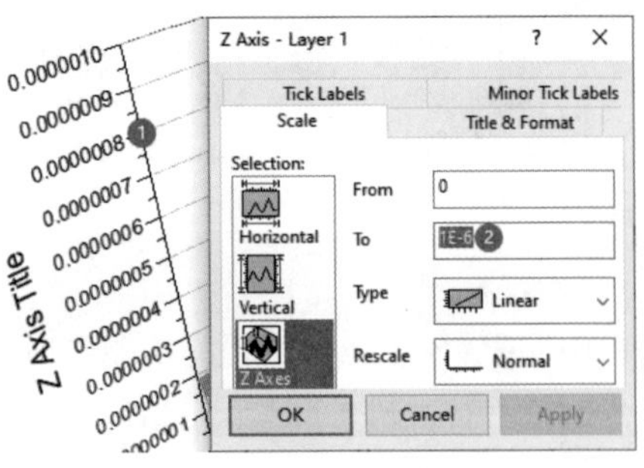

（b）Z轴刻度范围的调整

图5-35　3D图的调整

3. 添加投影面

按图 5-36 所示的步骤开启投影面。双击①处的曲面打开“Plot Details-Plot Properties（绘图细节-绘图属性）”对话框，进入②处的“Surface/Projections（曲面/投影面）”选项卡，选择③处的“Top Contour（顶部等高线图）”下方的“Fill Color（填充颜色）”“Contour Line（等高线）”复选框。单击“Apply（应用）”按钮，即可得到④处所示的顶部投影 3D 曲面图。若需修改颜色和等高线，可以进入“Colormap（颜色映射）”选项卡进行相关参数的设置。但这些设置会使投影面的颜色也随之发生变化。若需要添加可以单独设置颜色的投影面，则需要取消③处的两个复选框，单击“OK（确定）”按钮，进行后续设置。

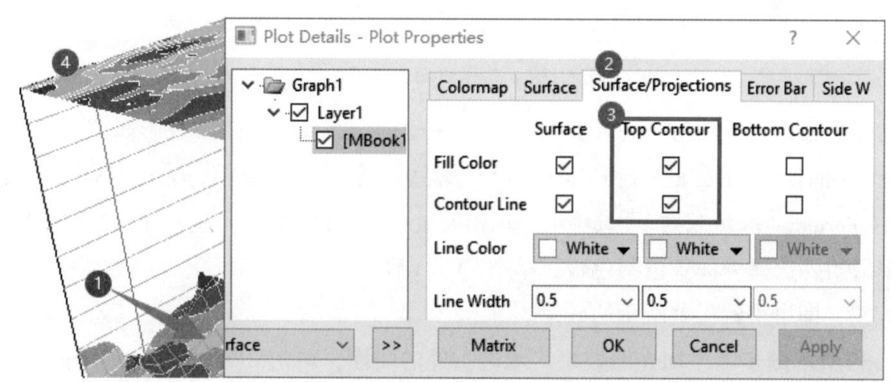

图 5-36　投影面的设置

采用重绘法向已绘制的 3D 曲面图中添加一个曲面。按图 5-37 所示的步骤添加数据，双击绘图窗口左上角①处的图层编号 1 打开“Layer Contents: Add,Remove,Group,Order Plots-Layer 1（图层内容：添加，删除，成组，排序绘图-图层 1）”对话框，选择②处的矩阵数据，单击③处的“→”按钮添加数据，取消④处的“Rescale on Apply（应用时重新调整刻度）”复选框。单击“OK（确定）”按钮，所得绘图看似无变化，但已绘制了两张完全重叠的曲面图。

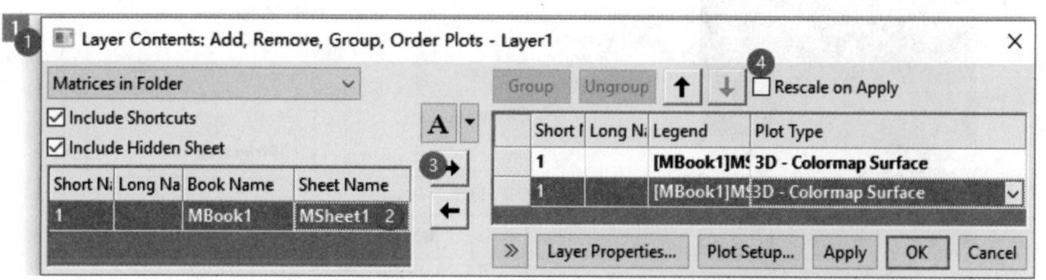

图 5-37　向绘图中添加数据

按图 5-38 所示的步骤将曲面转换为 Contour 平面。双击①处的曲面打开“Plot Details-Plot Properties（绘图细节-绘图属性）”对话框，选择②处的上方投影数据，进入③处的“Surface/Projections（曲面/投影面）”选项卡，取消勾选④处“Surface（曲面）”下方的“Fill Color（填充颜色）”和“Contour Line（等高线）”复选框，选择“Top Contour（顶部等高线图）”下方的两个复选框，单击“Apply（应用）”按钮后得到⑤处所示的效果。

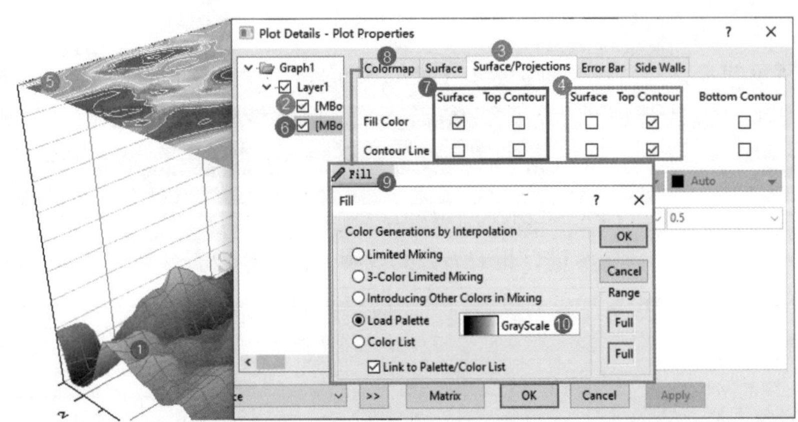

图 5-38　隐藏曲面、开启投影

选择⑥处的底部曲面数据，进入③处的“Surface/Projections（曲面/投影面）”选项卡，只保留⑦处“Surface（曲面）”下方的“Fill Color（填充颜色）”复选框，取消⑦处的其他三个复选框。进入⑧处的“Colormap（颜色映射）”选项卡，单击⑨处的“Fill（填充）”选项卡，打开“Fill（填充）”对话框，单击⑩处选择一种灰色调色板，单击“OK（确定）”按钮返回上一级对话框。单击“Apply（应用）”按钮，即可得到①处所示的效果。

按图5-39所示的步骤添加光照效果。双击①处的曲面，单击②处的“Layer1（图层1）”，进入③处的“Lighting（光照）”选项卡，选择④处的“Directional（定向光）”，修改⑤处的“Direction（方向）”组中的“Horizontal（水平）”和“Vertical（垂直）”均为45，设置⑥处“Light Color（光照颜色）”组中的“Ambient（环境光）”“Diffuse（漫反射光）”“Specular（镜面反射光）”分别为Black（黑色）、White（白色）、Black（黑色）。单击“OK（确定）”按钮，即可得到①处所示的具有质感的清晰的粗糙表面图。

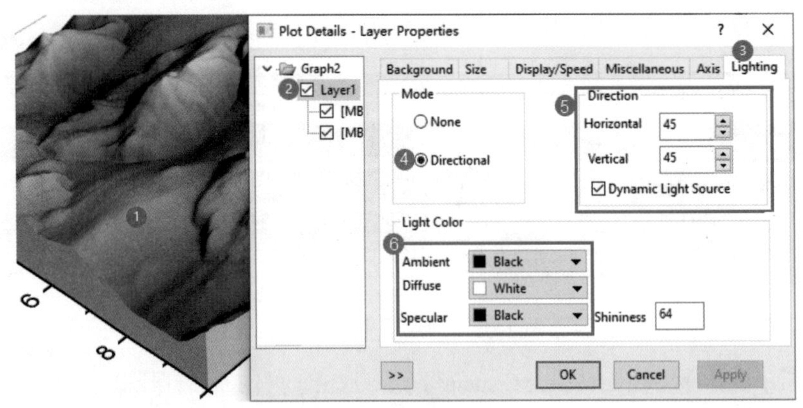

图 5-39　光照的设置

5.3.3 原位XRD曲面图

4.9.3小节例31介绍了原位XRD Contour图的绘图方法，本小节将在此基础上介绍原位XRD曲面图的绘制过程。该图为3D曲面图的“伪2D”变形模式，看似是平面直角坐标系，但其实为“扁平化”的3D曲面图。

例7：本例的工作簿与4.9.3小节中的原位XRD工作簿类似，如图5-40（a）所示。绘制的原位XRD曲面图，如图5-40（b）所示。

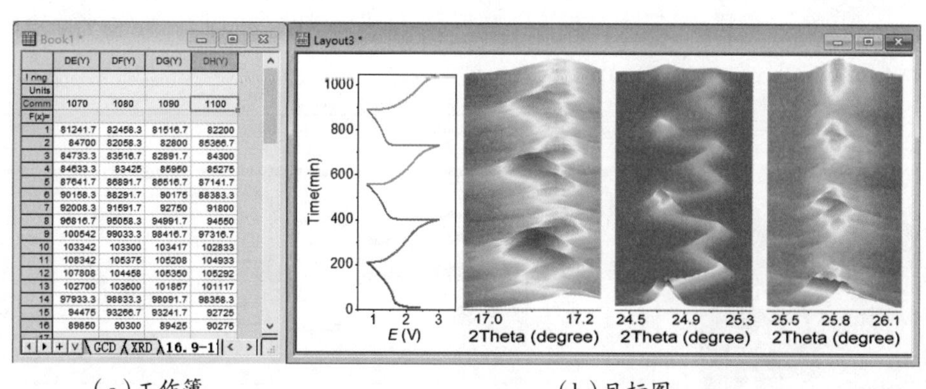

（a）工作簿　　（b）目标图

图5-40　原位XRD曲面图

1. 绘制转置的充放电曲线

选择“GCD”（充放电）数据表，绘制折线图，交换X、Y，设置图层宽高比为1:2。具体步骤可参考4.9.3小节的内容。

2. 绘制3D颜色映射曲面图

按图5-41（a）所示的步骤绘制3D颜色映射曲面图，选择①处的某个局部角度范围的工作表（如“24.4-25.4”），单击②处全选数据，选择下方工具栏③处的3D绘图按钮和④处的“3D Colormap Surface（3D颜色映射曲面图）”工具，即可得到⑤处所示的草图。按图5-41（b）所示的步骤选中3D颜色映射曲面图，单击①处激活绘图窗口，单击下方工具栏中②处的“Rotate counterclockwise（逆时针旋转）”工具将*X*轴旋转至水平，单击③处的“Tilt down（向下倾斜）”，将3D颜色映射曲面图调整至接近二维平面。单击④处的色阶图例，按“Delete”键删除，分别单击除*X*轴外的其他数轴标题、刻度值、轴线，按“Delete”键删除。

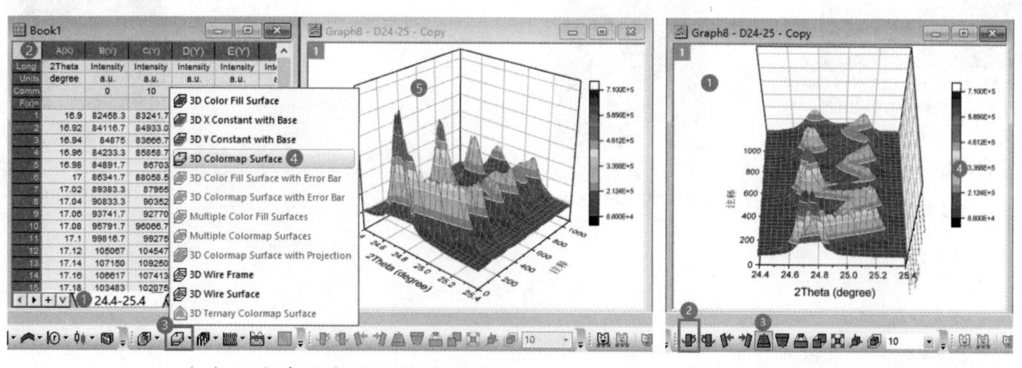

（a）3D颜色映射曲面图的绘制　　（b）3D颜色映射曲面图的旋转

图5-41　3D颜色映射曲面图的绘制与旋转

按图5-42所示的步骤拉长Y轴和隐藏坐标平面。双击①处的图层打开“Plot Details-Layer Properties（绘图细节-图层属性）”对话框，进入②处的“Axis（坐标轴）”选项卡，修改③处的“Length（宽度）”组中的Y值为200，修改④处的“Azimuth（方位角）”“Inclination（倾斜角）”“Roll（翻滚角）”分别为270、75、0。进入⑤处的“Planes（平面）”选项卡，取消⑥、⑦和⑧处的复选框，分别隐藏“Grid Lines（网格线）”、“YZ”和“ZX”（坐标平面）和“Plane Border（平面边框）”。单击“OK（确定）”按钮。

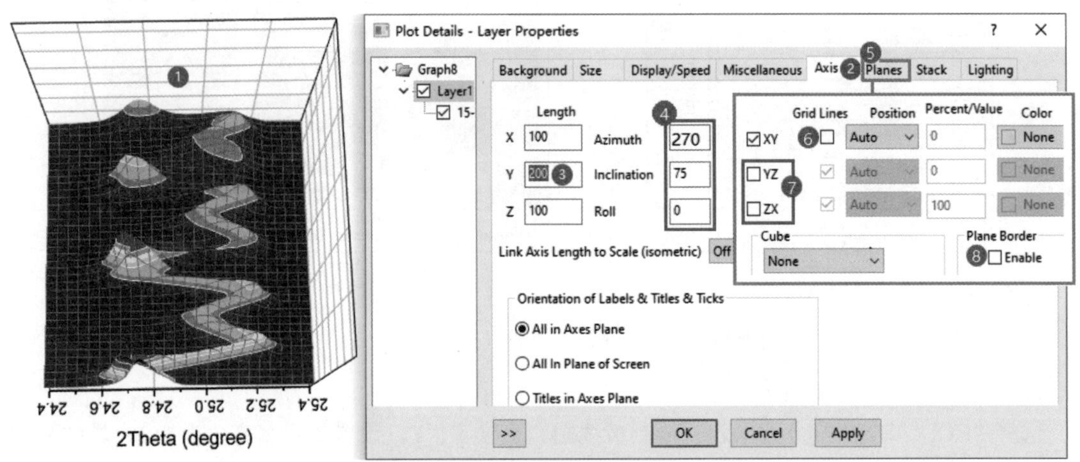

图5-42　拉长Y轴、设置旋转角度、隐藏坐标平面

按图5-43（a）所示的步骤旋转刻度标签和减少透视。单击①处的刻度标签，单击浮动工具栏②处的旋转按钮旋转文本。单击下方工具栏③处的减少透视，即增加正交视角将3D坐标系改为直角坐标系。

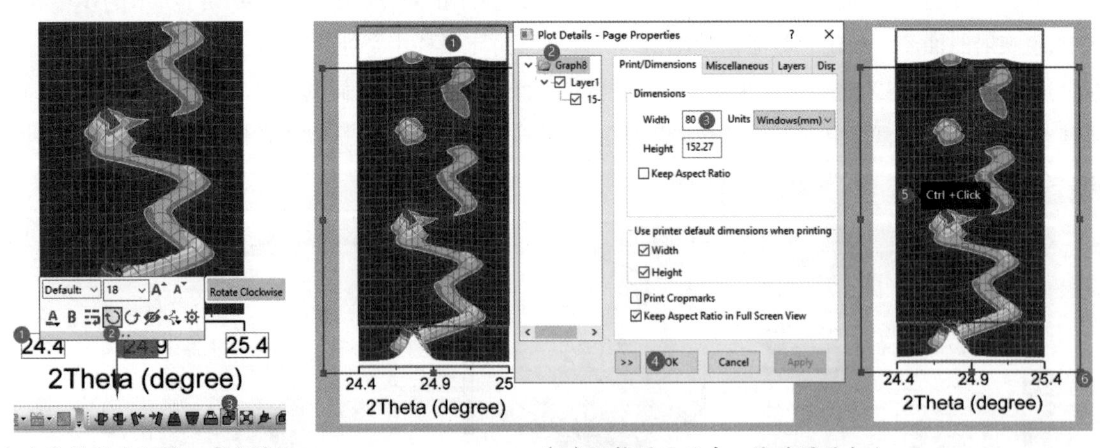

（a）旋转刻度标签、减少透视　　（b）调整页面尺寸、拖动图层大小

图5-43　3D图的细节设置

3D绘图通常具有较宽的边距，右击空白处选择“Fit Page to Layers（调整页面至图层大小）”，通常无法缩小边距，因而需要进行手动设置。按图5-43（b）所示的步骤调整页面尺寸、拖动图层

大小。双击①处的空白区域打开“Plot Details-Page Properties（绘图细节-页面属性）”对话框，选择②处的“Graph8”，修改③处的“Width（宽度）”为80，单击④处的“OK（确定）”按钮。若无法调出3D绘图的句柄，可按下“Ctrl”键的同时单击⑤处的图层。拖动⑥处的句柄调整图层至页面大小，拖动图层到合适位置。

经过其他细节设置，如隐藏网格线、等高线，增加颜色映射级别，选择配色等，得到XRD曲面图。其他角度范围的绘图可以通过创建副本、替换数据的方式得到。按图5-44所示的步骤创建副本并替换数据。右击绘图窗口①处的标题栏，选择②处的“Duplicate（复制）”，在副本窗口左上角③处的图层编号上双击打开对话框，选择④处的原有数据，单击⑤处的“←”按钮将其移除。单击其他角度范围（如⑥处的“16.9-17.2”）的数据，单击⑦处的“→”按钮即可添加新数据（如⑧处所示），选择⑨处的“Rescale on Apply（应用时重新调整刻度）”按钮，单击“OK（确定）”按钮。

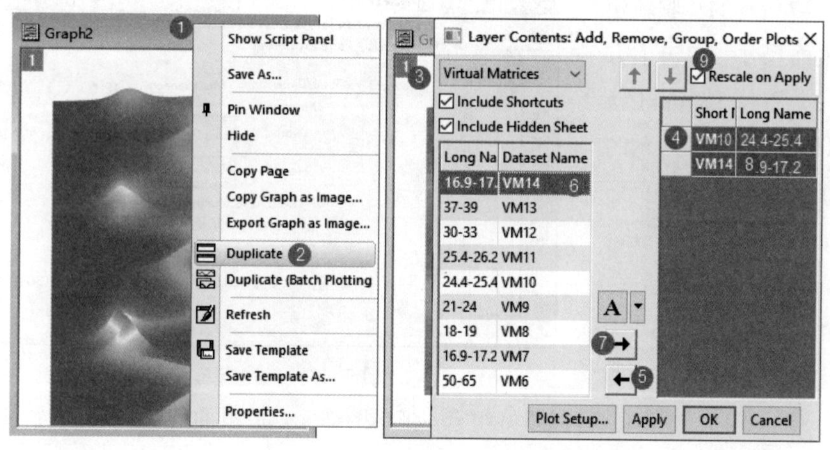

图5-44　创建副本、更换数据

按图5-45所示的步骤复制格式，在①处右击选择②处的“Copy Format（复制格式）”，在草图③处右击选择④处的“Paste Format To（粘贴格式）”和⑤处的“All（所有）”。所得绘图可能因为XRD衍射角范围和强度不同而出现空白坐标系，按“Ctrl+R”快捷键自动调整刻度，即可得到⑥处所示的效果。

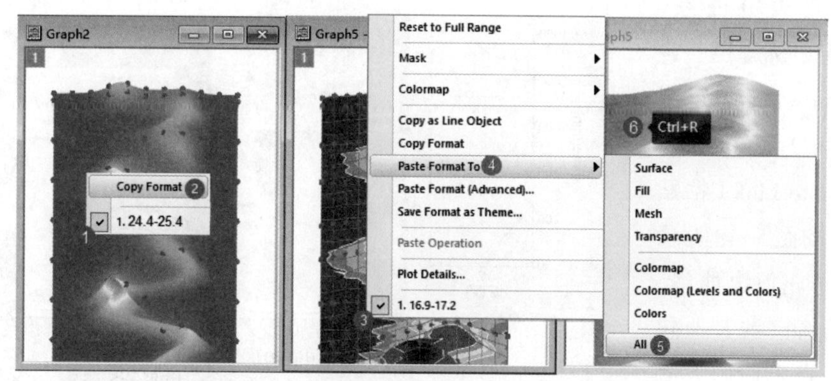

图5-45　复制/粘贴格式、自动调整刻度

按图5-44和图5-45所示的步骤，绘制其他角度范围的XRD曲面图，转置的充放电曲线和各角度范围的XRD曲面图如图5-46所示，后续利用布局排版组图。

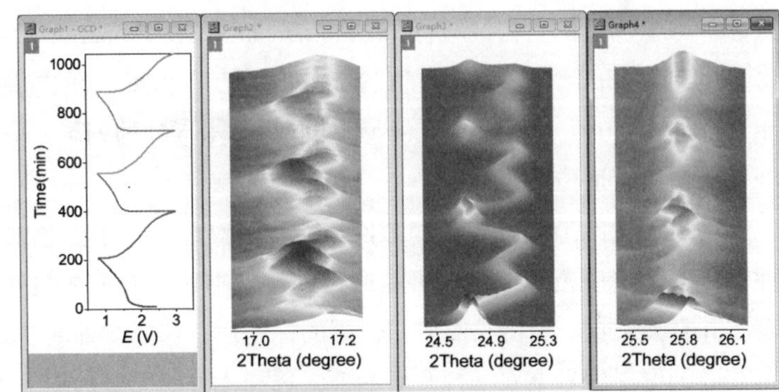

图5-46 转置的充放电曲线和各角度范围的XRD曲面图

3. 布局排版

二维绘图可以通过右边工具栏的“Merge（合并）”按钮进行合并，但三维绘图与其他类型的绘图只能通过布局方式进行组合排版。按图5-47所示的步骤新建布局并调整页面尺寸。单击上方工具栏①处的“New Layout（新建布局）”，即可得到②处所示的布局窗口。双击②处的布局页面打开“Plot Details-Page Properties（绘图细节-页面属性）”对话框，单击③处修改“Units（单位）”为“mm”。由于前面绘制的XRD曲面图的尺寸为80mm×152.27mm，目标图将组合4张绘图（含充放电曲线），因此设置④处的“Width（宽度）”为“320”（4×80）、“Height（高度）”为“160”。单击“OK（确定）”按钮。

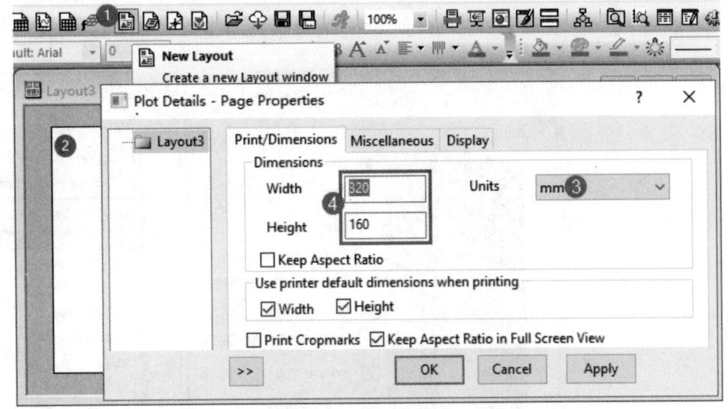

图5-47 新建布局并调整页面尺寸

Origin中的复制方式有两种：Copy Page（复制页面，可编辑，按快捷键“Ctrl+J”）、Copy Graph as Image（复制绘图为图片，不可编辑，按组合键“Ctrl+Alt+J”）。粘贴方式有两种：Paste（粘贴图片，不可编辑，按快捷键“Ctrl+V”）、Paste Link（粘贴为链接，链接到源图，可编辑，按组合键“Ctrl+Alt+V”）。在利用布局排版时要注意选择粘贴为链接，以方便后续进行修改。

分别在充放电曲线、XRD曲面图窗口标题栏上右击，选择“Copy Page（复制页面）”，在布局窗口中右击，选择“Paste Link（粘贴为链接）”。按图5-48所示的步骤，单击充放电曲线，拖动①处的句柄（或其他句柄）调整绘图在页面内的适当位置。XRD曲面图的Y轴

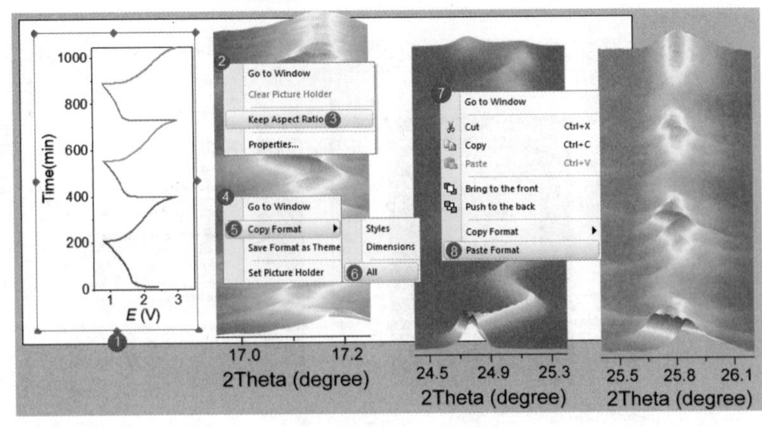

图5-48 纵横比、复制/粘贴格式的设置

需要与充放电曲线的Y轴对齐。右击②处的XRD曲面图，选择③处的“Keep Aspect Ratio（保持纵横比）”（单击一次可将其勾选，再单击一次则取消勾选）。单击XRD曲面图，拖动句柄调整大小和位置，使其Y轴的长度一致、位置对齐。调整完后，右击④处的XRD曲面图，选择⑤处的“Copy Format（复制格式）”和⑥处的“All（所有）”。在其他XRD曲面图上（如⑦处）右击，选择⑧处的“Paste Format（粘贴格式）”，此时绘图会完全重叠，拖动或按“→”键将其移开。按相同的复制/粘贴格式的方法，自动调整剩余的XRD曲面图。如果布局页面尺寸不够，双击页面外空白处，按图5-47所示的步骤设置“Width（宽）”为350 mm、“Height（高）”为170 mm，单击“OK（确定）”按钮。

按图5-49所示的步骤设置排版布局。首先将首尾两张图调整至边缘的大概位置，然后从①处往右拖选所有绘图，单击右边工具栏②处的“Distribute Horizontally（水平分布）”按钮使所有图均匀间隔，单击③处的“Bottom（底部）”按钮使所有图底部对齐。

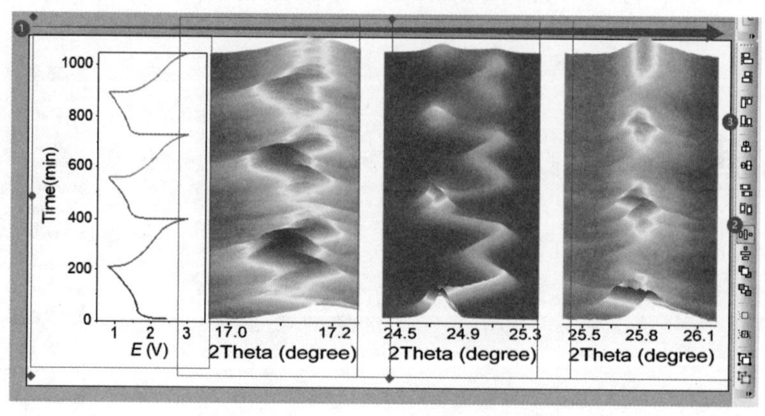

图5-49　对齐、间距的设置

绘图类型相同、绘图细节设置相同的图，可以完美实现间距和底部对齐，但本例的充放电曲线比较难对齐。可以将XRD曲面图进行对齐并设置好间距，再调整充放电曲线的尺寸和位置，最后调整页面尺寸使四周间距均匀、适中。所得原位XRD曲面图如图5-50所示。

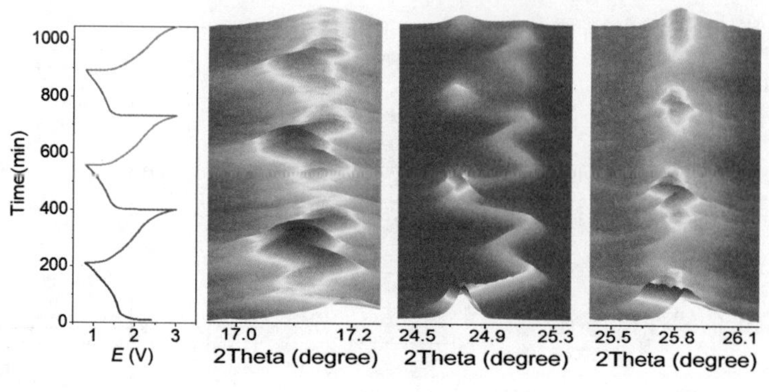

图5-50　原位XRD曲面图

06

第6章

拟合与分析

在科研数据处理与绘图中，数据拟合与分析是至关重要的步骤。这些过程旨在分析不同因素之间的变化和影响关系，从而获得相关参数，并建立经验公式或数学模型。Origin软件提供了强大的线性回归和函数拟合功能，能够对点、线、面、体等数据进行拟合，可以满足各类科研数据拟合的需求。

6.1 拟合基础

单击菜单“Analysis（分析）→Fitting（拟合）”，选择合适的拟合工具，如图6-1所示。

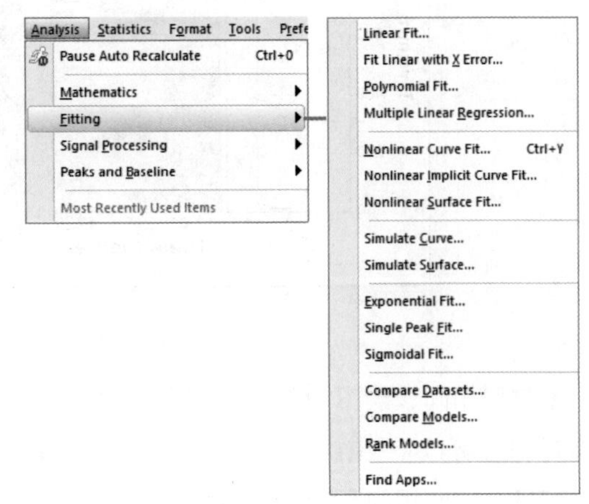

图6-1 拟合与分析菜单

6.1.1 线性拟合

当一组散点整体上呈现线性变化时，满足以下线性方程：

$$y = kx + b \qquad (6\text{-}1)$$

为了增强实验的可信度，需要对5个以上的数据点进行线性拟合。

例1：创建一张XY型工作表，如图6-2（a）所示，A列为*X*，B列为*Y*，C列为标签文本，用于标注每个样品的名称或编号。进行线性拟合，得到具有95%置信带和预测带的线性拟合图，如图6-2（b）所示。

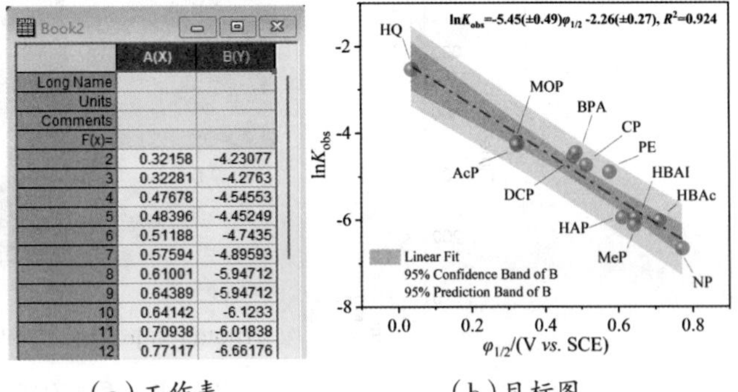

Book2

	A(X)	B(Y)
Long Name		
Units		
Comments		
F(x)=		
2	0.32158	-4.23077
3	0.32281	-4.2763
4	0.47678	-4.54553
5	0.48396	-4.45249
6	0.51188	-4.7435
7	0.57594	-4.89593
8	0.61001	-5.94712
9	0.64389	-5.94712
10	0.64142	-6.1233
11	0.70938	-6.01838
12	0.77117	-6.66176

（a）工作表　（b）目标图

图6-2 线性拟合置信带、预测带图

1. 修改数据格式

在默认情况下，Origin工作表单

元格的数据格式为“文本&数值”型，而在大多数拟合分析、数据处理之前，均需要确保工作表中的数据为“数值”型。按图6-3所示的步骤，从①处拖选A、B两列，在②处右击，选择③处的“Properties（属性）”菜单，打开“Column Properties-[Book2]（列属性-[Book2]）”对话框，修改④处的“Format（格式）”为“Numeric（数值）”，单击“OK（确定）”按钮。

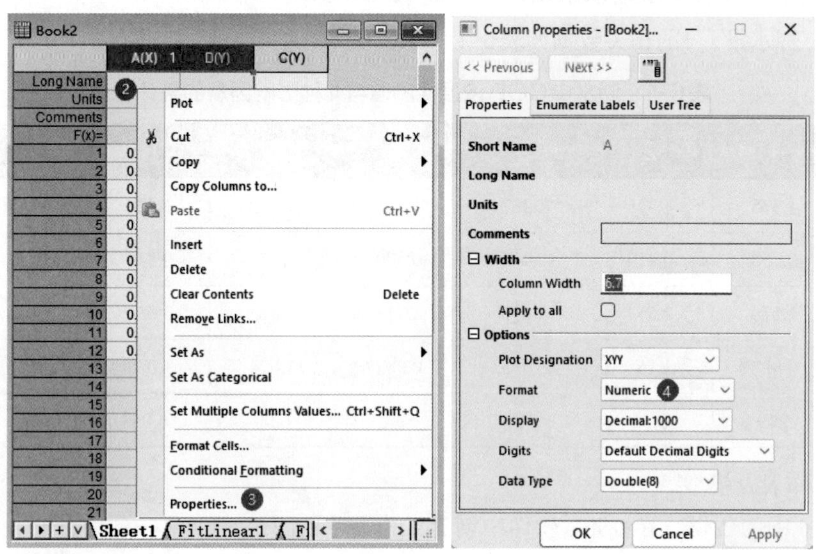

图6-3　数据格式的修改

2. 设置线性拟合

选择A、B两列数据绘制散点图。单击激活散点图，单击菜单“Analysis（分析）→Fitting（拟合）→Linear Fit（线性拟合）→Open Dialog（打开对话框）”。按图6-4（a）所示的步骤，单击①处的“Fitted Curves Plot（拟合曲线图）”选项卡，选择②处的“Confidence Bands（置信带）”和“Prediction Bands（预测带）”复选框，单击“OK（确定）”按钮，即可得到③处所示的带状图。通过线性拟合得到④处所示的方程参数。更多专业报告将自动添加在原工作簿中。经过其他细节的设置，可得目标图，如图6-4（b）所示。

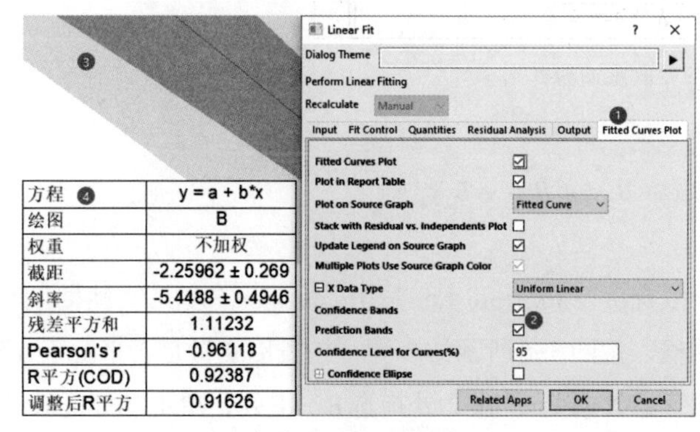

方程 ④	y = a + b*x
绘图	B
权重	不加权
截距	-2.25962 ± 0.269
斜率	-5.4488 ± 0.4946
残差平方和	1.11232
Pearson's r	-0.96118
R平方(COD)	0.92387
调整后R平方	0.91626

（a）线性拟合设置

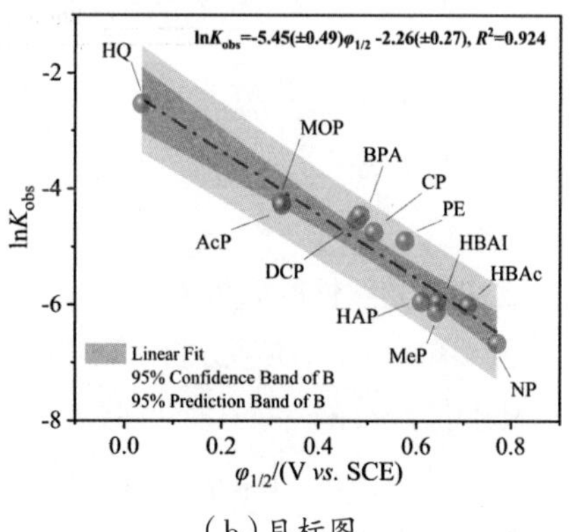

（b）目标图

图6-4　线性拟合设置

6.1.2 多元线性回归

在考察多个自变量与一个因变量之间的线性关系时，通常采用多元线性回归方法分析各种因素对某项指标的贡献权重。

例2：某湖泊八年来湖水中COD浓度实测值（y）与4种影响因素（湖区工业产值x_1、总人口数x_2、捕鱼量x_3、降水量x_4）的相关数据如表6-1所示，根据这些数据建立COD浓度的水质分析模型。

表6-1　湖水中COD浓度实测值与4种影响因素的统计表

测量次数	1	2	3	4	5	6	7	8
x_1	1.376	1.375	1.387	1.401	1.412	1.428	1.445	1.477
x_2	0.450	0.475	0.485	0.500	0.535	0.545	0.550	0.575
x_3	2.170	2.554	2.676	2.713	2.823	3.088	3.122	3.262
x_4	0.892	1.161	0.535	0.959	1.024	1.050	1.101	1.139
y	5.19	5.30	5.60	5.82	6.00	6.06	6.45	6.95

1. 建立工作表及模型

根据表6-1中的数据，在Origin软件中创建工作表（见图6-5），第一列为因变量y，第二列及以后各列为各影响因素的数据。

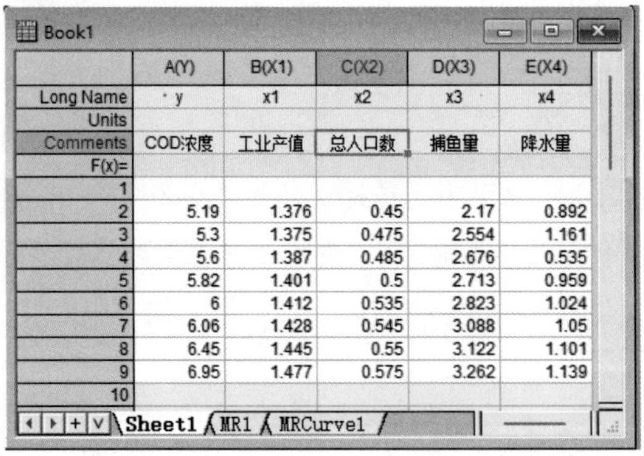

Book1

	A(Y)	B(X1)	C(X2)	D(X3)	E(X4)
Long Name	y	x1	x2	x3	x4
Units					
Comments	COD浓度	工业产值	总人口数	捕鱼量	降水量
F(x)=					
1					
2	5.19	1.376	0.45	2.17	0.892
3	5.3	1.375	0.475	2.554	1.161
4	5.6	1.387	0.485	2.676	0.535
5	5.82	1.401	0.5	2.713	0.959
6	6	1.412	0.535	2.823	1.024
7	6.06	1.428	0.545	3.088	1.05
8	6.45	1.445	0.55	3.122	1.101
9	6.95	1.477	0.575	3.262	1.139
10					

Sheet1 / MR1 / MRCurve1

图6-5　多元回归工作表

建立模型方程：

$$y = A + B_1x_1 + B_2x_2 + B_3x_3 + B_4x_4 \tag{6-2}$$

2. 绘制多元线性回归报表

单击菜单“Analysis（分析）→Fitting（拟合）→Multiple Linear Regression（多元线性回归）”，打开“Multiple Regression（多元回归）”对话框。按图6-6所示的步骤，检查因变量是否来源于A列，单击①处的按钮指定“Independent Data（自变量数据）”，在②处拖选B～E列，单击③处的按钮返回对话框，单击④处的“OK（确定）”按钮，可在原工作簿中新建2张分析报表（如⑤处所示）。

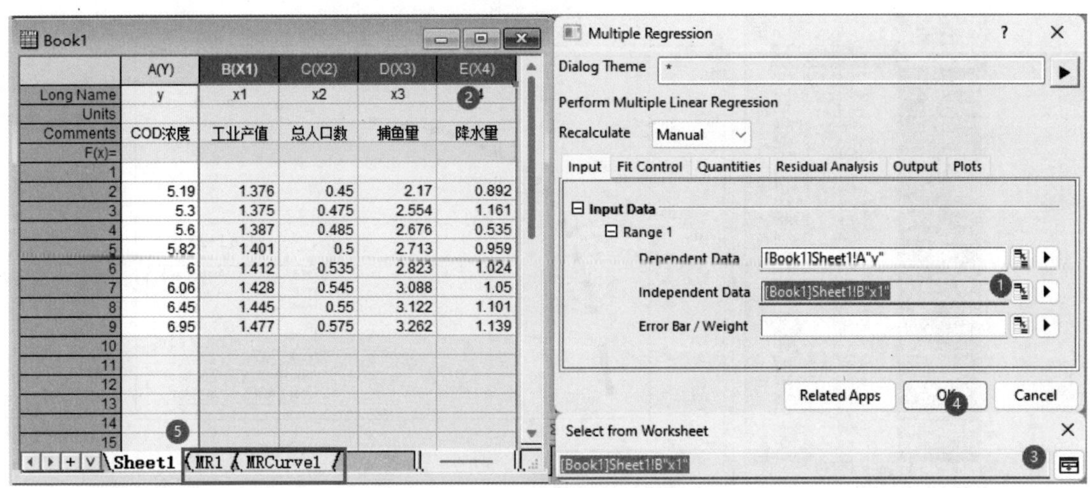

图 6–6 选择自变量

单击进入MR1表（见图6–7）查阅所有参数的拟合值，其中“截距”为A，x_1～x_4的参数值分别与B_1～B_4对应。最终整理出多元线性回归方程：

$$y = -13.9795 + 13.1865x_1 + 2.4336x_2 + 0.0744x_3 - 0.1904x_4 \tag{6–3}$$

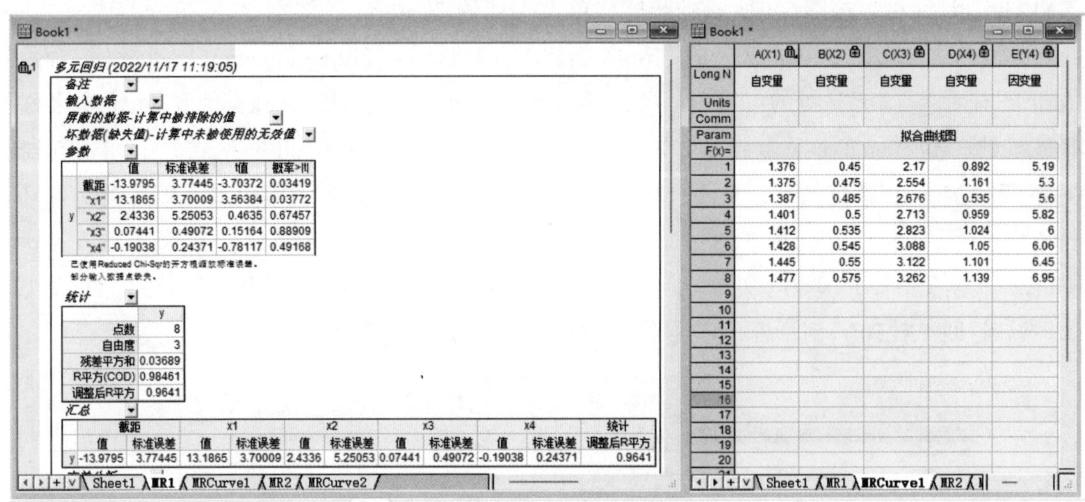

图 6–7 多元线性回归报表

6.1.3 自定义函数拟合

Origin提供了丰富的函数库，在函数库中一般均能找到相关的或相近的模型方程。当找不到相关的函数时，可以自定义函数并进行拟合。参考本小节的方法，可以解决其他模型方程的自定义拟合问题。

例3：准备一张XY型工作表，如图6–8（a）所示，自定义函数$y=Ax/(1+Bx)$，拟合结果如图6–8（b）所示。

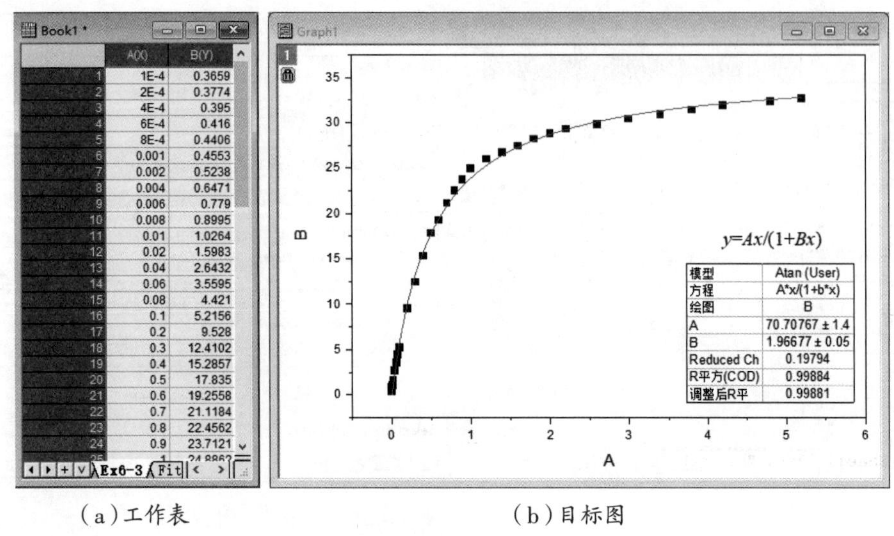

（a）工作表　　　　（b）目标图

图6-8　自定义函数拟合

1. 自定义函数

单击菜单“Analysis（分析）→Fitting（拟合）→Nonlinear Curve Fit（非线性曲线拟合）”，打开“NLFit()”对话框。按图6-9所示的步骤，单击①处的“Category（类别）”下拉框，选择“User Defined（用户自定义）”，单击②处的“New（新建）”按钮打开“Fitting Function Builder（拟合函数生成器）”对话框，修改③处的“Function Name（函数名称）”为“yAxBx”（或其他容易记住的名称），选择④处的“Function Type（函数类型）”为“LabTalk Expression（LabTalk表达式）”，单击⑤处的“Next（下一步）”按钮进入下一页面，在⑥处的“Parameters（参数）”中输入“A,B”（英文逗号），单击“Next（下一步）”按钮进入下一页面，在⑦处的“Function Body（函数主体）”中输入“A*x/(1+B*x)”（英文括号），单击⑧处的“跑人”按钮试运行一下，如果不报错，则按⑨处的“Finish（完成）”按钮返回“NLFit()”对话框，直接关闭该对话框，此时函数已定义完成。

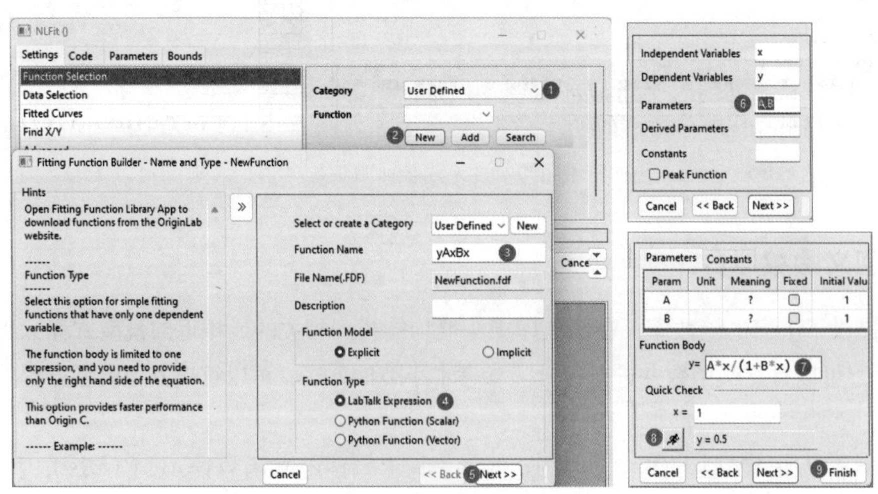

图6-9　自定义函数

2. 自定义函数拟合

全选数据绘制散点图，单击菜单“Analysis（分析）→Fitting（拟合）→Nonlinear Curve Fit（非线性曲线拟合）”，打开“NLFit(yAxBx (User))”对话框。按图6-10所示的步骤，单击①处选择“Category（类别）”为“User Defined（用户自定义）”，单击②处选择自定义的函数“yAxBx (User)”，观察“Messages（消息）”框中的“COD(R^2)”的值，多次单击③处的“1 Iteration（一次迭代）”按钮直到该值达到0.9以上，单击④处的“Fit until converged（拟合至收敛）”，单击⑤处的“OK（确定）”按钮，即可得到⑥处所示的拟合结果。

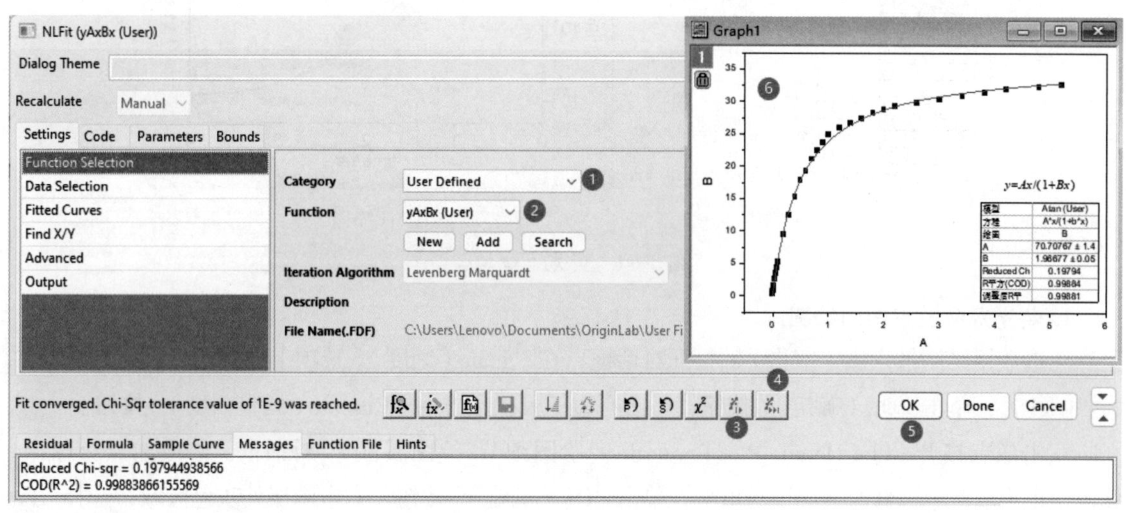

图6-10　自定义函数拟合

6.1.4 荧光寿命拟合

在发光材料研究的相关绘图中，荧光寿命图较为常见。荧光寿命计算公式如下：

$$I(t)=A_1\mathrm{e}^{-t/t_1}+A_2\mathrm{e}^{-t/t_2}+A_3\mathrm{e}^{-t/t_3}+\cdots \tag{6-4}$$

$$\tau_{\mathrm{avg}}=\frac{A_1t_1^2+A_2t_2^2+A_3t_3^2}{A_1t_1+A_2t_2+A_3t_3} \tag{6-5}$$

根据式（6-4）拟合出A_1～A_3、τ_1～τ_3，代入式（6-5）即可求出平均荧光寿命。

Origin软件提供了3个指数衰减函数。

单指数衰减函数（ExpDec1）：

$$y=y_0+A_1\mathrm{e}^{-x/t_1} \tag{6-6}$$

双指数衰减函数（ExpDec2）：

$$y=y_0+A_1e^{-x/t_1}+A_2e^{-x/t_2} \tag{6-7}$$

三指数衰减函数（ExpDec3）：

$$y=y_0+A_1e^{-x/t_1}+A_2e^{-x/t_2}+A_3e^{-x/t_3} \tag{6-8}$$

例4： 准备一张XY型工作表，如图6-11（a）所示，删除原数据表头中无用的数据，将第一列的数据单位ns换算为μs。利用三指数衰减函数拟合并计算荧光寿命τ，如图6-11（b）所示。

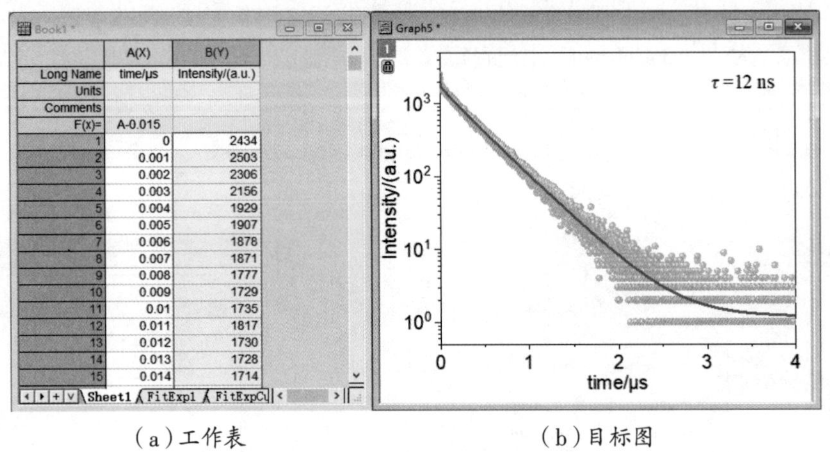

（a）工作表　　（b）目标图

图6-11　荧光寿命拟合

1. 荧光寿命散点图的绘制

全选数据绘制散点图，双击Y轴打开对话框，在“Scale（刻度）”选项卡中修改“Type（类型）”为“Log10”，单击“OK（确定）”按钮，单击右边工具栏上方的“Rescale（调整刻度）”按钮。

双击散点打开“Plot Details-Plot Properties（绘图细节-绘图属性）”对话框，修改散点为球形，修改颜色为浅橙色，修改透明度为40%，单击“OK（确定）”按钮。右击图层外灰色区域，选择“Fit Page to Layers（调整页面至图层大小）”。

2. 三指数衰减函数拟合

单击菜单“Analysis（分析）→Fitting（拟合）→Nonlinear Curve Fit（非线性曲线拟合）”，打开“NLFit(ExpDec3)”对话框。按图6-12所示的步骤，单击①处下拉框，选择三指数衰减函数ExpDec3，单击②处的“1 Iteration（一次迭代）”和“Fit until converged（拟合至收敛）”按钮，查看③处的消息框，直到COD（R^2）达到0.99以上，单击④处的“OK（确定）”按钮，即可得到⑤处所示的拟合曲线及拟合结果列表。将拟合结果列表中的t_1～t_3和A_1～A_3代入式（6-5）中即可计算出平均荧光寿命。

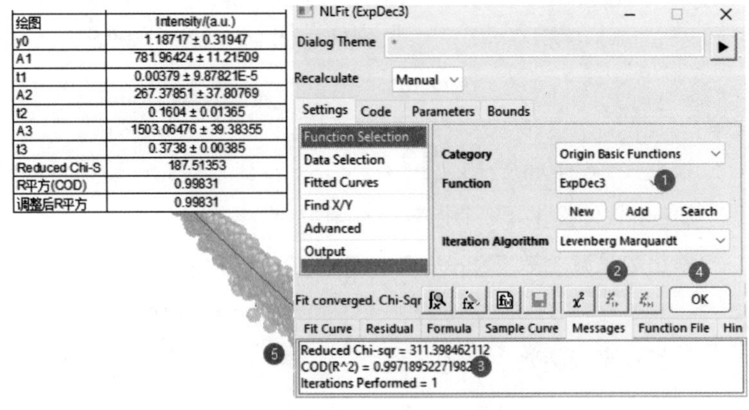

绘图	Intensity/(a.u.)
y0	1.18717 ± 0.31947
A1	781.96424 ± 11.21509
t1	0.00379 ± 9.87821E-5
A2	267.37851 ± 37.80769
t2	0.1604 ± 0.01365
A3	1503.06476 ± 39.38355
t3	0.3738 ± 0.00385
Reduced Chi-S	187.51353
R平方(COD)	0.99831
调整后R平方	0.99831

图6-12　三指数衰减函数拟合

6.2 动力学拟合

6.2.1 拟一级动力学拟合

在环境科学研究领域，经常需要对降解率、去除率或吸附率随时间的变化数据进行拟一级动力学、拟二级动力学、Elovich动力学、Langmuir模型、Weber-Morris模型等拟合操作。

拟一级动力学模型：

$$q_t = q_e(1 - e^{-k_1 t}) \tag{6-9}$$

其中，q_e为平衡时的质量分数（mg/g），q_t为t/min时刻的质量分数（mg/g），k_1为拟一级动力学常数。

令a=q_e、b=k_1、y=q_t、x=t，则式（6-9）可变形为：

$$y = a(1 - e^{-bx}) \tag{6-10}$$

BoxLucas1函数可在Origin的“Exponential”函数库中找到。拟合出a和b两个参数后，即可获得q_e=a、k_1=b及R^2。

如果需要绘制$\log(q_e-q_t)$-t散点图，可构造$\log(q_e-q_t)$和t的数据表，采用线性拟合出直线并作图。注意，此时拟合的k_1'与k_1之间存在-2.303倍的关系。

$$\log(q_e - q_t) = \log q_e - (k_1 / 2.303)t \tag{6-11}$$

例5：准备一张X2(YyEr±)型工作表，如图6-13（a）所示，即2组样品数据。利用拟一级动力学拟合出图6-13（b）。

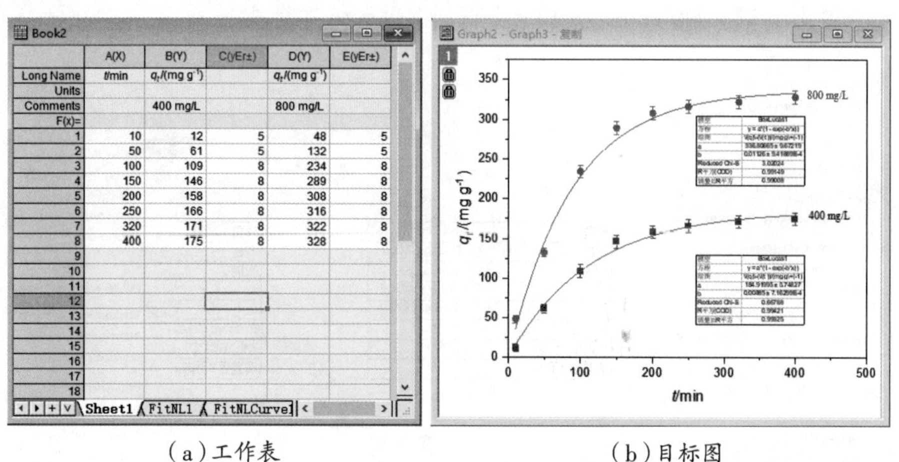

（a）工作表　　　　（b）目标图

图6-13　拟一级动力学拟合

1. 绘制误差棒散点图

全选数据绘制散点图，调整刻度范围，显示边框线，调整页面至图层大小。

2. 指数拟合

单击激活绘图，单击菜单“Analysis（分析）→Fitting（拟合）→Exponential Function（指数函数）”，打开“NLFit (BoxLucas1)”对话框。按图6-14所示的步骤，单击①处的下拉框，选择“BoxLucas1”函数，单击②处的“1 Iteration（一次迭代）”和“Fit until converged（拟合至收敛）”按钮。单击③处的“Fit（拟合）”按钮，即可得到④处所示的拟合曲线。

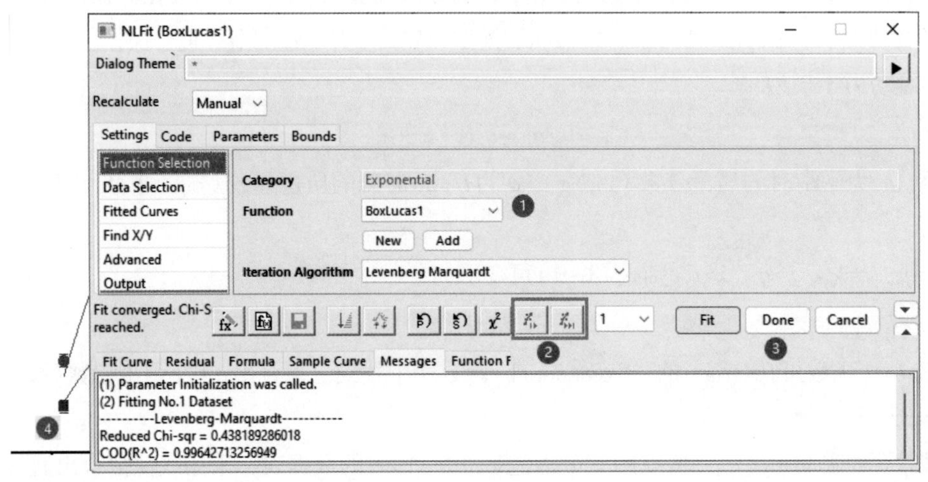

图6-14　拟一级动力学拟合

当需要拟合的曲线较多时，可以重复操作。按图6-15所示的步骤，单击图层左上角①处的锁形按钮，选择②处的“Repeat this for All Plots（对所有绘图重复此操作）”，即可拟合其他样品的数据。如果需要调整参数重新拟合，则可以单击图层右侧③处的锁形按钮，选择④处的“Change Parameters（修改参数）”，即可打开“NLFit()”对话框进行相关设置。

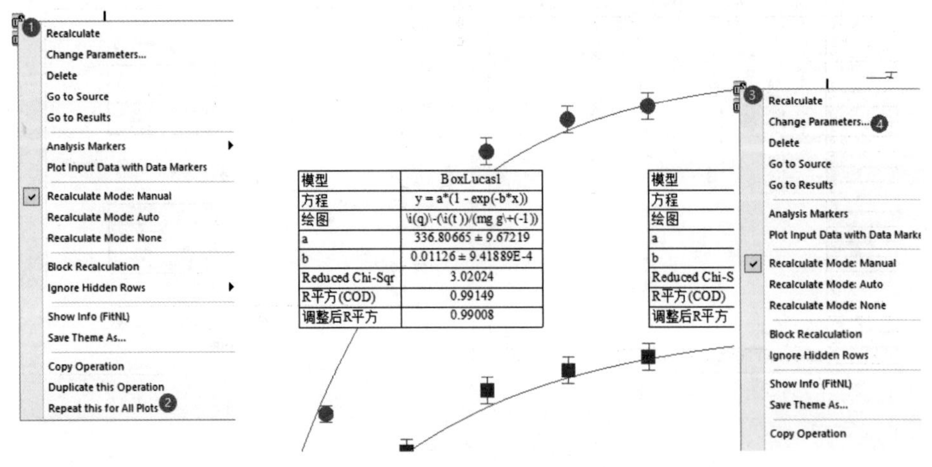

图6-15　对所有绘图重复此操作

3. 提取数据绘图

从拟合结果列表中提取a的数据作为q_e，提取b的数据作为k_1，同时提取R^2等数据，列入所需的表格中。

表6-2　拟一级动力学拟合结果

C_0/（mg L^{-1}）	k_1/（min^{-1}）	q_e/（mg g^{-1}）	R^2
400	0.008 8	184.9	0.994 2
800	0.011 3	336.8	0.991 5

新建一张工作表，如图6-16（a）所示，A列为时间，B列和C列为两组样品的q_t。在D列和E列的F(x)单元格中输入公式：

$$\log\left(q_e - q_t\right) \tag{6-12}$$

其中，q_e为各组样品的q_e拟合值，q_t来源于B列或C列，“lg”为Origin软件中的log函数名（注意，绘图时Y轴标题用“lg(q_e-q_t)”）。选择D列和E列数据绘制散点图，采用线性拟合得到图6-16（b）。

Book1 *

	A(X)	B(Y)	C(Y)	D(Y)	E(Y)	F(Y)
Long Name	t/min	q_t/(mg g^{-1})	q_t/(mg g^{-1})	log(q_e-q_t)	log(q_e-q_t)	
Units						
Comments		400 mg/L	800 mg/L	400 mg/L	800 mg/L	
F(x)=				log(184.9-	log(336.8-	ln(2.7183)
1	10	12	48	2.23779	2.4606	1.00001
2	50	61	132	2.09307	2.31133	1.00001
3	100	109	234	1.88024	2.01199	1.00001
4	150	146	289	1.58995	1.67943	1.00001
5	200	158	308	1.42975	1.45939	1.00001
6	250	166	316	1.27646	1.31806	1.00001
7	320	171	322	1.14301	1.17026	1.00001
8	400	175	328	0.99564	0.94448	1.00001

Sheet1　FitLinear1　FitLinearCur

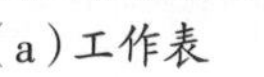

（a）工作表

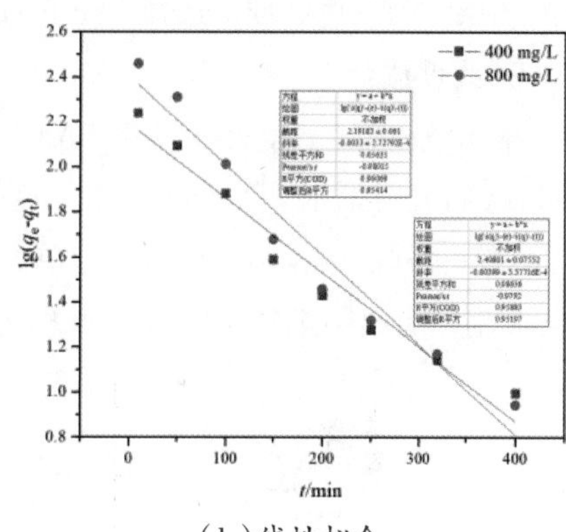

（b）线性拟合

图6-16　拟一级线性拟合

6.2.2 拟二级动力学拟合

拟二级动力学模型：

$$q_t = \frac{q_e^2 k_2 t}{1 + q_e k_2 t} \tag{6-13}$$

式（6-13）变形可得：

$$\frac{t}{q_t} = \frac{1}{k_2 q_e^2} + \frac{t}{q_e} \tag{6-14}$$

采用t/q_t对t的线性拟合可获得斜率$1/q_e$和截距$1/（k_2 q_e^2）$。

例6：准备一张XYY型工作表，如图6-17（a）所示，A列为t，B列和C列为两组样品的q_t，D列和E列分别用于计算这两组样品的t/q_t，即在F（x）单元格中分别输入“A/B”（表示A列与B列数据之比，下同）和“A/C”。绘制t/q_t对t的散点图并进行线性拟合，如图6-17（b）所示。

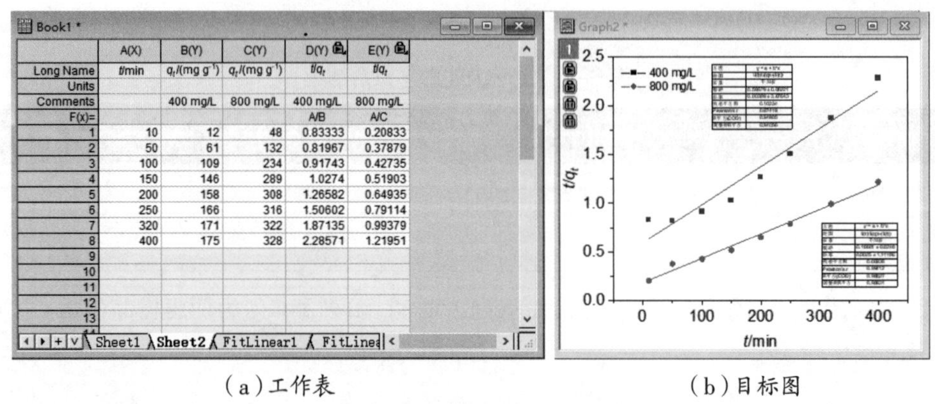

（a）工作表　　　　（b）目标图

图6-17　拟二级动力学

1. 绘制散点图

选择D列和E列数据，单击下方工具栏的散点图工具绘制散点图，显示边框，调整图例位置，右击图层外的灰色区域，选择“Fit Page to Layers（调整页面至图层大小）”。

2. 线性拟合

单击激活散点图，单击菜单“Analysis（分析）→Fitting（拟合）→Linear Fit（线性拟合）→Open Dialog（打开对话框）”，直接单击“OK（确定）”按钮，即可完成线性拟合。按图6-18所示的步骤完成对其他样品数据的线性拟合。单击绘图左上方①处的绿锁按钮，选择②处的“Repeat this for All Plots（对所有绘图重复此操作）”，即可得到③处所示的结果。

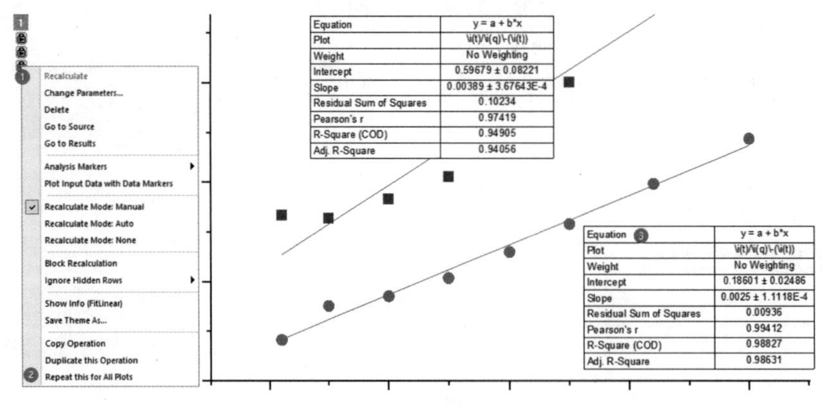

图6-18　对所有绘图重复此操作

从拟合结果报表中读取拟合的参数值，根据式（6-14）求q_e和k_2，最终得到拟二级动力学拟合结果（见表6-3）。

表6-3　拟二级动力学拟合结果

C_0/（mg L^{-1}）	k_2/（g mg^{-1} min^{-1}）	q_e/（mg g^{-1}）	R^2
400	2.535×10^{-5}	257.1	0.9490
800	3.360×10^{-5}	400.0	0.9883

6.2.3 Elovich动力学拟合

Elovich动力学模型考察吸附时间对吸附速率的影响，它反映吸附平衡所需的时间长短，常被用于描述以化学吸附为主导的非均相扩散吸附过程。

Elovich动力学模型：

$$q_t = \frac{1}{\beta}\ln(\alpha\beta) + \frac{1}{\beta}\ln t \tag{6-15}$$

其中，α为初始吸附速率常数，β为与吸附剂表面覆盖程度及化学吸附活化能有关的参数。显然，q_t与$\ln t$呈线性关系，需要采用线性拟合。

例7：准备一张工作表，如图6-19（a）所示，A列为时间t/min，B列设置为X属性，并将F(x)设置为ln$t$，C列和D列为两组样品的q_t数据。采用Elovich动力学模型拟合出初始吸附速率常数α和β，拟合结果如图6-19（b）所示。

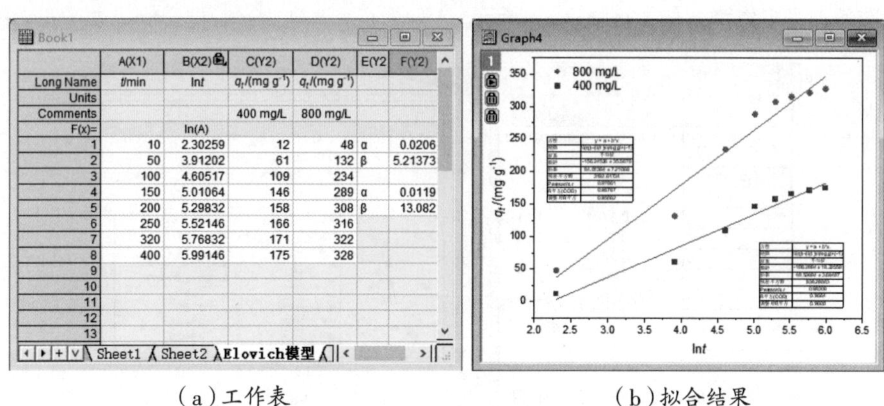

（a）工作表　　（b）拟合结果

图6-19　Elovich模型拟合

1. 线性拟合

选择B～D列数据，绘制出散点图。单击菜单“Analysis（分析）→Fitting（拟合）→Linear Fit（线性拟合）→Open Dialog（打开对话框）”，直接单击“OK（确定）”按钮，即可完成对一组样品的拟合。按图6-18所示的步骤对第二组样品进行线性拟合。

2. 整理拟合结果

拟合的结果报表中记录了各组样品的Elovich拟合斜率k与截距B。根据以下公式计算α和β：

$$\alpha = \mathrm{k}e^{B/\mathrm{k}},\quad \beta = 1/\mathrm{k} \tag{6-16}$$

将计算结果列入表6-4。

表6-4　Elovich模型拟合结果

C_0/（mg L^{-1}）	α/（mg g^{-1} min）	β/（g mg^{-1}）	R^2
400	0.0206	5.214	0.9664
800	0.0119	13.08	0.9577

6.2.4 Langmuir模型拟合

假设在单层表面吸附、所有的吸附位均相同、被吸附的粒子完全独立等条件下，则吸附满足Langmuir模型：

$$q_e = \frac{\mathrm{k_L} q_m C_e}{1 + \mathrm{k_L} C_e} \tag{6-17}$$

其中，q_m为最大吸附容量，q_e为平衡吸附容量，C_e为溶质的质量浓度（mg/L），$\mathrm{k_L}$为Langmuir平衡常数。Langmuir模型可以应用于化学吸附和物理吸附。

在Origin软件的Power函数库中，LangmuirEXT1函数如下：

$$y = \frac{abx^{1-c}}{1 + bx^{1-c}} \tag{6-18}$$

在具体拟合时，需要注意对应关系，即$y = q_e$，$b = \mathrm{k_L}$，$a = q_m$，$x = C_e$，$c = 0$。

例8： 准备一张工作表，如图6-20（a）所示，A列为C_e，B列为q_e，拟合结果如图6-20（b）所示。

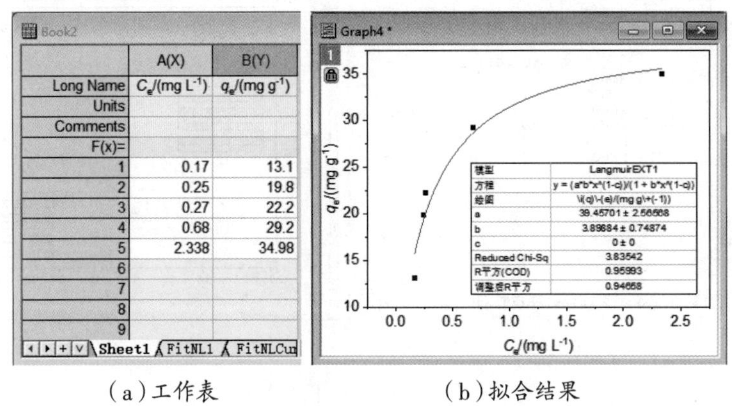

	A(X)	B(Y)
Long Name	C_e/(mg L^{-1})	q_e/(mg g^{-1})
Units		
Comments		
F(x)=		
1	0.17	13.1
2	0.25	19.8
3	0.27	22.2
4	0.68	29.2
5	2.338	34.98
6		
7		
8		
9		

（a）工作表　　（b）拟合结果

图6-20　Langmuir模型拟合

1. Langmuir 拟合

全选数据绘制散点图，稍加修改绘图格式和样式，调整页面至图层大小。

单击菜单“Analysis（分析）→Fitting（拟合）→Nonlinear Curve Fit（非线性曲线拟合）”，打开“NLFit()”对话框。按图6-21所示的步骤，单击①处的“Category（类别）”下拉框选择“Power”，单击②处的“Function（函数）”下拉框选择“LangmuirEXT1”函数。单击③处的“1 Iteration（一次迭代）”按钮，进行1次拟合。

> **注意** ⚠ 至少需要拟合1次，才能修改参数c=0，否则将导致拟合不收敛。如果“Messages（消息）”框中显示COD（R^2）已达到0.9以上，则可进行第④步。如果未达到，请继续单击③处的按钮直到达到0.9以上为止。单击④处的“参数”选项卡，修改页面中⑤处的参数c=0，并选择“Fixed（固定）”复选框。单击⑥处的“Fit until converged（拟合至收敛）”按钮，单击⑦处的“Fit（拟合）”按钮，即可完成Langmuir拟合。

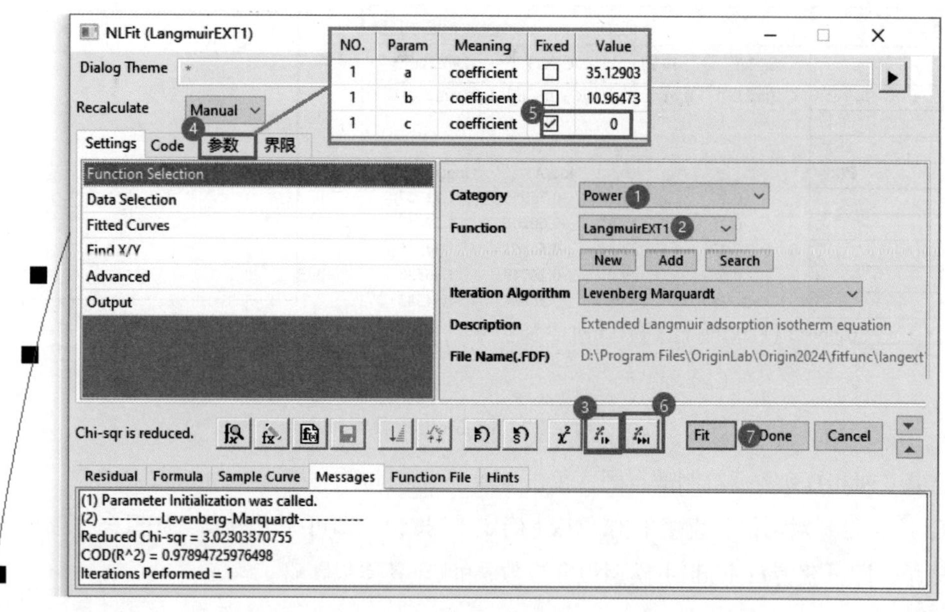

图6-21　Langmuir拟合设置

2. 整理拟合结果

从拟合结果报表中，读取a、b分别作为q_m和k_L填入表6-5中。

表6-5　Langmuir模型拟合结果

q_m/(mg kg^{-1})	k_L	R^2
39.46	3.899	0.9599
…	…	…

6.2.5 Freundlich模型

Freundlich模型表征不均匀表面的吸附特性，可应用于化学吸附和物理吸附，其方程如下：

$$q = \mathrm{k}c^{\frac{1}{\mathrm{n}}} \tag{6-19}$$

其中，k为吸附常数，n为常数。通常n > 1，温度升高，1/n趋近于1，一般认为1/n介于0.1～0.5时，物质容易吸附；而当1/n > 2时，物质难以吸附。

对式（6-19）等号两端取对数，可得：

$$\log q = \frac{1}{\mathrm{n}}\log c + \log \mathrm{k} \tag{6-20}$$

以log$q$对log$c$作图可得一条直线，斜率为1/n，截距为logk。

例9：准备一张XY型工作表，如图6-22（a）所示，新建两列作为X2和Y2，分别对A列和B列数据取对数，采用C列和D列数据绘制散点图并进行线性拟合，如图6-22（b）所示。

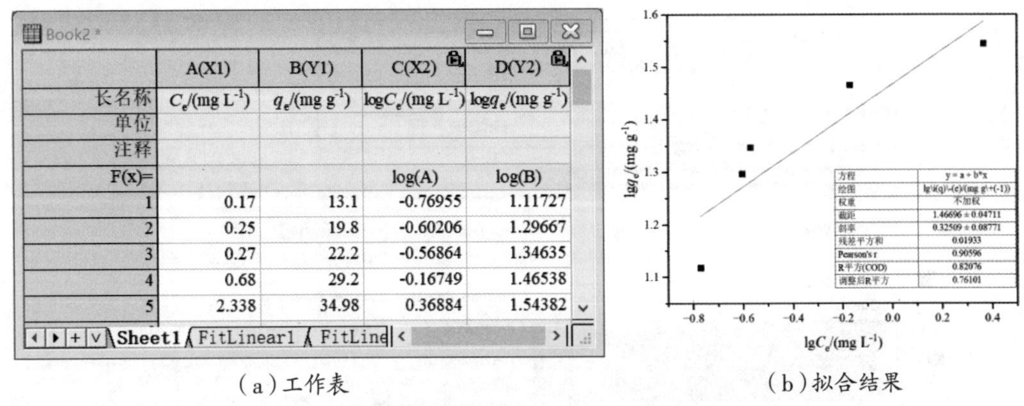

（a）工作表　　（b）拟合结果

图6-22　Freundlich模型拟合

选择C列和D列数据绘制散点图，单击菜单“Analysis（分析）→Fitting（拟合）→Linear Fit（线性拟合）”，打开对话框，直接单击“OK（确定）”按钮，即可完成拟合。从拟合结果报表中读取斜率和截距，即可获得Freundlich模型拟合参数n和k。具体步骤略。

6.2.6 Temkin Isotherm模型

考虑温度对等温线的影响，假设吸附热与温度呈线性关系，则满足Temkin Isotherm模型。Temkin Isotherm模型可应用于化学吸附，其方程如下：

$$q_{\mathrm{e}}=\frac{RT}{b}\ln(aC_{\mathrm{e}}) \tag{6-21}$$

例10：准备一张XY型工作表，如图6-23（a）所示，X列为C_e，Y列为q_e。采用自定义函数拟合得到的结果如图6-23（b）所示。

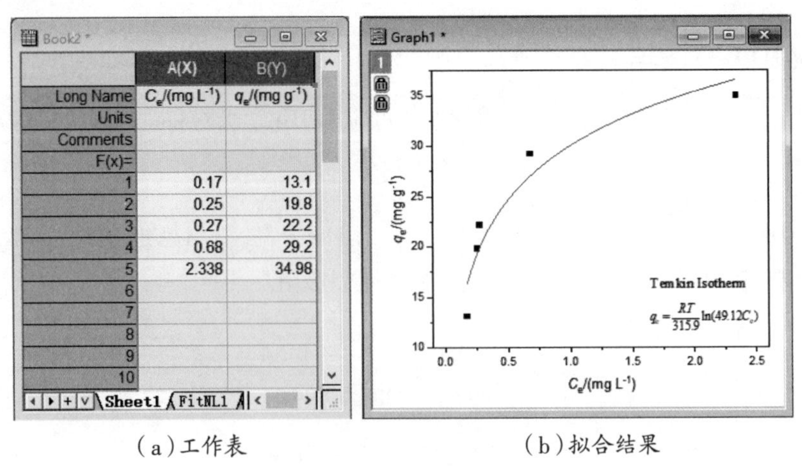

（a）工作表　　（b）拟合结果

图6-23　Temkin Isotherm模型

参考6.1.3小节自定义函数拟合相关步骤建立自定义函数。单击菜单“Analysis（分析）→Fitting（拟合）→Nonlinear Curve Fit（非线性曲线拟合）”，打开“NLFit()”对话框，单击“Category（分类）”

下拉框选择“User Defined（用户自定义）”，单击“New（新建）”按钮，将“Function Name（函数名称）”命名为“Temkin Isotherm”，单击“Next（下一步）”按钮，设置“Independent Variables（自变量）”为x（C_e），“Dependent Variables（因变量）”为y（q_e），“Parameters（参数）”为“a,b”，单击“Next（下一步）”按钮。按图6-24所示的步骤添加常量和设置公式，进入①处的“Constants（常量）”选项卡，右击“Value（值）”选择“Add（添加）”两个常量，双击③处的“Name（名称）”单元格，分别设置为“R”和“T”，双击④处分别设置为8.314和293。在⑤处输入（R*T）/b*ln（a*x），单击⑥处的“跑人”按钮试运行判断公式是否报错。单击“Finish（完成）”按钮可返回上一级对话框，单击“Fit until converged（拟合至收敛）”按钮，单击“Done（完成）”按钮即可完成拟合。

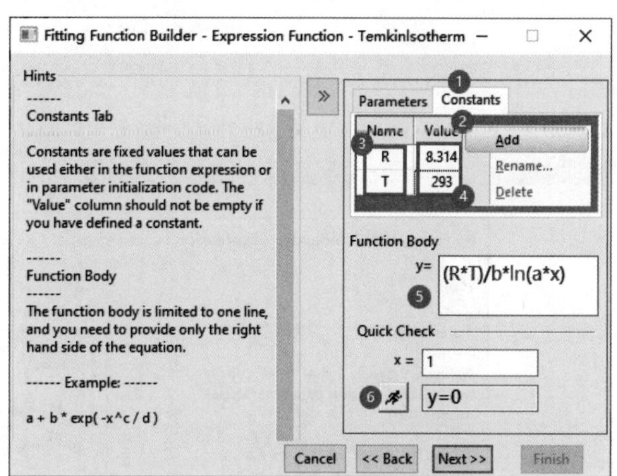

图6-24　建立Temkin Isotherm函数

6.2.7 Sips模型

Sips模型方程如下：

$$q_e = \frac{q_s(K_sC_e)^m}{1+(K_sC_e)^m} \tag{6-22}$$

其中，q_e为平衡时的吸附容量（mg/g），q_s为饱和吸附比容量（mg/g），K_s为Sips吸附常数（L/mg），C_e为平衡浓度（mg/L），m为特异性因子。

例11：准备一张XY型工作表，如图6-25（a）所示，X列为C_e，Y列为q_e，采用自定义Sips函数拟合出饱和吸附比容量（q_s，mg/g）、Sips吸附常数（K_s，L/mg）和特异性因子m，拟合结果如图6-25（b）所示。

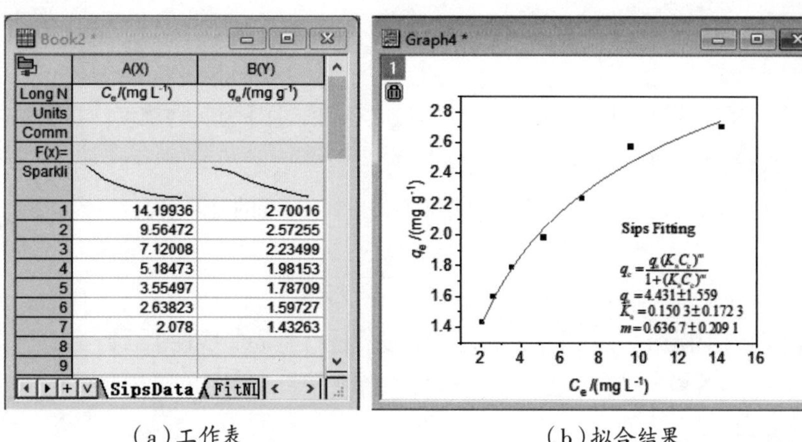

	A(X)	B(Y)
Long N	C_e/(mg L^{-1})	q_e/(mg g^{-1})
Units		
Comm		
F(x)=		
Sparkli		
1	14.19936	2.70016
2	9.56472	2.57255
3	7.12008	2.23499
4	5.18473	1.98153
5	3.55497	1.78709
6	2.63823	1.59727
7	2.078	1.43263
8		
9		

（a）工作表　　　（b）拟合结果

图6-25　Sips模型拟合

参考6.1.3小节自定义函数拟合相关步骤建立自定义函数。设置函数名称为“Sips”，自变量x为C_e，因变量y为q_e，参数为“qs,ks,m”。按图6–26所示的步骤，在①处设置3个参数，在②处的“Function Body（函数主体）”文本框中输入：

$$qs*(ks*x)\hat{}m/(1+(ks*x)\hat{}m) \tag{6–23}$$

单击③处的“跑人”按钮试运行判断公式是否正确，单击④处的“Finish（完成）”按钮返回拟合对话框，单击“Fit until converged（拟合至收敛）”按钮，单击“OK（确定）”按钮即可完成拟合。读取参数值、编写公式及其拟合结果，最终得到图6–25（b）。

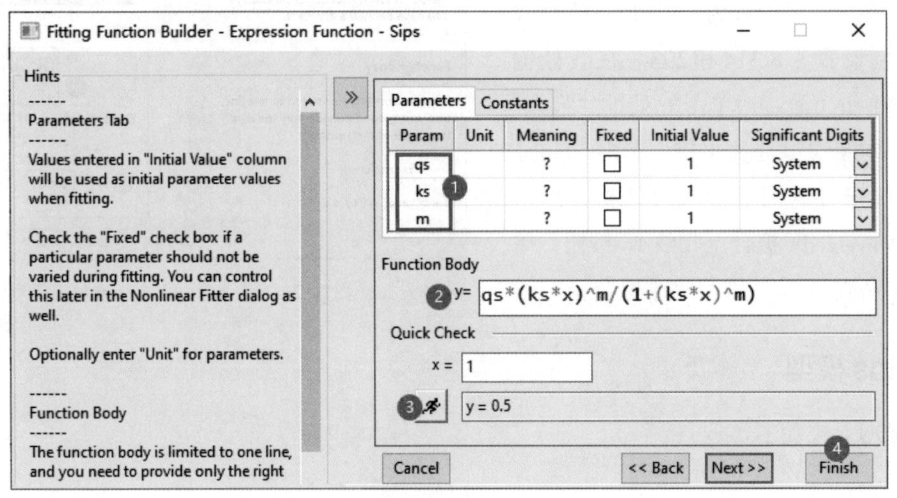

图6–26　自定义函数

6.2.8 Michaelis-Menten方程全局拟合

在某些科研领域，对两组或以上数据进行非线性回归拟合时，需要共用某个参数，即共享参数进行全局拟合。例如单底物不可逆酶促进反应的动力学方程，即著名的Michaelis-Menten方程（米氏方程）如下：

$$v=\frac{V_{\max}[S]}{K_m+[S]} \tag{6–24}$$

其中，v为酶促反应速度，$V_{\max}$为酶促反应的最大速度，[S]为底物浓度。需要在共享$V_{\max}$条件下，拟合出2个反应过程的解离常数K_m。

在Origin软件的“Growth/Sigmoidal”函数库中存在一个相近的Hill函数：

$$y=\frac{V_{\max}x^n}{K^n+x^n} \tag{6–25}$$

需要注意在拟合中固定$n=1$，设置$V_{\max}$为共享参数进行全局非线性拟合。

例12：准备一张$(XY)_2$型工作表，如图6–27（a）所示，利用Hill函数共享$V_{\max}$进行全局拟合，如图6–27（b）所示。

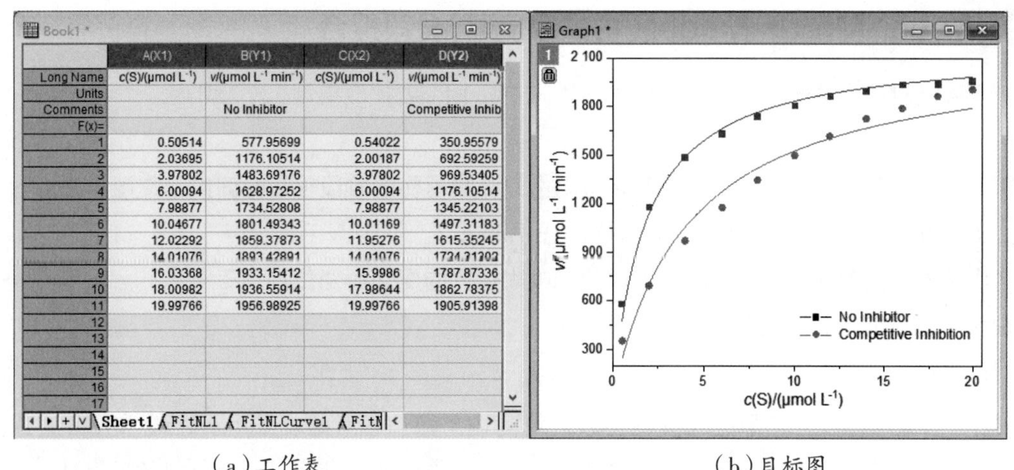

	A(X1)	B(Y1)	C(X2)	D(Y2)
Long Name	c(S)/(μmol L⁻¹)	v/(μmol L⁻¹ min⁻¹)	c(S)/(μmol L⁻¹)	v/(μmol L⁻¹ min⁻¹)
Units				
Comments		No Inhibitor		Competitive Inhib
F(x)=				
1	0.50514	577.95699	0.54022	350.95579
2	2.03695	1176.10514	2.00187	692.59259
3	3.97802	1483.69176	3.97802	969.53405
4	6.00094	1628.97252	6.00094	1176.10514
5	7.98877	1734.52808	7.98877	1345.22103
6	10.04677	1801.49343	10.01169	1497.31183
7	12.02292	1859.37873	11.95276	1615.35245
8	14.01076	1893.42891	14.01076	1724.31202
9	16.03368	1933.15412	15.9986	1787.87336
10	18.00982	1936.55914	17.98644	1862.78375
11	19.99766	1956.98925	19.99766	1905.91398
12				
13				
14				
15				
16				
17				

（a）工作表　　　　（b）目标图

图6-27　Michaelis-Menten方程全局拟合

1. 绘制散点图

全选数据绘制散点图，稍加修改绘图格式和样式，调整页面至图层大小。

2. 全局拟合

单击菜单“Analysis（分析）→Fitting（拟合）→Nonlinear Curve Fit（非线性曲线拟合）”，打开“NLFit(Hill)”对话框。按图6-28所示的步骤，单击①处的“Category（类别）”下拉框选择“Growth/Sigmoidal（生长/S型）”，单击②处的“Function（函数）”下拉框选择“Hill”函数。单击③处的“Data Selection（数据选择）”，由于默认选择了第一组数据，现在需要添加第二组数据，首先单击④处“...”按钮打开对话框，选择第二组数据，单击“OK（确定）”按钮返回上一级对话框。此时⑤处由灰色（不可选）变为黑色，单击⑤处选择“Global Fit（全局拟合）”。单击⑥处的“参数”选项卡打开对话框，选择⑦处V_{max}的“Share（共享）”复选框，将n和n_2固定“Value（值）”设置为1。单击⑧处的“1 Iteration（一次迭代）”按钮，检查“Messages（消息）”框中的R_2是否达到要求。单击“Fit（拟合）”按钮，即可拟合出共享的V_{max}和各组的K_m。

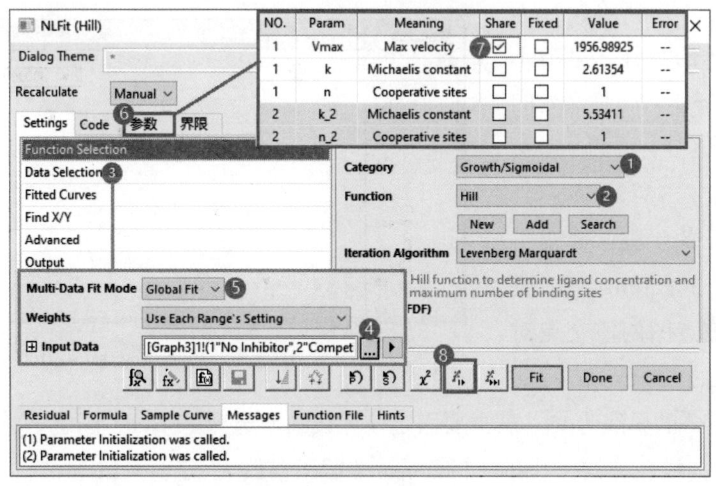

图6-28　全局拟合

6.2.9 Weber-Morris Model（内扩散模型）分段拟合

在等温吸附动力学研究体系中，Weber-Morris Model（内扩散模型）较为常用。

假设条件如下：

①液膜扩散阻力可以忽略，或液膜扩散阻力只在吸附初始阶段很短时间内起作用；

②扩散方向随机、吸附质浓度不随颗粒位置而改变；

③内扩散系数为常数，且不随吸附时间和吸附位置的变化而变化。

则该体系满足内扩散模型：

$$q_t = \mathrm{K}_{ip} t^{1/2} + \mathrm{C} \tag{6-26}$$

其中，C为与厚度、边界层有关的常数，K_{ip}为内扩散速率常数。采用q_t对$t^{1/2}$作图并对散点过原点拟合。如果拟合直线经过原点，则说明该体系内扩散受单一速率控制。材料的吸附过程分为吸附剂表面吸附和孔道缓慢扩散两个吸附过程，如果拟合直线不经过原点，则说明内扩散不是控制吸附过程的唯一步骤。

例13：准备A、B两列XY型工作表，如图6-29（a）所示。A列是对t开方的数据，即在Excel或Origin的F(x)中输入公式“sqrt(A)”，在B列输入q_t数据。利用Piecewise Fit（分段拟合）App拟合得到的结果如图6-29（b）所示。

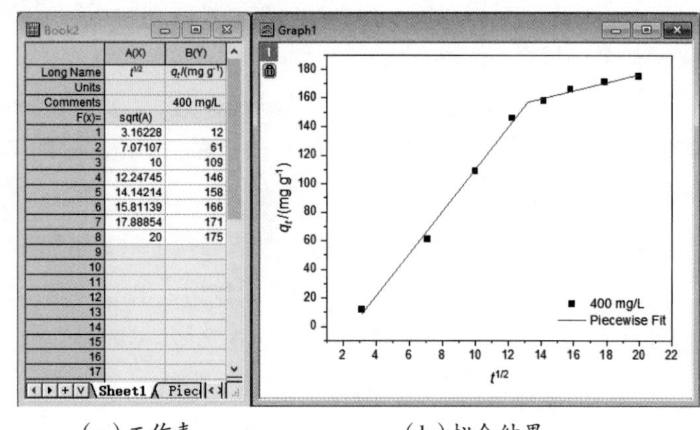

	A(X)	B(Y)
Long Name	$t^{1/2}$	q_t/(mg g^{-1})
Units		
Comments		400 mg/L
F(x)=	sqrt(A)	
1	3.16228	12
2	7.07107	61
3	10	109
4	12.24745	146
5	14.14214	158
6	15.81139	166
7	17.88854	171
8	20	175
9		
10		
11		
12		
13		
14		
15		
16		
17		

（a）工作表　　　　（b）拟合结果

图6-29　内扩散模型拟合

1. 绘制散点图

全选数据绘制散点图，稍加修改绘图的格式和样式，所得绘图明显能看出2段线性良好的散点。

2. 分段拟合

按图6-30所示的步骤，单击①处激活绘图窗口，单击右边栏②处的Apps选项卡，选择③处打开Piecewise Fit工具。

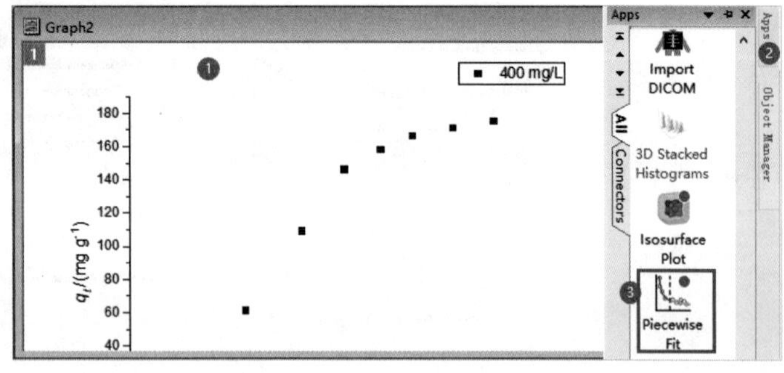

图6-30　Piecewise Fit工具的选择

按图6-31所示的步骤，修改①处的“Number of Segments（分段数）”为2，根据散点图两段交点对应的X值设置②处的“Between 1 and 2（1段和2段之间）”的界线为13，若需要固定该界线则需选择“Fixed（固定）”复选框。修改③处和④处设置两分段的线性函数，“Offset Parameter（截距参数）”分别为b1和b2，“y(x)-offset=”分别设置为“k1*x”和“k2*x”。如果出现红色文本提示，则需要初始化设置参数值，单击⑤处的“Parameters（参数）”按钮，双击弹窗中⑥处的3个参数的Value单元格，均设置为1，单击⑦处的“OK（确定）”按钮返回上一级对话框，单击⑧处的“1 Iter.（一次迭代）”观察散点图中的拟合效果，单击⑨处的“OK（确定）”按钮，即可实现分段线性拟合。

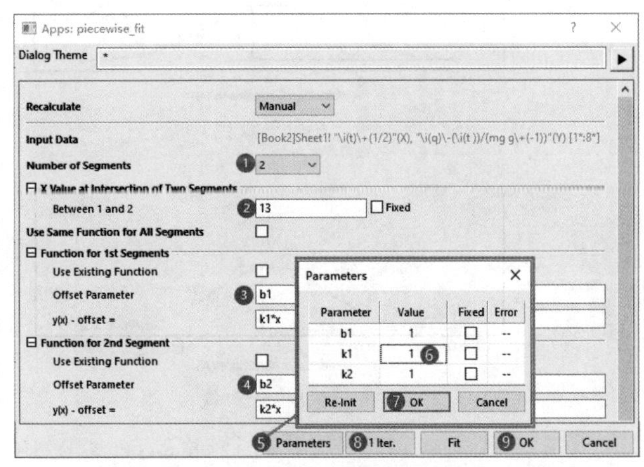

图 6–31　Piecewise Fit 的设置

所得分段线性拟合图如图6–32（a）所示，拟合结果报表如图6–32（b）所示，拟合较优（R^2=0.9977），b1为第一段线性方程的截距，b1≠0。很明显该拟合线并不通过原点，说明该体系的内扩散不是控制吸附过程的唯一步骤。

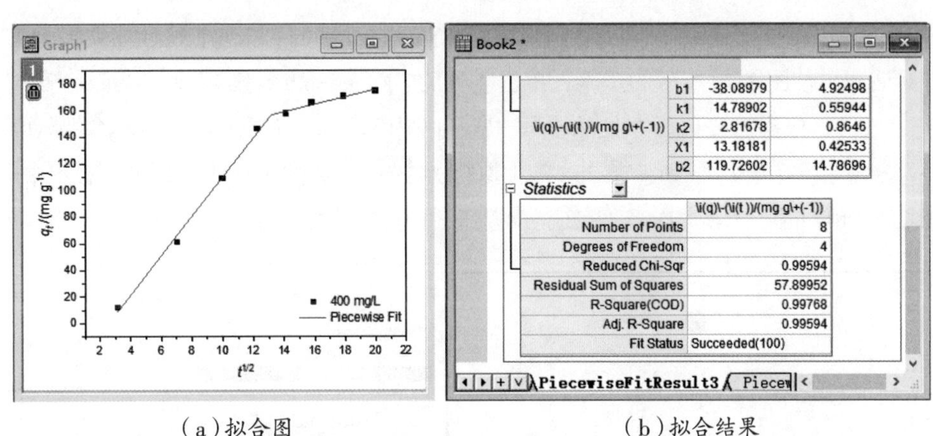

\i(q)\-(\i(t))/(mg g\+(-1))	b1	-38.08979	4.92498
	k1	14.78902	0.55944
	k2	2.81678	0.8646
	X1	13.18181	0.42533
	b2	119.72602	14.78696

	\i(q)\-(\i(t))/(mg g\+(-1))
Number of Points	8
Degrees of Freedom	4
Reduced Chi-Sqr	0.99594
Residual Sum of Squares	57.89952
R-Square(COD)	0.99768
Adj. R-Square	0.99594
Fit Status	Succeeded(100)

（a）拟合图　　　　（b）拟合结果

图 6–32　分段线性拟合图及其拟合结果

6.3 峰值拟合

6.3.1 非线性曲线拟合

在已知模型方程的情况下，可以绘制出模拟曲线。例如，在描绘反应过程时，通常需要绘制模拟曲线。本小节将根据一张文献图介绍非线性曲线的拟合过程。

例 14：已知文献图，如图6–33（a）所示，需要描述一个过渡态的反应过程。本例演示非线性曲线拟合绘图，如图6–33（b）所示。构造的工作表如图6–33（c）所示。

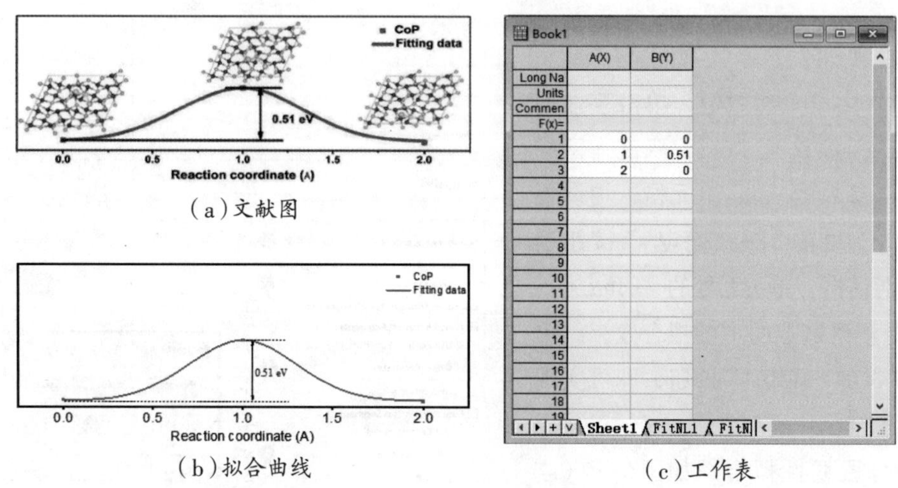

（a）文献图

（b）拟合曲线

（c）工作表

图6-33 非线性曲线拟合

解析：绘制模拟曲线有两个思路，一是采用非线性曲线模拟工具绘制出曲线，二是对3个数据点拟合出曲线。在不需要精确固定峰值高度时，可以使用第一种方法；在需要经过指定数据点拟合时，通常使用第二种方法。本例演示第二种方法。

单击菜单“Analysis（分析）→Fitting（拟合）→Nonlinear Curve Fit（非线性曲线拟合）”，打开“NLFit()”对话框。按图6-34所示的步骤，单击①处的“Function（函数）”为“Gauss（高斯）”，单击②处的“参数”，根据需要选择③处的参数“Fixed（固定）”，双击④处设置“y0（截距）”、“xc（峰位置）”、“w（半峰宽）”的值。单击“Fit（拟合）”按钮，边修改这些参数边查看图中的拟合效果，当曲线符合预期时，单击“Done（完成）”按钮，即可生成拟合曲线。

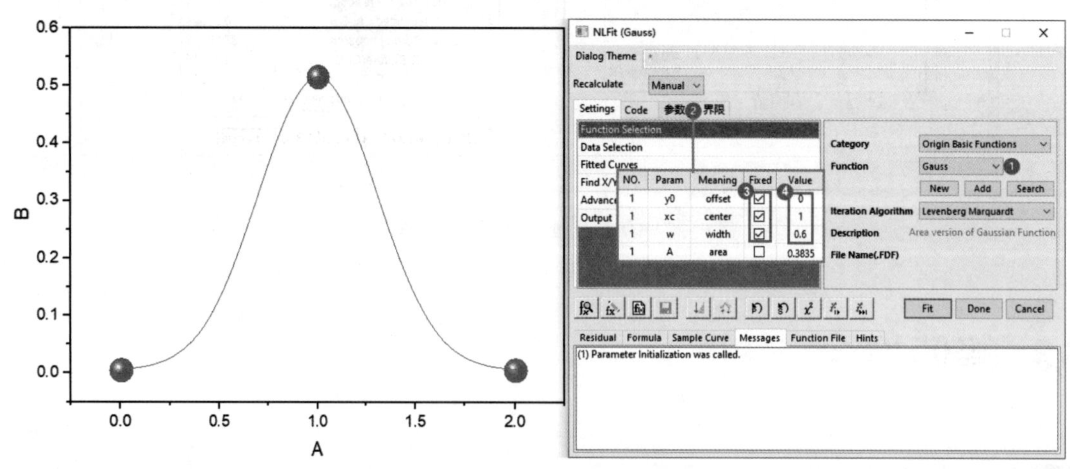

图6-34 经过指定数据点拟合

6.3.2 洛伦兹与高斯拟合

在实测的实验数据散点图中，往往存在异常点，这些异常点可能因实验仪器所处环境如电涌扰动、电磁干扰等因素造成。异常点对拟合优度和可信度的影响较大，在拟合绘图时，往往需要屏蔽异常点，让拟合操作忽略这些异常点，从而实现更优的拟合效果。注意异常点仅做标记，切勿删除，在图下注明“该拟合已排除因测试环境干扰引起的异常点（图中红色球为异常点）”。

例15：准备2列XY型工作表，如图6-35（a）所示，屏蔽异常点，分别采用洛伦兹拟合、高斯拟合函数，如图6-35（b）和图6-35（c）所示。

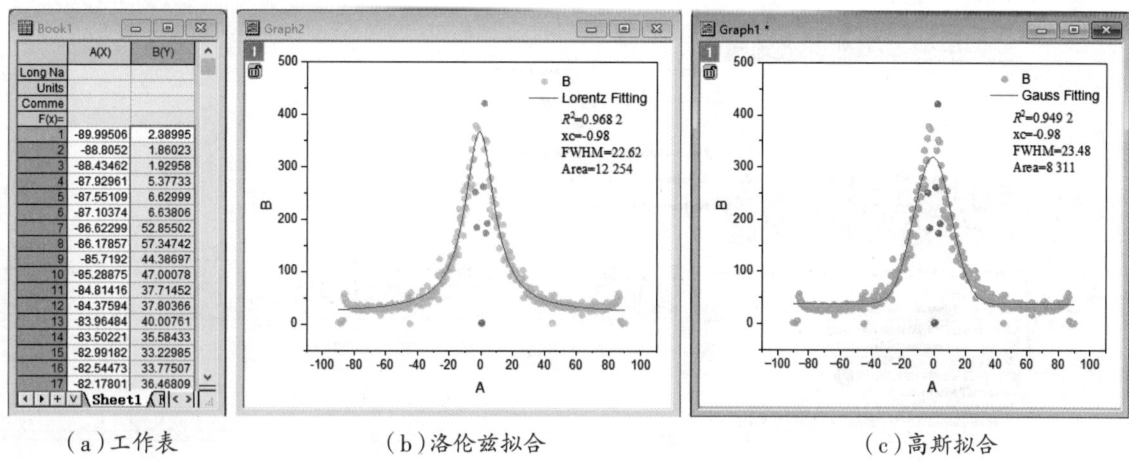

（a）工作表　　（b）洛伦兹拟合　　（c）高斯拟合

图6-35　屏蔽异常点的洛伦兹拟合与高斯拟合

1. 绘制散点图并标记异常点

选择X、Y两列数据，绘制散点图，稍加修改绘图格式和样式。按图6-36所示的步骤屏蔽异常点。在①处需要屏蔽的散点上多次单击，直至单独选中该点，然后在②处单独被选中的异常点上右击，选择③处的“Mask（屏蔽）”。按相同方法标记其余异常点。右击④处的绘图标题栏，选择⑤处的“Duplicate（复制）”，分别作为洛伦兹拟合、高斯拟合的操作对象窗口。

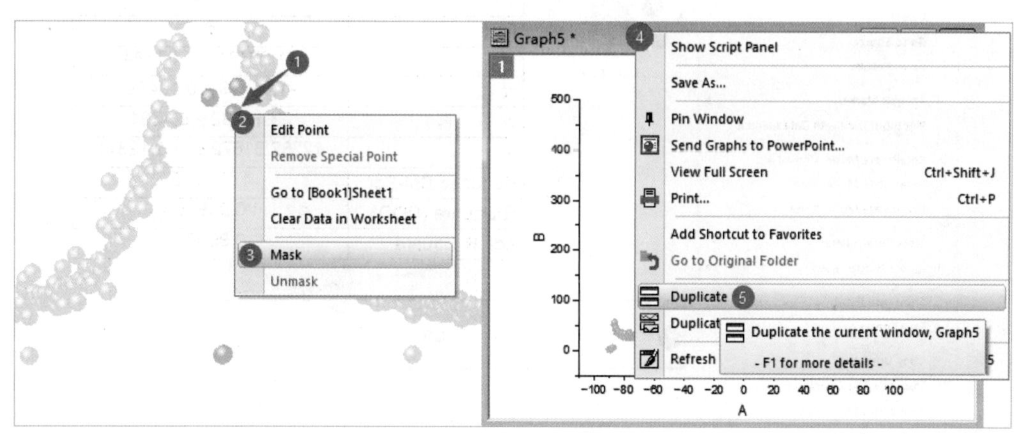

图6-36　异常点的标记

2. 洛伦兹拟合

单击激活散点图，选择菜单“Analysis（分析）→Fitting（拟合）→Nonlinear Curve Fit（非线性曲

线拟合”，打开“NLFit(Lorentz)”对话框，按图6-37所示的步骤，选择①处的“Function（函数）”为“Lorentz（洛伦兹）”，单击②处的“Fit until converged（拟合至收敛）”，查看③处COD(R^2)=0.9599，拟合优度尚可。单击“OK（确定）”按钮。

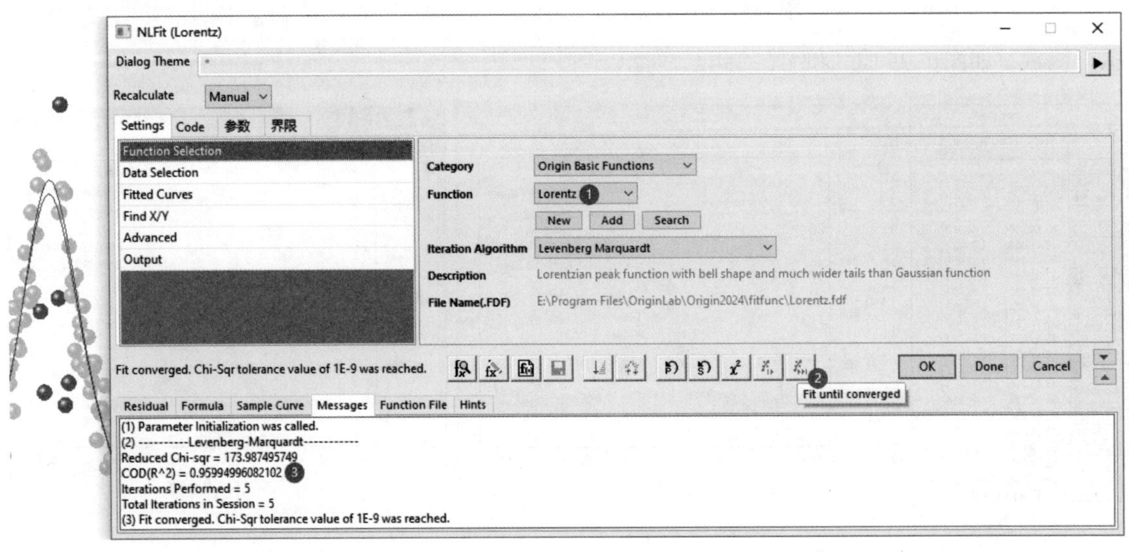

图6-37　洛伦兹拟合

如果还存在异常点，并且希望能进一步优化拟合结果，则可以补充标记屏蔽点后重新计算。按图6-38所示的步骤，标记①处的异常点，单击左上角的黄锁，选择②处的“Recalculate（重新计算）”，可得③处更新的拟合结果，此时R^2提高至0.9695。

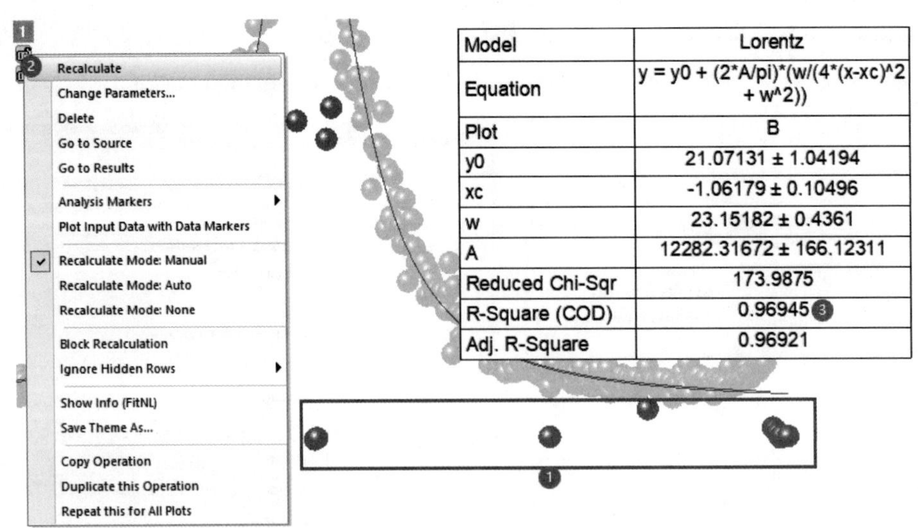

图6-38　补充屏蔽点并重新计算

3. 高斯拟合

单击激活散点图，选择菜单“Analysis（分析）→Fitting（拟合）→Nonlinear Curve Fit（非线性

曲线拟合"，打开对话框，按图6-37所示的步骤，选择①处的"Function（函数）"为"Gauss"，单击②处的"Fit until converged（拟合至收敛）"。拟合结果R^2=0.9523，拟合优度尚可，单击"OK（确定）"按钮。

对比洛伦兹函数、高斯函数的拟合结果可知，相同的数据采用不同函数拟合的优度不同。因此，在具体拟合时，可以尝试选择合适的函数或最符合自己研究的函数，从而得到最优的拟合结果。

6.3.3 批量分峰拟合

在多数情况下，实测谱线往往是由多种成分的单峰叠加而形成的曲线。当我们需要定量分析各种成分的贡献或精确定位各种成分特征峰的中心位置时，通常采用专业的多峰拟合工具或Origin的多峰拟合工具将各种成分峰分离出来。Origin软件的多峰拟合包含XPS基线数据，可以完成XPS的背景扣除与分峰拟合，当然XPS的分峰拟合也可以通过XPSpeak或Avantage等专业软件完成。

Origin软件的多峰拟合方法相对较为简单，本小节以Raman分峰拟合为例演示"多峰拟合"方法，任何谱线或曲线（如Raman、FTIR、FL、CV等）的分峰拟合均可参考本小节的方法快速完成。

例16：准备一张n（XY）型工作表，如图6-39（a）所示，填入多组样品的Raman光谱数据，采用多峰拟合将D峰、G峰分离出来，记录峰位置、半峰宽、峰面积等数据。

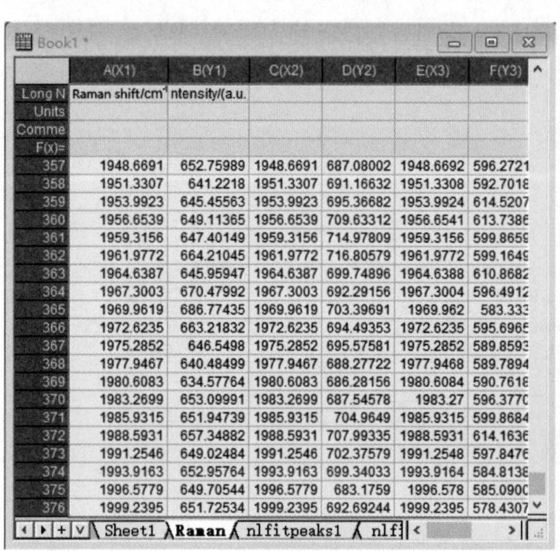

Book1 *

	A(X1)	B(Y1)	C(X2)	D(Y2)	E(X3)	F(Y3)
Long N	Raman shift/cm⁻¹	ntensity/(a.u.				
Units						
Comme						
F(x)=						
357	1948.6691	652.75989	1948.6691	687.08002	1948.6692	596.2721
358	1951.3307	641.2218	1951.3307	691.16632	1951.3308	592.7018
359	1953.9923	645.45563	1953.9923	695.36682	1953.9924	614.5207
360	1956.6539	649.11365	1956.6539	709.63312	1956.6541	613.7386
361	1959.3156	647.40149	1959.3156	714.97809	1959.3156	599.8659
362	1961.9772	664.21045	1961.9772	716.80579	1961.9772	599.1649
363	1964.6387	645.95947	1964.6387	699.74896	1964.6388	610.8682
364	1967.3003	670.47992	1967.3003	692.29156	1967.3004	596.4912
365	1969.9619	686.77435	1969.9619	703.39691	1969.962	583.333
366	1972.6235	663.21832	1972.6235	694.49353	1972.6235	595.6965
367	1975.2852	646.5498	1975.2852	695.57581	1975.2852	589.8593
368	1977.9467	640.48499	1977.9467	688.27722	1977.9468	589.7894
369	1980.6083	634.57764	1980.6083	686.28156	1980.6084	590.7618
370	1983.2699	653.09991	1983.2699	687.54578	1983.27	596.3770
371	1985.9315	651.94739	1985.9315	704.9649	1985.9315	599.8684
372	1988.5931	657.34882	1988.5931	707.99335	1988.5931	614.1636
373	1991.2546	649.02484	1991.2546	702.37579	1991.2548	597.8476
374	1993.9163	652.95764	1993.9163	699.34033	1993.9164	584.8138
375	1996.5779	649.70544	1996.5779	683.1759	1996.578	585.0900
376	1999.2395	651.72534	1999.2395	692.69244	1999.2395	578.4307

Sheet1 Raman nlfitpeaks1 nlf

（a）工作表

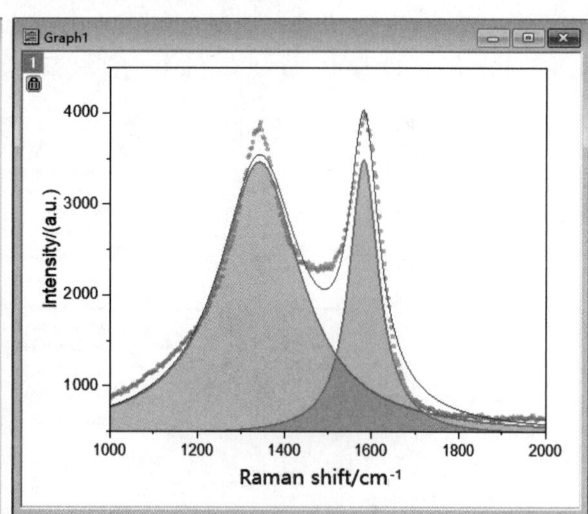

（b）目标图

图6-39　Raman光谱的分峰拟合

1. 绘制Raman曲线

当我们只需要研究D峰和G峰时，Raman曲线首尾的数据为无用数据，如图6-40（a）所示，在拟合时，这些首尾数据的存在会影响拟合效果，因此需要将其删除。在Raman数据工作表中选中这些范围的相应数据行，右击"删除行"。全选处理后的数据，单击下方工具栏的折线图工具绘制Raman曲线图，如图6-40（b）所示。

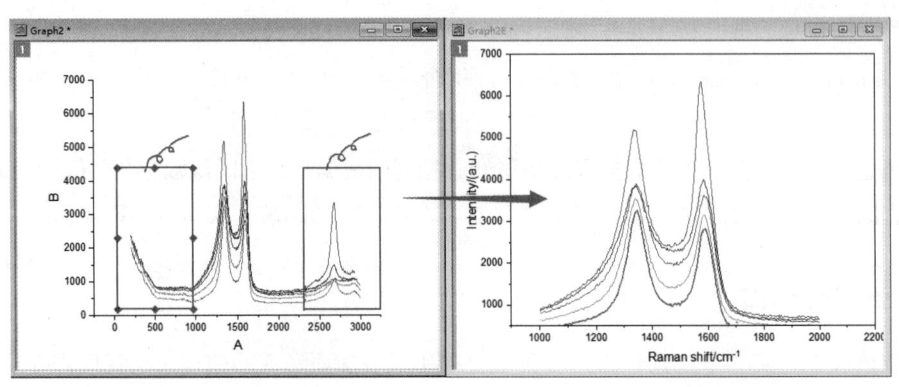

（a）删除首尾无用数据示意图　　（b）Raman曲线图

图6-40　删除首尾无用数据示意图及Raman曲线图

2. 多峰拟合

单击Raman曲线图，选择菜单“Analysis（分析）→Peaks and Baseline（峰值及基线）→Multiple Peak Fit（多峰拟合）”，打开对话框，在对话框中选择“Lorentz”函数，单击“OK（确定）”按钮。按图6-41所示的步骤，在峰位置（如①处）双击选择峰，完成后单击②处的“Open NLFit（打开非线性拟合）”按钮，单击“Fit until converged（拟合至收敛）”。单击“OK（确定）”按钮，即可在图中添加拟合结果报表。单击绘图左上角③处的绿锁，选择④处的“Repeat this for All Plots（对所有绘图重复此操作）”，即可完成对其余曲线的多峰拟合。

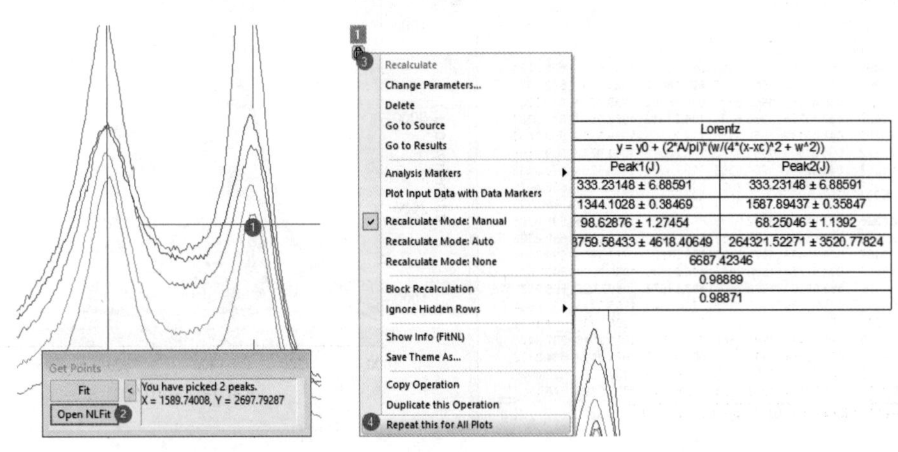

图6-41　选择峰与批量重复操作

提取拟合报表中的参数进行相关量化分析计算。例如，图6-42是第一条曲线的拟合报表“nlfitpeaks1”，其中，xc为峰位置、w为半峰宽、A为峰面积、H为峰高（峰强度）。对于目标图的绘制，可以参考前面章节关于线下填充的基础2D绘图方法。

非线性曲线拟合 (Lorentz) (2022/11/21 20:59:52)

备注
输入数据
参数

		值	标准误差	t值	概率>|t|	相关性
Peak1(Intensity/(a.u.))	y0	464.55817	16.0063	29.02346	2.81111E-97	0.78428
	xc	1341.98231	1.05755	1268.9520	0	0.20214
	w	226.92034	4.15499	54.61387	7.0607E-179	0.79128
	A	1068310.539	19091.6049	55.95708	2.3633E-182	0.89096
	H	2997.12055	26.96978			
Peak2(Intensity/(a.u.))	y0	464.55817	16.0063	29.02346	2.81111E-97	0.78428
	xc	1583.60567	0.58655	2699.8546	0	0.07348
	w	82.79457	1.98143	41.78535	5.69532E-14	0.67506
	A	393309.5440	8111.92173	48.48537	3.91721E-16	0.78131
	H	3024.21555	41.71423			

Reduced Chi-Sqr = 20780.8251899
COD(R^2) = 0.98116265313571

图6-42　拟合结果报表

6.4 曲面拟合

6.4.1 3D散点趋势面拟合

在需要综合考虑两种因子对某一指标的影响时，如果绘制2张单独的 2D 点线图，则会割裂2个因素，只能讨论单一因素对该指标的影响，而很难在一张图中考察2个因素对Z的共同影响趋势。

当考察X和Y两个因子对Z的影响时，我们只需要测试少量的数据点，利用Origin软件的App插件3D Smoother对3D散点拟合出一个趋势面，就可以得到一种整体变化趋势，寻找最优的合成条件，从而提升数据的“可视化”效果。

例17：准备一张XYYY型工作表，如图6-43（a）所示，第一列X从0～40均匀变化，第二列及以后各列Y从157.5～219.5均匀变化（参数填入“注释”行），共11列5行数据。新建一个11×5的矩阵，复制工作表中各列Y数据，在新建的矩阵中粘贴（如图中MBook1矩阵表）。绘制出3D散点拟合曲面投影图，如图6-43（b）所示。

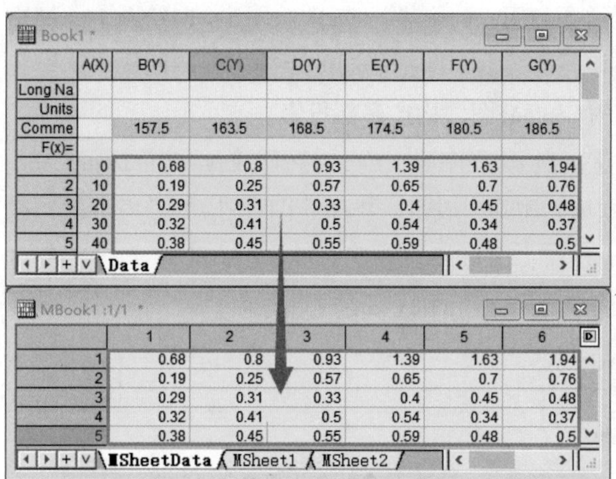

Book1

	A(X)	B(Y)	C(Y)	D(Y)	E(Y)	F(Y)	G(Y)
Long Na							
Units							
Comme		157.5	163.5	168.5	174.5	180.5	186.5
F(x)=							
1	0	0.68	0.8	0.93	1.39	1.63	1.94
2	10	0.19	0.25	0.57	0.65	0.7	0.76
3	20	0.29	0.31	0.33	0.4	0.45	0.48
4	30	0.32	0.41	0.5	0.54	0.34	0.37
5	40	0.38	0.45	0.55	0.59	0.48	0.5

Data

MBook1 :1/1

	1	2	3	4	5	6
1	0.68	0.8	0.93	1.39	1.63	1.94
2	0.19	0.25	0.57	0.65	0.7	0.76
3	0.29	0.31	0.33	0.4	0.45	0.48
4	0.32	0.41	0.5	0.54	0.34	0.37
5	0.38	0.45	0.55	0.59	0.48	0.5

MSheetData MSheet1 MSheet2

（a）工作表与矩阵表

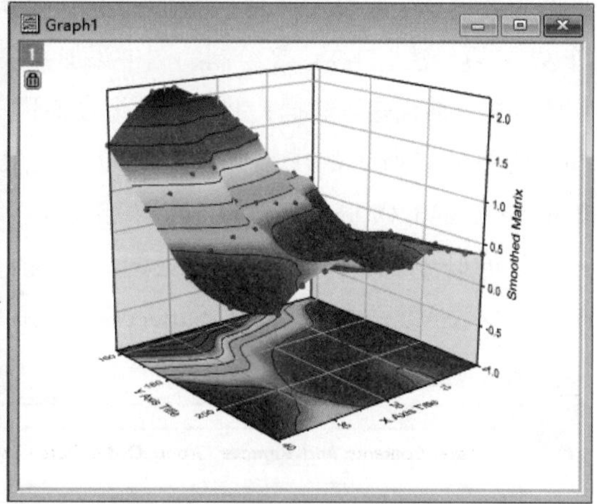

（b）目标图

图6-43　3D散点拟合曲面投影图

1. 矩阵表的3D曲面拟合

从OriginLab官网下载3D Smoother插件，将该插件拖入Origin程序界面即可安装。3D Smoother仅对矩阵表操作，如果当前激活窗口为绘图窗口，则右边栏Apps库中的3D Smoother插件为灰色（不可用）。另外，该插件在Origin 2018b版以上才可用。与3D Smoother类似的插件还有2D Smoother插件，它用于对2D散点图进行趋势线拟合。

按图6-44所示的步骤，单击①处激活矩阵窗口，单击右边栏②处的“Apps”选项卡弹出Apps库，选择③处的“3D Smoother”插件，弹出对话框，单击④处的下拉框选择“Smoother”平滑方法为“Adjacent-Averaging（近邻平均）”，单击“OK（确定）”按钮。

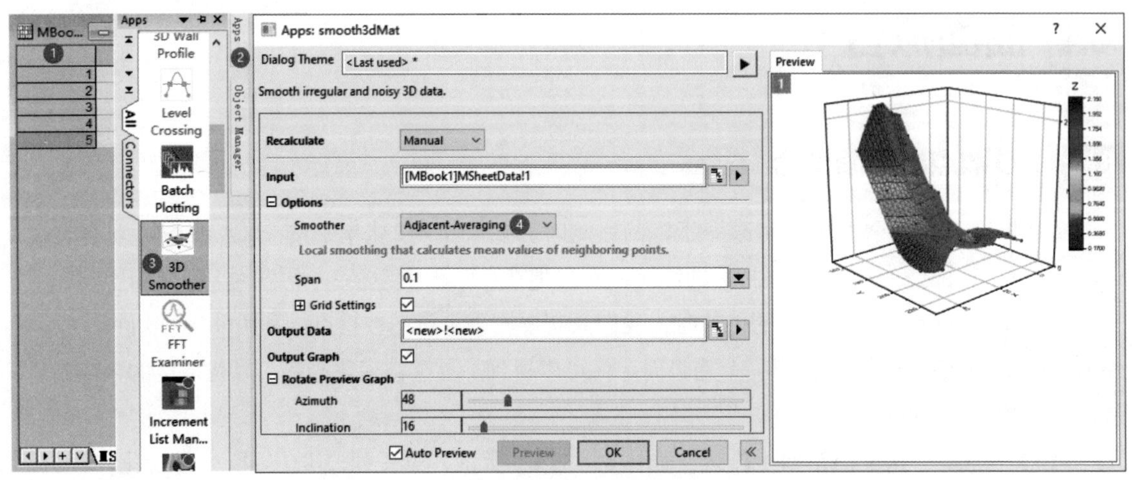

图 6-44　Apps 的调用

2. 投影面的绘制

3D Smoother插件将自动创建一个拟合曲面的矩阵表，同时绘制包含原始散点数据的拟合曲面图，但图中并没有生成投影平面（Contour图），这就需要利用“重绘法”（二次绘图法）向绘图中添加矩阵表。“重绘法”是在已经绘制的图中添加一次相同的数据，即把相同的矩阵表绘制两次。这里我们添加拟合曲面矩阵数据，并将其改为“扁平”的Contour图，构造底部投影。

按图6-45所示的步骤，双击绘图左上角①处的图层序号“1”，打开“Layer Contents: Add, Remove, Group, Order Plots-Layer1（图层内容：添加，删除，成组，排序绘图-图层1）”对话框，选择②处的拟合曲面矩阵，单击③处的“→”箭头按钮，即可添加数据（如④处所示），单击⑤处可修改新增数据绘图类型为“3D-Surface（3D 曲面图）”，单击“OK（确定）”按钮。

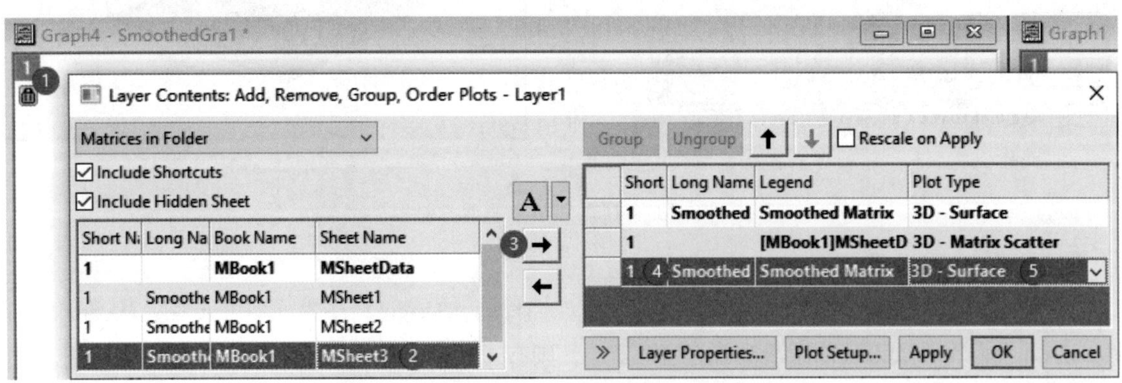

图 6-45　利用“重绘法”向绘图中添加矩阵表

向绘图中添加数据后，似乎并没有发生变化，这是因为新增的曲面图与原图中的曲面数据相同，两者的曲面是吻合的。现在需要将新增的曲面“压扁”为Contour图，并置于底部平面作为原曲面的“投影”。

按图6-46所示的步骤，双击①处的曲面打开“Plot Details-Plot Properties（绘图细节-绘图属性）”对话框，选择②处的新增曲面，选择③处的“Flat（展平）”和“Shift in Z by percent of scale range, 0=bottom, 100=top（按刻度范围的比例在Z轴移动，0=底部，100=顶部）”复选框，单击“Apply（应用）”按钮即可实现底部投影效果。图中网格线略显繁杂，可以单击④处的“Mesh（网格）”选项卡，取消“Enable（启用）”复选框，选择⑤处的原曲面，取消网格的启用，单击“OK（确定）”按钮。

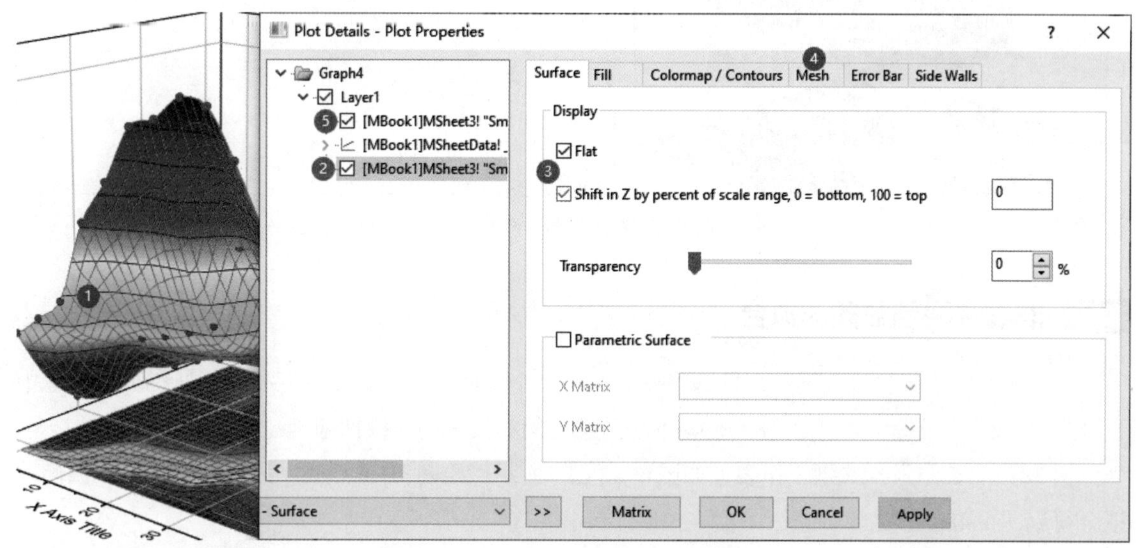

图6-46　将曲面“展平”为底部投影

根据3D曲面投影图的变化趋势，旋转视角以便展示最好的“姿态”。单击激活3D绘图，单击下方工具栏的“3D旋转”工具，调整3D图的“姿态”。由于颜色标尺图例跟Z轴刻度变化是一致的，因此标尺图例略显多余，可以单击图例，按“Delete”键删除。

3. 刻度范围的设置

曲面与底部投影贴合太近，遮挡了底部的投影，因此需要设置Z轴刻度范围下限，“抬高”曲面，露出底部投影面。双击Z轴刻度线打开对话框，把“刻度”的“起始”值从0改为-1,主刻度的增量值设置为0.5，单击“确定”按钮。底部投影平面并没有填满整个XY坐标系平面，需要修改X轴和Y轴的“刻度”范围到实际的数据范围。

4. 半透明侧面的设置

在3D曲面图中添加侧面投影，可以建立顶部曲面与底部投影面之间的“关联”。按图6-47所示的步骤，双击①处的曲面打开“Plot Details-Plot Properties（绘图细节-绘图属性）”对话框，选择②处的“Side Walls（侧面）”选项卡，选择③处的“Enable（启用）”复选框，修改④处的X和Y方向的侧面颜色，设置⑤处的“Transparency（透明）”为80，单击“OK（确定）”按钮，即可得到⑥处所示的效果。经过其他细节的微调后，可得目标图。

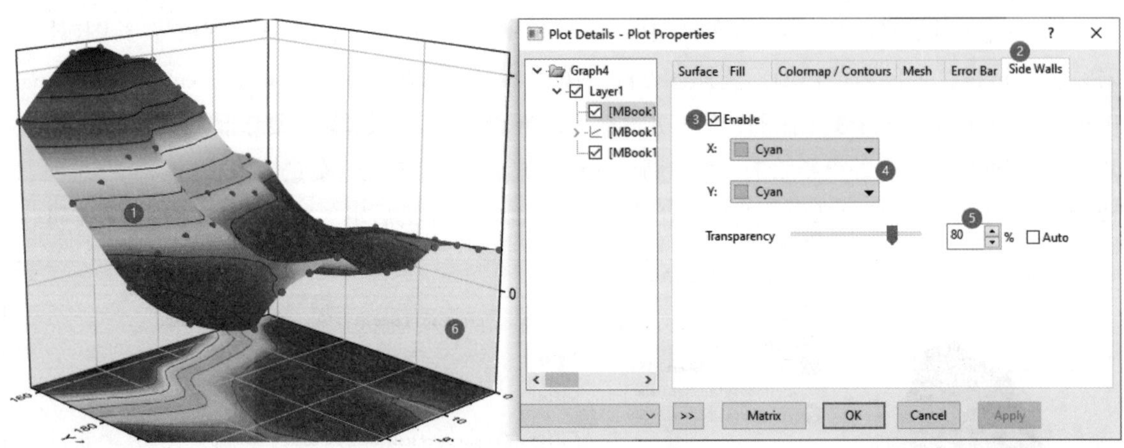

图6-47　半透明侧面的设置

6.4.2 非线性隐函数椭球拟合

在三维空间采集少量数据点，且这些点分布在某个球面时，这就需要获得它们所围成的椭球中心坐标（x_0,y_0,z_0）及椭球的半径（a,b,c），本小节将介绍如何采用非线性隐函数椭球（或曲面）拟合。

例18：准备一张XYZ型工作表，如图6-48（a）所示，绘制3D散点图，采用非线性隐函数椭球拟合得到图6-48（b）。

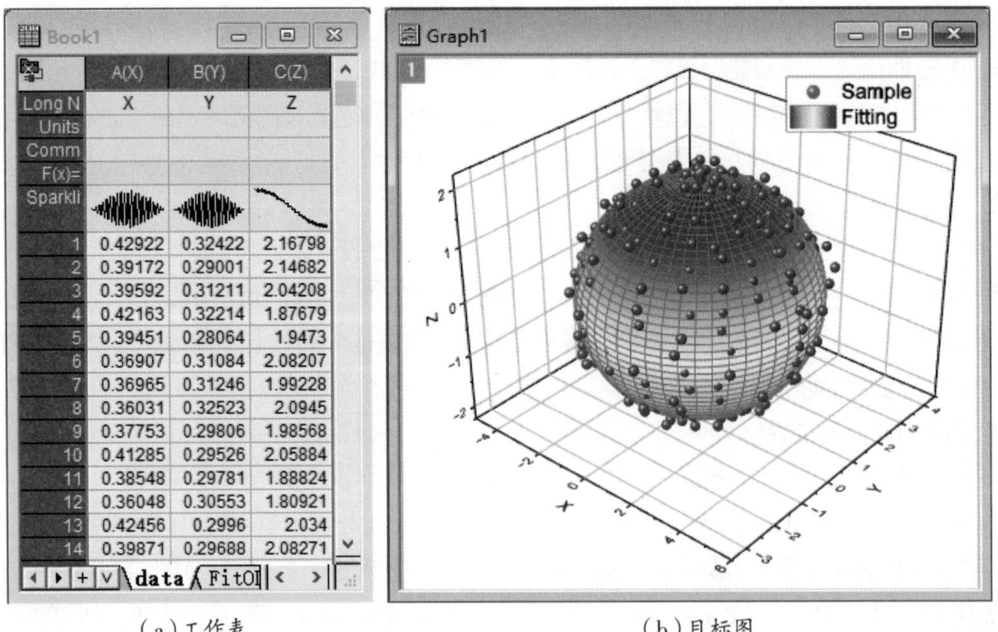

	A(X)	B(Y)	C(Z)
Long N	X	Y	Z
Units			
Comm			
F(x)=			
Sparkli			
1	0.42922	0.32422	2.16798
2	0.39172	0.29001	2.14682
3	0.39592	0.31211	2.04208
4	0.42163	0.32214	1.87679
5	0.39451	0.28064	1.9473
6	0.36907	0.31084	2.08207
7	0.36965	0.31246	1.99228
8	0.36031	0.32523	2.0945
9	0.37753	0.29806	1.98568
10	0.41285	0.29526	2.05884
11	0.38548	0.29781	1.88824
12	0.36048	0.30553	1.80921
13	0.42456	0.2996	2.034
14	0.39871	0.29688	2.08271

（a）工作表　　（b）目标图

图6-48　非线性隐函数椭球拟合

1. 3D 散点图的绘制

按图6-49所示的步骤，单击①处全选X、Y、Z列数据，单击下方工具栏②处的按钮，选择③

处的“3D Scatter（3D散点图）”工具，即可得到④处所示的效果图。

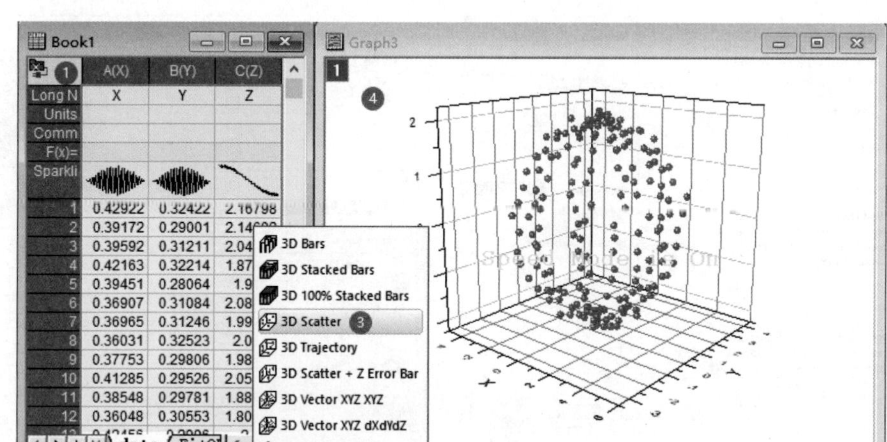

图6-49　3D散点图的绘制

2. 自定义隐函数拟合

很明显绘制的3D散点图呈椭球形状分布，可以采用椭球方程拟合。椭球方程如下：

$$\frac{(x-x_0)^2}{a^2}+\frac{(y-y_0)^2}{b^2}+\frac{(z-z_0)^2}{c^2}=1 \tag{6-27}$$

其中，x_0、y_0、z_0为椭球中心坐标，a、b、c为沿着X、Y、Z轴方向的半轴长，x、y、z为待拟合的散点数据。隐函数的构造方法：将式（6-27）两端同时减1，使公式右端为0，可得隐函数（f=0）：

$$f=\frac{(x-x_0)^2}{a^2}+\frac{(y-y_0)^2}{b^2}+\frac{(z-z_0)^2}{c^2}-1 \tag{6-28}$$

自定义函数的菜单有两种方式：一种是菜单“Tools（工具）→Fitting Function Builder（拟合函数生成器）”；另一种是菜单“Analysis（分析）→Fitting（拟合）”。前者是建立函数后，采用后者进行拟合。我们可能习惯用后者创建函数之后并立即拟合，前面章节均采用后者。

全选X、Y、Z三列数据（注意不是选择绘图窗口），单击菜单“Analysis（分析）→Fitting（拟合）→Nonlinear Implicit Curve Fit（非线性隐函数曲线拟合）”，打开“NLFit”对话框，单击“New（新建）”按钮，修改“Function Name（函数名称）”为“Ellipsoid”，选择“Function Model（函数模型）”为Implicit（隐函数）”，选择“Function Type（函数类型）”为“LabTalk表达式”，单击“Next（下一步）”按钮。按图6-50所示的步骤，设置①处的“Variables（变量）”为“x,y,z”、②处的“Parameters（参数）”为“x0,y0,z0,a,b,c”。单击“Next（下一步）”按钮，在③处的“Function Body（函数主体）”中输入：

（x−x0）^2/a^2+（y−y0）^2/b^2+（z−z0）^2/c^2−1　（6-29）

为了验证输入的公式是否正确，单击④处的“跑人”按钮试运行，如果未报错，则单击“Finish（完成）”按钮返回“NLFit”对话框。

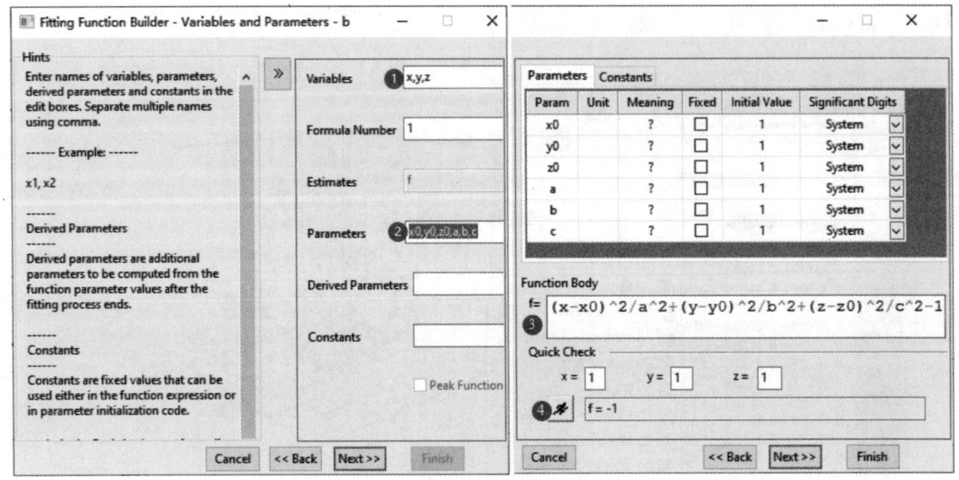

图6-50　隐函数的定义

在正交回归分析中，对于包含两个以上变量的隐函数，数据类型必须设置为输入数据的拟合点。按图6-51所示的步骤，选择①处的“Fitted Curves（拟合曲线）”，单击②处的“Data Type of x（x数据类型）”下拉框，选择③处的“Fitted Point for Input Data（输入数据的拟合点）”。单击④处的“Fit until converged（拟合至收敛）”，可得R^2=0.9999，拟合效果很好。

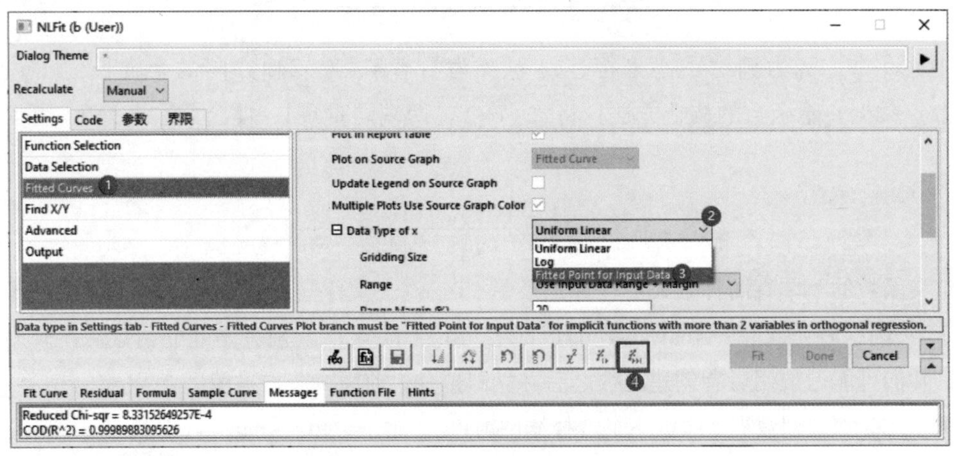

图6-51　选择“输入数据的拟合点”

原工作簿中新增的拟合结果报表“FitODR1”（见图6-52），记录了拟合的6个参数值。后续将依据这些参数值创建椭球曲面。

3. 椭球函数绘图

按图6-53所示的步骤，单击①处激活散点图窗口，单击②处的按钮选择“New 3D Parametric Plot（3D参数函数图）”，打开“Create 3D Parametric

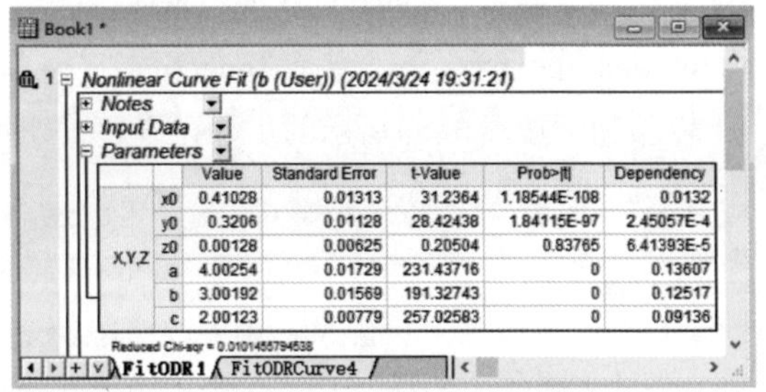
Book1 *
1 Nonlinear Curve Fit (b (User)) (2024/3/24 19:31:21)
Notes
Input Data
Parameters

		Value	Standard Error	t-Value	Prob>|t|	Dependency
X,Y,Z	x0	0.41028	0.01313	31.2364	1.18544E-108	0.0132
	y0	0.3206	0.01128	28.42438	1.84115E-97	2.45057E-4
	z0	0.00128	0.00625	0.20504	0.83765	6.41393E-5
	a	4.00254	0.01729	231.43716	0	0.13607
	b	3.00192	0.01569	191.32743	0	0.12517
	c	2.00123	0.00779	257.02583	0	0.09136

Reduced Chi-sqr = 0.0101455794538
FitODR1 / FitODRCurve4

图6-52　拟合结果报表

Function Plot（新建3D参数函数图）”对话框。注意③处的u和v的范围均为0～2π。在④处的3个输入框中分别输入椭球的参数方程：

$$X(u,v)=x0+a*\sin(u)*\cos(v)$$
$$Y(u,v)=y0+b*\sin(u)*\sin(v)$$
$$Z(u,v)=z0+c*\cos(u) \tag{6-30}$$

右击⑤处的单元格选择“New（新建）”创建参数表，双击单元格分别输入参数名称和参数值。单击⑥处的下拉框选择“Add to Active Graph（加入当前图）”，单击“OK（确定）”按钮，即可得到⑦处所示的椭球散点图。

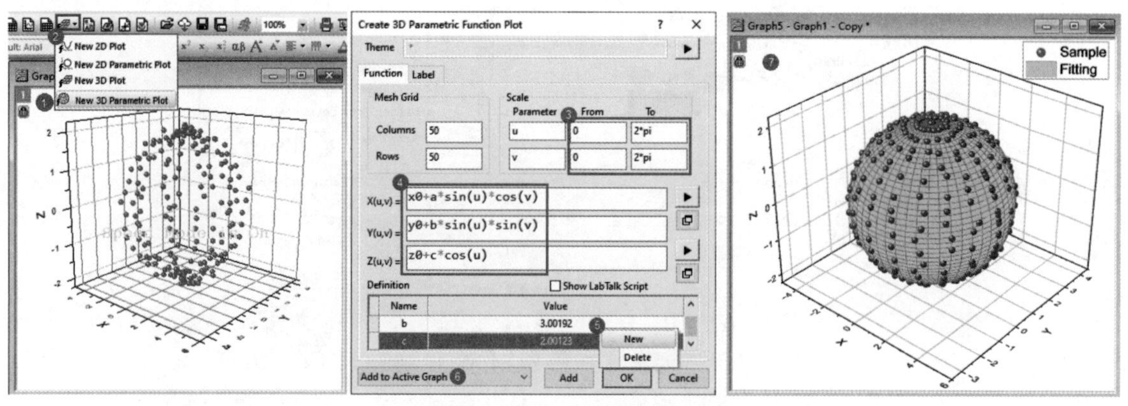

图6-53　新建3D参数函数图

4. 修改球面颜色

按图6-54所示的步骤，双击①处的球面打开“Plot Details-Plot Properties（绘图细节-绘图属性）”对话框，进入②处的“Fill（填充）”选项卡，选择“Enable（启用）”复选框，选择③处的“Contour fill from matrix（来源矩阵的等高线填充数据）”，选择④处的“Self（数据本身）”复选框。单击“OK（确定）”按钮，即可得到⑤处所示的填充效果。

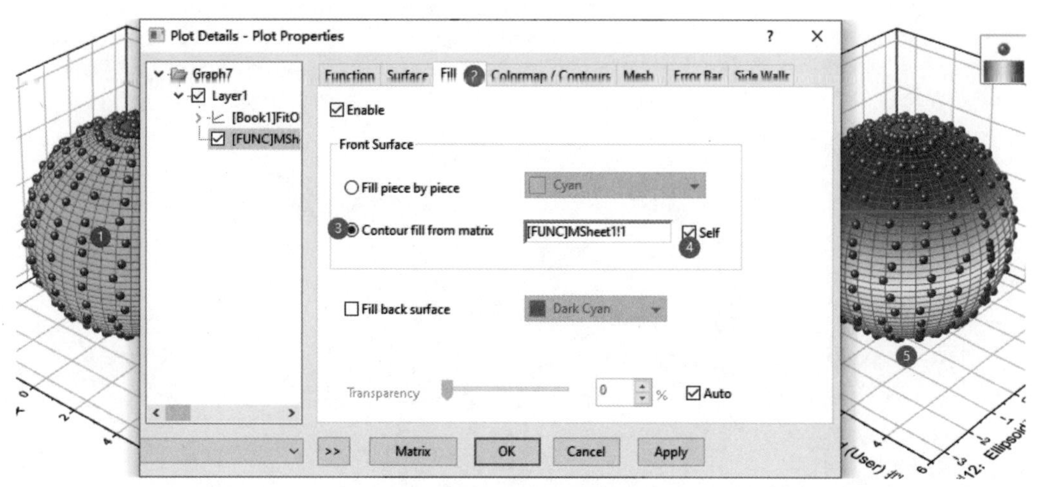

图6-54　球面填充颜色的设置

如果所得球面填充颜色级别较少，颜色过渡不平滑，则可按图6-55所示的步骤进行设置。双击球面打开“Plot Details-Plot Properties（绘图细节-绘图属性）”对话框，进入①处的“Colormap/Contours（颜色映射/等高线）”选项卡，单击②处的“Level（级别）”选项卡，打开“Set Levels（设置级别）”对话框，设置③处的“Major Levels（主级别数）”和“Minor Levels（次级别数）”，单击“OK（确定）”按钮返回上一级对话框。单击④处的“Fill（填充）”选项卡，打开“Fill（填充）”对话框，选择⑤处的“Load Palette（加载调色板）”并选择“RedGreen”调色板，单击“OK（确定）”按钮。经过其他细节修改，最终可得目标图。

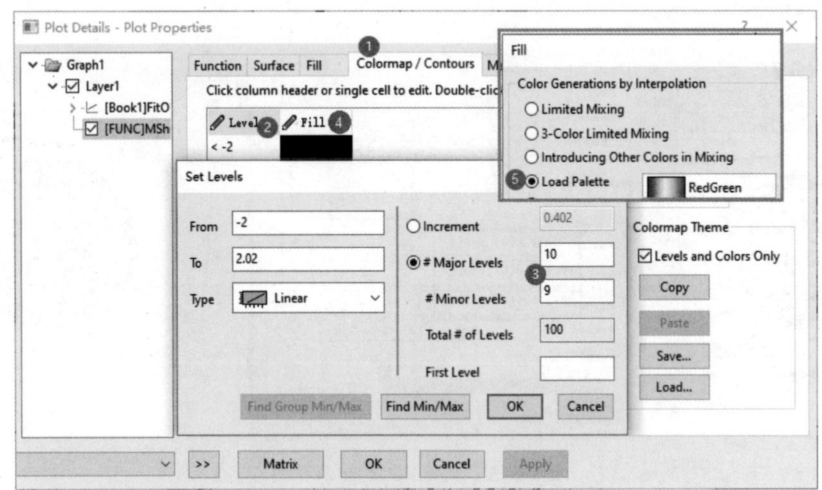

图6-55　球面填充颜色级别的设置

07

第7章

立体几何建模绘图

7.1 3D函数绘图

7.1.1 矩形平面

在几何学中，空间平面通常存在于三维空间中，可以沿着水平、垂直或任意角度无限延伸。

例1：采用3D参数函数绘制1个平面。该平面可以构造各类材料的结构示意图。

按图7-1所示的步骤绘制一个平面。单击①处的“▼”按钮，选择②处的“New 3D Parametric Plot（新建3D参数函数图）”工具，修改③处的u、v范围（X、Y轴方向的宽度、长度）。假设宽度为1，则u的范围为0～1；假设长度为2，则v的范围为0～2。分别设置X(u,v)、Y(u,v)、Z(u,v)的函数为u、v、0（平面通过z=0，即平面与Z轴的截距为0）。单击“OK（确定）”按钮，即可得到一个平面。

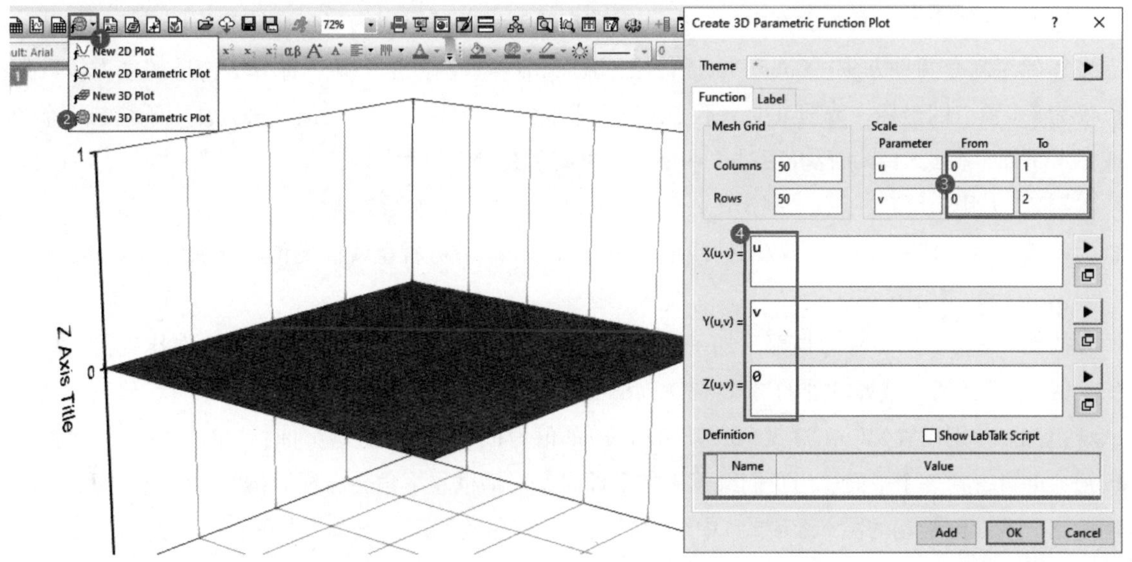

图7-1　平面的绘制

所得绘图的坐标系不能直观显示长宽比，需要拉长Y轴。按图7-2所示的步骤，单击①处的坐标系，选择浮动工具栏②处的“Resize Mode（调整大小模式）”工具，拖动③处的Y轴句柄，使平面变为长方形。双击④处的平面打开“Plot Details-Plot Properties（绘图细节-绘图属性）”对话框，单击⑤处的下拉框，选择⑥处的“3D-Matrix Scatter（3D矩阵散点图）”，单击“OK（确定）”按钮。

所得散点图缺乏立体感，双击⑦处的散点打开“Plot Details-Plot Properties（绘图细节-绘图属性）”对话框，选择⑧处的“Original（原始数据）”，进入⑨处的“Symbol（符号）”选项卡，修改⑩处的“Shape（形状）”为“Sphere（球形）”，单击“OK（确定）”按钮。

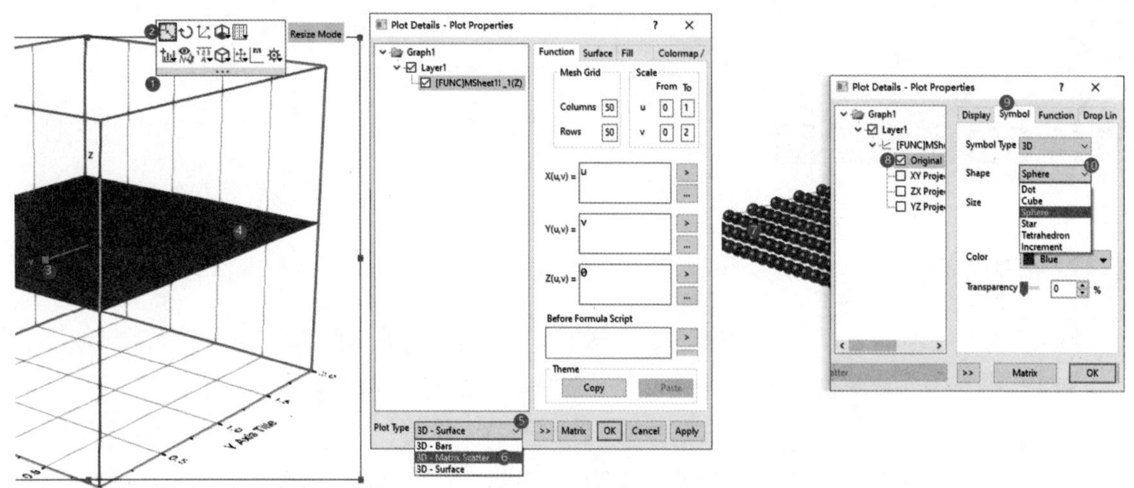

图7-2　拖动Y轴及修改类型为散点图

7.1.2 立方体

立方体有6个面，每个面都由一个矩阵表数据绘制，并且可以为每个面绘制不同的Contour图。立方体的绘制有两种方法：Cube Plot插件绘制法、3D参数函数法。第一种方法构造的立方体数据点仅为8个顶点的坐标，数据量少，不能在每个平面上绘制Contour图。该方法通常用于绘制示意图或参考平面，在5.5.1小节已介绍过，本小节不再演示其绘制过程。

例2：采用3D参数函数绘制6个平面，在每个平面的3个参数方程中，将其中一个参数方程设置为常数，表示某平面与某个数轴的截距，而另外两个参数方程呈线性变化，分别用两个参数（u、v）计算，u和v为定义域。

按图7-3所示的步骤为顶部添加一个平面，u和v的定义域范围可从坐标系中对比查得。单击①处的“▼”按钮，选择②处的“New 3D Parametric Plot（新建3D参数函数图）”工具，修改③处的u、v范围。分别设置X（u,v）、Y（u,v）、Z（u,v）的值为u、v、1。首次添加时，单击“Add（添加）”按钮，即可得到一个平面。当我们继续添加平面时，对话框左下角会出现下拉框，可以选择是否新建绘图，或在已绘制的图（激活的）中继续添加图。这里我们需要继续添加平面，因此选择④处的“Add to Active Graph（加入当前图）”，单击⑤处的“Add（添加）”按钮。当添加结束后，单击“OK（确定）”按钮，即可新建一张矩阵表并绘制出一个平面。在矩阵表窗口标题栏⑥处右击，选择⑦处的“Show Image Thumbnails（显示缩略图）”。右击⑧处的矩阵对象，选择“Add（添加）”按钮，即可得到⑨处所示的空白矩阵表。单击⑨处的矩阵表，将Contour数据复制并粘贴到⑨处所示的矩阵表中。

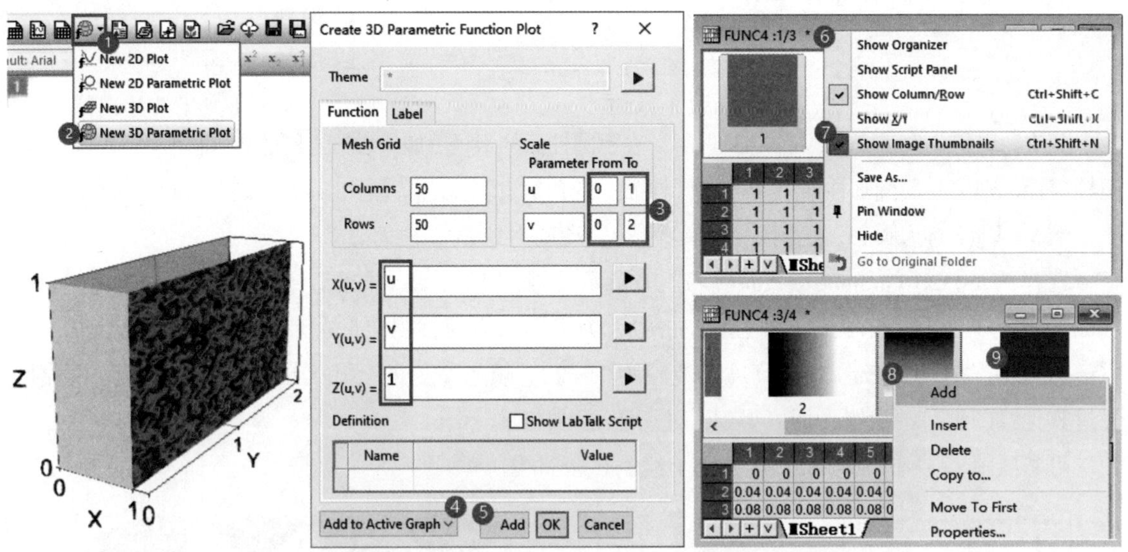

图7-3　利用3D参数函数添加平面

按图7-4所示的步骤，为顶部平面绘制Contour图。双击①处的顶部平面打开“Plot Details-Plot Properties（绘图细节-绘图属性）”对话框，进入②处的“Mesh（网格）”选项卡，选择“Enable（启用）”复选框。进入③处的“Fill（填充）”选项卡，选择④处的“Contour fill from matrix（来源矩阵的等高线填充数据）”，单击⑤处的下拉框选择矩阵4。改变填充数据的来源后，需要修改映射级别范围，进入⑥处的“Colormap/Contours（颜色映射/等高线图）”选项卡，单击⑦处的“Level（级别）”选项卡，打开“Set Levels（设置级别）”对话框，单击⑧处的“Find Min/Max（查找最小值/最大值）”，单击“OK（确定）”按钮。

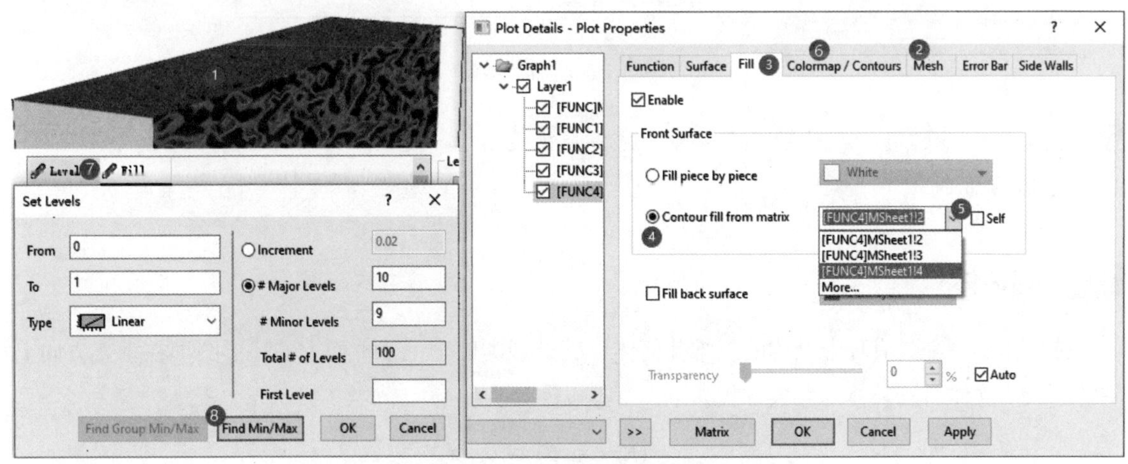

图7-4　为顶部平面绘制Contour图

7.1.3 圆柱面

圆柱面是一个三维图形，由一个圆在平行于其轴的平面上移动而形成。圆柱面的参数方程可以用来描述圆柱面上任意一点的坐标。圆柱面的参数方程如下：

$$\begin{cases} x = r\cos\theta + x_0 \\ y = r\sin\theta + y_0 \\ z = t \end{cases} \tag{7-1}$$

其中，x_0和y_0为圆柱面底部圆心坐标，r表示圆柱面的半径（如果设置不同的r，即不同的长轴半径、短轴半径，则可绘制椭圆柱面），θ表示圆柱面上的角度（取值范围为$[0, 2\pi]$），t表示圆柱面的高度。

例3：以(1,1)为圆心，绘制一个半径为10、高度为20的圆柱面。

选择“New 3D Parametric Plot（新建3D参数函数图）”工具，按图7-5所示的步骤绘制一个圆柱面。设置①处的u和t的范围（在Origin中，为了输入方便，用字母u代表θ），u的范围为0～2π（Origin中用“pi”代表π），t为高度，范围为0～20。填入②处的公式，单击“OK（确定）”按钮，经过其他绘图细节的设置，即可得到③处所示的圆柱面。

可参照图7-3所示的步骤，在柱面上绘制Contour图。

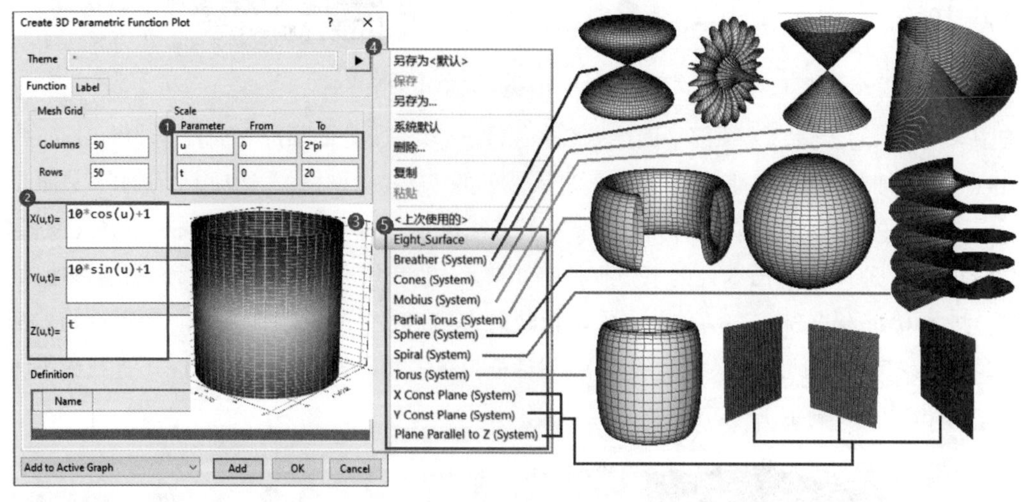

图7-5 圆柱面的绘制

注意 ▲ 单击图7-5中④处的“▸”按钮，选择弹出菜单中⑤处的三维函数，即可绘制更多立体模型，非常方便。

7.1.4 圆环体

圆环体是一个具有环形结构的三维几何体，其外观类似于一个平面上的环形图形在垂直方向上旋转形成的立体。圆环体的参数方程如下：

$$\begin{cases} x = (R + r\cos\theta)\cos\beta + x_0 \\ y = (R + r\cos\theta)\sin\beta + y_0 \\ z = r\sin\theta + z_0 \end{cases} \tag{7-2}$$

其中，R、r分别为大环和截面圆的半径，x_0、y_0、z_0分别是环心的坐标，θ与β为角度，范围均为$0\sim2\pi$。

例4： 以$R=1$、$r=0.5$为例，绘制一个圆环体。选择“New 3D Parametric Plot（新建3D参数函数图）”工具，按图7-6所示的步骤绘制一个圆柱面。修改①处的两个角度的范围（u和v分别代表θ和β），在②处分别填入参数函数的表达式。单击“OK（确定）”按钮，其他绘图细节设置略，即可得到③处所示的圆环体。如果其他设置相同，仅修改④处的Z(u,v)＝0（常数），即可得到⑤处所示的环平面。

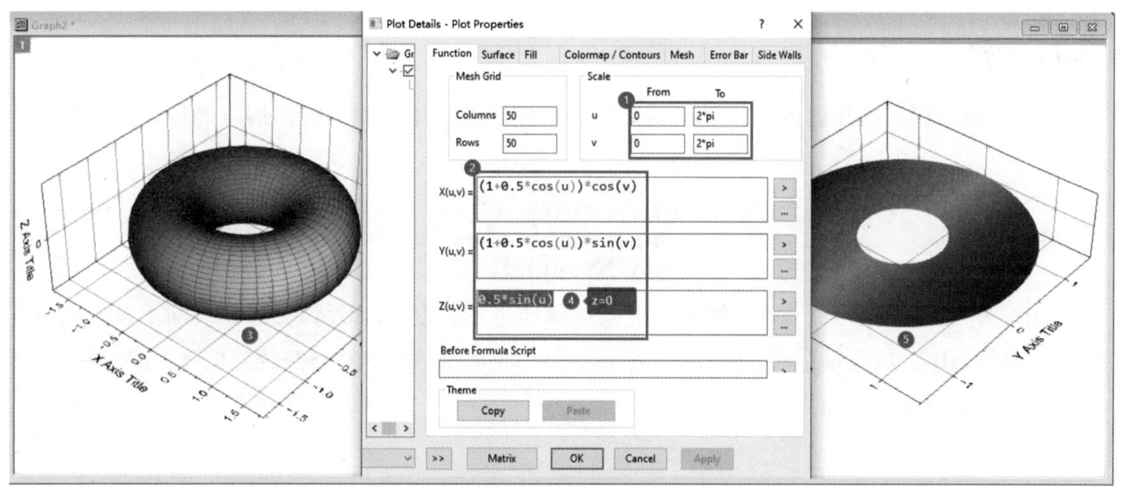

图7-6　圆环体的绘制

通过调整u、v的角度范围和三轴半径，可得到碟形、椭圆管、螺旋体等几何模型。双击圆环体打开“Plot Details-Plot Properties（绘图细节-绘图属性）”对话框（见图7-7），可以设置不同的参数。

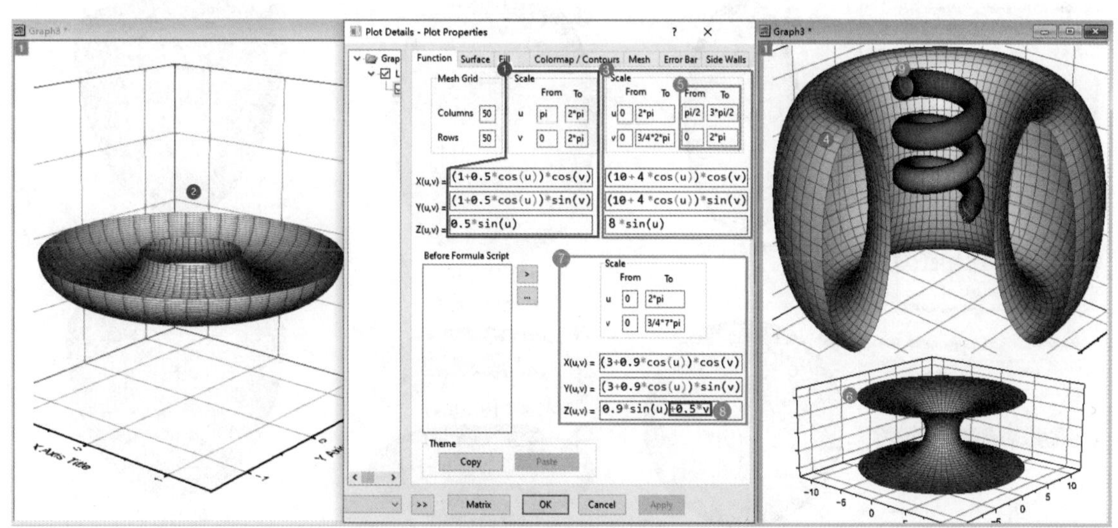

图7-7　调整参数绘制不同的几何模型

如果修改①处u的范围为π～2π，即可得到②处所示的效果；如果修改③处v的范围为0～3/4×2π，设置外圆半径为10，X、Y、Z轴方向的半径为4、4、8，即可得到④处所示的椭圆管；如果调整⑤处u的范围为π/2～3π/2，v的范围为0～2π，即可得到⑥处所示的类似于黑洞引力场的模型；如果修改⑦处v的范围为0～3/4×7π（旋转2.625周），Z(u,v)参数方程中加一项0.5v（如⑧处所示，即在Z轴方向上的线性函数，用于轴向攀升），即可得到⑨处所示的螺旋管。参考图7-4中的步骤设置模型的颜色填充，选择“Contour fill from matrix（来源矩阵的等高线填充数据）”单选框，选择“Self（自身）”复选框，即可得到⑦处所示的填充效果。

7.1.5 椭球体

椭球体是一种三维几何体，其形状类似于一个椭圆在三维空间中的扩展。椭球体的参数方程如下：

$$\begin{cases} x(u,v)=a\sin(u)\cos(v)+x_0 \\ y(u,v)=b\sin(u)\sin(v)+y_0 \\ z(u,v)=c\cos(u)+z_0 \end{cases} \tag{7-3}$$

其中，a、b、c分别为x、y、z轴方向上的椭球体半轴长度，u和v为椭球体表面上某点的位置（角度，取值为0～2π），x_0、y_0、z_0为球心坐标。球体是椭球体中一种特殊的几何体，$a=b=c$。

例5：绘制球体与平面。

（1）椭球

以$a=b=1$、$c=2$，绘制一个椭球。选择“New 3D Parametric Plot（新建3D参数函数图）”工具，按图7-8所示的步骤绘制一个椭球。设置①处的u、v的范围为0～2π，在②处填入参数方程，在下方参数列表中右击选择“Add（添加）”参数，双击单元格输入参数值。单击“OK（确定）”按钮，即可得到③处所示的椭球。

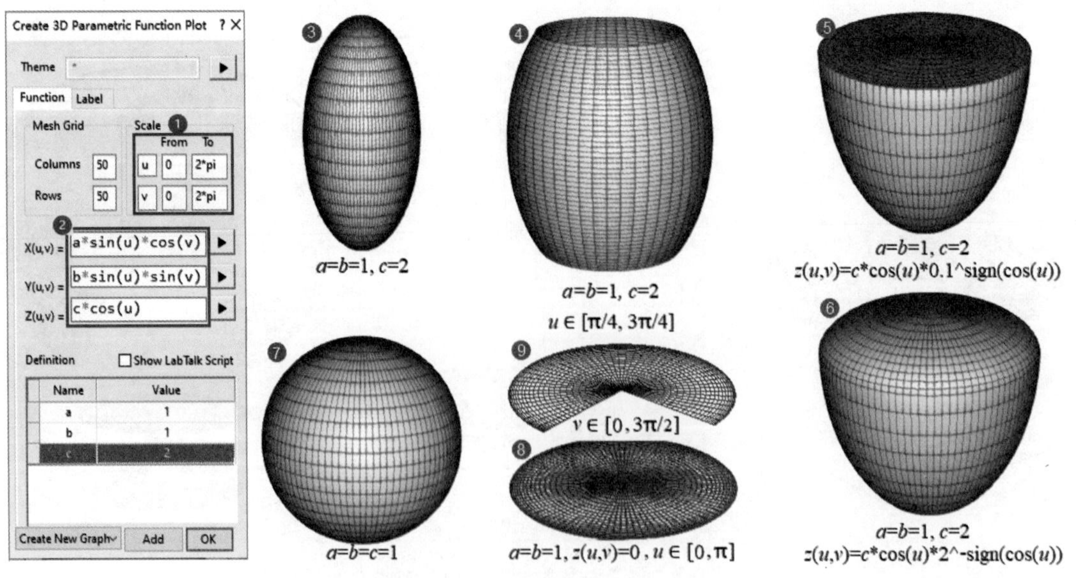

图7-8　椭球及其衍生几何体

（2）开口椭球面

椭球的经线、纬线方向的完整度由u和v的取值范围决定。如果我们想绘制一个上下开口的椭球面，只需修改①处的u的范围为[π/4, 3π/4]，即可得到④处所示的上下开口的椭球面。

（3）陀螺体

椭球的$z(u,v)$参数方程中cos（u）的结果在-1～1。如果我们想将椭球Z轴方向上的数值“压平”，构造一个陀螺体，则只需要在原$z(u,v)$参数方程右端乘以一个含符号函数的指数表达式，即：

$$z(u,v)=c\cos(u)\times 0.1^{\text{sign}(\cos(u))}$$

其中，sign（ ）为符号函数，其值随括号中的cos（u）的结果而变化。当cos（u）>0时，符号函数的值为1；当cos（u）=0时，符号函数的值为0；当cos（u）<0时，符号函数的值为-1。在原参数方程中乘以0.1的-1次方（10）、0.1的0次方（1）或0.1的1次方（0.1），会将负值乘以10，而将正值乘0.1，这就会将椭球中Z轴正向压缩而负向拉伸，即可得到⑤处所示的陀螺体。

（4）神舟飞船

按前面陀螺体的构造原理，将原$z(u,v)$参数方程右端乘以一个含符号函数的指数表达式。即：

$$z(u,v)=c\cos(u)\times 2^{-\text{sign}(\cos(u))}$$

即可得到⑥处所示的神舟飞船。

（5）球体

在椭球体的参数方程中，a、b、c为三个半轴半径，各不相等。球体是椭球体中的一个特殊几何体，设置$a=b=c$，即可得到⑦处所示的球体。

（6）圆平面

圆平面的参数方程与球体的一致，如果修改u的范围为[0,π]、设置$z(u,v)$参数方程为常数（如0或其他值），即可得到⑧处所示的圆平面。如果进一步修改v的范围为[0,3π/2]，圆平面可变为如⑨处所示的扇形平面。

7.1.6 圆锥面

圆锥面的参数方程如下：

$$\begin{cases} x(u,v)=a\sin(u)\sin(v)+x_0 \\ y(u,v)=b\sin(u)\cos(v)+y_0 \\ z(u,v)=c\sin(\mathrm{u})+z_0 \end{cases} \qquad (7\text{-}4)$$

其中，a、b、c分别为X、Y、Z轴方向上的高度，u和v为角度（取值为0～2π），x_0、y_0、z_0为锥体顶点的坐标。

例6：锥面的绘制。

选择上方工具栏的“New 3D Parametric Plot（新建3D参数函数图）”工具，按图7-9所示的步骤绘制一个锥面。修改①处的u、v角度为0～2π，在②处填入三个参数方程，单击“OK（确定）”按钮，即可得到③处所示的双锥面。如果修改①处的u为④处所示的0～π，即可得到⑤处所示的单锥面。同理，如果修改u的范围为π～2π，即可得到开口向上的单锥面。

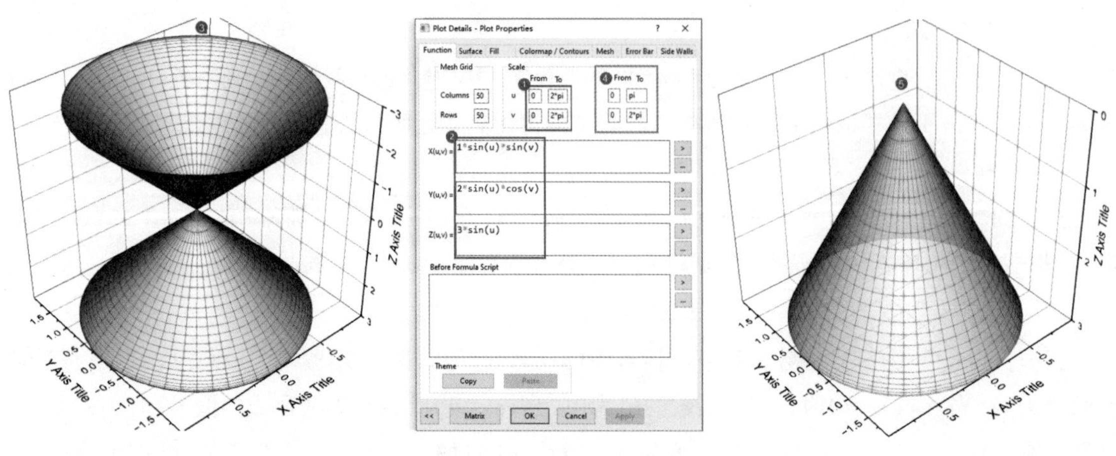

图 7-9　圆锥面的绘制

7.2 Origin编程

Origin软件提供了强大的编程功能，允许进行个性化绘图、扩充计算或拟合功能。Origin软件提供了多种编程环境，如LabTalk脚本、Origin C、X-Function、Python、MATLAB、R语言等。本节主要介绍LabTalk脚本编程的基本语法及数据处理过程。LabTalk脚本编程的基本语法及使用说明，可参阅OriginLab官网的相关文档。

LabTalk编程常用的语法如下。

（1）变量声明

```
int：声明一个整数变量。
double：声明一个双精度浮点数变量，即小数。
string：声明一个字符串变量。
bool：声明一个布尔变量，即 True 或 False。
```

（2）常量声明

```
const：声明一个常量。
```

（3）数组声明

```
[]：声明一个数组或“Range”。
```

（4）变量赋值

```
=：赋值运算符。
```

（5）数据类型转换

```
num2str()：将数字转换为字符串，“2”表示“to”的意思。
```

```
str2num()：将字符串转换为数字。
```

（6）数组元素访问

```
array[index]：访问数组元素。
```

（7）字符串操作

```
+：字符串连接运算符。
len()：获取字符串长度。
substr()：获取字符串子串。
```

（8）数学运算

```
+、-、/、%*：算术运算符。
sqrt()：平方根函数。
pow()：幂函数。
```

（9）条件语句

```
if：条件语句。
else：else 子句。
elseif：elseif 子句。
```

（10）循环语句

```
for：for 循环。
while：while 循环。
do while：do while 循环。
```

（11）函数调用

```
function_name(arguments)：调用函数。
```

（12）事件处理

```
on：事件处理程序。
event_name：事件名称。
```

（13）其他常用语法

```
;：语句分隔符，用于每行代码的末尾。
{}：代码块。
()：函数参数。
//：单行注释。
/ … /：多行注释。
```

示例代码如下。

```
// 声明变量
int x = 10;
double y = 3.14;
string name = "John Doe";

// 数组声明
int[] arrN = [1, 2, 3, 4, 5];

// 条件语句
if (x > 5) {
    // 执行代码块
} else {
    // 执行其他代码块
}

// 循环语句
for (int ii = 0; ii< arrN.length; ii++) {
    // 执行代码块
}

// 函数调用
double result = sqrt(y);
```

注意 ⚠ Origin中保留的*i*、*j*、*m*、*n*等变量，在编程时需要用*ii*、*jj*、*mm*、*nn*等变量。

7.2.1 划痕平移面

在某些研究领域，在仅获得一条轮廓曲线数据的情况下，需要将其平移构造一个磨痕表面、划痕曲面，以研究不同条件下几何体表面积的变化情况，或可视化显示几何体表面的某种性能的分布情况。

例7：新建一张XY型工作表，A列、B列填入划痕横截面轮廓线的曲线数据，利用LabTalk编程实现一键创建XYY型数据表，最终绘制出划痕表面的3D曲面图（见图7-10），并计算划痕表面积。

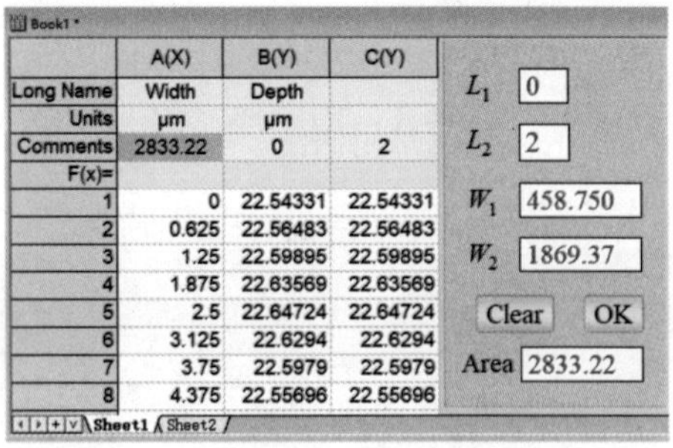

（1）划痕表面积的计算原理

对于纳米尺寸的平移划痕面积，可通过扫描电子显微镜等仪器测试得到。对于划痕尺度较大的划痕表面积计算则比较困难。解决方法：首先计算出划痕曲线的长度*W*，再测量划痕行程长度*L*，最后计算*S*=*WL*可得划痕表面积。另外，若需要计算划痕下方的体

Book1 *

	A(X)	B(Y)	C(Y)
Long Name	Width	Depth	
Units	μm	μm	
Comments	2833.22	0	2
F(x)=			
1	0	22.54331	22.54331
2	0.625	22.56483	22.56483
3	1.25	22.59895	22.59895
4	1.875	22.63569	22.63569
5	2.5	22.64724	22.64724
6	3.125	22.6294	22.6294
7	3.75	22.5979	22.5979
8	4.375	22.55696	22.55696

Sheet1 Sheet2

L_1 0
L_2 2
W_1 458.750
W_2 1869.37
Clear OK
Area 2833.22

图7-10 划痕表面积的计算与绘图

积V，可以先对曲线积分求曲线下方的面积S，再根据$V=SL$计算划痕体积。划痕体积的计算相对简单，本小节主要演示划痕表面积的计算。

假设2D坐标系中有一条由n个点组成的曲线（见图7-11），该曲线由$n-1$条线段连接而成，则该曲线的长度W为$n-1$条线段的长度之和。W的计算公式如下：

$$W=\sum_{i=1}^{n-1}\sqrt{(x_i-x_{i+1})^2+(y_i-y_{i+1})^2} \tag{7-5}$$

（2）界面设计

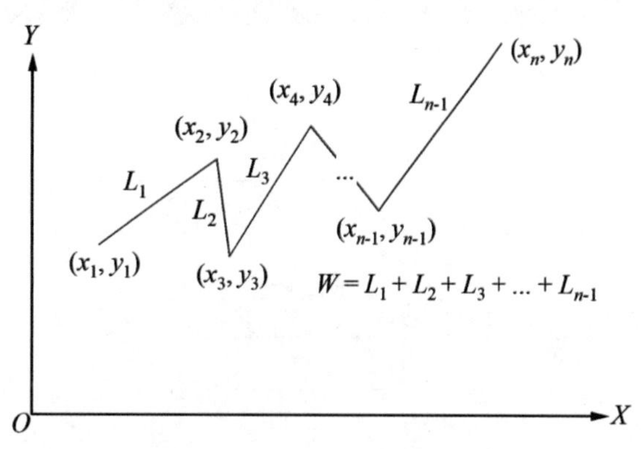

图7-11　曲线长度计算示意图

在工作表上绘制一个界面，方便修改参数，单击按钮进行相关计算。按图7-12所示的步骤选择左边栏①处的矩形工具，在工作表Book1上绘制一个长方形面板（如②处所示）。选择③处的文本工具，在面板上添加所有文本（如④处所示），调整对齐后，进行后续的“固定”设置。分别对每个对象的属性进行样式和“固定”设置。例如，单击长方形面板，右击选择“Properties（属性）”打开“Object Properties-Rect（对象属性-矩形）”对话框，进入⑤处的“Programming（程序控制）”选项卡，设置⑥处的“Name（名称）”为“Rect（矩形）”。为每个对象命名一个容易记住的名称，后续编程需要调用这些对象。单击⑦处的下拉框将“Attach to（依附于）”改为“Page（页面）”，即设置这些对象固定在页面的某个位置，使其位置在滚动鼠标时不会随着表格的滚动而变化。如果需要将对象设置为按钮，则需要设置⑧处的“Script Run After（在此后运行命令）”为⑨处的“Button Up（点击按钮）”。文本对象容易被拖动，可以将其拖动禁用，进入⑩处的“Dimensions（维度）”选项卡，选择“Disable（禁用）”中的“Horizontal Movement（水平移动）”和“Vertical Movement（垂直移动）”复选框。

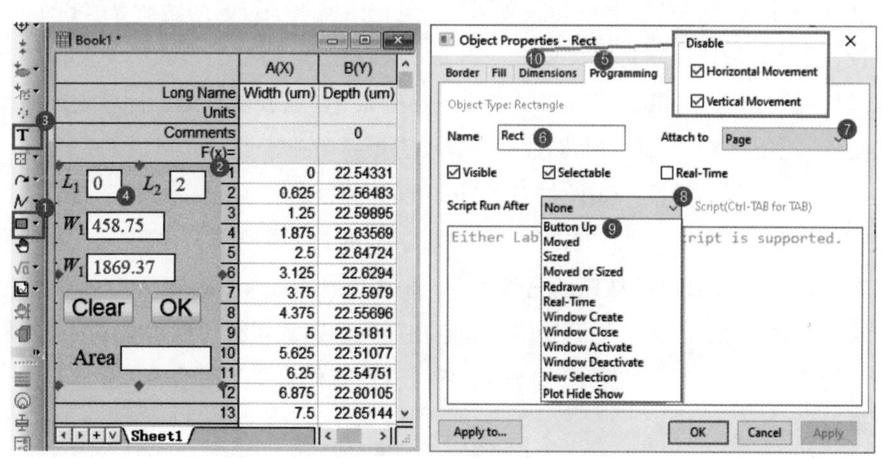

图7-12　界面设计

将文本设置为输入框，需在文本对象上右击选择“Properties（属性）”打开对话框，进入“Frame（边框）”选项卡，将“Frame（边框）”设置为“Shadow（阴影）”，将“Fill（填充）”设置为白色，将“Border（边界）”设置为黑色。进入“Text（文本）”选项卡，将“Color（颜色）”设置为蓝色。

界面中交互对象（输入、输出文本框及交互按钮）的名称及描述如表7-1所示。

表7-1 界面中交互对象的名称及描述

对象名称	描述
txtL1	输入框，划痕起点y值
txtL2	输入框，划痕终点y值
txtW1	输入框，刀口左边缘x值
txtW2	输入框，刀口右边缘x值
txtArea1	输出框，显示划痕面积计算值
btnClear	按钮，用于清除数据开始新的计算
btnOK	按钮，用于执行程序功能
GPage	在工作表中的图名称
FigR	绘图的短名称

在工作表中粘贴一张可以跟随表格数据动态变化的绘图。首先选择XYY型工作表（A、B、C三列）绘制一张3D曲面图，调整好绘图细节，设计一张精美的绘图。然后在该绘图窗口的标题栏上右击选择“Copy Page（复制页面）”（或按“Ctrl+J”快捷键），在表格灰色区域空白处右击选择“Paste Link（粘贴为链接）”。这一步很重要，否则粘贴的是图片。

（3）程序设计

在LabTalk程序中，每行代码末尾以英文分号“;”结尾；以“//”开头的文本为注释文本，用于增加代码的可读性。获取变量值的代码格式为“%(name$)”。LabTalk代码遇到Bug时不会有任何弹窗或提示，如果单击按钮运行程序后，没有任何变化并且没有实现预期功能，则说明程序存在Bug。注意代码中的括号、双引号等均为英文字符，避免因输入字符的问题而导致Bug。

本例中设计了2个按钮：“Clear”“OK”。“Clear”按钮可以清空工作表中的数据，方便用户输入新的数据进行后续计算；“OK”按钮用于执行主要功能（读取表中数据、计算划痕曲线宽度、计算划痕的表面积、创建XYY型3D曲面图数据表、动态更新插图等）。

对“Clear”按钮编程，按下“Ctrl”键或“Alt”键的同时双击“Clear”按钮，打开“Text Object-btnClear（文本对象-btnClear）”对话框，进入“Programming（程序控制）”选项卡，在代码输入框中编写程序。表7-2列出了“Clear”按钮的完整代码。采用代码“mark -dc col(A);”可以清空A列数据，但会破坏与绘图关联的虚拟矩阵，导致绘图变为空白而无法加载新的计算数据，因此本例不采用该代码，将其改为注释而不执行（如第1～3行）。第4～12行代码用于激活表、获取最大行数、循环遍历表格并设为空值。

表7-2 清空A、B、C列数据的代码解析

行号	代码	注释
1	//mark -dc col(A);	//清空A、B、C列数据
2	//mark -dc col(B);	
3	//mark -dc col(C);	
4	win -a Book1;	//激活Book1窗口
5	wks.active = 1;	//激活表1，即Sheet1
6	nrows = wks.maxRows;	//或用wks.nrows，获取最大行数
7	For (ii=1; ii<nrows; ii++)	//循环遍历表格
8	{	
9	col(A)[ii]="";	//col（A）[ii]单元格改为空
10	col(B)[ii]="";	
11	col(C)[ii]="";	
12	}	

对“OK”按钮编程，按下“Ctrl”键或“Alt”键的同时双击“OK（确定）”按钮，打开“Text Object-btnOK（文本对象-btnOK）”对话框，进入“Programming（程序控制）”选项卡，在代码输入框中编写程序。表7-3列出了“OK”按钮的完整代码，可根据表中注释理解每行代码。

表7-3 划痕表面积的计算及XYY型数据的代码解析

行号	代码	注释
1	L1 = %(txtL1.TEXT$);	//获取文本框输入值
2	L2 = %(txtL2.TEXT$);	
3	W1 = %(txtW1.TEXT$);	
4	W2 = %(txtW2.TEXT$);	
5	win -a Book1;	//激活Book1窗口
6	wks.active = 1;	//激活表1，即Sheet1
7	Range rX = [Book1]Sheet1!col(A);	//获取A列、B列、C列
8	Range rY = [Book1]Sheet1!col(B);	
9	Range r3 = [Book1]Sheet1!col(C);	
10	rY[C]$ = $(L1);	//设置C列注释为L1、L2的值
11	r3[C]$ = $(L2);	
12	col(C) = col(B);	//复制B列到C列，即构造XYY型工作表
13	nrows = wks.maxRows;	//或wks.nrows，获取最大行数
14	int N1 = 0;	//存储x>W1的行号
15	int N2 = 0;	//存储x<W2的行号

续表

行号	代码	注释
16	For (ii=1; ii<nrows; ii++)	//循环遍历表格
17	{	
18	If (col(A)[ii] >= W1 && col(A)[ii-1] < W1)	//寻找W1的行号
	{N1 = ii;}	//记录行号
19	If (col(A)[ii] >= W2 && col(A)[ii-1] < W2)	//寻找W2的行号
20	{N2 = ii;}	//记录行号
21	}	
22	double W = 0;	//定义线段宽度W
23	For (ii=$(N1); ii<$(N2); ii++)	//遍历N1～N2行
24	{	
25	W += sqrt((col(A)[ii] - col(A)[ii+1])^2 + (col(B)[ii] - col(B)[ii+1])^2);	//累加线段长度
26	}	//sqrt()开方，^乘方
27	double S = $(round(W * (L2 - L1),2));	//划痕宽度W乘以行程长度ΔL。求面积S，round(*x*,*n*)是对*x*保留*n*位小数
28	rX[C]$ = $(S);	//将S填入X列的注释行
29	txtArea1.TEXT$=%(1X,@LC);	//将注释行填入txtArea1
30	GPage.width=880;	//设置表中插图的宽、高
31	GPage.height=800;	
32	GPage.left=Rect.left + Rect.width+5;	//设置插图左边紧贴面板Rect的右侧，顶端对齐
33	GPage.top=Rect.top;	
34	win -o FigR {	//更新FigR绘图窗口中，Text1中的内容。注意：字符串拼接不需要双引号
35	Text1.text$ =\b(Area=)\i(\b(\c2(W)×\c4(L)=))\b($(S)%(rY[U]$))\+(\b(2));	
36	}	
37	layer -ae ma ask;	//自动调整绘图的刻度范围

在编程过程中会遇到各种Bug，多数Bug是由变量的数据类型不匹配导致的，因此经常需要查看各变量的属性，如“Name（名称）”“Value（值）”“Data Type（数据类型）”等。按图7-13所示的步骤打开“LabTalk Variables and Functions（LabTalk 变量与函数）”对话框。单击上方工具栏①处的“Command Window（命令窗口）”，在②处输入命令“ed”并按回车键，即可打开③处所示的

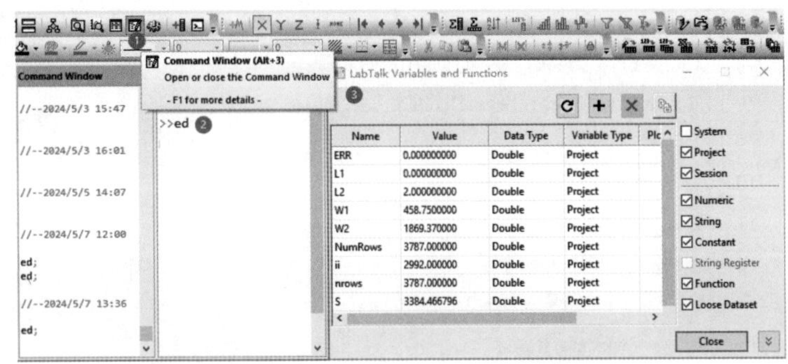

图7-13　利用ed命令打开LabTalk变量与函数对话框

对话框，以查看变量与函数列表。

关于绘图图层的操控命令清单、解析与说明，可参阅OrginLab官网的相关文档。

7.2.2 钻头旋转体

由一条轮廓曲线绕X轴上某点$(x,0)$为中心旋转一周，可构造一个轮廓曲面。如图7-14所示，假设原二维坐标系中任意一点$A(x,y)$，绕O点旋转角度u得到B点，则A点的y坐标变为z坐标，A点在3D坐标系的XZ轴平面，A点的坐标为$(x,0,y)$。B点的z坐标与A点保持一致，即B点的坐标为(x',y',y)，$Z(u)$与u无关，即$Z(u)=y$。B点在3D坐标系XY平面的投影B'的坐标为$(x',y',0)$，$OB'=x$，$\angle B'OX=u$，则x'、y'为角度u的函数，即$x'=x\cos(u)$、$y'=x\sin(u)$，可推导出中心旋转体的参数方程如下：

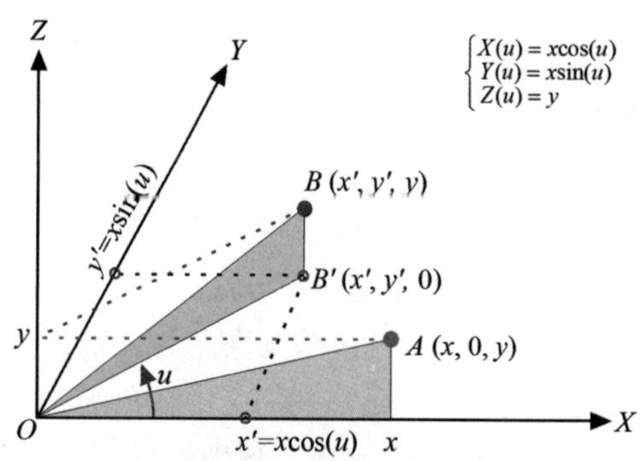

图7-14 由2D到3D坐标系的转换示意图

$$\begin{cases} X(u)=x\cos(u) \\ Y(u)=x\sin(u) \\ Z(u)=y \end{cases} \tag{7-6}$$

其中，u为角度，单位为弧度，一般取0～2π，当然也根据实际情况取0到任意弧度。

例8：参考7.1.3小节圆柱面的建模方法构造3/4圆周的柱面、7.1.1小节平面的建模方法构造左、右剖面，采用LabTalk编程从一条轮廓曲线构造top（顶部端面）旋转平面，最终绘制钻头端面、侧面及内部的温度分布Contour图（见图7-15）。

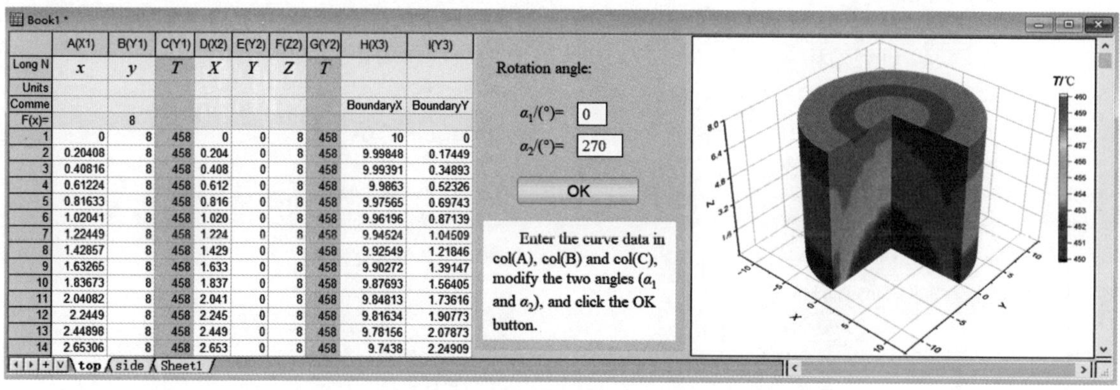

	A(X1)	B(Y1)	C(Y1)	D(X2)	E(Y2)	F(Z2)	G(Y2)	H(X3)	I(Y3)
Long N	x	y	T	X	Y	Z	T		
Units									
Comme								BoundaryX	BoundaryY
F(x)=		8							
1	0	8	458	0	0	8	458	10	0
2	0.20408	8	458	0.204	0	8	458	9.99848	0.17449
3	0.40816	8	458	0.408	0	8	458	9.99391	0.34893
4	0.61224	8	458	0.612	0	8	458	9.9863	0.52326
5	0.81633	8	458	0.816	0	8	458	9.97565	0.69743
6	1.02041	8	458	1.020	0	8	458	9.96196	0.87139
7	1.22449	8	458	1.224	0	8	458	9.94524	1.04509
8	1.42857	8	458	1.429	0	8	458	9.92549	1.21846
9	1.63265	8	458	1.633	0	8	458	9.90272	1.39147
10	1.83673	8	458	1.837	0	8	458	9.87693	1.56405
11	2.04082	8	458	2.041	0	8	458	9.84813	1.73616
12	2.2449	8	458	2.245	0	8	458	9.81634	1.90773
13	2.44898	8	458	2.449	0	8	458	9.78156	2.07873
14	2.65306	8	458	2.653	0	8	458	9.7438	2.24909

图7-15 数据表、操作面板及钻头旋转体Contour图

（1）钻头端面旋转曲面的建模

钻头顶部的端面是由一条半径直线（或径向曲线）旋转而成。下面通过LabTalk编程，将一条径向曲线旋转270°构造出钻头顶部曲面。具体步骤如下。

步骤一 操作面板设计

在工作簿Book1的top工作表中设计一个操作面板（见图7-15）。通过“OK”按钮的LabTalk程序对top表中的A、B两列x、y数据进行三维转换，构造X、Y、Z数据（D、E、F列），将C列的温度复制在G列，自动生成顶部边界数据（H、I列）。D～F列数据（X、Y、Z）是旋转曲面的3D坐标，而G列数据用于绘制旋转曲面表面的Contour图。我们只需要将轮廓剖线（x、y数据）及采点温度（T）数据输入A、B、C列，设置旋转角度范围为α_1～α_2，单击“OK（确定）”按钮，即可自动计算并更新D～I列的数据。

步骤二 程序代码设计

按下“Ctrl”（或“Alt”）键的同时双击“OK”按钮，打开“Text Object-btnOK（文本对象-btnOK）”对话框，进入“Programming（程序控制）”选项卡，将代码填入代码框中。由于计算后表格的最大行数会发生变化，导致程序计算异常，因此在每一次计算新的样品数据之前需要清空D～I列数据（第1～6行）。Origin中三角函数默认采用弧度进行计算，因此需要将角度换算为弧度（如第17、18行，角度×0.01745即换算为弧度）。遍历角度范围的最后一次循环，可能会因为未达到最大值，导致曲面图或Contour图出现末端残缺的现象，因此在遍历弧度范围的循环条件中，将出现nn+1，如第13、23行所示。

2D轮廓曲线转换为3D曲面的代码解析如表7-4所示。

表7-4　2D轮廓曲线转换为3D曲面的代码解析

行号	代码	注释
1	mark -dc col(D);	//清空D～I列数据
2	mark -dc col(E);	
3	mark -dc col(F);	
4	mark -dc col(G);	
5	mark -dc col(H);	
6	mark -dc col(I);	
7	A1 = %(textA1.TEXT$);	//读取面板输入值
8	A2 = %(textA2.TEXT$);	
9	nn = abs(A2-A1);	//计算角度差
10	double Xmax = 0;	//定义轮廓线的最大x
11	int nRows = wks.maxRows;	//或wks.nrows，获取最大行数
12	Xmax = col(A)[nRows];	//读取A列末尾x
		//三维坐标转换
13	For (ii=0; ii<=nn+1; ii++)	//遍历角度范围
14	{	
15	For (jj=1; jj<=nRows; jj++)	//遍历表行
16	{	
17	col(D)[ii*nRows + jj] = col(A)[jj]*cos((A1+ii)*0.01745);	//计算X=$x$cosθ
18	col(E)[ii*nRows + jj] = col(A)[jj]*sin((A1+ii)*0.01745);	//计算Y=$x$sinθ
19	col(F)[ii*nRows + jj] = col(B)[jj];	//计算Z=y
20	col(G)[ii*nRows + jj] = col(C)[jj];	//复制温度T
21	}	
22	}	

续表

代码	注释
For (ii=0; ii<=nn+1; ii++)	//遍历角度范围
{	
col(H)[ii+1] = Xmax * cos((A1+ii)*0.01745);	//计算圆上点的x坐标
col(I)[ii+1] = Xmax * sin((A1+ii)*0.01745);	//计算圆上点的y坐标
}	
col(H)[nn+2]=0;	//边界线回到原点(0,0)
col(I)[nn+2]=0;	

步骤三 曲面的绘制

按图7-16所示的步骤，选择①处的三列X、Y、Z数据，单击下方工具栏的“▼”按钮，选择②处的“3D Colormap Surface（3D颜色映射曲面图）”工具，得到草图。双击③处的曲面打开“Plot Details-Plot Properties（绘图细节-绘图属性）”对话框，进入④处的“Mesh（网格）”选项卡，取消“Enable（启用）”复选框。进入⑤处的“Contouring Info（等高线信息）”选项卡，设置“Custom Boundary（自定义边界）”中X、Y边界来源于H、I列，将顶部曲面“剪裁”为一个270°的扇形曲面。进入⑥处的“Colormap/Contours（颜色映射/等高线图）”选项卡，取消下方的“Enable Contours（启用等高线图）”的复选框，单击⑦处的“Level（级别）”选项卡，打开“Set Levels（设置级别）”对话框，设置⑧处的“From”为450、“To”为460（注意，其他侧面、剖面的级别也需要设置成一致的范围），单击“OK（确定）”按钮返回上一级对话框。进入⑨处的“Fill（填充）”选项卡，选择“Colormap（颜色映射）”并设置矩阵来源于G列的温度数据。单击“Apply（应用）”按钮后，可得一个凸起的钻头曲面，但本例要将该曲面展平，目的是与剖面贴合。进入⑩处的“Surface（曲面）”选项卡，选择“Flat（展平）”和“Shift in Z by percent of scale range（按刻度范围的比例在Z轴移动）”复选框，并设置为100。单击“OK（确定）”按钮。

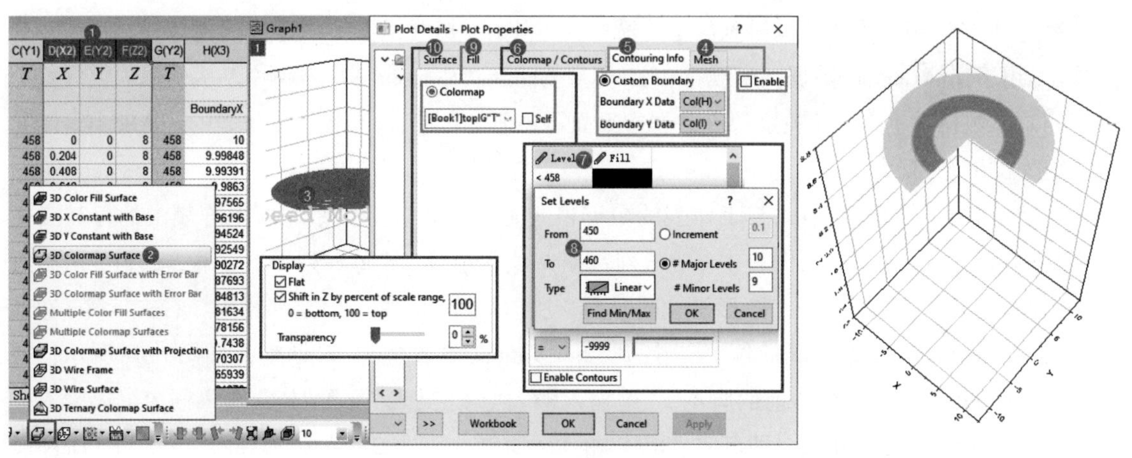

图7-16 绘制曲面

（2）整理侧面温度数据矩阵

钻头侧面的温度数据为两列x、y数据，需要整理成侧面矩阵数据。钻头侧面跟顶部端面的温度分布的对称特征类似，呈环状分布。侧面轮廓数据有50行，可以构造50×50的矩阵。

单击激活端面绘图窗口，选择上方工具栏的“New 3D Parametric Plot（新建3D参数函数图）”工具，按图7-17所示的步骤向绘图中添加一个270°环绕的弧形柱面。设置①处的参数u（角度）、t（柱高）的“To”分别为“3/4*2*pi”、“8”，按②处所示的表达式填入三个参数方程。修改③处为“Add to Active Graph（加入当前图）”，隐藏网格线、等高线，单击“Apply（应用）”按钮，即可得到④处所示的效果，同时会生成一个矩阵簿。在矩阵簿窗口标题栏⑤处右击选择⑥处的“Show Image Thumbnails（显示图形缩略图）”即可打开矩阵对象的缩略图。右击其中一个矩阵对象（如⑦处）选择“Add（添加）”，即可得到⑧处所示的矩阵4。

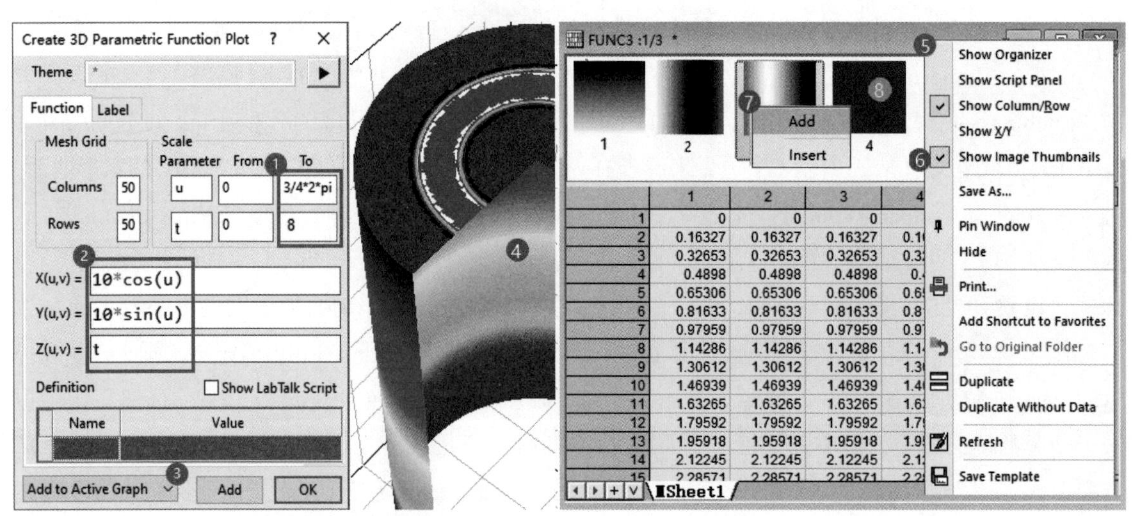

图7-17 添加弧形柱面并添加矩阵对象

通过3D参数函数绘图工具得到的矩阵簿中，矩阵1～矩阵3是3D对象的建模数据。添加一个矩阵4，用于存储Contour数据，后续将在3D模型表面绘制Contour图。本例中钻头侧面的温度数据为两列x、y数据，也是一条轮廓温度数据。下面需要通过LabTalk编程从工作表的side表中复制并填入矩阵4的每一列中。

由于矩阵表中的数据格式与工作表的数据格式是互为转置的关系，即矩阵表中的行与工作表中的列对应，因此应从工作表中复制B列数据并填入矩阵4的每一列中。注意，矩阵4用于绘制侧面的弧形柱面Contour图，图形沿轴向分布，所以矩阵4的每一列数都相同。右击矩阵4选择“Set Matrix Values（设置矩阵的值）”，打开“Set Value（设置值）”对话框，如图7-18所示，在“Before Formula Scripts（公式前的脚本）”中输入8行代码（见表7-5），公式输入框中可以输入公式。单击“OK（确定）”按钮，即可完成矩阵4的数据填充。双击②处的弧形柱面打开“Plot Details-Plot Properties（绘图细节-绘图属性）”对话框，进入③处的“Fill（填充）”选项卡，选择④处的

"Contour fill from matrix（来源矩阵的等高线填充数据）"，选择⑤处的矩阵4。进入⑥处的"Colormap/Contours（颜色映射/等高线图）"，修改其他绘图细节，最终得到②处所示的效果。从工作表读取数据"转置"填入矩阵表的代码解析如表7-5所示。

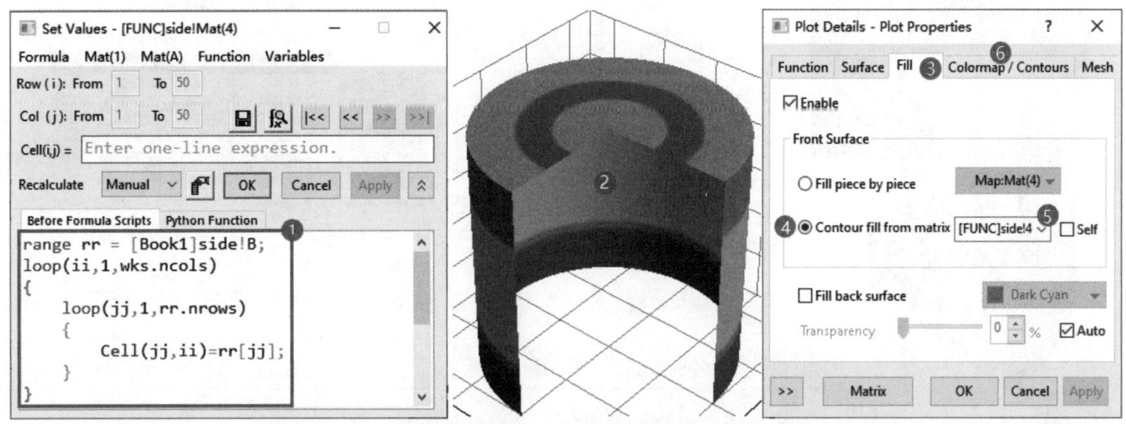

图7-18　从工作表复制数据填入矩阵表并设置颜色映射数据

表7-5　从工作表读取数据"转置"填入矩阵表的代码解析

行号	代码	注释
1	range rr = [Book1]side!B;	//定义数据集rr，并读取Book1的side表中的B列数据
2	loop（ii,1,wks.ncols）	//遍历当前矩阵对象wks（矩阵4）中的第1列到最大列
3	{	
4	loop（jj,1,rr.nrows）	//遍历rr数据集中的第1行到最大行
5	{	
6	Cell（jj,ii）=rr[jj];	//矩阵4的单元格Cell（jj,ii），ii和jj互换可实现转置赋值
7	}	
8	}	

（3）添加剖面

目标图中的剖面由左、右两个平面组成，其Contour图相近且呈镜面对称分布。单击激活绘图窗口，选择上方工具栏的"New 3D Parametric Plot（新建3D参数函数图）"工具，按图7-19所示的步骤创建两个剖面。按①处的设置可得②处的左剖面，按③处的设置可得右剖面。但需要注意设置④处的"Add to Active Graph（加入当前图）"，才能在图中添加不同类型的绘图。剖面创建后，可得到左、右剖面的矩阵簿。按图7-19所示的步骤添加矩阵4，复制工作表中事先整理的XYYY型行列式数据（x和y除外，只复制温度数据），选择⑤处的矩阵4，单击第一个单元格，按"Ctrl+V"快捷键粘贴。注意，在创建平面时，"Mesh（网格）"的行数、列数要与Contour数据中z的行列数一致。双击②处的剖面打开"Plot Details-Plot Properties（绘图细节-绘图属性）"对话框，进入⑥处的"Fill（填充）"选项卡，选择⑦处的"Contour fill from matrix（来源矩阵的等高线填充数据）"，设置⑧处的数据来源于矩阵4。进入⑨处的"Colormap/Contours（颜色映射/等高线图）"选项卡，进入"Level（级别）"页面设置范围为450～460。按相同的方法设置右剖面Contour图，其他步骤略。钻头表面温度分布Contour图如图7-20所示。

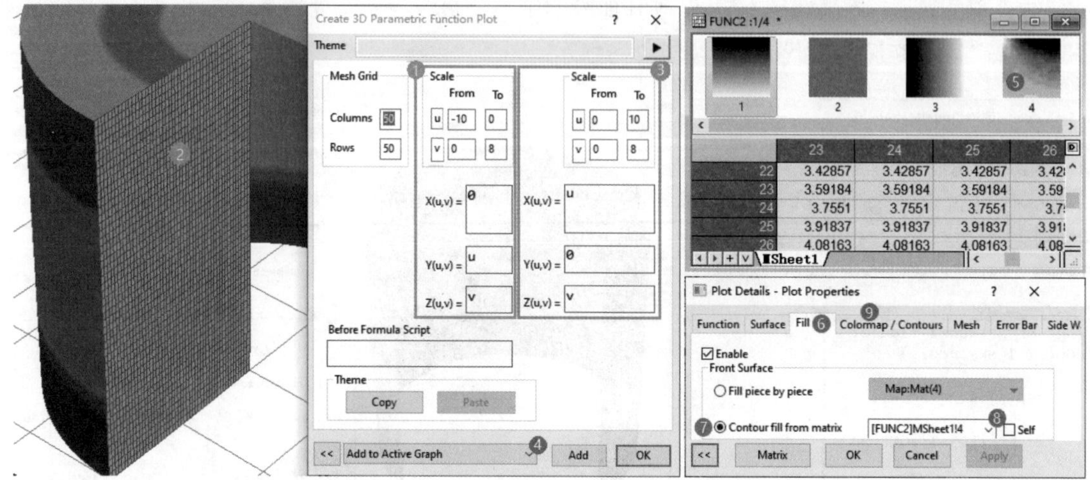

图7-19　向绘图中添加左、右剖面Contour图

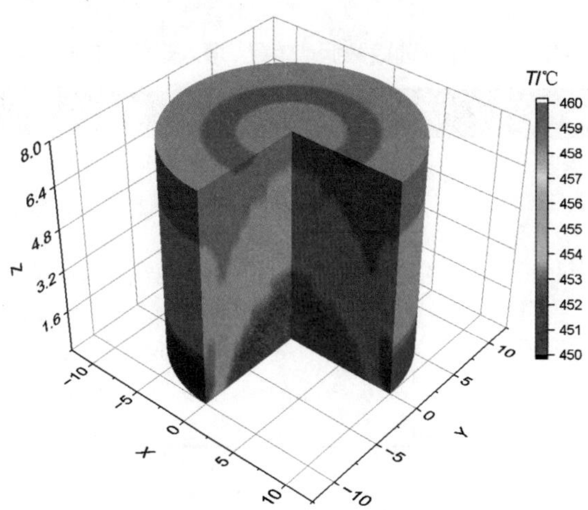

图7-20　钻头表面温度分布Contour图

第8章 ChatGPT等AI辅助科研与绘图

08

目前，国内外优秀的自然语言处理大模型有ChatGPT、Claude、Gemini、智普清言、通义千问、文心一言、讯飞星火认知大模型等。人工智能生成内容（AIGC）技术作为一类强大的自然语言处理技术，不仅可以解答各种科研问题，还可以辅助图形设计工作，为科研人员提供更多的便利和支持。为快速提升科研工作效率、更好地理解Origin科研绘图与数据分析，本章将主要介绍各类AI大模型在科研实验、程序开发、数据分析、识图分析、绘图设计等具体科研工作中的应用。

8.1 利用AI辅助科研工作

AI技术能够快速准确地回答用户提出的问题，提供实时帮助和指导。无论是解决实验设计中的疑惑、处理复杂数据分析中的难题，还是应对绘制专业科研图表时遇到的挑战，AI都能够为用户提供及时的支持和解决方案。通过与AI的互动，用户可以更高效地解决各种科研和学术问题，提升工作效率和学习成果。

8.1.1 科研实验

ChatGPT可以作为一个强大的问题解答工具，帮助科研人员解决各种疑难问题。首先，AI可以帮助科研人员加快研究进程，通过数据分析、模型建立和预测等技术，快速发现规律和趋势，为科研工作提供更深入的洞察。其次，AI可以辅助实验设计和优化，通过模拟和仿真技术，帮助科研人员设计更有效的实验方案，节省时间和资源。最后，AI还可以提供智能化的数据处理和分析工具，帮助科研人员更好地理解和利用实验数据，挖掘隐藏在数据中有价值的信息。总的来说，AI作为科研助手，可以为科研人员提供全方位的支持和指导，帮助他们更高效地开展科研工作，取得更加优秀的研究成果。

当我们想查询某领域的国家标准或行业标准时，可以询问ChatGPT。

> 我的提问:
>
> 请查询国家最新发布的地表水环境质量标准化学需氧量的标准。

ChatGPT:

根据中国国家环境保护标准《地表水环境质量标准》(GB 3838—2002)，地表水中化学需氧量(COD)的标准如下。

- Ⅰ类水质：COD不超过15 mg/L；
- Ⅱ类水质：COD不超过15 mg/L；
- Ⅲ类水质：COD不超过20 mg/L；
- Ⅳ类水质：COD不超过30 mg/L；
- Ⅴ类水质：COD不超过40 mg/L。

请注意，以上标准仅供参考，具体的地表水环境质量标准可能会根据不同地区和具体情况有所调整。建议您查阅当地生态环境部门发布的最新地表水环境质量标准，以获取最准确的信息。希望这些信息对您有所帮助！如果您有其他问题，请随时告诉我。

当我们对某些理论或术语的理解模糊时，可以询问ChatGPT。

我的提问：

请从电荷强度、键强度、能垒等角度，解释为什么氢离子能够溶解氧化物。

ChatGPT:

氢离子能够溶解氧化物的原因可以从电荷强度、键强度和能垒等角度来解释。

1. 电荷强度：氢离子是带正电荷的离子，具有较强的电荷强度。在与氧化物发生化学反应时，氢离子的正电荷可以与氧化物中的负电荷部分相互作用，从而破坏氧化物的结构，促使其溶解。

2. 键强度：氢离子与氧化物之间形成的化学键强度较高，这种键结构在酸性条件下容易发生断裂，导致氧化物分解为离子形式，从而溶解到溶液中。

3. 能垒：在化学反应中存在能垒，即需要克服的能量障碍。氢离子与氧化物发生反应时，能够提供足够的能量，克服能垒，使氧化物分解为离子形式，促使其溶解。

综合以上因素，氢离子在酸性条件下能够溶解氧化物，主要是由于其强电荷强度、高键强度及能够提供足够的能量克服能垒的特性。这些特性使氢离子能够与氧化物发生化学反应，促使氧化物溶解到溶液中。

当我们对病例对照研究方法不太熟悉时，可以请教ChatGPT。

我的提问：

请介绍一下流行病学病例对照研究中的优势比(Odds Ratio，OR)和列联系数(Contingency Coefficient)的区别与联系。

ChatGPT:

在流行病学的病例对照研究中，优势比和列联系数是两种常用的统计指标，它们用于从不同的角度评估两个变量之间的关联性。尽管它们都可以提供有关变量之间关系的信息，但它们的定义、计算方法和解释有所不同。

优势比

优势比是病例对照研究中一种常用的指标，用于衡量暴露因素与疾病发生之间的关联强度。它是指在病例组中暴露与未暴露的比值与在对照组中暴露与未暴露的比值之间的比率，其计算公式如下：

\[OR = \frac{a/c}{b/d} = \frac{ad}{bc} \]

其中，a和b分别是病例组中暴露和未暴露的人数，c和d分别是对照组中暴露和未暴露的人数。

- OR > 1 表示暴露可能增加疾病的风险。
- OR < 1 表示暴露可能降低疾病的风险。
- OR = 1 表示暴露与疾病之间没有关联。

列联系数

列联系数是基于卡方统计量的一个衍生指标，用于评估两个分类变量之间的关联程度。它的取值范围为0～1，其中0表示没有关联，1表示完全关联。列联系数的计算公式如上所述。

区别与联系

- 目的和应用场景不同：OR主要用于在病例对照研究中评估暴露因素与疾病之间的关联强度，而列联系数用于评估任意两个分类变量之间的关联程度。
- 计算方法不同：OR是基于比值的比率，而列联系数是基于卡方统计量的衍生指标。
- 解释不同：OR提供了关于暴露与疾病风险增加或减少的定量信息，而列联系数提供了变量之间关联程度的定量信息，但不直接反映风险增减。

尽管OR和列联系数都可以用于评估变量之间的关系，但它们提供了关于这种关系不同方面的信息。在流行病学的病例对照研究中，根据研究的具体目的和设计，选择合适的统计指标非常重要。

8.1.2 程序开发

在科研工作中，经常需要编写程序来处理数据、进行模拟、实现算法等任务。然而，对于非程序员而言，编写程序可能是一项困难的任务。在这种情况下，AI可以发挥重要作用，解决许多问题。首先，AI可以帮助非程序员理解和学习编程语言的基础知识，提供编程入门指导和教程。其次，AI可以根据用户的需求和描述，生成相应的代码框架和模板，减少编程工作量。最后，AI还可以检查和调试代码，提供错误提示和建议，帮助用户解决程序中的Bug和逻辑错误。总的来说，AI可以让非程序员更轻松地进行编程工作，提高工作效率和准确性。

Origin软件集成了LabTalk、Python、MATLAB、R语言等编程语言，可以通过编程方式进行科学计算、拟合与绘图等。因此，利用ChatGPT为我们编写简单的程序，可以快速解决Origin中的编程与Bug调试问题，还可以优化和批注程序代码，增强程序的可读性、减小后期程序的维护成本。

我的提问：

请编写一个Python程序，用给定的X、Y、Z矩阵数据，绘制一张3D曲面图，要求颜色映射从蓝色到红色渐变。

ChatGPT：

为了绘制一个3D曲面图，并实现从蓝色到红色的颜色映射渐变，我们可以使用Python的Matplotlib库。以下是一个简单的Python程序，它使用了Matplotlib的mplot3d工具包来创建3D曲面图。

```
import matplotlib.pyplot as plt
from mpl_toolkits.mplot3d import Axes3D
import numpy as np
from matplotlib import cm

# 假设X, Y, Z是给定的矩阵数据，这里我们使用NumPy来生成示例数据
X = np.arange(-5, 5, 0.25)
Y = np.arange(-5, 5, 0.25)
X, Y = np.meshgrid(X, Y)
Z = np.sin(np.sqrt(X**2 + Y**2))

# 创建一个新的图形
fig = plt.figure()
# 添加3D子图
ax = fig.add_subplot(111, projection='3d')

# 绘制曲面图，使用渐变色
surf = ax.plot_surface(X, Y, Z, cmap=cm.coolwarm)

# 添加颜色条，为曲面图提供颜色参考
fig.colorbar(surf, shrink=0.5, aspect=5)

# 设置图形的标题和坐标轴标签
```

```
    ax.set_title('3D Surface with Color Mapping from Blue to Red')
    ax.set_xlabel('X axis')
    ax.set_ylabel('Y axis')
    ax.set_zlabel('Z axis')

    # 显示图形
    plt.show()
```

在这个程序中，我们首先导入了必要的库，然后创建了X、Y和Z的数据。这里我们使用的是NumPy的arange和meshgrid函数来生成网格点坐标和对应的Z值。然后，我们创建了一个图形和一个3D子图，并使用plot_surface方法绘制了3D曲面图。我们指定了颜色映射（cmap）为cm.coolwarm，这是Matplotlib内置的一个从蓝色到红色的渐变色映射。最后，我们添加了一个颜色条，设置了标题和坐标轴标签，并显示了图形。

请确保你的Python系统环境中已经安装了Matplotlib库。如果尚未安装，可以使用以下命令：

```
pip install matplotlib
```

运行上述程序后，你将看到一张从蓝色到红色渐变的3D曲面图。

复制代码到Python编辑器中，运行后的绘图结果如图8-1所示。

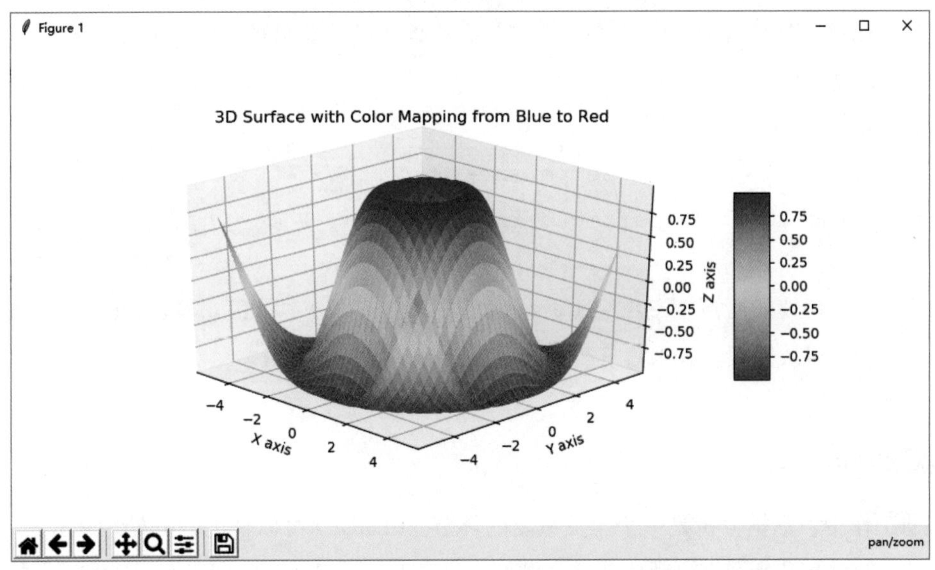

图 8-1　ChatGPT编写Python程序的绘图效果

当我们编写的MATLAB程序代码存在Bug时，可以让ChatGPT阅读代码，找出Bug并给出正确的代码或解决方法。

我的提问：

```
nm = 1.33;  % medium refractive index
np = 1.59;  % particle refractive indes
lambda0 = 450e-9;  % vacuum wavelength [m]
k0 = 2*pi/lambda0;  % vacuum wavenumber [m^-1]
lambda = lambda0/nm;  % wavelength in the medium
Ei = 1e+5;  % electric field amplitude [V/m]

ka = [.1:.1:50];  % size parameters
a = ka/(nm*k0);  % particle radii  plot(a*1e+6,F_mie*1e+15,'k')
    plot(a*1e+6,F_integral*1e+15,'r')
```

横坐标半径截至2.6是什么原因造成的？怎么修改？

ChatGPT：

在您提供的代码中，横坐标截至2.6的原因可能是由于粒子半径'a'的范围设置不正确导致的。粒子半径'a'是通过'ka/(nm*k0)'计算得到的，其中'ka = [.1:.1:50]'。如果希望横坐标范围覆盖0～10nm，则需要确保粒子半径的范围计算正确。

请尝试将粒子半径的范围修改为适当的范围，使其覆盖0～10nm。您可以尝试将'ka'的范围调整为'[.1:.1:10]'，然后重新计算粒子半径'a'，确保其范围正确覆盖0～10nm。

以下是修改后的代码片段：

```
'''matlab
ka = [.1:.1:10];  % size parameters
a = ka/(nm*k0);  % particle radii
'''
```

然后，使用修改后的粒子半径'a'重新绘制图表，确保横坐标范围正确显示为0～10nm。希望这可以帮助您解决问题。如果您有任何其他问题，请随时告诉我。

8.1.3 数据分析

在科研工作中，数据分析是一个至关重要的环节。ChatGPT可以辅助数据处理和分析，提供数据处理方法、统计技巧和数据可视化建议。例如，研究人员可以向ChatGPT询问如何进行数据清洗、统计分析等操作，并获得相应的指导和建议，从而更好地理解和利用数据。

我的提问：

评价下列回归模型。

截距：1.3809

回归系数：

	Estimate	SE	tStat	pValue
x1	0.87937	0.025599	34.352	1.8119e−75

均方根误差（RMSE）：0.008895

平均绝对误差（MAE）：0.007414

均方误差（MSE）：0.000079

中值绝对误差：0.007414

可解释方差：0.880513

R 方值：0.881260

ChatGPT:

根据给定的回归系数和评估指标，我们对该回归模型的评价如下。

1. 回归系数：给定的回归系数表明自变量 $x1$ 对因变量 y 有显著影响，回归系数为 0.87937，且 p 值非常小（1.8119e−75），表明回归系数显著，不为零。

2. 截距：截距为 1.3809，表示当自变量 $x1$ 为 0 时，因变量 y 的值。

3. 模型拟合度：根据给定的评估指标，均方根误差（RMSE）为 0.008895，平均绝对误差（MAE）为 0.007414，均方误差（MSE）为 0.000079，中值绝对误差为 0.007414。这些指标表明模型的预测误差较小，拟合效果较好。

4. 可解释方差和 R 方值：可解释方差为 0.880513，R 方值为 0.881260。这两个指标表示模型可以解释因变量变化的 88.05%，模型的拟合效果较好。

综合来看，根据给定的回归系数和评估指标，该回归模型在统计上显著，预测效果较好，能够较好地解释因变量的变化。因此，可以认为该回归模型是有效的，并可以用于预测和解释因变量 y。

8.1.4 识图分析

AI 识图分析助手是一款专为科研人员和数据分析师设计的先进的数据分析工具。它利用深度学习和图像识别技术，能够自动识别和分析数据图表中的关键信息，如散点图、趋势线、柱状图等。通过对图表中的数据点进行智能解读，AI 识图分析助手能够快速提供数据的统计特征，揭示潜在的数据关系，并辅助用户在结果讨论部分深入分析数据背后的含义。它不仅提高了数据处理的效率，还增强了研究结果的准确性和可靠性，是数据驱动研究的得力助手。

当我们的投稿论文需要用 LaTeX 编排复杂公式时，可以将公式写在纸上，拍照上传，利用 Claude 3 识别手写公式图片并编写出 LaTeX 代码。

我的提问：

请识别图中的公式，并写出LaTeX代码。

Https://……（链接省略）

Claude 3:

（回复结果如图8-2所示）

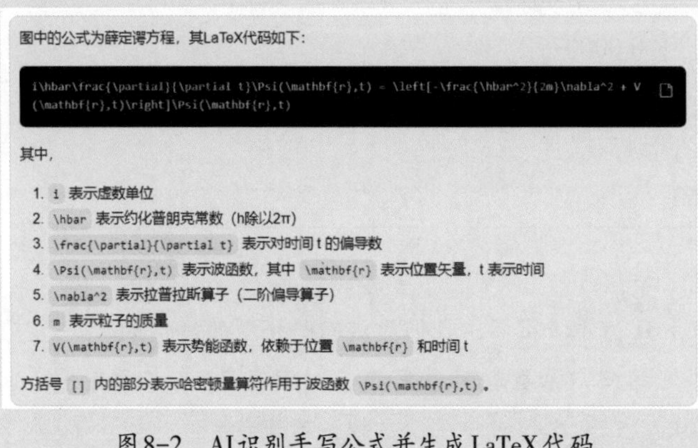

图中的公式为薛定谔方程，其LaTeX代码如下：

```
i\hbar\frac{\partial}{\partial t}\Psi(\mathbf{r},t) = \left[-\frac{\hbar^2}{2m}\nabla^2 + V(\mathbf{r},t)\right]\Psi(\mathbf{r},t)
```

其中，

1. `i` 表示虚数单位
2. `\hbar` 表示约化普朗克常数（h除以2π）
3. `\frac{\partial}{\partial t}` 表示对时间t的偏导数
4. `\Psi(\mathbf{r},t)` 表示波函数，其中 `\mathbf{r}` 表示位置矢量，t表示时间
5. `\nabla^2` 表示拉普拉斯算子（二阶偏导算子）
6. `m` 表示粒子的质量
7. `V(\mathbf{r},t)` 表示势能函数，依赖于位置 `\mathbf{r}` 和时间t

方括号 `[]` 内的部分表示哈密顿量算符作用于波函数 `\Psi(\mathbf{r},t)`。

图8-2　AI识别手写公式并生成LaTeX代码

当我们看到一张文献数据图，但不知道该图是通过什么方法测试得到的时，可以向ChatGPT求助。

我的提问：

根据上传的图片（见图8-3）解释测试方法。

https://……（图片链接省略）

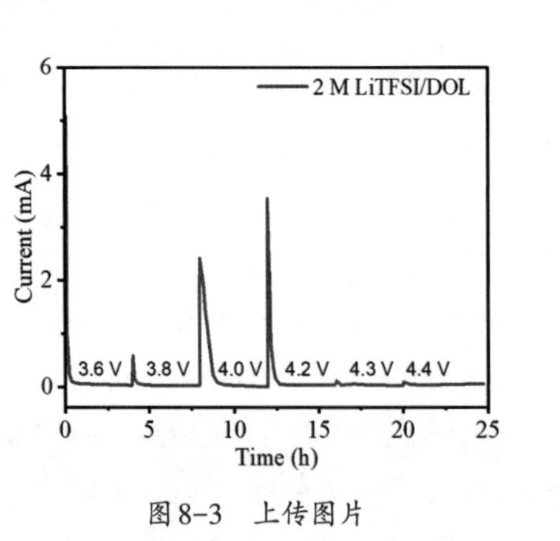

图8-3　上传图片

ChatGPT：

这张图显示的是一个电流随时间变化的曲线图，用于表示某种电化学测试的结果。曲线图

中的蓝线代表在特定条件下（2M LiTFSI/DOL溶液中）的电流变化情况。

从图中可以看出，在不同的电压点（标记在X轴下方的3.6V、3.8V、4.0V、4.2V、4.3V和4.4V）时，电流急剧上升，形成尖峰，然后迅速下降。这些尖峰可能表示在这些电压下进行了某种形式的电化学测试（如循环伏安法、脉冲测试或电位阶跃测试），从而导致了电流的突然增加或下降。这种测试可能用于分析材料的电化学性能，如锂离子电池的电极材料。

每个尖峰代表一个测试周期，在每个特定的电压点，系统可能施加了一个短暂的电压脉冲或电位阶跃，测量材料的响应（通过材料的电流）。测试的目的可能是评估材料在不同电压下的充放电性能，或者研究材料的电化学稳定性和反应动力学。

当我们对一张数据绘图中的结果进行讨论时，可以利用Gemini-pro进行识图分析。另外，还可以让Gemini-pro提取图片中的数据，这对于从原始数据丢失的绘图中提取数据非常有用。

我的提问：

该图研究的是两种功率（60瓦、300瓦）的光源，在开灯前后对氨氮去除率的影响。请识别此图，并给出中文标题、英文标题、描述文本。最后，请列出这两组数据。

https://……（图片链接省略）

Gemini-pro：

（上传的图片及回复如图8-4所示）

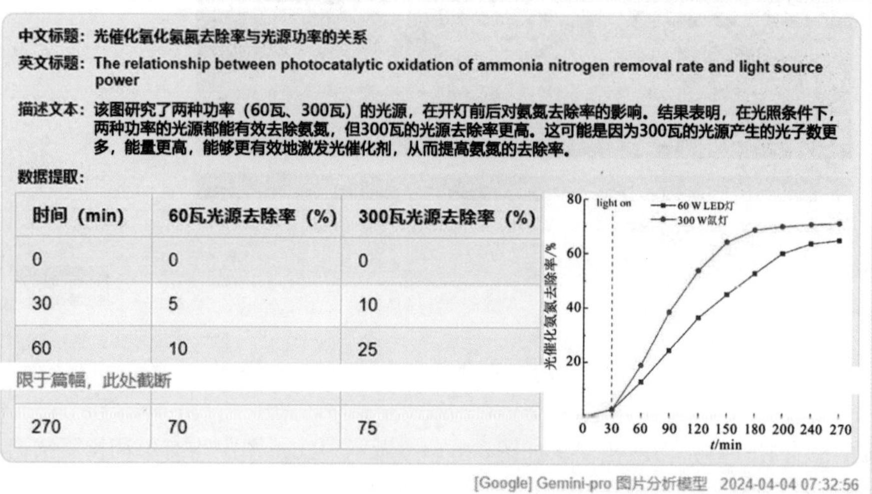

中文标题：光催化氧化氨氮去除率与光源功率的关系

英文标题：The relationship between photocatalytic oxidation of ammonia nitrogen removal rate and light source power

描述文本：该图研究了两种功率（60瓦、300瓦）的光源，在开灯前后对氨氮去除率的影响。结果表明，在光照条件下，两种功率的光源都能有效去除氨氮，但300瓦的光源去除率更高。这可能是因为300瓦的光源产生的光子数更多，能量更高，能够更有效地激发光催化剂，从而提高氨氮的去除率。

数据提取：

时间（min）	60瓦光源去除率（%）	300瓦光源去除率（%）
0	0	0
30	5	10
60	10	25
限于篇幅，此处截断		
270	70	75

[Google] Gemini-pro 图片分析模型 2024-04-04 07:32:56

图8-4 AI识图分析与数据提取

AI识图技术能够快速生成中英文图题，并迅速分析数据结果，显著提高科研数据处理与分析的效率。此外，对于红外光谱、XPS、XRD等谱图的分析，AI识图技术可能会给予我们更大的帮助。

8.1.5 绘图设计

ChatGPT可以根据用户提供的具体的需求和想法，生成相应的英文提示语，然后调用DALL·E等绘图模型进行绘图设计。例如，ChatGPT会根据研究人员描述的设计示意图内容和风格要求生成相应的提示语，然后调用绘图模型进行图形设计，帮助研究人员快速获得符合要求的专业设计作品。

我们可以利用AI根据输入的一段文本，生成各种风格、满足各类需求的绘图，如期刊封面底图、Logo、实验装置图等。

我的提问：

请生成一张4:5的摄影级图片，主题为风能、光伏、潮汐能等的构网型储能系统。

ChatGPT：

GPT-4根据用户输入的要求，将设计思路生成英文提示语，调用DALL·E 3文生图模型进行绘图并反馈给用户。回复结果如图8-5所示，经过后期精修与布局后，得到如图8-6（a）所示的效果。

图8-5　GPT-4根据要求设计的提示语

AI生成的图存在一些荒谬或错误，如图8-6（b）所示，Logo图中均有单词拼写错误，需要利用Photoshop等软件进行后期的精修才能使用。利用类似的方法，还可以生成漫画书、实验原理图等，最终生成的效果图如图8-6（c）和图8-6（d）所示。

图8-6（b）的提示语如下。

a round blue Logo，Periodical Center of Guangdong University of Technology

模型：GPT-4+DALL·E 3

图8-6（c）的提示语如下。

cute rabbit in forest planting flowers, comic-book

模型：Stable Diffusion

图8-6（d）的提示语如下。

绘制一张4:5的图，采用蓝色海洋简单背景。太阳光从左上方照射一个球形玻璃罩，玻璃罩通过底部一个环形泡沫板浮在海面上。玻璃罩的底部有一束圆柱形玻璃管。玻璃管的一个端面位于球形平面，另一个端面在海水中。玻璃管的内部装有排列整齐的、疏松多孔的生物质炭。球形玻璃罩内壁附着大量水珠，玻璃罩内的底部收集了适量的纯净水。这是一个利用太阳光热蒸发器进行海水淡化的装置。

模型：GPT-4+DALL·E 3

（a）期刊封面设计

（b）Logo设计

（c）漫画书

（d）实验原理图

图8-6　AI绘制的效果图

8.1.6 学术写作

在学术写作过程中，科研人员常常会遇到写作难题。ChatGPT可以辅助学术论文写作、研究报告撰写，提供写作和语言优化建议。例如，ChatGPT会根据研究人员描述的研究成果和观点，给出相应的写作和语言优化建议，帮助研究人员更好地表达自己的研究成果。

我的提问：

请拟写一篇基于YOLOv5的疲劳驾驶监测系统的论文提纲。

ChatGPT:

以下是一个基于YOLOv5的疲劳驾驶监测系统论文的可能结构。

1. 引言
   - 研究背景和意义
   - 研究目的和意义
   - 国内外研究现状
   - 本文的研究内容和结构安排
2. 相关技术介绍
   - YOLOv5目标检测算法简介
   - 疲劳驾驶检测技术综述
   - YOLOv5在疲劳驾驶监测中的应用
3. 系统设计与实现
   - 系统架构设计
   - 数据集采集与标注
   - YOLOv5模型训练
   - 疲劳驾驶监测系统的实现
4. 实验与结果分析
   - 实验环境和数据集介绍
   - YOLOv5模型性能评估
   - 疲劳驾驶监测系统的准确性和实时性测试
   - 结果分析与讨论
5. 系统优化与改进
   - YOLOv5模型的优化策略
   - 疲劳驾驶监测系统的改进方向
   - 系统性能优化实验与结果分析
6. 结论与展望
   - 研究工作总结
   - 创新点和不足之处
   - 未来研究方向和发展趋势
7. 参考文献

以上结构仅供参考，具体论文结构可能会根据研究内容和要求有所调整。希望对您有所帮助。

当我们对论文中的英文无法理解或想寻找更优的表达时，可以寻求ChatGPT的帮助。

我的提问:

对比下面两句话的特点和优劣。

This allowed obtaining maximum MPBR performance; i.e. nitrogen recovery rate (NRR) and biomass productivity of 19.7 ± 3.3 mg N · L^{-1} and 139 ± 35 mg VSS · L^{-1} · d^{-1}, respectively; while nitrification rate (NOxR) reached the lowest value (13.5 ± 3.4 mg N · L^{-1}).

This optimization resulted in maximum MPBR performance, with a nitrogen recovery rate (NRR) and biomass productivity of 19.7 ± 3.3 mg N · L^{-1} and 139 ± 35 mg VSS · L^{-1} · d^{-1}, respectively. The nitrification rate (NOxR) reached its lowest value at 13.5 ± 3.4 mg N · L^{-1}.

ChatGPT:

这两句话都描述的是通过优化实现了最大 MPBR（膜光生物反应器）性能，其中氮回收率（NRR）和生物量生产率分别为 19.7 ± 3.3 mg N · L^{-1} 和 139 ± 35 mg VSS · L^{-1} · d^{-1}，而硝化速率（NOxR）达到最低值（13.5 ± 3.4 mg N · L^{-1}）。以下是它们的特点和优劣对比。

第一句：

This allowed obtaining maximum MPBR performance; i.e. nitrogen recovery rate (NRR) and biomass productivity of 19.7 ± 3.3 mg N · L^{-1} and 139 ± 35 mg VSS · L^{-1} · d^{-1}, respectively; while nitrification rate (NOxR) reached the lowest value (13.5 ± 3.4 mg N · L^{-1}).

特点：

1. 使用了“i.e.”来解释前文内容，使句子更加清晰。
2. 详细列举了氮回收率、生物量生产率和硝化速率的数值，提供了具体的数据。
3. 句子结构较为复杂，包含较多的信息。

优点：

- 使用了“i.e.”来解释前文内容，使句子更具连贯性。
- 提供了详细的数据，使读者更容易理解实验结果。

缺点：

- 句子结构稍显复杂，可能需要读者花费更多时间来理解。

第二句：

This optimization resulted in maximum MPBR performance, with a nitrogen recovery rate (NRR) and biomass productivity of 19.7 ± 3.3 mg N · L^{-1} and 139 ± 35 mg VSS · L^{-1} · d^{-1}, respectively. The nitrification rate (NOxR) reached its lowest value at 13.5 ± 3.4 mg N · L^{-1}.

特点：

1. 句子结构相对简洁，直接表达了优化结果和性能参数的数值。

2. 提供了氮回收率、生物量生产率和硝化速率的具体数值，清晰地展示了实验结果。

优点：

– 句子结构清晰，易于理解。

– 直接列举了性能参数的数值，使读者更容易理解实验结果。

缺点：

– 可能略显简洁，缺少一些详细的背景信息。

综合来看，第二句话更加简洁明了、结构清晰，适合在学术论文中使用。如果需要提供更多详细的背景信息，可以在适当的地方进行补充。选择使用哪种表达方式取决于具体的语境和受众。

8.1.7 文献综述

文献检索是科研工作中常见的任务之一。AI可以帮助科研人员查找相关文献、研究资料和学术资源，节省研究人员的时间和精力。例如，AI会根据研究人员描述的研究领域和问题，提供相关文献和资料的检索结果，帮助研究人员更快速地获取所需信息。另外，AI还可以对上传的单篇或多篇文献的PDF文件，执行阅读、翻译、总结、概括、综述、预测等操作。

我的提问：

这篇论文讲了什么，其亮点是什么？ https://……（上传文件的链接省略）

Gemini-pro:

论文标题：基于深度学习的蛋白质结构预测

摘要：

这篇论文提出了一种基于深度学习的蛋白质结构预测方法，该方法利用卷积神经网络（CNN）和递归神经网络（RNN）来预测蛋白质的原子坐标。该方法在蛋白质结构预测（CASP13）基准测试上具有非常显著的成效。

亮点：

* **端到端预测：**该方法直接从氨基酸序列预测蛋白质结构，无须中间步骤。

* **多尺度特征提取：**该方法使用不同卷积核大小的CNN来提取蛋白质结构的不同尺度特征。

* **递归结构建模：**该方法使用RNN来建模蛋白质结构的递归性质，从而捕获长程依赖关系。

* **注意力机制：**该方法使用注意力机制来关注蛋白质结构中重要的区域。

* **CASP13基准测试上的最先进性能：** 该方法在CASP13基准测试上具有非常显著的成效，在所有目标类别中均排名第一。

方法：

该方法由以下主要组件组成。

* ** 卷积神经网络：** 用于提取蛋白质结构的不同尺度特征。

* ** 递归神经网络：** 用于建模蛋白质结构的递归性质。

* ** 注意力机制：** 用于关注蛋白质结构中重要的区域。

该方法通过以下步骤进行蛋白质结构预测。

（1）将氨基酸序列输入CNN中，提取特征。

（2）将CNN提取的特征输入RNN中，建模蛋白质结构。

（3）使用注意力机制关注蛋白质结构中重要的区域。

（4）输出预测的原子坐标。

** 结果：**

该方法在CASP13基准测试上取得了最先进的性能，在所有目标类别中均排名第一。该方法在预测蛋白质结构的精度和可靠性方面都优于其他方法。

** 结论：**

这篇论文提出了一种基于深度学习的蛋白质结构预测方法，该方法取得了最先进的性能。该方法为蛋白质结构预测领域作出了重大贡献，并有望在药物发现和生物技术等领域产生巨大的应用潜力。

8.1.8 外文翻译

AI在科研工作中扮演着重要的角色，它不仅可以帮助科研人员快速翻译外文文献和资料，还能够提供准确的翻译结果，从而极大地节省研究人员的时间和精力。通过AI，科研人员可以轻松获取全球范围内的最新研究成果和学术资讯，拓宽研究视野，促进学术交流与合作。此外，AI还可以帮助科研人员跨越语言障碍，与国际同行进行有效的沟通和合作，推动科研工作的国际化和全球化发展。因此，AI在科研工作中的应用不仅提高了工作效率，还促进了科研成果的传播和交流，为科研工作带来了更多的可能性和机遇。

我的提问：

请翻译以下英文，并以段落为单元，将英文和对应的中文列入表格中，表格含英文、中文两列。

APC-free wayfinders

Image credit: Mystic Art Design

Participants in workshop 4 were asked to consider the ways in which stable, predictable and reliable funding could be achieved in order to support OA publishing without charging researchers any fees.

（限于篇幅，后文略）

ChatGPT:

（限于篇幅，部分表格截图如图8-7所示）

朗读文本 复制 重试

English	中文
APC-free wayfinders	无APC导航者
Participants in workshop 4 were asked to consider the ways in which stable, predictable and reliable funding could be achieved in order to support OA publishing without charging researchers any fees.	第四次研讨会的参与者被要求考虑如何实现稳定、可预测和可靠的资金支持，以支持开放获取出版，而不向研究人员收取任何费用。

图8-7　ChatGPT以表格形式回复的内容

8.2 利用AI解决Origin绘图的数学问题

在利用Origin进行绘图时，如果遇到几何、数学函数等问题，用户可以通过向ChatGPT描述具体的问题并与之进行互动来解决。用户可以描述问题的背景和要解决的数学内容，然后询问如何在绘图软件中实现。ChatGPT可以提供数学概念解释、绘图方法建议及相关指导，帮助用户理解问题并找到解决方案。通过与ChatGPT的交互，用户可以快速解决绘图中的数学问题，提高绘图效率和准确性。

8.2.1 3D曲面投影XRD极图

3D曲面投影XRD（*X*射线衍射）极图是一种用于分析晶体结构的技术，通过测量材料对*X*射线的衍射模式来确定晶体的晶体结构和晶格参数。在3D曲面投影XRD极图中，通常会显示出*X*射线衍射强度随着不同晶面的倾角（2θ）和旋转角（φ）的变化而变化的曲面图。

在这样的3D曲面图中，通常会有两个主要坐标轴表示*X*射线的衍射强度和倾角（2θ），第三个坐标轴则表示旋转角（φ）。通过这种方式，可以清晰地展示出晶体中不同晶面的衍射强度随着不同角度的变化情况。

通过观察3D曲面投影XRD极图，我们可以确定晶体结构和晶格参数，分析晶体中不同晶面的取向和衍射强度，研究晶体的晶体学性质和晶体生长机制。

该技术在材料科学、固体物理学和化学等领域中有着广泛的应用，可以帮助研究人员深入了解材料的晶体结构和性质，为新材料的设计和合成提供重要的参考和指导。

例 1：通过在XRD测试仪器上安装一种特殊的配件，对样品进行XRD扫描可得XRD极图数据。构造一张XYZ型工作表，A列为角度φ（从0.5°～359.5°循环），B列是半径r（从0.5～90循环），C列为强度。绘制的XRD极图如图8-8（b）所示。

Book1

	A(X1)	B(Y1)	C(Z1)	D(X2)	E(Y2)
Long N	phi	khi	Intensity		
Units					
Comm					
F(x)=				B*cos(A*pi/180)	B*sin(A*pi/180)
25177	336.5	69.5	0.77079	63.73568	-27.71306
25178	337.5	69.5	0.77015	64.20963	-26.5965
25179	338.5	69.5	0.76835	64.66402	-25.47184
25180	339.5	69.5	0.76535	65.09872	-24.33941
25181	340.5	69.5	0.76117	65.51358	-23.19958
25182	341.5	69.5	0.7559	65.90849	-22.05267
25183	342.5	69.5	0.74967	66.28333	-20.89905
25184	343.5	69.5	0.74265	66.63797	-19.73907
25185	344.5	69.5	0.73508	66.97232	-18.57307
25186	345.5	69.5	0.7272	67.28626	-17.40141
25187	346.5	69.5	0.71925	67.57971	-16.22445
25188	347.5	69.5	0.7115	67.85257	-15.04255
25189	348.5	69.5	0.70417	68.10477	-13.85607
25190	349.5	69.5	0.69746	68.33622	-12.66537
25191	350.5	69.5	0.69151	68.54685	-11.47081
25192	351.5	69.5	0.68645	68.7366	-10.27275
25193	352.5	69.5	0.68231	68.90542	-9.07157
25194	353.5	69.5	0.67909	69.05324	-7.86762
25195	354.5	69.5	0.67678	69.18004	-6.66128
25196	355.5	69.5	0.67527	69.28575	-5.45291
25197	356.5	69.5	0.67449	69.37037	-4.24287
25198	357.5	69.5	0.67432	69.43385	-3.03155
25199	358.5	69.5	0.67465	69.47618	-1.8193

Sheet1

（a）工作表

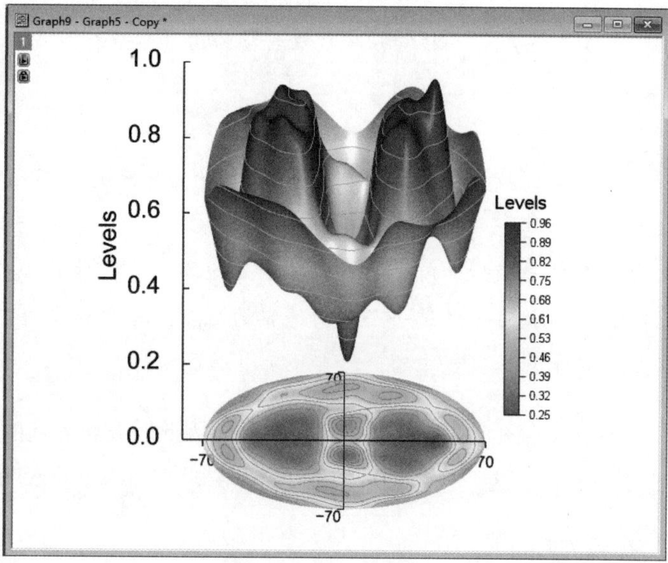

（b）目标图

图 8-8　工作表与 3D 曲面投影 XRD 极图

解析：根据图8-8（a）中的数据，通常可以绘制二维的XRD极坐标Contour图（见图8-9），以显示角度方向及径向的强度分布。如果能在绘制Contour图的同时，将其曲面也绘制出来，将增强强度数据的可视化效果。

（1）极坐标-笛卡尔坐标的转换

在Origin软件中只提供了2D极坐标系，缺少3D极坐标系选项。我们希望能够在底部绘制极坐标Contour图，并在其上方绘制3D曲面图。为了实现这一目标，需要将极坐标系转换为3D直角坐标系。让我们问问ChatGPT吧！

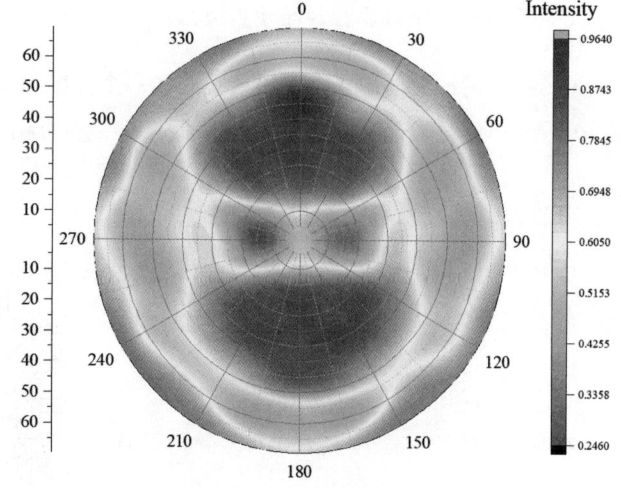

图 8-9　XRD 极坐标 Contour 图

> 我的提问：
>
> 我有φ、r、z三列数据，分别表示角度、半径和强度。怎样构造一个圆形边界的矩阵？

> ChatGPT：
>
> 要构造一个圆形边界的矩阵，你可以按照以下步骤进行操作。
>
> 1. 将角度、半径和强度数据转换为笛卡尔坐标系中的 (x, y, z) 坐标。
>
> x = r · cos(φ)
>
> y = r · sin(φ)
>
> 2. 找到数据中的最大半径 r_max，确定矩阵的大小为 2 · r_max+1。
>
> 3. 创建一个大小为 (2 · r_max+1) × (2 · r_max+1) 的矩阵，并初始化所有元素为 0。
>
> 4. 将转换后的 (x, y, z) 坐标映射到矩阵中，将对应位置的强度值填入矩阵中。
>
> 这样就可以构造一个圆形边界的矩阵，其中矩阵的中心对应笛卡尔坐标系中的原点，矩阵的大小取决于数据中的最大半径。

Origin绘图默认以弧度为角度单位，因此需要将A列的角度数据换算为以弧度单位的数据。但由于我忘记了这一换算关系，于是继续寻求ChatGPT的帮助。

> 我的追问：
>
> 角度转换为弧度的公式是什么？

> ChatGPT：
>
> 角度转换为弧度的公式如下：
>
> 弧度 = 角度 *(π / 180)
>
> 其中，π 是圆周率，约等于3.14159。

ChatGPT的回答给出了两个重要公式和一个弧度角度换算关系式。

$$\begin{cases} x = r\cos(\varphi) \\ y = r\sin(\varphi) \end{cases} \tag{8-1}$$

其中，φ 为弧度。

A列为角度 φ，B列为半径 r，因此，Origin的公式表达式如下：

X=B · cos(A · pi/180)

Y=B · sin(A · pi/180)

在Origin的工作表中新建3列，分别设置为 X、Y、Z 属性。如图8-10所示，在F（x）中分别输入上述表达式，而最后一列直接读取原数据的第三列。

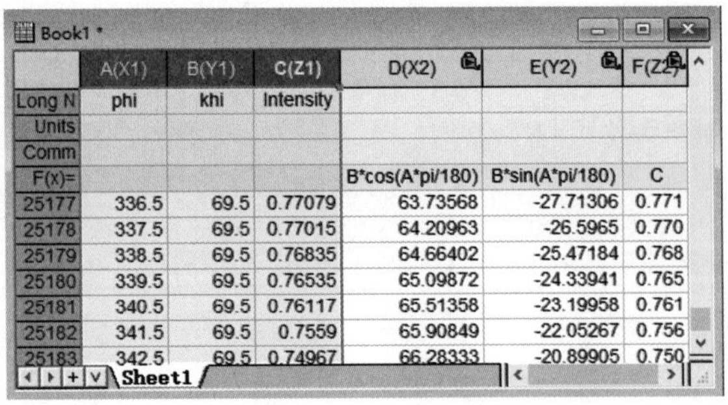

Book1 *

	A(X1)	B(Y1)	C(Z1)	D(X2)	E(Y2)	F(Z2)
Long N	phi	khi	Intensity			
Units						
Comm						
F(x)=				B*cos(A*pi/180)	B*sin(A*pi/180)	C
25177	336.5	69.5	0.77079	63.73568	-27.71306	0.771
25178	337.5	69.5	0.77015	64.20963	-26.5965	0.770
25179	338.5	69.5	0.76835	64.66402	-25.47184	0.768
25180	339.5	69.5	0.76535	65.09872	-24.33941	0.765
25181	340.5	69.5	0.76117	65.51358	-23.19958	0.761
25182	341.5	69.5	0.7559	65.90849	-22.05267	0.756
25183	342.5	69.5	0.74967	66.28333	-20.89905	0.750

Sheet1

图8-10　工作表

（2）XRD极图的绘制

按图8-11所示的步骤，选择①处新建的X、Y、Z三列数据，单击下方工具栏②处的“▼”按钮，选③处的“3D Colormap Surface with Projection（带投影的3D颜色映射曲面图）”，即可得到④处所示的草图。

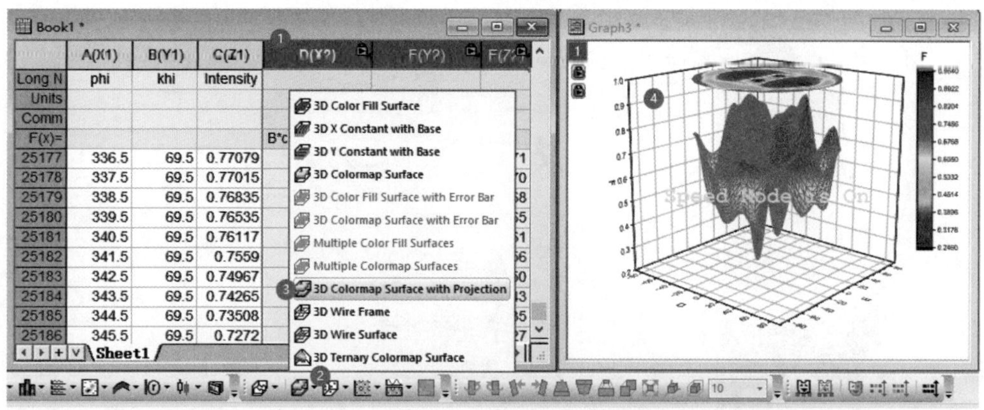

图8-11　带投影的3D颜色映射曲面图的绘制

按图8-12所示的步骤将顶部的投影面移动到底部。双击投影面打开“Plot Details-Plot Properties（绘图细节-绘图属性）”对话框，进入“Surface（曲面）”选项卡，将①处改为0。进入“Colormap/Contours（颜色映射/等高线图）”选项卡，单击“Line（线）”打开对话框，选择“Show on Major Levels Only（只显示主级别）”复选框，单击“OK（确定）”按钮，显示投影面的等高线。单击“OK（确定）”按钮。

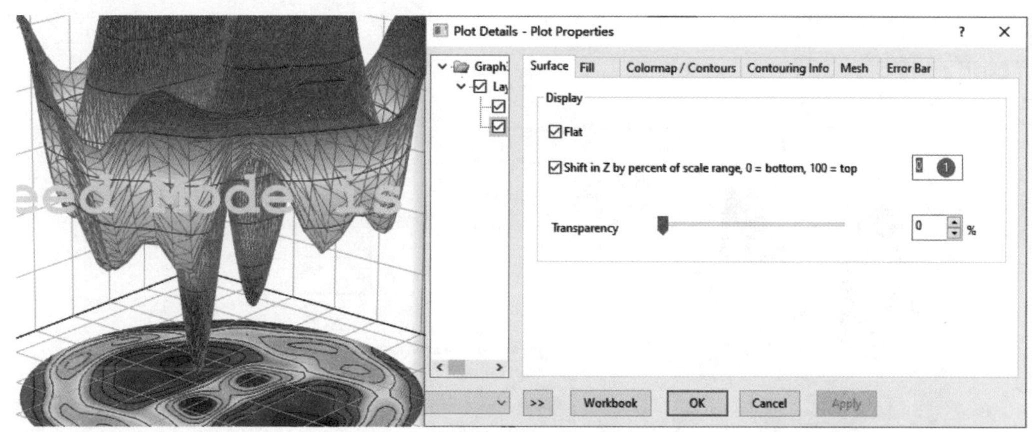

图8-12　设置投影面的位置及等高线

关闭快速模式的水印。双击曲面打开“Plot Details-Plot Properties（绘图细节-绘图属性）”对话框，进入“Mesh（网格）”页面，取消“Enable（启用）”复选框，即不显示网格线。进入“Colormap/Contours（颜色映射/等高线图）”选项卡，单击“Fill（填充）”选项卡，打开“Fill（填充）”对话框，选择调色板为“BlueOrange（蓝橙）”。单击“OK（确定）”按钮。

按图8-13所示的步骤设置曲面的光照效果。双击①处的坐标系打开“Plot Details-Layer Properties（绘图细节-图层属性）”对话框，进入②处的“Lighting（光照）”选项卡，选择③处的“Directional（定向光）”，设置④处的3种颜色依次为Gray（灰）、LT Gray（浅灰）、Dark Gray（深灰），单击“Apply（应用）”按钮。

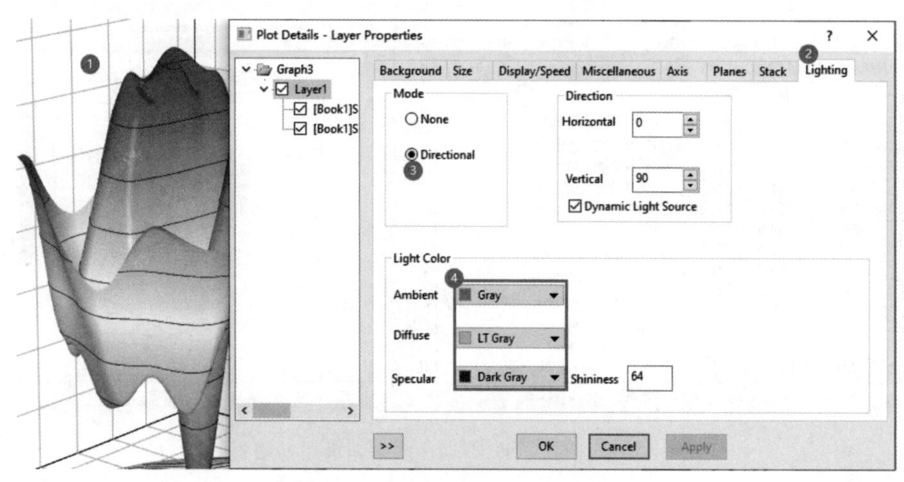

图8-13　曲面光照效果的设置

调整一个恰当的坐标系姿态，可以避免峰面之间的相互遮挡，方便我们从图中获得更多有价值的信息。另外，在默认情况下，3D坐标系的刻度线标签及轴标题文本在各自的坐标平面内，影响可读性，需要将这些标签文本调整在屏幕平面内。按图8-14所示的步骤，进入①处的“Axis（坐标轴）”选项卡，设置②处的3个角度。选择③处的“All in Plane of Screen（全在屏幕平面）”单选框，单击“Apply（应用）”按钮。进入“Planes（平面）”选项卡，隐藏坐标系的网格线、边框线，单击“OK（确定）”按钮。

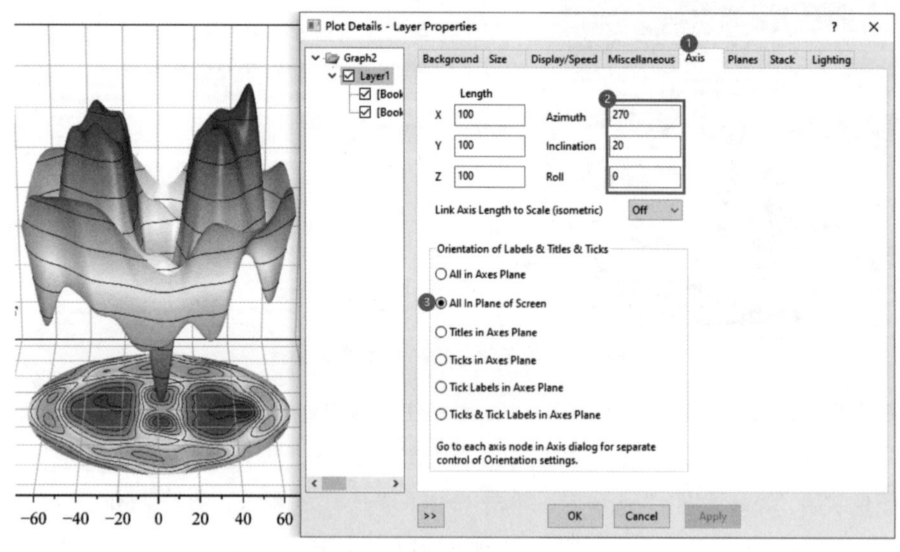

图8-14　坐标系姿态及标签文本的设置

注意 ⚠ 上述坐标轴的3个角度设置，并不直观，很难一步准确到位。通常可以退出“Plot Details-Layer Properties（绘图细节-图层属性）”对话框，单击绘图，选择下方工具栏的3D调整按钮将坐标系姿态调整到大致位置，然后按图8-14所示的步骤，精细设置②处的3个角度。

对于XRD极图而言，3D坐标系的平面和网格线略显繁杂，按图8-15所示的步骤进行简化。双击坐标系打开“Plot Details-Layer Properties（绘图细节-图层属性）”对话框，进入①处的“Planes（平面）”选项卡，取消②处的XY、YZ、ZX三个坐标平面的“Grid Lines（网格线）”复选框，取消③处“Plane Border（平面边框）”的“Enable（启用）”复选框。单击“OK（确定）”按钮。

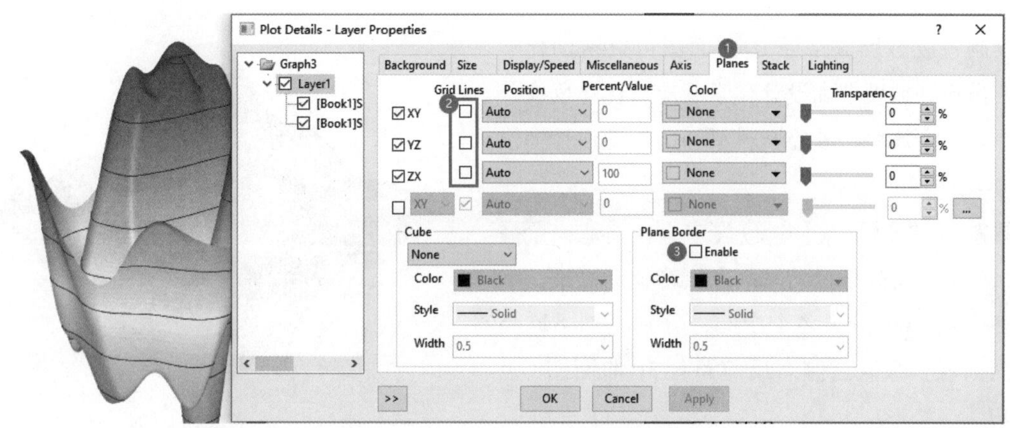

图 8-15　坐标系平面及边框的隐藏

单击数轴，拖动数轴到底部投影中央。双击数轴，设置合适的刻度范围、分度，或更换颜色，最终得到如图8-16所示的效果。

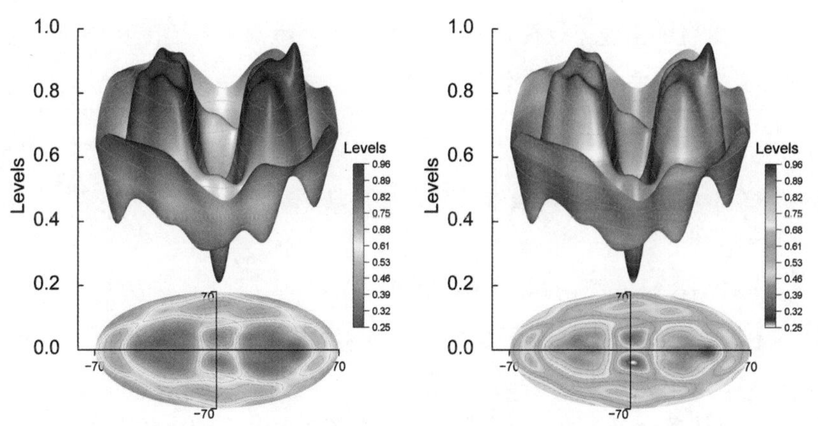

图 8-16　XRD 极图的最终效果

8.2.2 过渡态反应路径 3D 曲面图

过渡态反应路径通常用于描述化学反应过程，特别是描述反应物转变为产物的过程。在化学反应中，反应路径通常是一个高能量的状态（过渡态）。过渡态反应路径3D曲面图可以帮助我们可视化和理解反应的机理和动力学过程。

在这样的3D曲面图中，通常会有两个主要坐标轴表示反应物或产物的结构或性质，如原子间距离、键角等。第三个坐标轴则表示能量或反应坐标，即描述反应的进度。曲面的形状和特征可以显示出反应的能垒、过渡态的稳定性及反应的速率等信息。

通过观察过渡态反应路径3D曲面图，我们可以理解反应物转变为产物的过程中的能量变化情况，研究反应的活化能和反应速率，探索反应的选择性和特异性，预测反应的可能机理和中间态。

绘制过渡态反应路径3D曲面图可以帮助化学研究人员更好地理解和设计化学反应，优化反应条件、提高反应效率，并为新材料和药物的设计提供重要参考。

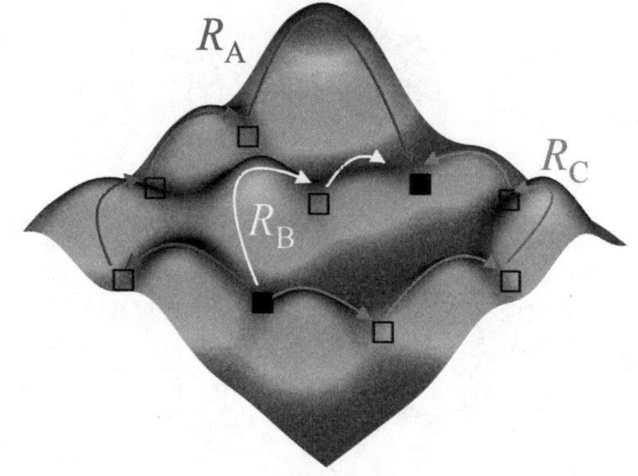

图 8-17　过渡态反应路径3D曲面图

例2： 首先以某点 (x, y) 为中心，构造一个高斯峰，了解控制高斯峰的峰高和半峰宽的因素。然后以多个点 (x_i, y_i) 为多个中心，分别叠加不同高度的高斯峰。绘制过渡态反应路径3D曲面图（见图8-17）。

（1）高斯峰函数

向ChatGPT询问高斯峰函数及其参数的详细信息。

我的提问：

我想构建一个高斯峰函数，以(x0, y0)为曲面项点，绘制一个高斯曲面峰，幅度为0～1。请告诉我z(x,y)参数方程，要求通过某个参数调整峰型。

ChatGPT：

要构建一个高斯峰函数来绘制峰曲面，可以使用以下参数方程。

参数方程如下：

z(x, y) = A * EXP(−((x − x0)^2 + (y − y0)^2) / (2 * σ^2))

其中，A是峰的幅度，可以调整峰的高度；(x0, y0)是曲面的中心点，即峰的位置；σ是控制峰的宽度的参数，可以调整峰的形状。

这个参数方程描述了一个二维高斯分布的曲面，其在中心点(x0, y0)处有一个峰值，随着离中心点的距离增加，曲面的值在逐渐减小。通过调整参数A、(x0, y0)和σ，可以控制峰的幅度、位置和形状。

在绘制时，可以通过在给定的x、y范围内取一系列点，计算对应的z值，然后使用这些点绘制曲面。通过调整参数A、(x0, y0)和σ的数值，可以实现调整峰的幅度、位置和形状，从而得到不同形态的高斯曲面峰。

（2）3D高斯曲面图

根据ChatGPT提供的知识，尝试在Origin软件中构造3D高斯曲面图。假设中心坐标为(50,50)，峰强度A为0.5，峰宽参数σ为15，则Origin公式如下：

$$z(x,y) = 0.5 * EXP(-((x-50)^{\wedge}2 + (y-50)^{\wedge}2)/(2 * 15^{\wedge}2))$$

按图8-18所示的步骤绘制3D函数。单击①处的“▼”按钮，选择②处的“New 3D Plot（新建3D图）”打开对话框，设置③处的x、y定义域范围为0～100，在④处输入Z(x,y)的公式。单击“OK（确定）”按钮，即可得到⑤处所示的3D高斯曲面图。

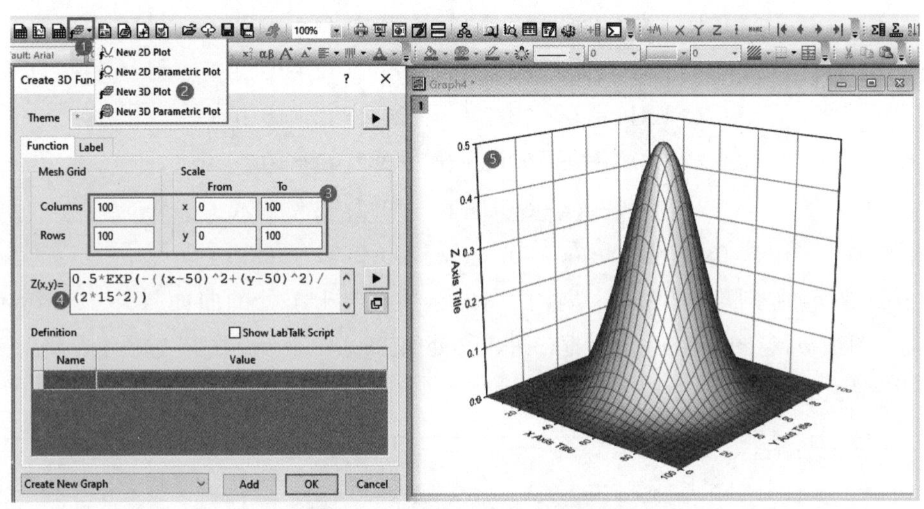

图8-18　新建3D高斯曲面图

按图8-19所示的步骤填充颜色。双击①处的曲面打开“Plot Details-Plot Properties（绘图细节-绘图属性）”对话框，进入②处的“Fill（填充）”选项卡，选择③处的“Contour fill from matrix（来源矩阵的等高线填充数据）”单选框，选择④处的“Self（自身）”复选框。单击“OK（确定）”按钮，可得颜色映射填充的3D高斯曲面。

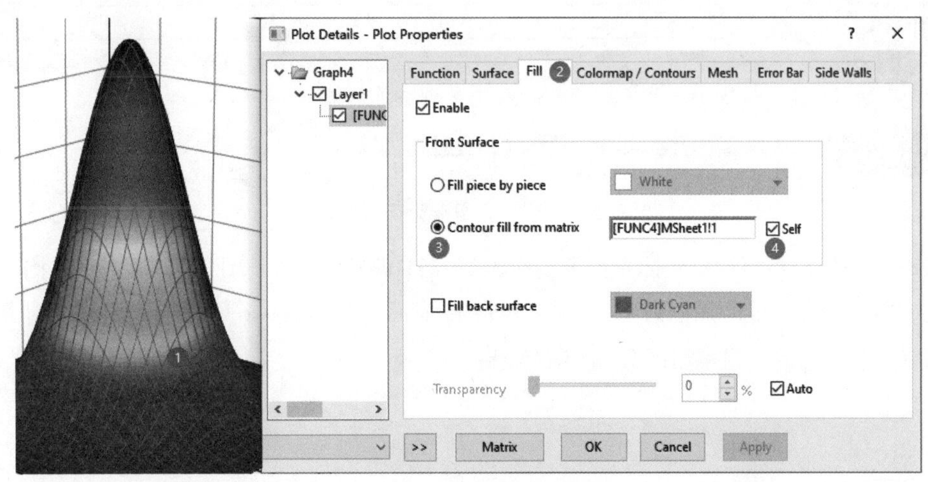

图8-19　3D高斯曲面的填充

以上步骤绘制了1个锋的曲面，而对于多个锋叠加的情况，需修改Z(x,y)的公式，将每个单峰的Z值累加：

$$
\begin{aligned}
Z(x,y) = {} & 0.5 * EXP(-((x-90)^\wedge 2+(y-10)^\wedge 2)/(2*15^\wedge 2)) + \\
& 0.3 * EXP(-((x-50)^\wedge 2+(y-10)^\wedge 2)/(2*10^\wedge 2)) + \\
& 0.2 * EXP(-((x-10)^\wedge 2+(y-10)^\wedge 2)/(2*10^\wedge 2)) + \\
& 0.3 * EXP(-((x-10)^\wedge 2+(y-46)^\wedge 2)/(2*10^\wedge 2)) + \\
& 0.3 * EXP(-((x-20)^\wedge 2+(y-75)^\wedge 2)/(2*10^\wedge 2)) + \\
& 0.3 * EXP(-((x-50)^\wedge 2+(y-90)^\wedge 2)/(2*10^\wedge 2)) + \\
& 0.4 * EXP(-((x-80)^\wedge 2+(y-90)^\wedge 2)/(2*10^\wedge 2)) + \\
& 0.2 * EXP(-((x-20)^\wedge 2+(y-20)^\wedge 2)/(2*10^\wedge 2)) + \\
& 0.2 * EXP(-((x-90)^\wedge 2+(y-60)^\wedge 2)/(2*10^\wedge 2)) + \\
& 0.2 * EXP(-((x-65)^\wedge 2+(y-50)^\wedge 2)/(2*10^\wedge 2)) + \\
& 0.4 * EXP(-((x-40)^\wedge 2+(y-40)^\wedge 2)/(2*10^\wedge 2))
\end{aligned}
$$

按图8-20所示的步骤修改3D高斯曲面图的函数。双击①处的曲面打开“Plot Details-Plot Properties（绘图细节-绘图属性）”对话框，进入②处的“Function（函数）”选项卡，将前面公式中等号右边的表达式复制后，粘贴到③处的输入框中，单击“OK（确定）”按钮。

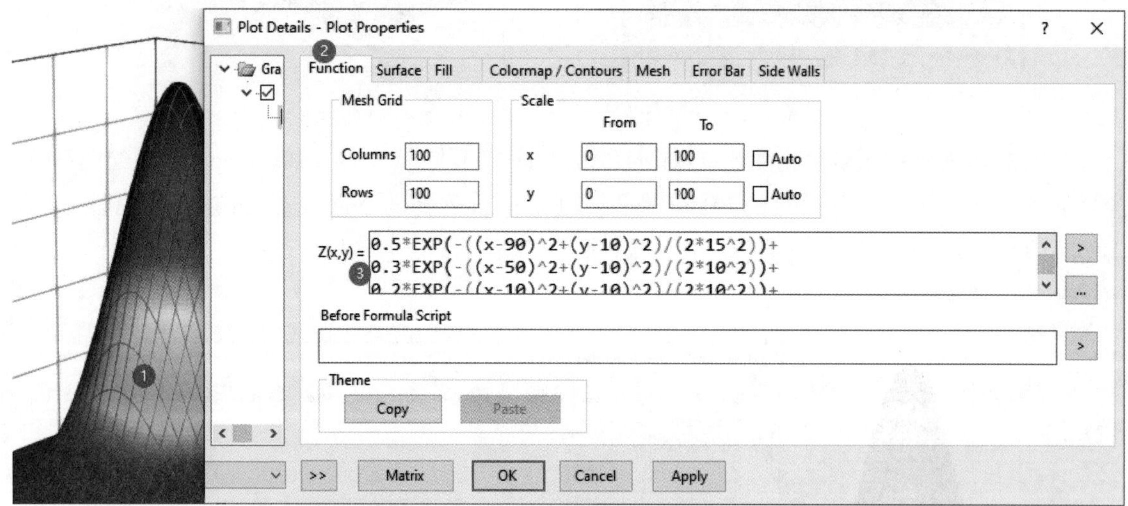

图8-20　修改3D高斯曲面图的函数

按图8-21所示的步骤调整坐标系姿态。单击下方3D调整工具栏①处的“Tilt down（向下倾斜）”调整仰角，即可得到②处所示的效果。单击③处的“Rotate clockwise（顺时针旋转）”，让最强峰在后而较弱峰在前，目的是显示出区分度和层次感。

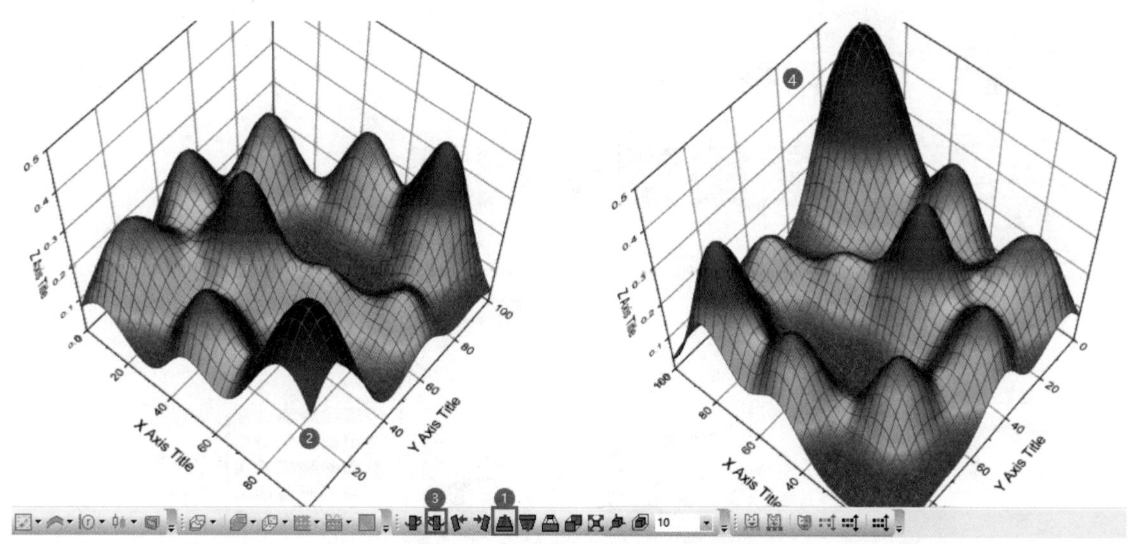

图 8-21　3D 高斯曲面图的姿态调整

按图 8-22 所示的步骤调整这些峰的整体高度。单击①处的坐标系，选择浮动工具栏②处的“Resize Mode（调整大小模式）”，拖动③处的 Z 轴方向句柄，调整峰高到合适的大小。双击④处的坐标系打开“Plot Details-Layer Properties（绘图细节 - 图层属性）”对话框，进入⑤处的“Planes（平面）”选项卡，取消⑥处和⑦处的复选框，隐藏坐标平面及边框线。分别单击并按“Delete”键删除轴线、刻度标签、轴标题。隐藏网格线、绘制弧形箭头、添加文本等基本操作不再赘述，可参考前面的知识。

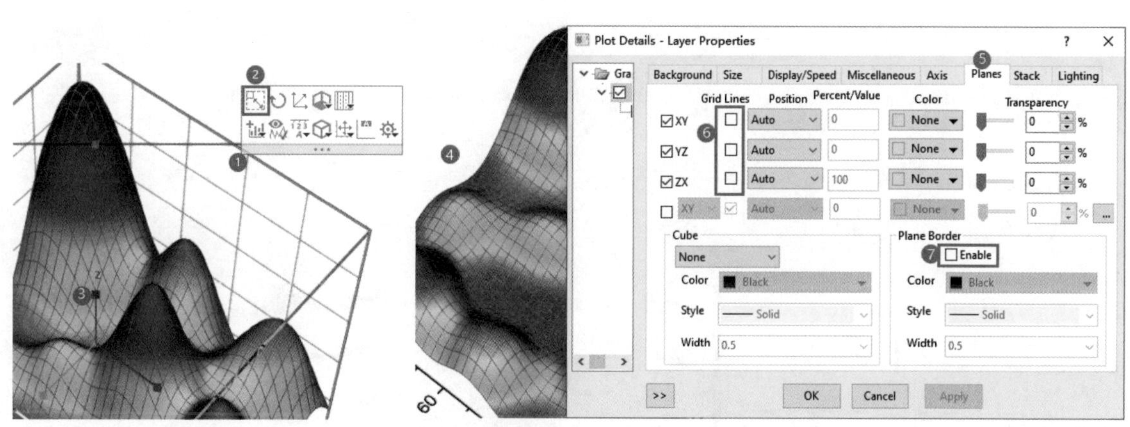

图 8-22　坐标平面及边框线的隐藏

附录

插图索引目录

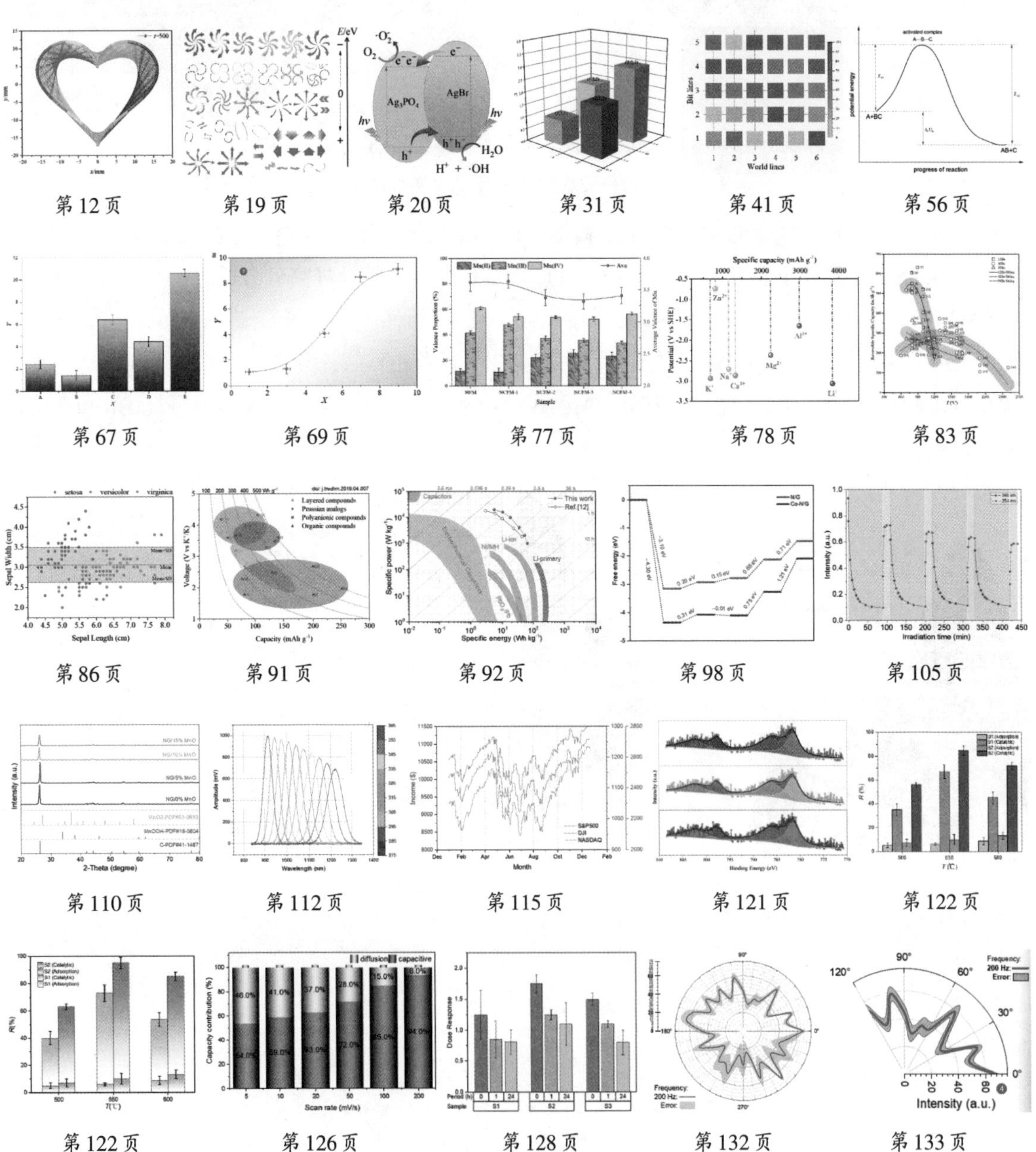

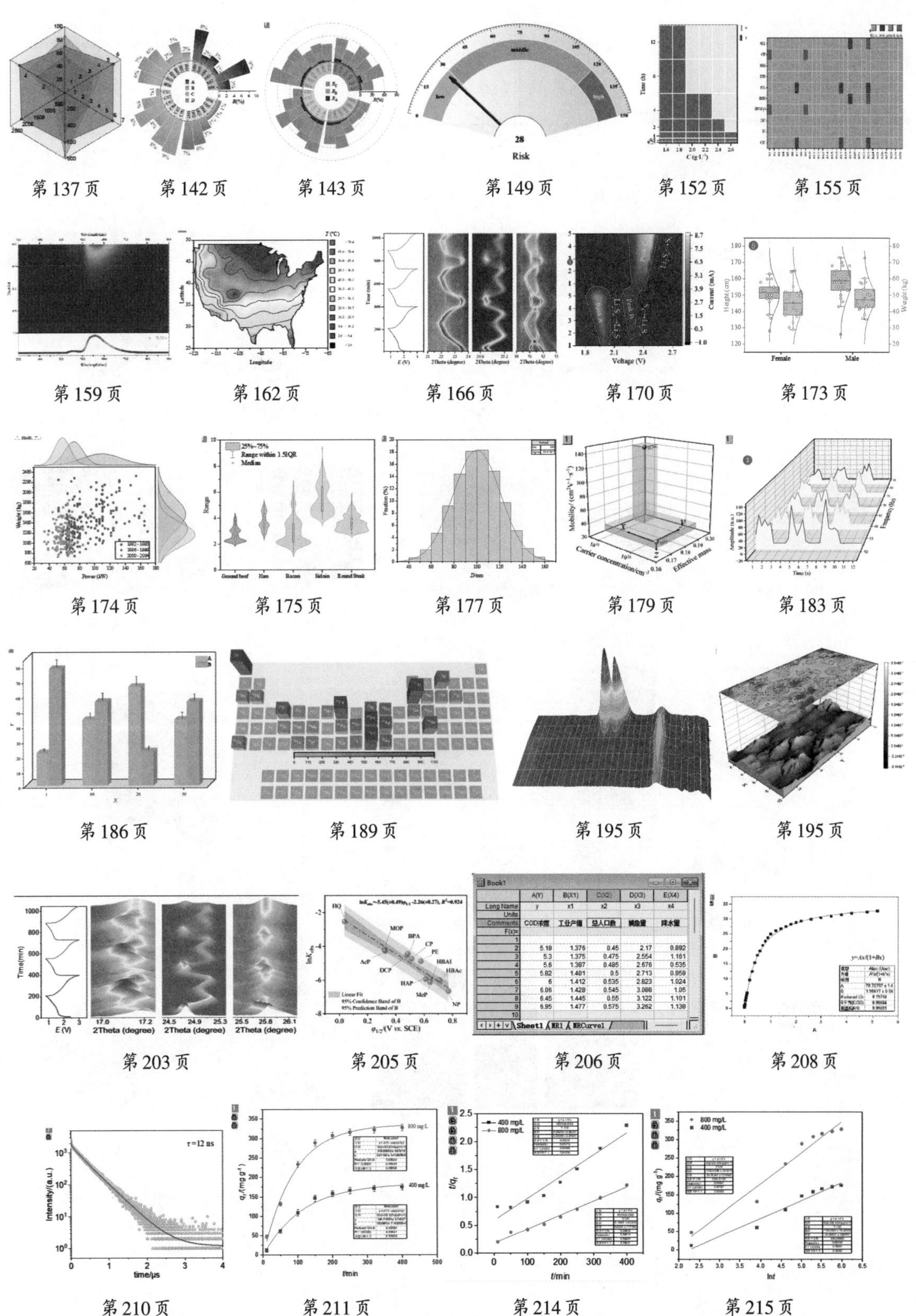

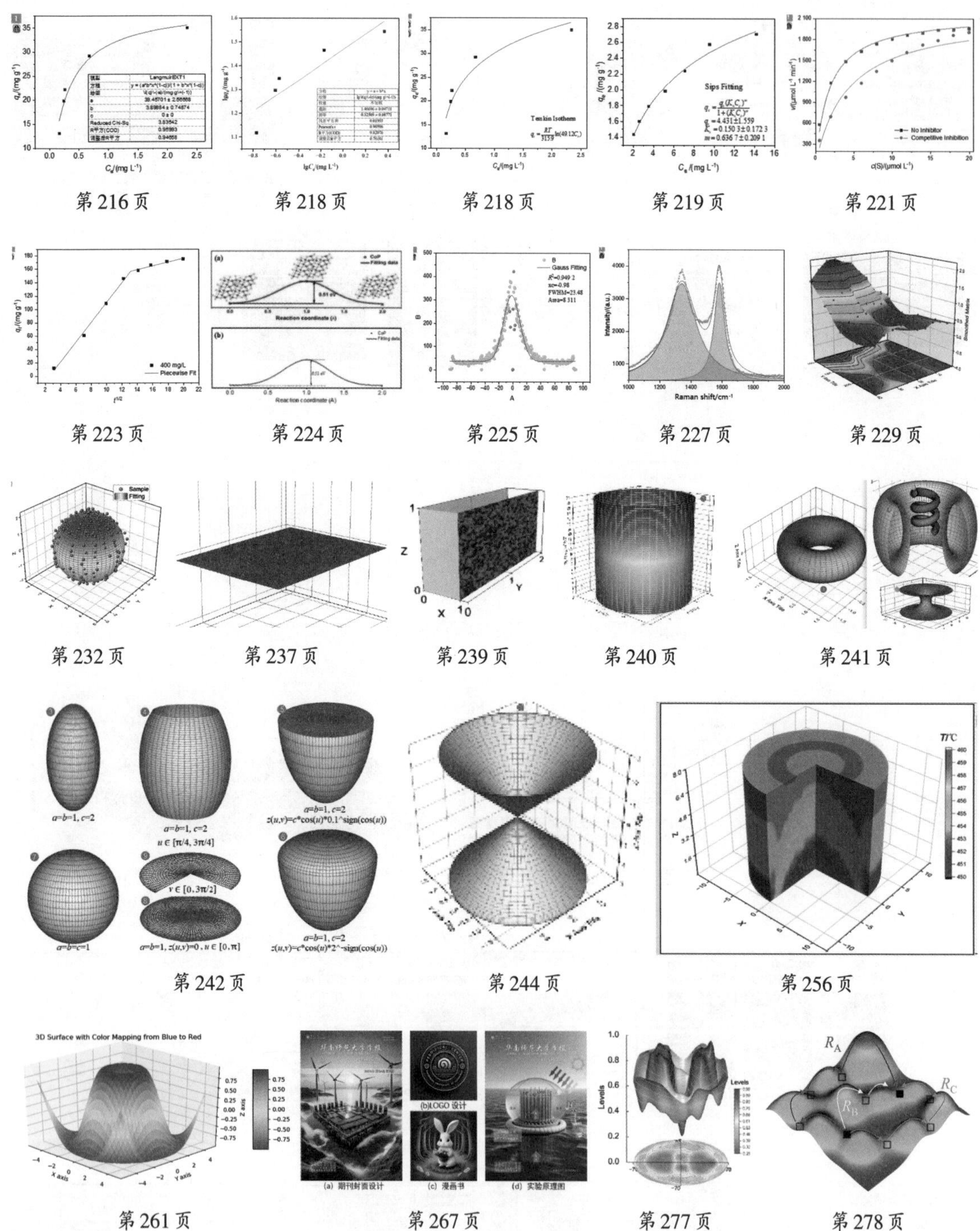
第 216 页
第 218 页
第 218 页
第 219 页
第 221 页
第 223 页
第 224 页
第 225 页
第 227 页
第 229 页
第 232 页
第 237 页
第 239 页
第 240 页
第 241 页
第 242 页
第 244 页
第 256 页
3D Surface with Color Mapping from Blue to Red
第 261 页
(a) 期刊封面设计
(b)LOGO 设计
(c) 漫画书
(d) 实验原理图
第 267 页
第 277 页
第 278 页